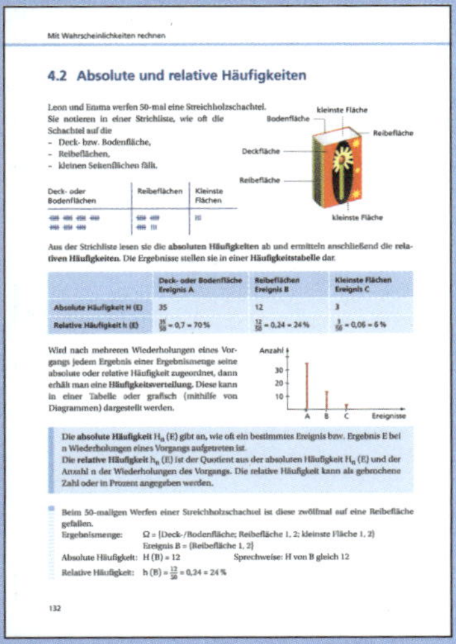

4.2 Absolute und relative Häufigkeiten

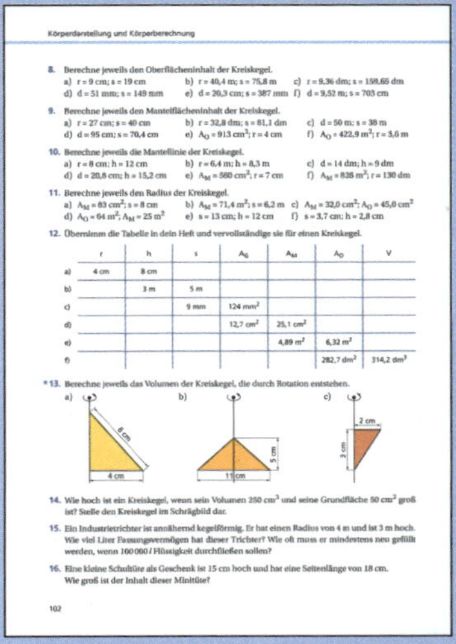

Aufgaben

Mithilfe dieser Aufgaben kannst du den Lernstoff üben und anwenden.
Aufgaben mit einem Stern haben einen höheren Schwierigkeitsgrad.

Projekt/Mosaik

Diese Seiten enthalten neben Sachinformationen interessante Fragen und Aufträge, die du in der Gruppe bearbeiten kannst. Sie regen dich zum Umsetzen und Präsentieren eigener Ideen an.

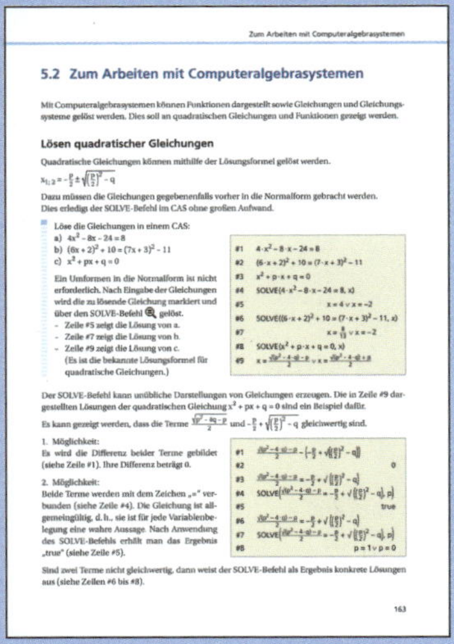

5.2 Zum Arbeiten mit Computeralgebrasystemen

Lösen quadratischer Gleichungen

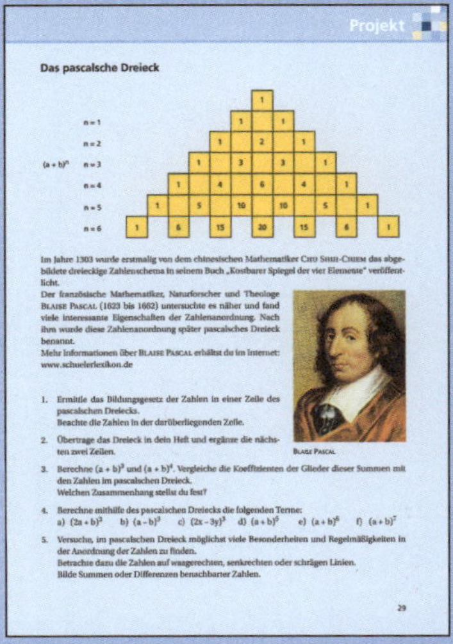
Projekt

Das pascalsche Dreieck

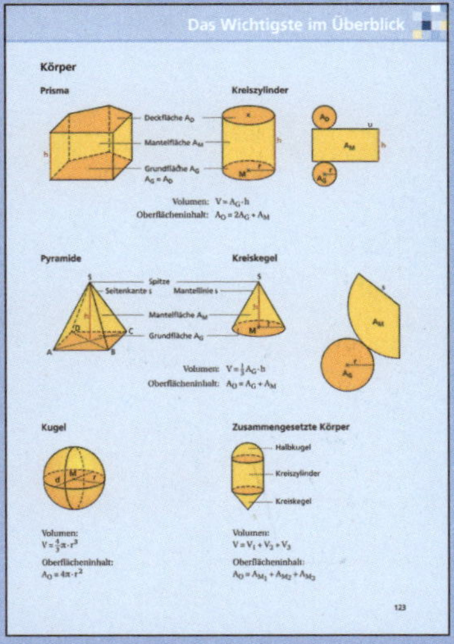
Das Wichtigste im Überblick

Körper

Anwendungen

Möchtest du zum Lösen von Aufgaben Hilfsmittel einsetzen, so findest du hier Hinweise zum Arbeiten mit Computerprogrammen.

Inhalte

Diese Seiten vermitteln dir – unterstützt durch Merkstoff und Beispiele – mathematisches Wissen über wichtige Begriffe, Gesetze und Zusammenhänge.

Das Wichtigste im Überblick

Diese Seiten findest du am Ende jedes Kapitels. Sie stellen das Wichtigste in übersichtlicher Form zusammen.

Mathematik 9

Oberschule Brandenburg

Herausgeberin

Kornelia Blümel

Duden Schulbuchverlag

Berlin · Mannheim

Autoren

Kornelia Blümel
Dr. Hubert Bossek
Dr. Ulf Rothkirch
Lutz Schreiner
Petra Schult
Ingo Postler
Elvira Wittig

Unter Nutzung von Beiträgen der Autoren
Erhard Altendorf, Sabine Altendorf, Margrit Busch, Heidemarie Heinrich, Jana Köppen, Dr. Günter Liesenberg, Dr. Ehrentraud Meißner, Wilhelm Münchow, Ellen Rudolph, Gisela Scheibe, Dr. Klaus Scheibe, Christina Schneider, Elke Schomaker, Rosemarie Schulz, Dr. Christine Sikora, Prof. Dr. Hans-Dieter Sill, Dr. Horst Thamm, Helmut Wunderling, Silvia Zesch

1. Auflage
1 $^{5\ 4\ 3\ 2\ 1}$ | 2013 2012 2011 2010 2009
Alle Drucke dieser Auflage können im Unterricht nebeneinander benutzt werden.
Die letzte Zahl bezeichnet das Jahr des Druckes.

Internet www.duden-paetec.de

Redaktion Ursula Schwabe
Gestaltungskonzept Britta Scharffenberg, Daniela Watzke
Einband Simone Hoschack, Britta Scharffenberg
Layout Daniela Watzke
Grafik Wolfgang Beyer, Daniela Watzke
Titelbild © Bildagentur Waldhäusl/imagebro, © iStockphoto/Rade Lukovic
Druck und Bindung DZA Druckerei zu Altenburg GmbH, Altenburg

ISBN 978-3-8355-1106-4

Inhaltsverzeichnis

1 Arbeiten mit Variablen, Potenzen und Wurzeln

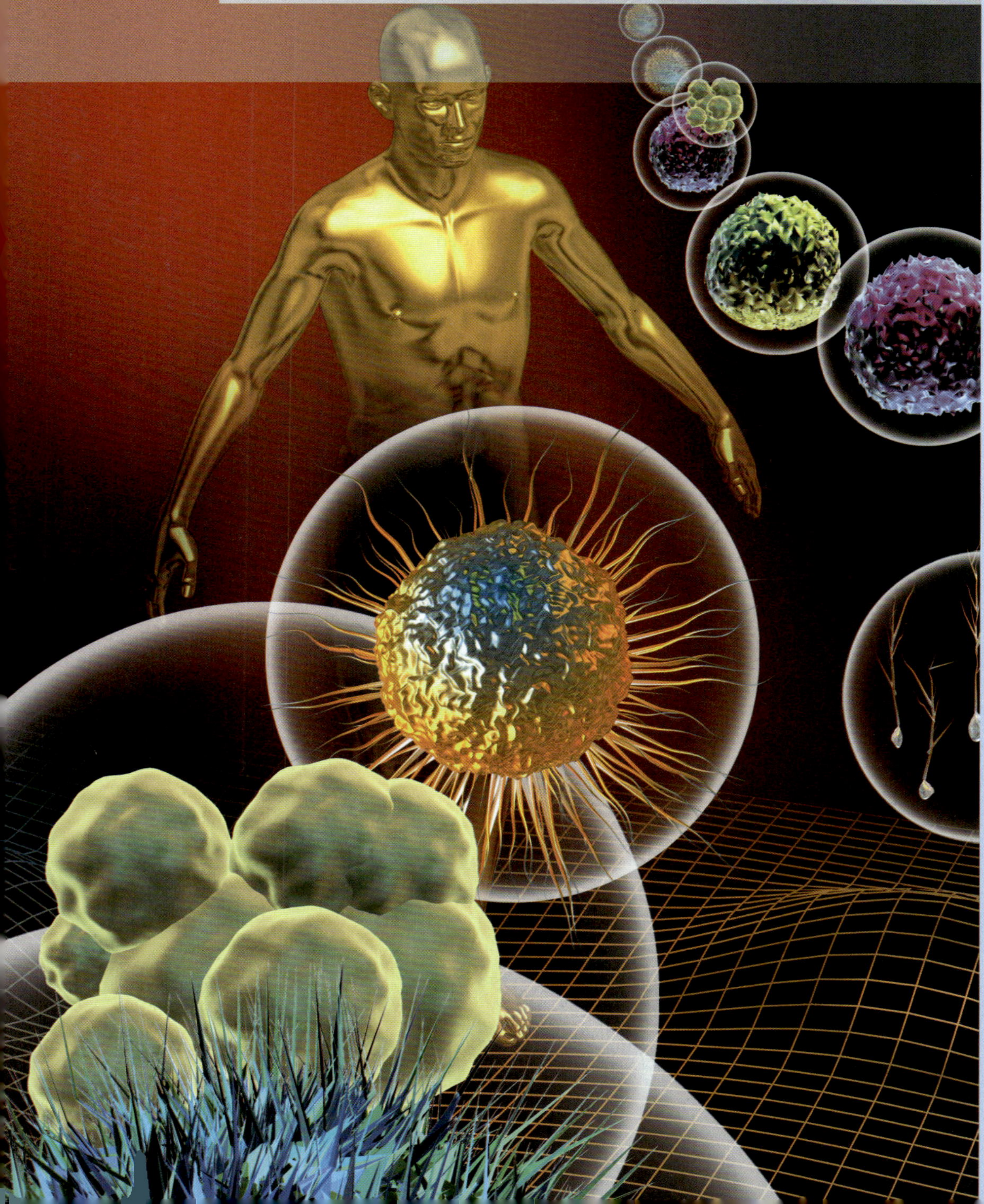

Volumen und Kantenlänge

Eine würfelförmige Verpackung für Bonbons hat eine Kantenlänge von 8 cm. Für ein Sonderangebot soll das Volumen der Verpackung verdoppelt werden.
Prüfe, ob sich die Kantenlänge der größeren Verpackung auch verdoppelt hat.

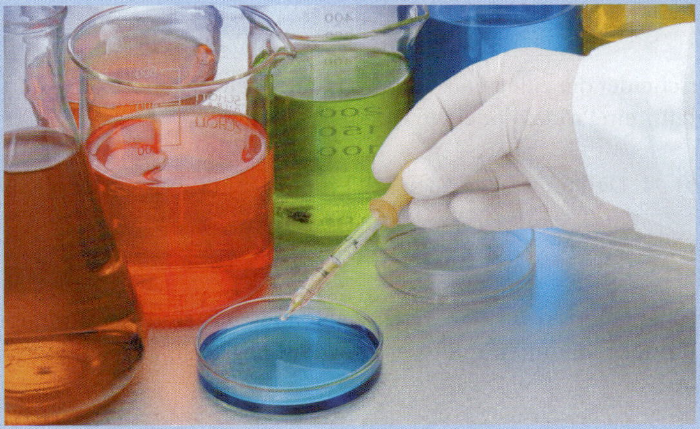

Bakterien

Bakterien sind Mikroorganismen. Einige von ihnen können organische Stoffe in anorganische zerlegen bzw. andere Mikroorganismen im Wachstum hemmen. Deshalb werden sie z. B. in Kläranlagen oder zur Gewinnung von Antibiotika gezielt eingesetzt.
Nenne weitere Möglichkeiten zur Nutzung von Bakterien.

Taschenrechnergenauigkeiten

Lisa glaubt, dass ihr Taschenrechner kaputt ist.
Beim Berechnen von $\sqrt{2}$ liest sie als Ergebnis den Wert 1.4142136 ab. Danach hat sie 1.4142136 quadriert und als Ergebnis 2.0000001 und nicht 2 erhalten.
Welchen Wert sollte Lisa eingeben, damit der Rechner nach dem Quadrieren als Ergebnis genau die Zahl 2 anzeigt? Begründe.

Rückblick

Terme

Terme sind mathematische Ausdrücke, die aus einer sinnvollen Aneinanderreihung von Zahlen, Größen, Variablen, Rechenzeichen und Klammern bestehen.

- Terme sind: $-2{,}7$; $3\,\text{cm}^2$; $x + 1$; $(a + b) \cdot c$ Keine Terme sind: $4x -$; $(a; x$); $x = 8\,\text{cm}$

Terme, die den gleichen Wert haben, heißen gleichwertig. Dies ist vom jeweiligen Grundbereich abhängig.
Gleichwertig sind: $225 : 5$ und $5 \cdot 9$, denn der Termwert ist 45.
$x - 2$ und $\frac{x^2 - 4}{x + 2}$ für $G = \mathbb{N}$, jedoch nicht für $G = \mathbb{Z}$.

Termstrukturen

Über die Struktur eines Terms entscheidet die zuletzt auszuführende Rechenoperation. Ein Term kann z. B. eine Summe, eine Differenz, ein Produkt oder ein Quotient sein.

- $12 + (b - 4)$ Summe $(12 + b) - 4$ Differenz $12 \cdot (b - 4)$ Produkt $(12 + b) : 4$ Quotient

Termumformungen

Alle Umformungen nach den Rechengesetzen im jeweiligen Zahlenbereich sind Termumformungen, z. B. zusammenfassen, ordnen, Klammern auflösen, ausmultiplizieren, ausklammern, kürzen oder erweitern von Brüchen ...

- $7(a + 4) = 7a + 28$ $12x - x + 3x = 14x$ $5x + 40 = 5(x + 8)$

Rechnen mit Brüchen

Addition/Subtraktion	**Beispiel**
– Brüche gleichnamig machen – Zähler addieren/subtrahieren – Ergebnis kürzen (bzw. als gemischte Zahl angeben)	$\frac{3}{5} + \frac{7}{3} = \frac{9}{15} + \frac{35}{15} = \frac{44}{15} = 2\frac{14}{15}$ $\frac{8}{3} - \frac{1}{4} = \frac{32}{12} - \frac{3}{12} = \frac{29}{12} = 2\frac{5}{12}$
Multiplikation	**Beispiel**
– Zähler und Nenner multiplizieren – kürzen – (gekürzte) Zahlen multiplizieren – Ergebnis (als gemischte Zahl) angeben	$\frac{25}{2} \cdot \frac{3}{8} = \frac{75}{16} = 4\frac{11}{16}$ $\frac{28}{51} \cdot \frac{68}{21} = \frac{{}^{4}\cancel{28} \cdot \cancel{68}^{4}}{{}_{3}\cancel{51} \cdot \cancel{21}_{3}} = \frac{4 \cdot 4}{3 \cdot 3} = \frac{16}{9} = 1\frac{7}{9}$
Division	**Beispiel**
– mit reziprokem Divisor multiplizieren – kürzen – Ergebnis (als gemischte Zahl) angeben	$\frac{28}{39} : \frac{21}{65} = \frac{{}^{4}\cancel{28} \cdot \cancel{65}^{5}}{{}_{3}\cancel{39} \cdot \cancel{21}_{3}} = \frac{4 \cdot 5}{3 \cdot 3} = \frac{20}{9} = 2\frac{2}{9}$

Potenzen

Potenzen mit positiven ganzzahligen Exponenten n ($n \geq 2$) lassen sich als Produkt aus gleichen Faktoren schreiben.
Potenzen mit der Basis 10 nennt man Zehnerpotenzen.
Um sehr große oder sehr kleine Zahlen übersichtlich darzustellen, nutzt man die Schreibweise mit abgetrennten Zehnerpotenzen.

Exponent

$2^3 = 2 \cdot 2 \cdot 2 = 8$

Basis — Potenzwert

Es gibt Potenzen mit speziellen Bezeichnungen:

Bezeichnung	Bedingung	Beispiel
Zehnerpotenzen	$10^k;\ k \in \mathbb{Z}$	$10^4 = 10 \cdot 10 \cdot 10 \cdot 10 = 10\,000$
Quadratzahlen	$n^2;\ n \in \mathbb{N}$	$12^2 = 12 \cdot 12 = 144$
Kubikzahlen	$n^3;\ n \in \mathbb{N}$	$5^3 = 5 \cdot 5 \cdot 5 = 125$

Wurzeln

Ist für eine Potenz die Basis zu bestimmen, so kann man sie als Wurzel schreiben.
Es wird die Zahl a gesucht, die n-mal mit sich selbst multipliziert c ergibt.

$a^n = c$	$a \geq 0$	Wurzelwert
	$n \in \mathbb{N},\ n \geq 2$	Wurzelexponent
$a = \sqrt[n]{c}$	$c \geq 0$	Radikand

Quadratwurzel: $\sqrt[2]{c} = \sqrt{c}$

Kubikwurzel: $\sqrt[3]{c}$

Das Wurzelziehen (Radizieren) ist eine Umkehrung des Potenzierens.

$\sqrt[2]{64} = \sqrt{64} = 8$, denn $8^2 = 64$ $\qquad$ $\sqrt[3]{27} = 3$, denn $3^3 = 27$

Zahlenbereiche

Zahlenbereich	Zeichen	Rechenoperation uneingeschränkt ausführbar			
		Addition $a + b$	Subtraktion $a - b$	Multiplikation $a \cdot b$	Division $a : b\ (b \neq 0)$
natürliche Zahlen	$\mathbb{N}$	$1 + 19 = 20$ (ja)	$1 - 19$ (nein)	$1 \cdot 19 = 19$ (ja)	$1 : 19$ (nein)
gebrochene Zahlen	$\mathbb{Q}_+$	$\frac{2}{7} + \frac{3}{7} = \frac{5}{7}$ (ja)	$\frac{2}{7} - \frac{3}{7}$ (nein)	$\frac{2}{7} \cdot \frac{3}{7} = \frac{6}{49}$ (ja)	$\frac{2}{7} : \frac{3}{7} = \frac{2}{3}$ (ja)
ganze Zahlen	$\mathbb{Z}$	$-3 + 25 = 22$ (ja)	$-3 - 25 = -28$ (ja)	$(-3) \cdot 25 = -75$ (ja)	$(-3) : 25$ (nein)
rationale Zahlen	$\mathbb{Q}$	$-4 + \frac{2}{5} = -3\frac{3}{5}$ (ja)	$-4 - \frac{2}{5} = -4\frac{2}{5}$ (ja)	$(-4) \cdot \frac{2}{5} = -\frac{8}{5}$ (ja)	$(-4) : \frac{2}{5} = -10$ (ja)

Aufgaben

Terme

1. Welche der Zeichenketten sind Terme?
a) 3,5 b) $-z$ c) $a = 2\text{ cm}$ d) $(a+b)^2$ e) $2n+1$

2. Rechne. Drücke die Vorgaben jeweils durch einen Term mit Variablen aus und gib einen möglichen Grundbereich an.
a) $2+3+4$ b) $2 \cdot 3 + 3^2$ c) $6 \cdot (3{,}4\text{ cm})^2$ d) $7 \cdot 10^3 + 2 \cdot 10^2 + 5$ e) $\frac{1}{5} + \frac{2}{7}$

3. Schreibe jede der folgenden Formulierungen als Term mit Variablen:
a) eine durch 5 teilbare natürliche Zahl
b) das arithmetische Mittel von drei rationalen Zahlen
c) das doppelte Produkt zweier beliebiger Zahlen
d) die Differenz aus den Quadraten von zwei gebrochenen Zahlen
e) das Produkt aus zwei Summanden von jeweils zwei beliebigen rationalen Zahlen

4. Beschreibe folgende Terme mit Worten. Gib jeweils mehrere Formulierungen an.
a) $a-b$ b) $(a+b)^2$ c) $2ab$ d) $a+(a+1)$ e) $\frac{a+b}{2}$
f) $(a+b)(a-b)$ g) $\frac{1}{a}$ h) a^2-b^2 i) $\frac{a}{b}+\frac{c}{d}$ j) $\sqrt{c^2-d^2}$

5. Gib an, ob es sich bei folgenden Termen um eine Summe, eine Differenz, ein Produkt, einen Quotienten oder um eine Potenz handelt:
a) $5xy - 8xy - 11xy$ b) $4a\,(3a^2+2b)$ c) $3x - 2y\,(x+1)$ d) $(18a^2b + 12ab^2) : 6ab$
e) $x^2 - ax + b$ f) $(3r-s)(5r-s)$ g) $12x^2 - y^2$ h) $(-7y+z)^2$

6. Beschreibe die Struktur der folgenden Terme sowohl mit Worten als auch mithilfe von Teiltermen T_1 und T_2.
Beispiel: $3x\,y^2$ ist ein Produkt; $T_1 \cdot T_2$ mit $T_1 = 3\,x$ und $T_2 = y^2$
a) $\frac{5x+y}{3y^2}$ b) $(x+1)^n$ c) $\frac{2}{x}+\frac{4}{x}$ d) $\frac{1}{n} + n^2 - n\,(n+1)$

7. Beschreibe die Struktur der folgenden Terme mithilfe von vier Teiltermen T_1; T_2; T_3 und T_4. Gib jeweils die Teilterme an.
a) $7{,}5x : (10-2y)$ b) $-7xy^3$ c) $(3\,x)^2$ d) $(2a)^m \cdot b^n$
e) $\frac{2xy}{6x-y}$ f) $\frac{3ab}{c} + \frac{a-b}{2c}$ g) $\frac{m^2n^3}{m^3n^2}$ h) $\frac{a-b}{2c} - \frac{3b}{2c}$

8. Welche der Terme haben die Struktur $T_1 \cdot T_2 + T_1 \cdot T_3$? Gib jeweils T_1; T_2 und T_3 an.
a) $3xy + 3xz$ b) $\frac{1}{2}pq^2 + pr$ c) $2m^2n + 7ax$
d) $4ab - 2a$ e) $(a-2) \cdot b + (a-2) \cdot (a-3)$ f) $(a-2) \cdot (b-3) + (a-3)(b-2)$

9. Setze in den folgenden Termen Klammern so, dass jeweils eine Summe, eine Differenz, ein Produkt, ein Quotient bzw. eine Potenz entsteht:
a) $2x^2 + 2xy - 2x : y$ b) $a - a : b + 3a^2 - b^3$

10. Schreibe die folgenden Terme in Bruchform und lasse unnötige Klammern dabei weg. Berechne dann die Termwerte für $a = 3$, $b = -4$ und $c = 2$.
a) $(a+b) : 2$ b) $(a-b) : c$ c) $a^2 : (b \cdot c)$ d) $(a+b) : 4c$ e) $(a^2+b^2) : ab$

11. Für welche Zahlen sind folgende Terme nicht definiert? Begründe. Gib die Terme als Quotient (mit Divisionszeichen) an. Beachte dabei das Setzen von Klammern.
Berechne dann die Termwerte für $x = 5$, $y = 4$ und $z = -2$.

a) $\frac{x-y}{x}$ b) $\frac{1}{x+y}$ c) $\frac{x}{yz}$ d) $\frac{2x-4y}{2z}$ e) $\frac{x^2-y^2}{z^2}$

12. Berechne mit Beachtung der Vorrangregeln im Kopf. Gib die Grundstruktur des jeweiligen Terms an.

a) $5 + 15 - (3 + 8)$ b) $-72:(2\cdot 8)$ c) $\frac{12}{2\cdot 3}$ d) $\frac{12\cdot 3}{-2}$
e) $0{,}1^2\cdot 7$ f) $2^3 + 2\cdot 3$ g) $5 + 6^2 - 4$ h) $(17 - 5)\cdot(17 + 3)$
i) $\frac{1}{4} + 4\cdot\left(-\frac{1}{4}\right)$ j) $18:0{,}2 + 0{,}1\cdot 10^2$ k) $\frac{1+2+3+4+5}{5}$ l) $5 + 3\cdot 6 - 20$

13. Berechne mithilfe des Taschenrechners. Runde dann auf drei Dezimalstellen. Welche Tastenfolgen sind sinnvoll? Schreibe die Tastenfolge auf.

a) $\frac{3{,}51+4{,}78}{0{,}43}$ b) $\frac{0{,}43}{3{,}51+4{,}78}$ c) $\frac{14{,}8}{3{,}9} + \frac{8{,}2}{5{,}1}$ d) $\frac{3{,}51\cdot 0{,}43}{4{,}78}$ e) $\frac{384\cdot 0{,}79}{8{,}73-5{,}96}$
f) $\frac{8{,}73-5{,}96}{384\cdot 0{,}79}$ g) $\frac{1}{2}\cdot 8{,}6^2\cdot 9{,}52$ h) $\frac{1}{3}\cdot 0{,}7^3\cdot(4{,}85 - 1{,}96)$ i) $\sqrt{18{,}7^2 - 9{,}31^2}$

14. Berechne die Werte folgender Terme mit dem Taschenrechner und runde auf zwei Dezimalstellen. Gib jeweils eine mögliche Tastenfolge an. Welche Grundstruktur haben die Terme?

a) $\frac{13{,}4-18{,}9}{55}$ b) $(1{,}7 - 3{,}9)(4{,}6 + 2{,}1)$ c) $\frac{14{,}8+8{,}5}{2}\cdot 0{,}4$ d) $-3{,}5\cdot\left(\frac{1}{5{,}1} + \frac{1}{1{,}7}\right)$
e) $\frac{0{,}8^2+1{,}7\cdot 5}{2{,}3+5{,}6}$ f) $8{,}1^2 + 4{,}9^2 - 2\cdot 8{,}1\cdot 4{,}9$ g) $\frac{5{,}5-0{,}81\cdot 3{,}5}{2{,}2-5{,}8\cdot 0{,}3}$ h) $0{,}7\cdot 18{,}9 - \sqrt{3}\cdot 5$

15. Welchen Wert hat der Term für $x = \frac{2}{7}$ und $y = 8{,}2$?
Rechne möglichst einfach.

a) $25x + 13y - 43x + 58y + 16x - 18y - 29x + 37y + 36x - 80y$
b) $3{,}7x - 0{,}9y + 4{,}6x + 8{,}8y - 6{,}2x + 1{,}3y - 0{,}7x - 4{,}2y + 5{,}6x$
c) $2\frac{1}{4}xy - 7x + 14y + 3\frac{1}{2}x - x - \frac{7}{2}y - \frac{9}{4}xy - 1{,}5y - 2{,}5x + y$

16. Bilde die Summe bzw. Differenz folgender Terme und vereinfache:
$T_1 = 9a^2 - 8$; $T_2 = 30 + 3a^2$; $T_3 = 5a - 7 + 4a^2$; $T_4 = a^2 - 1$

a) $T_1 + T_2$ b) $T_2 - T_4$ c) $-T_3 + T_1$ d) $T_2 - T_3 + T_4$

17. Gegeben sei der Term $(3x - 4y + 7z) + (-6x - 6y) - (10y - 5x)$.

a) Berechne den Wert des Terms für $x = 2$, $y = 3$ und $z = 0$.
b) Vereinfache den Term.
c) Berechne den Wert des vereinfachten Terms mit den angegebenen Zahlen und vergleiche mit den Ergebnissen aus a.

18. Forme die folgenden Produkte bzw. Quotienten jeweils in eine Summe um:

a) $(x + 3y)\cdot 2$ b) $\frac{1}{2}a\cdot(a - 2b)$ c) $(m^2n - mn^2)\cdot(-2mn)$ d) $\left(\frac{x^2}{4} - \frac{x}{2} + 1\right)\cdot 2x$
e) $1{,}5a^2(a + 2b - 3)$ f) $-\frac{x}{4}\cdot(2 - 2x)$ g) $(4ab + 8a)\cdot\left(-\frac{1}{2a}\right)$ h) $(-m^2n + mn^2):(mn)$

19. Berechne ab + ac – ad für $a = -2{,}31$, $b = 4{,}89$, $c = 3{,}06$ und $d = 0{,}97$ möglichst einfach. Gib eine mögliche Tastenfolge für deinen Taschenrechner an.

20. Löse die Klammern auf. Fasse möglichst zusammen.

a) $2x\cdot(3-7y)-5\cdot(xy-4x)$
b) $a\cdot(a-b)-b\cdot(a+b)$
c) $(3x+8y)\cdot x-2x\cdot(-3x-2y)$
d) $(a+2b-c)\cdot 2+4\cdot(3a-5b+c)$
*e) $-16\,m\cdot(3m-n)-(-15m^2+2mn)+3n\cdot(-6m+m)$
*f) $\frac{1}{2}r(s+2t-r)-\frac{1}{4}(rs+4rt-r^2)+(r-s+8t)\cdot\left(-\frac{1}{8}s\right)$

21. Forme die Terme um. Prüfe durch Einsetzen einfacher Zahlen in den Ausgangs- und Endterm, ob deine Umformung richtig war.

a) $-3a+5b-4a^2+3ab-7a-b+a^2$
b) $-3a+(5b-4a^2+3ab)-(7a-b+a^2)$
c) $-3(a+5b-4a^2)+3ab-7(a-b+a^2)$
d) $(-3a+5b-4)\cdot a^2+3ab\cdot(-7a-b+a^2)$

Rechnen mit Brüchen

22. Berechne.

a) $\frac{3}{7}+\frac{1}{2}$ b) $\frac{8}{9}-\frac{2}{3}$ c) $\frac{19}{123}+\frac{2}{123}$ d) $\frac{7}{2}\cdot\frac{3}{2}$ e) $\frac{12}{11}:\frac{9}{44}$

23. Schreibe als gemischte Zahl.

a) $\frac{11}{2}$ b) $\frac{7}{6}$ c) $\frac{15}{3}$ d) $\frac{12}{8}$ e) $\frac{17}{4}$ f) $\frac{108}{24}$

24. Schreibe als unechten Bruch.

a) $3\frac{1}{2}$ b) $7\frac{3}{4}$ c) $11\frac{4}{3}$ d) $9\frac{4}{6}$ e) $1\frac{5}{8}$ f) $19\frac{6}{15}$

25. Berechne.

a) $\frac{3}{7}\cdot\frac{8}{11}$ b) $\frac{6}{5}\cdot\frac{10}{9}$ c) $\frac{2}{3}:\frac{4}{9}$ d) $\frac{8}{5}:\frac{12}{15}$ e) $4\cdot\frac{8}{9}$ f) $\frac{22}{21}:\frac{33}{28}$
g) $\frac{36}{15}\cdot\frac{45}{12}$ *h) $\frac{3}{4}:3$ *i) $3:\frac{3}{4}$ *j) $1\frac{1}{2}:2\frac{1}{4}$ *k) $3\frac{3}{4}:1\frac{1}{2}$ *l) $1\frac{2}{6}:\frac{5}{8}$

Potenzen

26. Schreibe als Potenz und berechne, wenn möglich.

a) $7\cdot7\cdot7$ b) $0{,}4\cdot0{,}4\cdot0{,}4$ c) $\frac{1}{3}\cdot\frac{1}{3}\cdot\frac{1}{3}\cdot\frac{1}{3}$ d) $-5\cdot(-5)$ *e) abab

27. Schreibe als Produkt und berechne, wenn möglich.

a) 3^5 b) $\left(\frac{1}{5}\right)^2$ c) $(-17)^2$ d) $(-0{,}2)^4$ e) a^6 f) $-ab-abb$

28. Berechne die Potenzen, achte auf die Vorzeichen.

a) 14^2	b) 5^3	c) $\left(\frac{1}{2}\right)^2$	d) 10^5	e) $(2\cdot3)^6$	*f) 3^5
$(-14)^2$	$(-5)^3$	$\left(-\frac{1}{2}\right)^5$	$(-10)^5$	$2\cdot3^6$	$3^2\cdot3^3$
-14^2	-5^3	$1:2^4$	$\left(\frac{1}{10}\right)^5$	$2:3^6$	$(3\cdot3)^5$

29. Schreibe als Potenz. Nutze dabei auch unterschiedliche Basen.
Beispiel: $16 = 2^4 = 4^2$
a) 81 b) 32 c) 0,0256 d) $625x^4$ e) $1\,000\,000x^6$

30. Gib jeweils die gesuchte Zahl an.
a) Die größte Zahl, die sich aus drei Dreien bilden lässt.
b) Die größte Zahl, die mit nur drei Ziffern geschrieben wird.

31. Vergleiche.
a) $4^3 \; \square \; 3^4$ b) $(-4)^3 \; \square \; (-3)^4$ c) $\left(\frac{1}{4}\right)^3 \; \square \; \left(\frac{1}{3}\right)^2$

32. Vergleiche.
a) $2^5 \; \square \; 5^2$ b) $(-2)^5 \; \square \; (-5)^2$ c) $\left(\frac{1}{2}\right)^5 \; \square \; \left(\frac{1}{5}\right)^2$

33. Berechne: 3^0; 4^1, 1^5; $(-5)^1$; $(-1)^6$

34. Löse folgende Gleichungen:
a) $3^x = 27$ b) $(-4)^x = -64$ c) $0{,}5^x = 0{,}125$ d) $\left(\frac{1}{10}\right)^x = 0{,}001$ e) $x^3 = 64$
f) $x^2 = \frac{1}{64}$ g) $x^6 = 64$ h) $x^2 = -\frac{1}{64}$ i) $x^3 = -8$ j) $x^3 = -\frac{1}{8}$

35. Schreibe als Potenz mit der Basis 10.
a) 100 000 b) 10 c) 1 Milliarde d) 1 Billion e) $\frac{1}{1000}$

36. Schreibe mithilfe von abgetrennten Zehnerpotenzen.
a) 0,037 b) 0,004 c) 0,000275 d) 12 000 e) 1 465 000

37. Schreibe ausführlich (ohne abgetrennte Zehnerpotenzen).
a) $3 \cdot 10^7$ b) $3{,}5 \cdot 10^9$ c) $5{,}7892 \cdot 10^4$ d) $4 \cdot 10^{-3}$ e) $5{,}41 \cdot 10^{-2}$ f) $2{,}3457 \cdot 10^{-4}$

Wurzeln

38. Berechne folgende Quadratwurzeln im Kopf:
a) $\sqrt{9}$ b) $\sqrt{100}$ c) $\sqrt{64}$
d) $\sqrt{1{,}69}$ e) $\sqrt{-225}$ f) $\sqrt{36\,100}$
g) $\sqrt{\frac{9}{16}}$ h) $\sqrt{\frac{49}{121}}$ i) $\sqrt{\frac{81}{144}}$
j) $\sqrt{\frac{289}{625}}$ k) $\sqrt{\frac{361}{225}}$ l) $\sqrt{\frac{10\,000}{9}}$

39. Ordne folgende Zahlen nach der Größe.
Beginne mit der kleinsten Zahl.
a) $\sqrt{49}$; $\sqrt{100}$; 8; 3^2; $0{,}8^2$; $\sqrt{6{,}25}$ b) $\sqrt{\frac{36}{81}}$; $\sqrt{\frac{1}{4}}$; $\sqrt{\frac{4}{9}}$; $\sqrt{\frac{121}{144}}$; $\sqrt{0{,}01}$; $\sqrt{0{,}09}$

40. Ermittle ohne Rechenhilfsmittel folgende Quadratwurzeln:
a) $\sqrt{16}$; $\sqrt{0{,}16}$; $\sqrt{0{,}0016}$; $\sqrt{1600}$; $\sqrt{160\,000}$
b) $\sqrt{625}$; $\sqrt{6{,}25}$; $\sqrt{62\,500}$; $\sqrt{0{,}0625}$; $\sqrt{6\,250\,000}$
c) $\sqrt{4}$; $\sqrt{0{,}04}$; $\sqrt{400}$; $\sqrt{0{,}0004}$; $\sqrt{40\,000}$
d) $\sqrt{196}$; $\sqrt{19\,600}$; $\sqrt{1\,960\,000}$; $\sqrt{1{,}96}$; $\sqrt{0{,}0196}$

41. Bestimme die folgenden Wurzeln im Bereich der rationalen Zahlen ohne Taschenrechner:

a) $\sqrt{72 - 63}$ b) $\sqrt{0{,}01 + 003}$ c) $\sqrt{558 - 333}$

d) $\sqrt{100 - 676}$ e) $\sqrt{\left(\frac{51}{17}\right)^2 + (16 \cdot 0{,}25)^2}$ f) $\sqrt{5^2 + 12^2}$

g) $\sqrt{17^2 - 15^2}$ h) $\sqrt{\sqrt{\frac{1}{100}} \cdot 6{,}4}$ i) $\sqrt{\sqrt{1600} + \sqrt{81}}$

42. Welche der folgenden Wurzeln kann man nicht bestimmen? Begründe.

a) $\sqrt{19}$ b) $\sqrt{-19}$ c) $\sqrt{3 - 7}$ d) $\sqrt{\frac{\sqrt{4^2 + 5^2}}{71 - 77}}$ e) $\sqrt{\frac{-3}{-14}}$

43. Berechne die Quadratwurzeln im Kopf.
Kontrolliere mithilfe der Umkehroperation.

a) $\sqrt{100}$ b) $\sqrt{0{,}25}$ c) $\sqrt{400}$

d) $\sqrt{0{,}09}$ e) $\sqrt{3600}$ f) $\sqrt{\frac{1}{64}}$

g) $\sqrt{0}$ h) $\frac{1}{\sqrt{25}}$ i) $\frac{\sqrt{4}}{\sqrt{9}}$

j) $\sqrt{\frac{36}{64}}$ k) $\sqrt{-2 \cdot (-32)}$ l) $\sqrt{-4}$

44. Bestimme die folgenden Wurzeln im Bereich der rationalen Zahlen ohne Taschenrechner:

a) $\sqrt[3]{0{,}125}$ b) $\sqrt[3]{0{,}343}$ c) $\sqrt[3]{0{,}008}$ d) $\sqrt[3]{0{,}001}$

e) $\sqrt[3]{729}$ f) $\sqrt[3]{1000 - 657}$ g) $\sqrt[3]{5 \cdot 25}$ h) $\sqrt[3]{25 : 0{,}2}$

i) $\sqrt[3]{\frac{54 \cdot 4}{698 + 633}}$ j) $\sqrt[3]{\frac{27}{64}}$ k) $\sqrt[3]{\frac{1}{125}}$ l) $\sqrt[3]{6^2 - 2 \cdot 14}$

Zahlenbereiche

45. Gib jeweils eine Zahl mit den angegebenen Eigenschaften an.

a) Eine natürliche Zahl, die zwischen $\frac{5}{2}$ und $\frac{10}{3}$ liegt.

b) Eine gebrochene Zahl, die zwischen $\frac{19}{100}$ und $\frac{39}{200}$ liegt.

46. Stelle $\frac{2}{3}$; $\frac{23}{12}$; $\frac{20}{11}$ und $\frac{40}{11}$ jeweils in Dezimalbruchschreibweise mit dem Periodenstrich dar.

47. Gib jeweils an, ob die folgenden Aufgaben im Bereich der natürlichen Zahlen $\mathbb{N}$, der gebrochenen Zahlen $\mathbb{Q}_+$ bzw. der rationalen Zahlen $\mathbb{Q}$ lösbar sind.
Löse die Aufgaben in Tabellenform.

a) $32 - 48$ b) $32 + 48$ c) $32 : 48$ d) $48 : 16$ e) $16 : 48$

f) $48 - 16$ g) $\sqrt{16}$ h) $\sqrt{48}$ i) $48 \cdot 32$ j) $-48 \cdot 32$

48. Markiere auf einer Zahlengeraden folgende Zahlen:

a) 3 b) 2,5 c) $\frac{1}{2}$ d) $\frac{21}{7}$ e) 0,5 f) −2,0

g) $\frac{72}{36}$ h) $2\frac{1}{2}$ i) $(-2)^3$ j) $\sqrt{1{,}69}$ k) $\sqrt[3]{64}$ l) 3^0

49. Vergleiche.

a) 3 ▢ $\frac{51}{17}$ b) $\sqrt{125}$ ▢ 10 c) $0{,}04$ ▢ $\frac{5}{100}$ d) 2^3 ▢ 3^2

1.1 Arbeiten mit Variablen und Potenzen

Ausmultiplizieren und Ausklammern

Das Produkt $a \cdot (b + c)$ kann mithilfe des Distributivgesetzes in eine Summe umgewandelt werden.
$a \cdot (b + c) = a \cdot b + a \cdot c$
Man sagt, die Klammer wird **ausmultipliziert.** Das Distributivgesetz für Zahlen gilt auch für das Rechnen mit Termen.

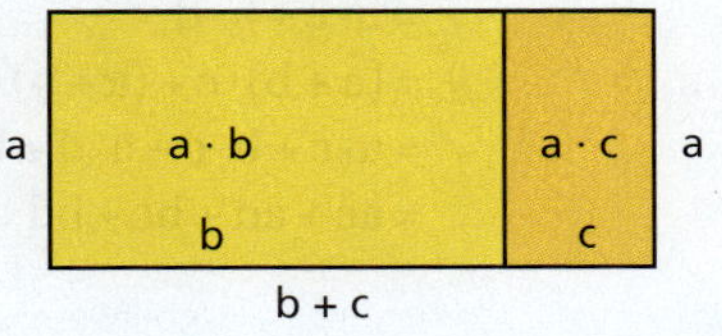

Man multipliziert eine Summe mit einem Faktor, indem man jedes Glied der Summe mit dem Faktor multipliziert und die Produkte addiert.

$T_1 \cdot (T_2 + T_3) = T_1 \cdot T_2 + T_1 \cdot T_3$

$3x \cdot (2y + z) = 3x \cdot 2y + 3x \cdot z = 6xy + 3xz$ $\quad$ $2a \cdot (6b - 3c) = 2a \cdot 6b + 2a \cdot (-3c) = 12ab - 6ac$

Das Auflösen einer Klammer, vor der ein Minuszeichen steht, entspricht dem Ausmultiplizieren mit -1: $-(-z + 3u) = (-1) \cdot (-z + 3u) = z - 3u$

Man dividiert eine Summe durch ein Produkt aus Zahlen und Variablen, indem man jeden Summanden durch dieses Produkt dividiert.

$(14a^2b + 42ab^2) : (7ab) = 14a^2b : (7ab) + 42ab^2 : (7ab) = \frac{14a^2b}{7ab} + \frac{42ab^2}{7ab} = 2a + 6b$

$(18x^2y - 27xy) : (9xy) = 18x^2y : (9xy) - 27xy : (9xy) = \frac{18x^2y}{9xy} - \frac{27xy}{9xy} = 2x - 3$

Eine Umkehrung des Ausmultiplizierens ist das **Ausklammern.** Durch das Ausklammern wird eine Summe in ein Produkt umgewandelt.

$21 - 49z = 7 \cdot (3 - 7z)$ $\quad$ $18a + 15b = 3(6a + 5b)$ $\quad$ $12x + 8y - 16z = 4(3x + 2y - 4z)$

Multiplizieren von Summen

Den Flächeninhalt eines Rechtecks mit den Seiten $a + b$ und $c + d$ kann man auf zwei Arten berechnen:

① $A = A_1 + A_2 + A_3 + A_4$
$A = ac + ad + bc + bd$

② $A = (a + b) \cdot (c + d)$
$A = ac + ad + bc + bd$

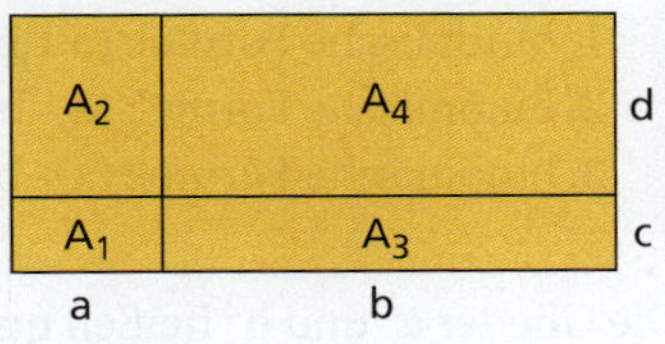

Für beliebige rationale Zahlen lässt sich das Problem der Multiplikation der beiden Summen a + b und c + d auf die Anwendung des Distributivgesetzes zurückführen, wenn eine der beiden Summen zunächst durch eine Hilfsvariable ersetzt wird.
Im Endergebnis werden die Variablen in lexikografischer Anordnung geschrieben.

$$\begin{aligned}(a+b)\cdot(c+d) &= h\cdot(c+d) \qquad \text{mit } h = a+b\\ &= h\cdot c + h\cdot d\\ &= (a+b)\cdot c + (a+b)\cdot d\\ &= a\cdot c + b\cdot c + a\cdot d + b\cdot d\\ &= ac + ad + bc + bd\end{aligned}$$

Man multipliziert zwei Summen miteinander, indem man jedes Glied der ersten Summe mit jedem Glied der zweiten Summe multipliziert und die Produkte addiert.

$$(T_1 + T_2)\cdot(T_3 + T_4) = T_1\cdot T_3 + T_1\cdot T_4 + T_2\cdot T_3 + T_2\cdot T_4$$

$$\begin{aligned}(5+x)\cdot(y+3) &= 5\cdot y + 5\cdot 3 + x\cdot y + x\cdot 3\\ &= 5y + 15 + xy + 3x = 3x + xy + 5y + 15\\ (2a-3b)\cdot(-6a+b) &= 2a\cdot(-6a) + 2a\cdot b + (-3b)\cdot(-6a) + (-3b)\cdot b\\ &= -12a^2 + 2ab + 18ab - 3b^2 = -12a^2 + 20ab - 3b^2\end{aligned}$$

Binomische Formeln

Eine Summe oder Differenz, die aus zwei Gliedern besteht, heißt **Binom.**

$x + 1;\ a - b;\ 3z + 4u;\ -2a - 3b;\ 2A - abc;\ x - \frac{p}{2}$

Produkte bestimmter Binome ergeben die **binomischen Formeln.**

Für beliebige rationale Zahlen a und b gilt:

$(a+b)\cdot(a+b) = a\cdot a + a\cdot b + b\cdot a + b\cdot b = a^2 + 2ab + b^2$

$(a-b)\cdot(a-b) = a\cdot a - a\cdot b - b\cdot a + b\cdot b = a^2 - 2ab + b^2$

$(a+b)\cdot(a-b) = a\cdot a - a\cdot b + b\cdot a - b\cdot b = a^2 - b^2$

Deutet man die Variablen als Streckenlängen, kann man die binomischen Formeln als Beziehungen zwischen Flächeninhalten veranschaulichen.

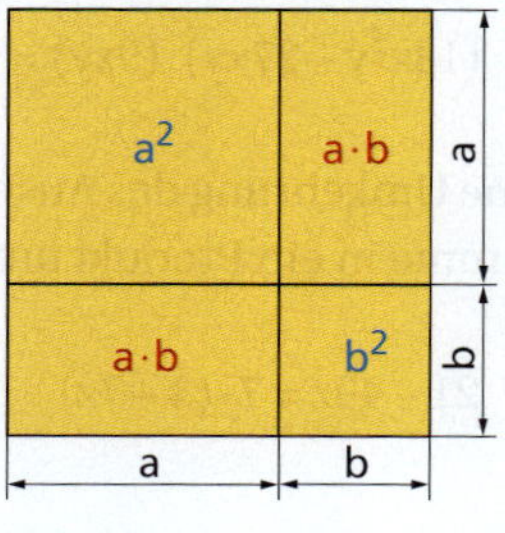

$(a+b)^2 = a^2 + 2ab + b^2$

1. binomische Formel: $(a+b)^2 = a^2 + 2ab + b^2$
2. binomische Formel: $(a-b)^2 = a^2 - 2ab + b^2$
3. binomische Formel: $(a+b)\cdot(a-b) = a^2 - b^2$

Die Glieder a^2 und b^2 heißen **quadratische Glieder.** Das Glied 2ab heißt **gemischtes Glied.**
Die Variablen a und b können auch durch Terme belegt werden.

Die zweite binomische Formel ergibt sich aus der ersten binomischen Formel, wenn für b der Term $-b$ verwendet wird.

Zur Anwendung der binomischen Formeln untersucht man die Struktur der Terme und bestimmt die jeweilige Belegung von a und b.

Term	Grundstruktur	a	b	Anwendung der Formel
$(7x + 3y)^2$	$(a + b)^2$	$7x$	$3y$	$(7x)^2 + 2 \cdot 7x \cdot 3y + (3y)^2 = 49x^2 + 42xy + 9y^2$
$(2x - 3y) \cdot (-2x - 3y) =$ $(-3y + 2x) \cdot (-3y - 2x)$	$(a + b) \cdot (a - b)$	$-3y$	$2x$	$(-3y)^2 - (2x)^2 = 9y^2 - 4x^2$

Hinweise:
- Zur Anwendung der dritten binomischen Formel bezeichnet man mit a den Term, der in beiden Binomen das gleiche Vorzeichen hat.
- Ein Produkt wird quadriert, indem jeder Faktor quadriert wird.
  $(3x)^2 = 3x \cdot 3x = 3 \cdot 3 \cdot x \cdot x = 3^2 \cdot x^2 = 9x^2$
  Dagegen ist das Quadrat einer Summe nicht gleich der Summe der Quadrate der Summanden.
  $(a + b)^2 \neq a^2 + b^2$ für $a; b \neq 0$

Mithilfe der binomischen Formeln kann man auch bestimmte **Summen in Produkte** verwandeln. Dazu vergleicht man die Struktur der gegebenen Summe mit den Termen auf der rechten Seite der Formeln.
Zuerst überprüft man, ob sich zwei Glieder der Summe als Quadrate schreiben lassen, und berechnet dann das dazu passende gemischte Glied.

Zur Kontrolle wird wieder in eine Summe umgewandelt.

Summe	Quadratische Glieder a^2 und b^2	Gemischtes Glied 2ab	Anwendung einer binomischen Formel
$49e^2 - 84ef + 36f^2$	$49e^2 = (7e)^2 = a^2$ $36f^2 = (6f)^2 = b^2$	$2 \cdot 7e \cdot 6f = 84ef$	2. binomische Formel: $(7e - 6f)^2$
$121y^2 - 16x^2$	$121y^2 = (11y)^2 = a^2$ $16x^2 = (4x)^2 = b^2$	nicht vorhanden	3. binomische Formel: $(11y + 4x) \cdot (11y - 4x)$

Hinweis:
Zur Anwendung der dritten binomischen Formel bezeichnet man mit a^2 das positive quadratische Glied.

Mithilfe der binomischen Formeln kann man Produkte und auch Quadrate schnell im Kopf berechnen.

$$\begin{aligned}43^2 &= (40 + 3)^2\\ &= 40^2 + 2 \cdot 40 \cdot 3 + 3^2\\ &= 1\,600 + 240 + 9\\ &= 1\,849\end{aligned}$$

$$\begin{aligned}28^2 &= (30 - 2)^2\\ &= 30^2 - 2 \cdot 30 \cdot 2 + 2^2\\ &= 900 - 120 + 4\\ &= 784\end{aligned}$$

$$\begin{aligned}17 \cdot 23 &= (20 - 3)(20 + 3)\\ &= 20^2 - 3^2\\ &= 400 - 9\\ &= 391\end{aligned}$$

Arbeiten mit Quotienten

Maria und Paul berechnen den Termwert von $(5ab - 10b^2):(a - 2b)$ für $a = -17{,}5$ und $b = -0{,}5$.

Maria: $(5ab - 10b^2):(a - 2b) = \frac{5ab - 10b^2}{a - 2b} = \frac{5b\cdot(a - 2b)}{a - 2b} = 5b$

$5\cdot(-0{,}5) = -2{,}5$

Paul: $(5ab - 10b^2):(a - 2b) = (43{,}75 - 2{,}5):(-17{,}5 + 1) = 41{,}25:(-17{,}5 + 1) = 41{,}25:(-16{,}5) = -2{,}5$

Was sagst du zu Marias und Pauls Rechnungen?
Welchen Rechenweg würdest du bevorzugen?

Jeder Quotient aus zwei Termen kann in Bruchform dargestellt werden.
Jeder Quotient aus zwei Termen kann als Bruch mit Variablen aufgefasst werden.

$2a:3b = \frac{2a}{3b}$ $\quad s:t = \frac{s}{t}$ $\quad (2x + 5):(x - 1) = \frac{2x + 5}{x + 1}$ $\quad 15a^2b:3ab = \frac{15a^2b}{3ab}$

Das Rechnen mit Quotienten erfolgt analog zum Rechnen mit Brüchen.

<table>
<tr><th>Rechnen mit Brüchen</th><th>Rechnen mit Quotienten</th></tr>
<tr><td colspan="2">Erweitern und Kürzen</td></tr>
<tr><td>Zähler und Nenner mit der gleichen Zahl (n ≠ 0) multiplizieren bzw. durch die gleiche Zahl (n ≠ 0) dividieren.
$\frac{3}{4} \overset{\cdot 2}{=} \frac{6}{8}$; $\frac{12}{15} \overset{:3}{=} \frac{4}{5}$</td><td>Zähler und Nenner mit dem gleichen Term multiplizieren bzw. durch den gleichen Term dividieren. Der Term darf nicht den Wert 0 annehmen.
$\frac{3}{a} \overset{\cdot b}{=} \frac{3b}{ab}$; $\frac{2x}{3xy} \overset{:x}{=} \frac{2}{3y}$</td></tr>
<tr><td colspan="2">Addieren und Subtrahieren</td></tr>
<tr><td>1. Hauptnenner (HN) und Erweiterungszahlen (EZ) ermitteln.
2. Brüche auf Hauptnenner erweitern.
3. Zähler addieren bzw. subtrahieren und Nenner beibehalten.
$\frac{3}{4} + \frac{5}{6}$; HN: 12; EZ: 3 und 2
$\frac{3}{4} + \frac{5}{6} = \frac{9}{12} + \frac{10}{12} = \frac{19}{12}$</td><td>1. Gemeinsamen Nenner (GN) und Erweiterungsterme (ET) bestimmen.
2. Brüche auf gemeinsamen Nenner erweitern.
3. Zähler addieren bzw. subtrahieren und Nenner beibehalten.
$\frac{2}{ab} + \frac{3}{a^2c}$; GN: a^2bc; ET: ac und b
$\frac{2}{ab} + \frac{3}{a^2c} = \frac{2ac}{a^2bc} + \frac{3b}{a^2bc} = \frac{2ac + 3b}{a^2bc}$</td></tr>
<tr><td colspan="2">Multiplizieren</td></tr>
<tr><td colspan="2">1. Brüche mit einem Bruchstrich darstellen und so weit wie möglich kürzen.
2. Zähler mit Zähler multiplizieren und Nenner mit Nenner multiplizieren.</td></tr>
<tr><td>$\frac{5}{9}\cdot\frac{12}{25} = \frac{{}^{1}\cancel{5}\cdot\cancel{12}^{4}}{{}_{3}\cancel{9}\cdot\cancel{25}_{5}} = \frac{4}{15}$</td><td>$\frac{2xy}{x + 1}\cdot\frac{(x + 1)^2}{xy^3} = \frac{2\cancel{xy}\cdot(x + 1)^{\cancel{2}}}{\cancel{(x + 1)}\cdot\cancel{xy^3}} = \frac{2(x + 1)}{y^2}$</td></tr>
<tr><td colspan="2">Dividieren</td></tr>
<tr><td colspan="2">1. Kehrwert (Reziprokes) des Divisors bilden.
2. Dividend mit Kehrwert des Divisors multiplizieren.</td></tr>
<tr><td>$\frac{5}{9}:\frac{25}{12} = \frac{5}{9}\cdot\frac{12}{25} = \frac{{}^{1}\cancel{5}\cdot\cancel{12}^{4}}{{}_{3}\cancel{9}\cdot\cancel{25}_{5}} = \frac{4}{15}$</td><td>$\frac{2xy}{x + 1}:\frac{xy^3}{(x + 1)^2} = \frac{2\cancel{xy}\cdot(x + 1)^{\cancel{2}}}{\cancel{(x + 1)}\cdot\cancel{xy^3}_{2}} = \frac{2(x + 1)}{y^2}$</td></tr>
</table>

Gleichungen mit Potenzen

Für die Gleichung $x^2 = 16$ soll die Lösungsmenge bestimmt werden. Da das Quadrieren in $\mathbb{Q}_+$ die Umkehrung des Quadratwurzelziehens ist, erhält man als Lösung $\sqrt{16} = 4$:
$x^2 = 16$ für $x \in \mathbb{Q}_+$ $(\sqrt{16})^2 = 16$, also $x = 4$, denn $4^2 = 4 \cdot 4 = 16$.

Für $x \in \mathbb{Q}$ hat die Gleichung $x^2 = 16$ außer 4 auch noch die Zahl -4 als Lösung, denn es gilt: $(-4)^2 = (-4) \cdot (-4) = 16$

Für eine Gleichung der Form $x^2 = a$ gilt:

Bedingung	$a > 0$	$a = 0$	$a < 0$
Lösung	$\sqrt{a}$; $-\sqrt{a}$	$\sqrt{0} = 0$	$\sqrt{-a}$ n. def.
Anzahl der Lösungen	zwei	eine	keine

Auch die Kubikwurzel ist nur für Radikanden mit $a \geq 0$ definiert.

$x^3 = 37$	$x^3 = 125$	$x^3 = -8$	$x^3 = 0$
$x = \sqrt[3]{27} = 3$	$x = \sqrt[3]{125} = 5$	$x = \sqrt[3]{-8}$ n. def.	$x = \sqrt[3]{0} = 0$

Für den Fall $a < 0$ wird für die Lösung der Gleichung $x^3 = -a$ ein positiver Radikand benutzt und erst nach dem Ziehen der dritten Wurzel das negative Vorzeichen gesetzt:

$x^3 = a$ für $a < 0$; $x^3 = -a \rightarrow x = -\sqrt[3]{a}$, denn $(-a)^3 = (-a) \cdot (-a) \cdot (-a) = -a^3$

Für eine Gleichung der Form $x^3 = a$ gilt:

Bedingung	$a > 0$	$a = 0$	$a < 0$
Lösung	$\sqrt[3]{a}$	$\sqrt[3]{0} = 0$	$-\sqrt[3]{a}$
Anzahl der Lösungen	eine	eine	eine

Für $\sqrt[3]{a}$ gibt es unabhängig von a nur eine Lösung. Man muss also unterscheiden zwischen dem Lösen einer Gleichung und dem Wurzelziehen.
Beim Lösen einer Gleichung sucht man alle Zahlen, die diese Gleichung erfüllen. Beim Wurzelziehen wird nur die positive Zahl bestimmt, die mit sich selbst multipliziert den Radikanden ergibt.

Aufgaben

Ausmultiplizieren und Ausklammern

1. Löse die Klammern durch Ausmultiplizieren auf.

a) $8 \cdot (2a - 3b)$ b) $(3x - 5y) \cdot (-2)$ c) $7 \cdot (2u + 3v - 1{,}3w)$
d) $2a \cdot (7b + 3c - 15)$ e) $(a + b) \cdot 2c$ f) $-3a \cdot (a - b^2)$
g) $(2u - v) \cdot (-w)$ h) $0{,}5p \cdot (p - 3q + r^2)$ i) $\frac{1}{3} \cdot (-18x + 21y)$

2. Löse in den beiden Termen die Klammern auf. Was stellst du fest?

$\frac{1}{3}\cdot(18x + 21y)$ und $(18x + 21y):3$

3. Gib für die folgenden Figuren den Umfang an:

a)

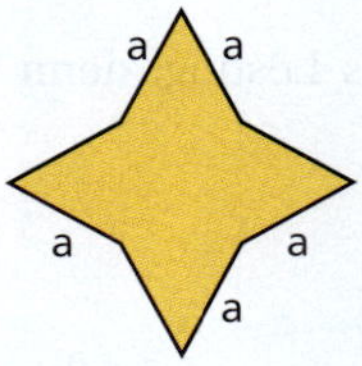

b)

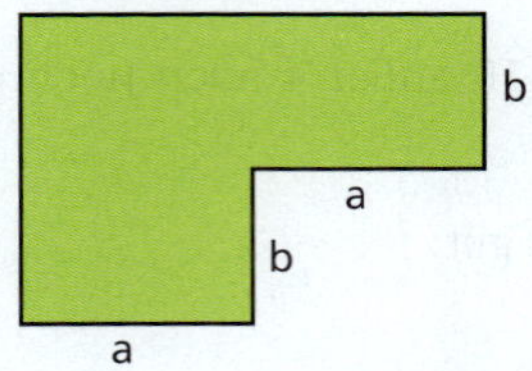

c)

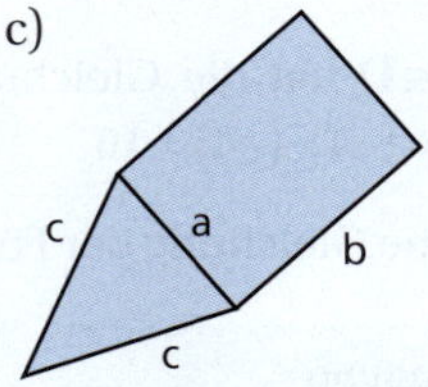

4. Vereinfache die Terme durch Dividieren.

a) $(12x^2 - 36y + 44):4$ b) $(8x^2y - 88x):(8x)$ c) $\frac{15ab - 10bc}{5b}$

d) $\frac{3a^2b + 7ab^2 + ab}{-ab}$ e) $(3a^2b + 7ab^2):(ab)$ *f) $(-4{,}9 + 5{,}6a):(-0{,}7a)$

5. Zerlege die Summanden in Faktoren und unterstreiche gleiche Faktoren mit gleicher Farbe. Klammere aus und multipliziere zur Kontrolle die Klammern wieder aus.

Beispiel: $12ab - 8a = \underline{4}\cdot 3\cdot \underline{a}\cdot b - \underline{4}\cdot 2\cdot \underline{a} = 4a\,(3b - 2) = 12ab - 8a$

a) $9xy + 18yz$ b) $10k^2r - 40\,r^2m$ c) $16adf + 24def - 48aef$

d) $60x^2y - 135y^2 + 75\,xy^2$ *e) $18x^2 - 27xy + 36y^2$ f) $-8a^2 - 16a$

6. Klammere alle gemeinsamen Faktoren aus.

a) $4ax + 8bx$ b) $12pq - 24pr + 48ps$ c) $9xy + 27y^2$

d) $15x - 30y + 60z$ e) $8ab - 16bc + 8abc$ f) $8x - 8$

***7.** Klammere –1 als Faktor aus.

a) $-x - y$ b) $-2p + q$ c) $4a - 3b$ d) $6u + 5v$

e) $-c + 1$ f) $3y^2 - 5z^2$ g) $-16a - 21$ h) $-12m + n$

8. Klammere den angegebenen Faktor aus.

a) $4x^2 - 16xy;\ 4x$ b) $1{,}8rt^2 - 2{,}7r^2t;\ 9rt$ c) $a^2 - 2a^2b + a^2b^2;\ a^2$

d) $a^2b - ab^2;\ ab$ e) $\frac{1}{2}x^2y^3 - \frac{1}{4}x^3y;\ \frac{1}{4}x^2y$ *f) $a^2 + b^2 + 2ab;\ a + b$

9. Klammere den größtmöglichen Faktor aus. Zur Kontrolle sind die Lösungen vorgegeben. Ordne der Teilaufgabe den entsprechenden Buchstaben zu. Das Lösungswort gibt dir Auskunft darüber, wie Ausklammern auch noch genannt wird.

a) $3u^2 - 9u$ b) $m^2n + mn^2$

c) $mn + mp$ d) $12a - 24b$

e) $8a + 8b$ f) $xy^3 - ay^2$

g) $3b^3 + 7b$ h) $27r + 18s$

i) $b^6 + b^4$ j) $5p + 7p$

k) $a^2 + 5a$ l) $rt - t^3v$

m) $a^2x + a^3x^2$

E	$12p$	N	$a^2x(1 + ax)$
F	$3u(u - 3)$	T	$12(a - 2b)$
A	$mn(m + n)$	O	$8(a + b)$
R	$a(a + 5)$	E	$t(r - t^2v)$
I	$b^2(3b + 7)$	R	$y^2(xy - a)$
I	$b^4(b^2 + 1)$	S	$9(3r + 2s)$
K	$m(n + p)$		

***10.** Klammere als gemeinsamen Faktor die Summe bzw. Differenz aus.

a) $3a(c-d)-5b(c-d)$ b) $2a(5v+10w)-5b(10w+5v)$
c) $2x(a-b)+3y(b-a)$ d) $24x^2(2a+b)-18xy^2(2a+b)$

Multiplizieren von Summen

11. Multipliziere die Summen miteinander und fasse möglichst zusammen.

a) $(a+1)\cdot(a+2)$ b) $(a-b)\cdot(a+b)$ c) $(a+1)\cdot(a-2)$
d) $(x-8)\cdot(x+7)$ e) $(1-m)\cdot(m-1)$ f) $(a+b)\cdot(a-b)$
g) $(-2+4x)\cdot(4+2x)$ h) $(2y+3z)\cdot(3y+2z)$ i) $(-x+y)\cdot(y-x)$

***12.** Multipliziere die Klammern aus.

Hinweis:
Kennzeichne bei den ersten beiden Aufgaben mit Pfeilen die Multiplikationen.

a) $(2a+b)\cdot(5a-3b-1)$
b) $(x^2+x-2)\cdot(x^2-x+2)$
c) $(a^3+a^2b+ab^2+b^3)\cdot(a-b)$
d) $(z+1)\cdot(z^5-z^4+z^3-z^2+z-1)$
e) $(-3a-b+1)\cdot(2a-8)+(3a+2)\cdot(5a-4)$

13. Berechne die Termwerte auf zweckmäßige Weise. Kontrolliere deine Lösung, indem du einen zweiten Lösungsweg wählst.

a) $(2a+5b)\cdot(4a-10b)$ für $a=\frac{1}{2}$ und $b=\frac{1}{5}$ b) $(1{,}5x+y)\cdot(-2x+6y)$ für $x=-3$ und $y=-2$
*c) $(a+2)\cdot(a-4)-a^2+2a+6$ für $a=\sqrt{5}$ d) $(x-7)\cdot(4x+4)+7x(4-5x)$ für $x=0{,}1$

14. Wandle die Produkte in Summen um.

a) $(16x+3y)\cdot(2a-3b)$ b) $(7m+30)\cdot(20+m)$ c) $(-5a-3b)\cdot(3x-y+2z)$
d) $(2r^2+t)\cdot(5t-7s^2)$ e) $\left(5a-\frac{1}{2}b\right)\cdot(-2b+0{,}5a)$ f) $(u^2+v)\cdot(v+1)$

15. Multipliziere und fasse zusammen.

a) $(0{,}7m-3n)\cdot(5m+0{,}7n)+6{,}2m^2+9{,}7mn$
b) $(11x-12y)\cdot(3x-4y)-(19x^2-23y^2)$
c) $(2a-1)\cdot(3a-2)+(3-4a)\cdot(a-4)$
d) $(r-5)\cdot(r-1)-(r+2)\cdot(r-3)$
e) $(5x+1)\cdot(x-2)+x(x-3)-(x-1)\cdot x$
f) $(b-4)\cdot(b+6)-b(b+1)-b(1-b)$
*g) $\left(\frac{1}{2}a-1\right)\cdot\left(\frac{3}{2}a-2\right)+\left(\frac{3}{2}-4a\right)\cdot(a-4)$

***16.** Die folgenden Terme sind beim Multiplizieren von Summen entstanden. Gib die Terme an, die miteinander multipliziert wurden.

a) $x^2+2x+ax+2a$ b) $a^2+4a-7a-28$ c) $12r^2+18r-14r-21$
d) $x^3-ax^2+5bx-5ab+2x-2a$ e) $3x^2-2xy^2-3xy+6xz+2y^3-4y^2z$

17. Forme die folgenden Summen jeweils in ein Produkt der Form $(x+a)\cdot(x+b)$ um:

a) x^2+5x+6 b) $x^2+7x+10$ c) $x^2+7x+12$ d) $x^2+8x+12$

18. Forme folgende Summen in Produkte um:

a) $x^2 + 6x + 5$ b) $4a^2 + 9a + 5$ c) $3r^2 + 10r + 8$ d) $12x^2 - 5x - 2$

19. Wie viele Summanden erhältst du, wenn die folgenden Produkte zu bilden sind? Stelle eine „Berechnungsformel" auf.

a) $(a_1 + a_2 + a_3) \cdot (b_1 + b_2 + b_3 + b_4 + b_5)$ b) $(a_1 + a_2 + a_3) \cdot (b_1 + b_2 + b_3) \cdot (c_1 + c_2)$

Binomische Formeln

20. Forme mithilfe der binomischen Formeln in eine Summe um.

a) $(2x + 3y)^2$ b) $(5k - m)^2$ c) $(2a - 1)^2$
d) $(2c + d) \cdot (2c - d)$ e) $(-2 - x)^2$ f) $(2r + 3z) \cdot (2r + 3z)$
g) $(3r - 9p)^2$ h) $(-a + 5s)^2$ i) $(5y - 6e)(5y + 6e)$

21. Ersetze in allen drei binomischen Formeln a bzw. b und vereinfache.

a	3	2p	x^2	bi	m + n
b	c	– q	y	nom	r – s

22. Berechne mit einer binomischen Formel.

a) $(x + y)^2$ b) $(x - 1)^2$ c) $(k + 8)^2$
d) $(1 - y)^2$ e) $(s - t) \cdot (s + t)$ f) $(6x - 2)^2$
g) $(20x - 10y)^2$ h) $(8h + 8) \cdot (8h - 8)$ i) $(2d - 4e)^2$

23. Löse die Klammern auf. Wende die binomischen Formeln an.

a) $(8a + 2b)^2$ b) $(2x - 6y)^2$ c) $\left(\frac{1}{2}d + \frac{2}{3}e\right)^2$
d) $(12g - 19h) \cdot (12g + 19h)$ e) $(0{,}5a + 0{,}7b)^2$ f) $\left(\frac{2}{5}m - \frac{5}{6}n\right)^2$
g) $(h + 3z) \cdot (h - 3z)$ h) $(2r + 1{,}5s)^2$ i) $(4{,}5k + 3m)^2$

24. Zeige, dass gilt:

a) $(a + b)^2 = (-a - b)^2$ b) $(a - b)^2 = (-a + b)^2$

25. Berechne.

a) $(-x - 2y)^2$ b) $(-3u + v)^2$ c) $(-t - 3)^2$
d) $(-5 + 2t)^2$ e) $(-4 - y)^2$ f) $\left(-2w + \frac{1}{2}\right)^2$

26. Berechne mithilfe binomischer Formeln.

a) $(r - t) \cdot (r - t)$ b) $(r + t) \cdot (r + t)$ c) $(3s + 2t) \cdot (3s + 2t)$
d) $(3s - 2t) \cdot (3s - 2t)$ e) $(-r - t) \cdot (-r - t)$ f) $(3s + 2t) \cdot (3s - 2t)$
g) $(-r - z) \cdot (r + z)$ h) $(3s + 2t) \cdot (-3s - 2t)$ *i) $(1 + a) \cdot (1 + a^2) \cdot (1 - a)$
*j) $(6x^2 - 2) \cdot (6x^2 + 2)$ *k) $\left(\frac{1}{2}a + \frac{3}{4}z\right) \cdot \left(\frac{1}{2}a + \frac{3}{4}z\right)$ l) $(0{,}5p - 0{,}2q) \cdot (0{,}5p - 0{,}2q)$

27. Wo stecken die Fehler? Korrigiere und erkläre.

a) $(4x + 5y)^2 = 4x^2 + 40xy + 5y^2$ b) $(6a + 4b) \cdot (6a - 4b) = 36a^2 + 16b^2$
c) $\left(\frac{1}{2}a - \frac{1}{4}b\right)^2 = \frac{1}{4}a^2 - \frac{1}{4}ab - \frac{1}{16}b^2$ d) $(-7z + 2w)^2 = 4w^2 - 49z^2$
*e) $(-0{,}1e - 3f)^2 = -1 \cdot (0{,}1e + 3f)^2 = -0{,}01e^2 - 0{,}6ef - 9f^2$

28. Wandle die Summen mithilfe der binomischen Formeln in Produkte um.

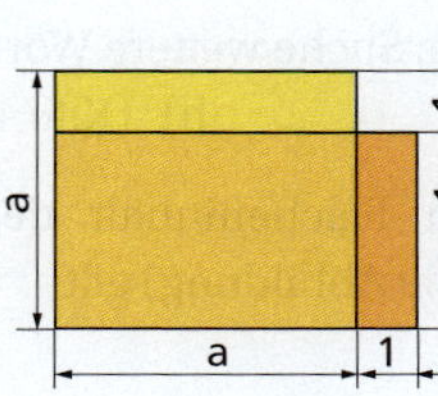

$a^2 - 1 = (a + 1)\cdot(a - 1)$

a) $4a^2 + 4ab + b^2$
b) $225x^2 + 750xy + 625y^2$
c) $81a^2 - 9ab + \frac{1}{4}b^2$
d) $25n^2 - 250\,nv + 625v^2$
e) $\frac{1}{4}r^2 - \frac{1}{9}s^2$
f) $-25a^2 + b^2$
*g) $13p^2 + 2\sqrt{13}pq + 13q^2$
*h) $4h^4 + 12h^2g^2 + 9g^4$

29. Berechne mithilfe der 1. und 2. binomischen Formel im Kopf folgende Quadrate, die in der Nähe von Vielfachen der Zehn liegen:
Beispiel: $19^2 = (20 - 1)^2 = 400 - 40 + 1 = 361$

a) 21^2 b) 29^2 c) 42^2 d) 59^2 e) 72^2
f) 88^2 g) 103^2 h) 199^2 i) 1001^2 j) 1005^2

30. Berechne mithilfe der 3. binomischen Formel im Kopf das Produkt folgender Faktoren, die gleich weit von einem Vielfachen von Zehn entfernt sind:

a) $19\cdot 21$ b) $18\cdot 22$ c) $31\cdot 39$ d) $102\cdot 98$ e) $197\cdot 203$

31. Berechne mithilfe der binomischen Formeln.
Hinweis: Für a; b > 0 gilt $\sqrt{a}\cdot\sqrt{b} = \sqrt{a\cdot b}$.

a) 1999^2 b) $1999\cdot 2001$ c) $(\sqrt{2} - \sqrt{3})\cdot(\sqrt{3} + \sqrt{2})$
d) $(\sqrt{3} + \sqrt{12})^2$ e) $44^2 - 43^2$ f) $101^2 - 100^2$

32. Hier hat jemand den Zettel mit den Lösungen durcheinandergebracht. Ordne den Aufgaben die richtige Lösung zu. Du erhältst seinen Namen.

a) $(a - b)^2 - (a + b)^2$
b) $[(a + b)\cdot(a - b)]^2$
c) $(a + b)^2 + (a - b)^2$
d) $(a + b)^2(a - b)$
e) $(a - b)(a^2 - b^2)$
f) $(a^2 + b^2)(a + b)(a - b)$
g) $(a + b)^2 + (a + b)(a - b)$
h) $(a + b)^2\cdot(a + b)$

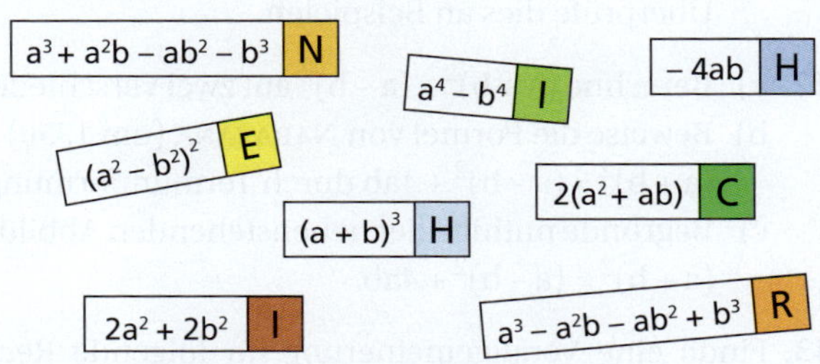

33. Löse die Klammern auf. Beachte die anzuwendenden Termumformungen. Fasse zusammen.

a) $(\text{cä} - \text{sar})^2 + (\text{cä} + \text{sar})(\text{cä} - \text{sar})$
b) $-\left(\frac{3}{2}a - \frac{1}{4}b\right) - \left(\frac{1}{2}a - \frac{1}{4}\right)^2$
c) $(-2x + 5y)^2 - (2x + 10y)(2x - y)$
d) $(f - 2)(f + 2) + 3(f + 1)^2 - 5(f - 1)^2$

34. Andrea behauptet, dass der Term $(n + 1)\cdot(n - 1) + 1$ für jede natürliche Zahl $n (n > 0)$ eine Quadratzahl liefert.
Überprüfe dies, indem du alle natürlichen Zahlen bis 10 einsetzt.

35. Schreibe die Summen als Produkte.

a) $16y^2 - 24yz + 9z^2$ b) $9a^2 - 12ab + 4b^2$ *c) $15e^2 - 65f^2$
d) $a^2b^2 + 2abcd + c^2d^2$ e) $25r^2s^2 - 81w^2$ f) $p^2 - 1$

36. Quadriere und lies vor. Suche weitere Wortspiele.
a) $(\text{Spiel} + \text{Plan})^2$ b) $(\text{Kilo} + \text{Meter})^2$ c) $(\text{Filz} + \text{Latschen})^2$

***37.** Zeige, dass für den Flächeninhalt des Rechtecks ABCD (siehe Abbildung) gilt:
$A = (a + 2b)^2 - b^2$

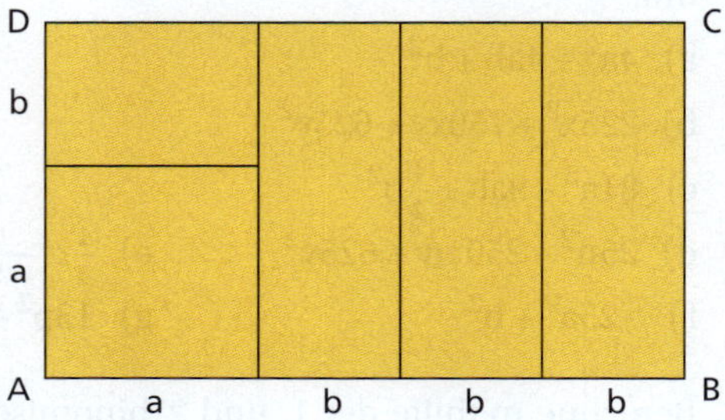

38. Löse alle Klammern auf.
Vereinfache so weit wie möglich.
a) $4y(0{,}7xy + 0{,}3y) + 2xy^2 - 6y^2$
b) $-8(4x + 7y) - 14y + 12x - 4\,(2y - 5x)$
c) $3s(s + 1) + 2(s - 1) \cdot (s + 4) - 5s^2 - 3s$
d) $7x(y + z) - 7y(x - 2)$

39. a) Zeige durch Gegenbeispiele, dass nicht für alle a; $b \in \mathbb{Q}$ gilt: $(a + b)^2 = a^2 + b^2$
b) Gib ein Zahlenpaar $(a \mid b)$ an, für das gilt: $(a + b)^2 = a^2 + b^2$
*c) Finde alle Zahlenpaare $(a \mid b)$ mit a; $b \in \mathbb{Q}$, für die $(a + b)^2 = a^2 + b^2$ gilt.

40. Für welche Zahlen a und b gelten die Angaben?
a) $a^2 - b^2 = a + b$ b) $(a + b) \cdot (a - b) = (a + b)^2$

***41.** Julia untersucht, wann die Summe zweier Quadratzahlen wieder eine Quadratzahl ist.
a) Sie rechnet $3^2 + 4^2 = 5^2$ und vermutet $(n - 1)^2 + n^2 = (n + 1)^2$.
Begründe anhand von Beispielen, dass Julias Vermutung falsch ist.
b) Pythagoras von Samos (etwa 580 bis 500 v. Chr.) fand nach vielen Versuchen heraus, dass sich eine solche Summe stets auf folgende Weise bilden lässt:
Man wählt zwei beliebige natürliche Zahlen m und n $(m > n)$ und berechnet $a = m^2 - n^2$; $b = 2mn$; $c = m^2 + n^2$. Dann gilt: $a^2 + b^2 = c^2$
Überprüfe dies an Beispielen.

***42.** a) Berechne $(a + b)^2 - (a - b)^2$ auf zwei verschiedenen Wegen.
b) Beweise die Formel von Narayana (um 1350)
$(a + b)^2 = (a - b)^2 + 4ab$ durch Termumformung.
c) Begründe mithilfe der nebenstehenden Abbildung die Beziehung
$(a + b)^2 = (a - b)^2 + 4ab$.

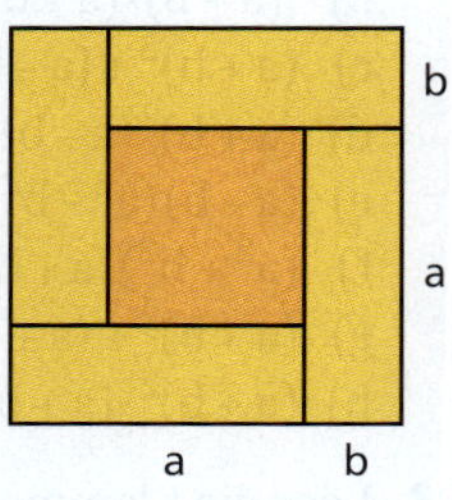

***43.** Finde eine Verallgemeinerung für folgende Rechnungen und begründe den Rechenvorteil mithilfe von Variablen:
a) $17 \cdot 18 = (17 + 8) \cdot 10 + 7 \cdot 8$; $13 \cdot 15 = (13 + 5) \cdot 10 + 3 \cdot 5$
b) $75^2 = 7 \cdot 8 \cdot 100 + 25$; $105^2 = 10 \cdot 11 \cdot 100 + 25$

44. Hier wurden Fehler gemacht, finde sie heraus und gib die richtigen Lösungen an.
a) $-5ax \cdot 7ay = 35a^2xy$ b) $24a^2bc : (-8abc) = -3abc$ c) $-12x^2y : (-6x^2y^2) = \frac{2x}{y}$

45. Gib mithilfe eines Terms eine allgemeine Darstellung einer natürlichen Zahl mit jeweils der folgenden Eigenschaft an:
a) Sie ist gerade.
b) Sie ist durch 5 teilbar.
c) Sie ist ungerade.
d) Sie lässt bei Division durch 3 den Rest 1.
e) Sie ist eine Quadratzahl.
f) Sie ist durch 2 und durch 5 teilbar.

46. Gib jeweils einen Term für folgende Formulierungen an.
Gib jeweils auch den Grundbereich der verwendeten Variablen an.
a) eine durch 5 teilbare Zahl
b) drei aufeinanderfolgende natürliche Zahlen
c) das Quadrat der Summe zweier rationaler Zahlen
d) eine dreistellige Zahl
*e) das Quadrat einer ungeraden natürlichen Zahl
*f) das Reziproke einer Zahl vermindert um 3

***47.** Untersuche an Beispielen, ob folgende Behauptungen wahr sein können, und begründe deine Vermutungen:
a) Der Term $3n(2n + 2)$ ist für alle natürlichen Zahlen durch 6 teilbar.
b) Der Term $2n - 2$ ist für alle $n \in \mathbb{N}$ stets eine gerade natürliche Zahl.
c) Die Summe von zwei aufeinanderfolgenden natürlichen Zahlen ist stets ungerade.
d) Die Summe von fünf aufeinanderfolgenden natürlichen Zahlen ist stets durch 5 teilbar.
e) Die Summe von vier aufeinanderfolgenden Zahlen ist stets durch 4 teilbar.
f) Die Summe von drei aufeinanderfolgenden geraden Zahlen ist stets durch 6 teilbar.

48. a) Setze die Aufgabenfolgen ① und ② um zwei weitere gleichartige Aufgaben fort und überprüfe jede Gleichung.

①	②
$1 - \frac{1}{2} = 1 \cdot \frac{1}{2}$	$1 + \frac{1}{2} = 1 \cdot \frac{3}{2}$
$2 - \frac{2}{3} = 2 \cdot \frac{2}{3}$	$2 + \frac{2}{3} = 2 \cdot \frac{4}{3}$
$3 - \frac{3}{4} = 3 \cdot \frac{3}{4}$	$3 + \frac{3}{4} = 3 \cdot \frac{5}{4}$

*b) Schreibe eine Vermutung mithilfe von Variablen auf.

***49.** Begründe anhand von Beispielen die Wahrheit folgender Aussagen über Quadratzahlen:
a) Jede gerade Quadratzahl ist auch durch 4 teilbar.
b) Das Quadrat einer ungeraden Zahl ist stets ungerade.
c) Der Vorgänger des Quadrats einer ungeraden Zahl ist stets durch 4 teilbar.
d) Die Summe der Quadrate von zwei aufeinanderfolgenden natürlichen Zahlen ist gleich dem um 1 vermehrten doppelten Produkt dieser Zahlen.
e) Die Differenz der Quadrate von zwei aufeinanderfolgenden natürlichen Zahlen ist gleich der Summe dieser Zahlen.

***50.** Kann das sein?
Wenn die Summe der Einerziffern zweier natürlicher Zahlen 10 ergibt, dann sind die Einerziffern der Quadrate der beiden Zahlen stets gleich.
a) Überprüfe diese Behauptung an einigen Zahlen.
b) Gilt die Behauptung auch für ganze Zahlen? Begründe.

***51.** Eine Zahl lässt bei der Division durch 4 den Rest 2, eine andere bei der Division durch 3 auch den Rest 2. Divisionsfüchslein schlussfolgert:
„Das Produkt der beiden Zahlen ist dann stets gerade."
Ist das richtig? Begründe.

***52.** Eine ungerade Quadratwurzel lässt bei der Division durch 8 den Rest 1. Gilt das stets?

***53.** Wenn eine natürliche Zahl bei der Division durch 5 den Rest 2 lässt, dann lässt das Doppelte des Quadrats dieser Zahl bei der Division durch 5 den Rest 3. Gilt dies stets?

***54.** Hanna sagt: „Ich errate deinen Geburtstag, wenn du mir das Ergebnis folgender Rechnung sagst:
Verdopple die Nummer des Monats, addiere 1, verfünffache das Ergebnis, multipliziere mit 10, addiere die Nummer des Tages, an dem du Geburtstag hast."

***55.** Mit den folgenden Tricks kannst du eine oder zwei gedachte Zahlen erraten, wenn dir das Ergebnis einer Rechnung angesagt wird.
Begründe mithilfe von Variablen die Lösungsvorschrift.

a) Denkt euch ein beliebiges Datum (Tag, Monat), multipliziert die Zahl, die den Tag angibt, mit 3 und addiert zu diesem Produkt 7. Verdreifacht dann die erhaltene Summe und addiert die Tageszahl. Die so ermittelte Zahl multipliziert mit 10 und addiert die Monatszahl.
Vorschrift: Vom Ergebnis sind 210 zu subtrahieren. Die ersten beiden Ziffern geben die Tages- und die letzten beiden die Monatszahl an.

b) Multipliziert eure Schuhgröße mit 2, addiert zum Ergebnis 39, multipliziert die Summe mit 50, addiert die Zahl 59 (diese Zahl erhältst du aus der aktuellen Jahreszahl minus 1950), subtrahiert euer Geburtsjahr und nennt mir das Ergebnis.
Vorschrift: Die ersten beiden Ziffern geben die Schuhgröße und die letzten beiden das Alter an, das im aktuellen Jahr erreicht wird.

Arbeiten mit Quotienten

56. Gib jeweils an, für welche Werte der entsprechende Term nicht definiert ist. Setze jeweils die in Klammern stehende Zahl ein. Berechne dann den Term, wenn dies zulässig ist.

a) $\frac{3}{a+4}$; (a = 3) b) $\frac{4b}{b-2}$; (b = 4) c) $\frac{5c}{c(c-5)}$; (c = 5) d) $\frac{-6}{d^2}$; (d = 6)

57. Erweitere jeweils mit dem in Klammern stehenden Term.

a) $\frac{1}{2}$; (mit 7) b) $\frac{1}{2x}$; (mit 5) c) $\frac{5}{a^2}$; (mit –3) d) $\frac{1}{2}$; (mit x)
e) $\frac{3}{a-b}$; (mit a) f) $\frac{1}{a-b}$; (mit a + b) g) $\frac{r}{r+s}$; (mit r + s) h) $\frac{r+1}{r-1}$; (mit r + 1)

58. Erweitere jeweils auf den angegebenen Nenner. Gib den Zähler und den Erweiterungsterm an.

a) $\frac{a}{36} = \frac{■}{72}$ b) $\frac{2}{3} = \frac{■}{3a}$ c) $\frac{3}{x} = \frac{■}{4x^2}$ d) $\frac{2x}{15y} = \frac{■}{45xy^2}$

59. Die folgenden Quotienten sollen jeweils (durch Erweitern) gleichnamig gemacht werden:

a) $\frac{7}{8}$ und $\frac{5}{24}$ b) $\frac{a}{5}$ und $\frac{b}{7}$ c) $\frac{1}{8}$ und $\frac{1}{16a}$ d) $\frac{2a}{3b}$ und $\frac{4}{9ab}$
e) $\frac{1}{4x^2}$ und $\frac{1}{28x}$ f) $\frac{c}{5ab^2}$ und $\frac{c^2}{a^2b}$ g) $\frac{r}{3}$ und $\frac{3}{r+3}$ h) $\frac{1}{a+1}$ und $\frac{1}{a-1}$
i) $\frac{x}{x+3}$ und $\frac{x}{x-3}$ j) $\frac{a}{2^3}$ und $\frac{b}{2^5}$ k) $\frac{4t}{f^2-9}$ und $\frac{3s}{f-3}$ *l) $\frac{1}{5^m}$ und $\frac{2}{5^{m+2}}$

60. Kürze so weit wie möglich.

a) $\frac{28}{42}$ b) $\frac{4\cdot5\cdot2}{10\cdot8}$ c) $\frac{8a}{9a}$ d) $\frac{42x}{84y}$ e) $\frac{3ab}{12b}$ f) $\frac{13+7}{10\cdot14}$

g) $\frac{3\cdot5}{9+6}$ h) $\frac{-11uv^2w^3}{-22u^2vw^2}$ i) $\frac{(xy)^2}{2xy^3}$ *j) $\frac{2(a+b)}{5(a+b)^2}$ *k) $\frac{1{,}5a(b+4)^2}{4{,}5(b+4)}$

l) $4ab:(a^2b^2)$ m) $-36mn:(0{,}9m)$ n) $(14r^2s^3):(7rs^3)$

61. Klammere im Zähler (oder Nenner) einen geeigneten Faktor aus. Kürze dann, wenn möglich.

a) $\frac{15a+5b}{5}$ b) $\frac{36xy+48x}{12x}$ c) $\frac{49x^3-35x^2}{-7x^2}$ d) $\frac{-18m^2n+27mn^2}{-9mn}$

***62.** Kürze. Verwende (falls möglich) binomische Formeln.

a) $\frac{36\cdot(x+y)}{48\cdot(x^2-y^2)}$ b) $\frac{2\cdot(x-y)}{x^2-2xy+y^2}$ c) $\frac{16x^2+24xy+9y^2}{4x+3y}$ d) $\frac{(x+y)^2-2xy}{x^2-y^2}$

63. Multipliziere. Versuche, vor dem Ausmultiplizieren zu kürzen.

a) $\frac{2}{5}\cdot\frac{1}{3}$ b) $\frac{12}{16}\cdot\frac{48}{36}$ c) $\frac{a}{2}\cdot\frac{b}{3}$ d) $\frac{a^2b}{cd^3}\cdot\frac{c^2d^4}{ab}$

e) $\frac{8xy}{-14z}\cdot\frac{-7z}{xy^2}$ f) $\left(\frac{2x}{3y}\right)^2\cdot(-y^2)$ g) $\frac{abc}{a-c}\cdot\frac{(a-c)^2}{ab}$ h) $\frac{15x}{x+y}\cdot\frac{2(x+y)}{45x^2}$

i) $\frac{a+b}{a-b}\cdot\frac{a+b}{a+1}$ j) $(x+2)\cdot\frac{1}{x+2}$ k) $\frac{1}{m^2-16}\cdot(m-4)$ l) $\frac{k^2-1}{4}\cdot\frac{-8}{k+1}$

64. Bilde das Reziproke. Gib an, für welche Werte der Variablen die Terme nicht definiert sind.

a) $\frac{2}{5}$ b) 4 c) $\frac{a}{3}$ d) $\frac{x+1}{2}$ e) $\frac{4k}{5m}$ f) $\frac{x-y}{x+y}$ g) $\frac{b}{a-b}$

65. Dividiere. Versuche, vor dem Ausmultiplizieren zu kürzen.

a) $\frac{1}{3}:\frac{2}{5}$ b) $\frac{12}{21}:\frac{24}{14}$ c) $\frac{3}{x}:\frac{9}{x}$ d) $\frac{1}{a}:\frac{1}{k}$

e) $\frac{15x^2}{6y^3}:\frac{45x}{18y}$ f) $\frac{28u^2v}{u^3}:\frac{56v}{u^4}$ g) $\frac{x+2}{y}:\frac{x}{4y}$ h) $\frac{2x-3y}{x-y}:\frac{x+y}{2x-3y}$

i) $\frac{x^2y^3z}{xy}:\frac{x^3yz}{y^2}$ *j) $\frac{a^2-1}{a^2+2ab+b^2}:\frac{a+1}{a+b}$ *k) $\frac{7ab^{-2}}{4c^4}:\frac{7a^3b^5}{12b^3}$ *l) $\frac{2x+2}{x+2}:\frac{4+4x}{4-x^2}$

66. Gegeben ist das Produkt $\frac{a-b}{a^2-b^2}\cdot\frac{2a+2b}{a}$.

a) Berechne den Wert des Terms bei der Belegung der Variablen für a = 10 und b = –3.

b) Multipliziere die Quotienten und vereinfache so weit wie möglich.
Berechne dann den Termwert für a = 10 und b = –3.

c) Vergleiche die Ergebnisse von a und b. In welchem Fall ist der Rechenaufwand größer?

67. Nenne alle Zahlen, für die die Terme nicht definiert sind. Zeige, dass für alle anderen Zahlen die folgenden Gleichungen gelten:

a) $\frac{x-1}{x}+\frac{2}{x}=\frac{x+1}{x}$ b) $\frac{a-1}{a}-\frac{1}{2}=\frac{a-2}{2a}$ *c) $\frac{1}{3+r}-\frac{1}{3-r}=\frac{2r}{r^2-9}$

d) $\frac{d+3}{d-5}-\frac{d+2}{d-5}=1$ e) $\frac{1}{4+e}+\frac{1}{4-e}=\frac{8}{16-e^2}$ f) $4-\frac{1}{f}=\frac{4f-1}{f}$

g) $\frac{8}{5-g}-3=\frac{g-7}{5-g}$ *h) $\frac{x+y}{x-y}-\frac{x-y}{x+y}=\frac{2xy}{x^2-y^2}$ *i) $\frac{x-y}{x+y}+\frac{x+y}{x-y}=\frac{2xy}{x^2-y^2}$

68. Wurde hier richtig umgeformt? Beseitige gegebenenfalls die Fehler.

a) $\frac{16x}{2ab} \cdot \frac{a}{3x} = \frac{1}{9b}$ b) $\frac{2x}{x-y} \cdot (x-y)^2 = 2x^2 - 2xy$ c) $\left(\frac{1}{a} - \frac{1}{\pi}\right) \cdot \pi a = \pi + a$

d) $\frac{m^2 - h^2}{5} \cdot \frac{5}{m-h} = m - h$ e) $\frac{8y^2}{x} : \frac{4y}{3x^2} = 6xy$ f) $\frac{2-a}{2a} : \frac{a-2}{4a} = \frac{1}{2}$

69. Berechne. Vereinfache die Terme durch Kürzen, falls dies möglich ist.

a) $\frac{5x^2y}{18ab} \cdot (-3b^2)$ b) $\frac{5x^2y}{18ab} : (-3b^2)$ c) $(7ab^2) \cdot \frac{4x^2y}{21ab}$ d) $(7ab^2) : \frac{4x^2y}{21ab}$

e) $(a-b) \cdot \frac{a+b}{a}$ f) $\frac{a+b}{a} : (a-b)$ g) $(x-y) \cdot \frac{x+y}{x^2-y^2}$ h) $\frac{x^2-y^2}{x^2+y^2} : (x+y)$

70. Für welche Variablen a, b, c ist der Term nicht definiert? Begründe.

a) $\frac{9a^2c + 6ac^3}{3ac^2}$ b) $\frac{14a - 28b}{a - 2b}$ c) $\frac{24abc^2 + 12ac}{-36ab^2c}$

*d) $(4a^2 - \frac{3}{4}ab + \frac{1}{9}b^2) : (2a - \frac{1}{3}b)$ e) $(64a^2 - 121b^2) : (8a - 11b)$

71. Einmal wurde dem Schüler Carl Friedrich Gauss (1777 bis 1855) von seinem Rechenlehrer die Aufgabe gestellt, die Zahlen von 1 bis 100 zu addieren. Zur großen Verwunderung des Lehrers legte der kleine Carl ihm schon nach kurzer Zeit die richtige Lösung 5 050 vor. Carl hatte folgende Idee:

Da $1 + 100 = 101$; $2 + 99 = 101$; $3 + 98 = 101$ ... beträgt die Summe aller Zahlen $50 \cdot 101 = 5050$.

a) Berechne nach der Methode von Gauss die Summe der Zahlen von 1 bis 1 001.

*b) Verallgemeinere die Idee von Gauss und gib eine allgemeine Formel zur Berechnung der Summe der Zahlen von 1 bis n an. Überprüfe deine Formel an Beispielen.

Gleichungen mit Potenzen

72. Löse folgende Gleichungen im Kopf:

a) $x^2 = 36$ b) $x^2 = 81$ c) $x^2 = 625$ d) $x^2 = 10\,000$ e) $x^2 = 1{,}96$

f) $x^2 = 0{,}09$ g) $x^2 = 2{,}89$ h) $x^2 = 0{,}25$ i) $x^2 = \frac{25}{9}$ j) $x^2 = \frac{144}{49}$

73. Welche Zahlen erfüllen die quadratischen Gleichungen?

a) $x^2 - 25 = 0$ b) $x^2 - 64 = 0$ c) $x^2 - 100 = 0$ d) $2x^2 - 288 = 0$ e) $x^2 - 5 = 44$

f) $x^2 + 46 = 10$ g) $3x^2 + 39 = 87$ h) $3x^2 - 0{,}12 = 0$ i) $\frac{1}{2}x^2 - 3 = 29$ j) $x^2 + 5 = 44$

74. Gib die Lösungsmengen folgender Gleichungen an:

a) $2x^2 = 128$ b) $15x^2 = 15$ c) $3x^2 = 0$ d) $7x^2 = 1{,}12$ e) $x^2 = \frac{1}{49}$

75. Löse folgende Gleichungen. Gib die Ergebnisse exakt an.

a) $x^2 = 5$ b) $x^2 - 10 = 0$ c) $3x^2 - 60 = 0$ d) $2x^2 = 19$ e) $4x^2 - 5 = -2$

76. Löse mithilfe des Taschenrechners. Runde die Ergebnisse auf zwei Dezimalstellen.

a) $x^2 = 8$ b) $2x^2 = 9$ c) $x^2 - 5 = 10$ d) $x^2 + 1 = 0$ e) $6x^2 - 4 = 10$

77. Ein quadratischer Garten hat einen Flächeninhalt von 420,25 m^2. Wie lang sind seine Seiten?

78. Der Oberflächeninhalt eines Würfels beträgt 121,5 cm^2. Wie lang ist eine Kante des Würfels?

79. Der Flächeninhalt eines Rechtecks beträgt 512 cm^2. Eine Rechteckseite ist doppelt so lang wie die andere Seite. Wie lang sind die Seiten des Rechtecks?

Das pascalsche Dreieck

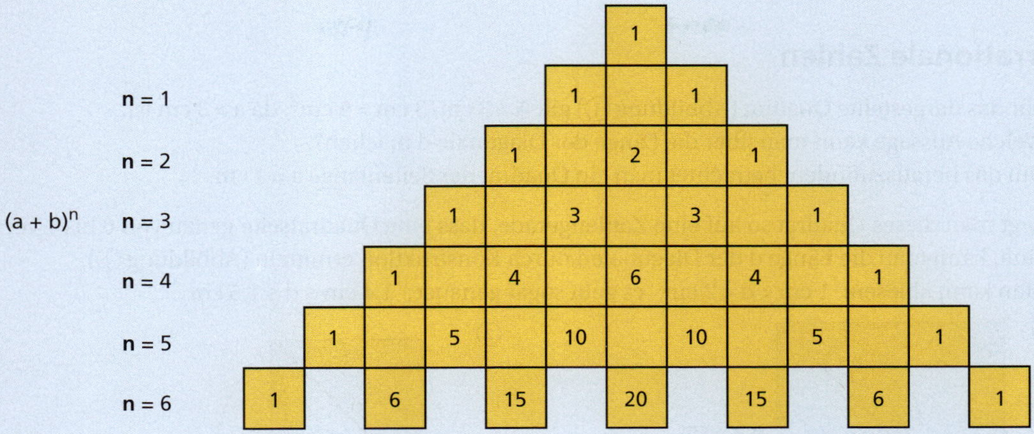

Im Jahre 1303 wurde erstmalig von dem chinesischen Mathematiker CHU SHIH-CHIEM das abgebildete dreieckige Zahlenschema in seinem Buch „Kostbarer Spiegel der vier Elemente" veröffentlicht.

Der französische Mathematiker, Naturforscher und Theologe BLAISE PASCAL (1623 bis 1662) untersuchte es näher und fand viele interessante Eigenschaften der Zahlenanordnung. Nach ihm wurde diese Zahlenanordnung später pascalsches Dreieck benannt.

Mehr Informationen über BLAISE PASCAL erhältst du im Internet: www.schuelerlexikon.de

BLAISE PASCAL

1. Ermittle das Bildungsgesetz der Zahlen in einer Zeile des pascalschen Dreiecks.
   Beachte die Zahlen in der darüberliegenden Zeile.
2. Übertrage das Dreieck in dein Heft und ergänze die nächsten zwei Zeilen.
3. Berechne $(a + b)^3$ und $(a + b)^4$. Vergleiche die Koeffizienten der Glieder dieser Summen mit den Zahlen im pascalschen Dreieck.
   Welchen Zusammenhang stellst du fest?
4. Berechne mithilfe des pascalschen Dreiecks die folgenden Terme:
   a) $(2a + b)^3$ b) $(a - b)^3$ c) $(2x - 3y)^3$ d) $(a + b)^5$ e) $(a + b)^6$ f) $(a + b)^7$
5. Versuche, im pascalschen Dreieck möglichst viele Besonderheiten und Regelmäßigkeiten in der Anordnung der Zahlen zu finden.
   Betrachte dazu die Zahlen auf waagerechten, senkrechten oder schrägen Linien.
   Bilde Summen oder Differenzen benachbarter Zahlen.

1.2 Reelle Zahlen

Irrationale Zahlen

Für das dargestellte Quadrat (Abbildung ①) gilt $A = 3\text{ cm} \cdot 3\text{ cm} = 9\text{ cm}^2$, da $a = 3$ cm ist.
Welche Aussage kann man über die Länge der Diagonale d machen?
Um das herauszufinden, betrachtet man ein Quadrat der Seitenlänge $a = 1$ cm.

Legt man dieses Quadrat so auf eine Zahlengerade, dass eine Quadratseite genau von 0 bis 1 verläuft, kann man die Länge d der Diagonalen durch Konstruktion ermitteln (Abbildung ②).
Man kann ablesen: $1\text{ cm} < d < 2\text{ cm}$; es geht sogar genauer: $1{,}4\text{ cm} \le d \le 1{,}5\text{ cm}$

①

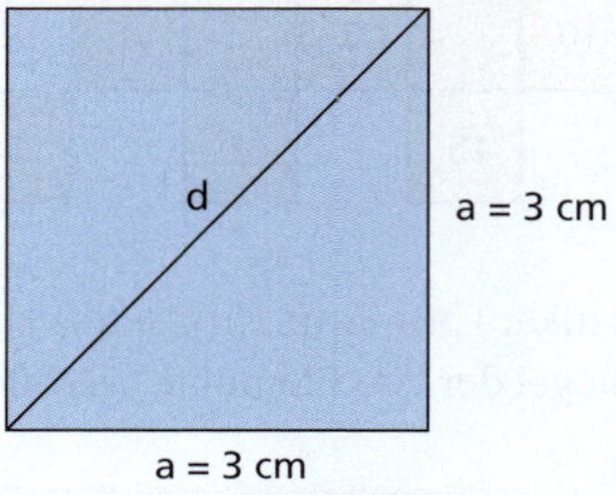

②

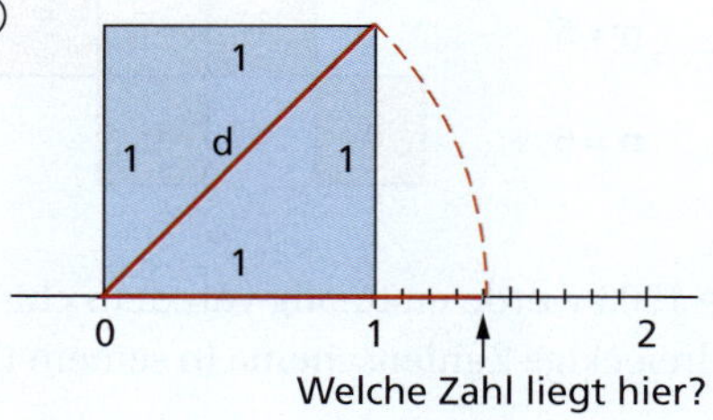

Die Diagonale d zerlegt das Quadrat in zwei kongruente Dreiecke. Setzt man jetzt vier solcher Dreiecke geschickt zusammen, so erhält man ein Quadrat mit der Seitenlänge d.
Der Flächeninhalt des kleinen schwarzen Quadrats beträgt 1 cm^2. Also hat das große schwarze Quadrat einen Flächeninhalt von 4 cm^2.
Der Flächeninhalt des roten Quadrats ergibt sich aus der Hälfte des großen schwarzen Quadrats. Somit hat das rote Quadrat einen Flächeninhalt von 2 cm^2.

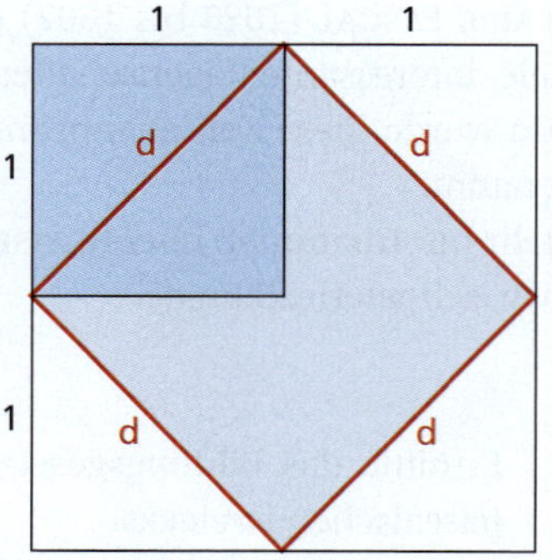

Es muss also gelten: $d^2 = 2$ oder $d = \sqrt{2}$

Die Bestimmung der Länge der Diagonalen d führt zu der Frage, was für eine Zahl $\sqrt{2}$ ist:
- Eine natürliche Zahl ist es nicht, denn $1^2 < 2 < 2^2$.
- Es müsste also eine rationale Zahl sein, die zwischen 1 und 2 liegt. Rationale Zahlen lassen sich als Brüche darstellen. Man sucht also einen Bruch, für den gilt:
  $\left(\frac{a}{b}\right)^2 = \frac{a}{b} \cdot \frac{a}{b} = 2$, wobei a und b natürliche Zahlen sind und keinen gemeinsamen Teiler haben.

Es muss gelten:
① $b > 1$, denn sonst stellt der Bruch eine natürliche Zahl dar.
② Andererseits müsste sich der Bruch $\frac{a}{b}$ so weit kürzen lassen, dass der Nenner 1 wird, denn sonst kann nicht gelten:

$$\left(\frac{a}{b}\right)^2 = \frac{2}{1} = 2$$

Beide Bedingungen gleichzeitig zu erfüllen, ist unmöglich. Also ist $\sqrt{2}$ keine rationale Zahl.

Betrachtet man Quadrate mit anderen Seitenlängen wie z. B. 5 cm, 7 cm, 11 cm, dann stellt man fest, dass die Längen der Diagonalen wie z. B. $\sqrt{5}$ cm, $\sqrt{7}$ cm, $\sqrt{11}$ cm ebenfalls nicht als rationale Zahlen angegeben werden können, d. h., es gibt eine Vielzahl von Zahlen, die keine rationalen Zahlen sind.

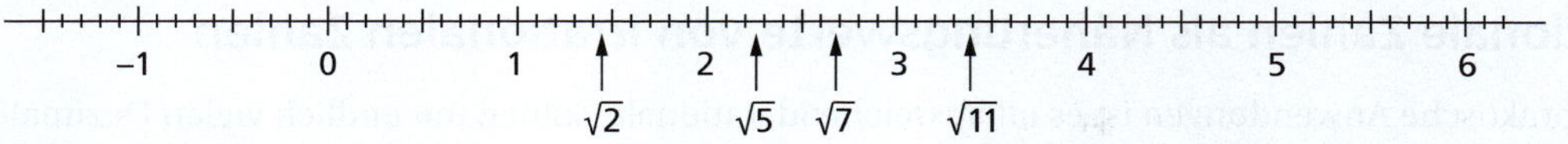

Zahlen, die sich nur als unendliche nichtperiodische Dezimalbrüche darstellen lassen, nennt man **irrationale Zahlen.**

Reelle Zahlen

Aus den bisherigen Untersuchungen und Ergebnissen ergibt sich die Notwendigkeit, den bisherigen Bereich der rationalen Zahlen zu erweitern. Im Bereich der rationalen Zahlen sind die unendlichen nichtperiodischen Dezimalbrüche nicht enthalten, z. B. $\sqrt{2}$, $\sqrt{32}$, $\sqrt{18}$, $\sqrt[3]{10}$.
Nur für die Quadratzahlen 1, 4, 9, 16 ... sind die Quadratwurzeln natürliche Zahlen. Für alle anderen natürlichen Zahlen sind die Quadratwurzeln irrationale Zahlen.
Ebenso sind nur für die Kubikzahlen 1, 8, 27, 64 ... die Kubikwurzeln natürliche Zahlen. Für alle anderen natürlichen Zahlen sind die Kubikwurzeln irrationale Zahlen.

Die rationalen und die irrationalen Zahlen zusammen bilden die **Menge der reellen Zahlen.** Die Menge der reellen Zahlen wird mit $\mathbb{R}$ bezeichnet.

Rationale Zahlen sind: $\sqrt[3]{64} = 4$; $-5{,}1$; 2; $3{,}\overline{24}$; $-\frac{1}{3}$ ...
Irrationale Zahlen sind: $\pi = 3{,}14159...$; $2{,}7182$; $\sqrt[3]{5} = 1{,}7099$; $-3{,}141592...$

Für die reellen Zahlen gilt:

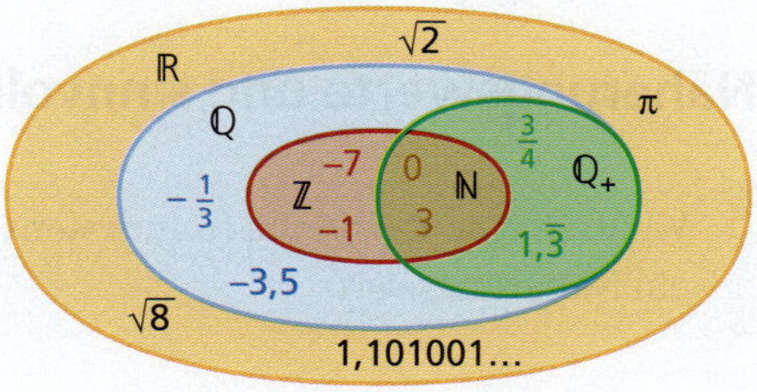

- In der Menge der reellen Zahlen sind alle Grundrechenoperationen und das Wurzelziehen für positive Radikanden und die Zahl 0 stets ausführbar.
- Als Quadratwurzel aus einer reellen Zahl b, mit $b \geq 0$, wird diejenige nichtnegative reelle Zahl a bezeichnet, deren zweite Potenz b ergibt. ($\sqrt{b} = a$, denn $a^2 = b$)
- Die reellen Zahlen füllen die Zahlengerade lückenlos aus. Jeder reellen Zahl kann genau ein Punkt der Zahlengeraden zugeordnet werden. Jeder Punkt der Zahlengeraden entspricht genau einer reellen Zahl.
  Die Menge der reellen Zahlen ist abgeschlossen.
- Im Unterschied zur Menge der gebrochenen Zahlen, die abzählbar unendlich ist, können die reellen Zahlen nicht abgezählt werden. Sie sind *überabzählbar.*

Beim praktischen Rechnen mit reellen Zahlen benutzt man stets endliche Dezimalstellen als Näherungswerte. Trotzdem haben die reellen Zahlen eine große Bedeutung, weil viele Funktionen in der Mathematik als Werte reelle Zahlen besitzen.

Rationale Zahlen als Näherungswerte von irrationalen Zahlen

Für praktische Anwendungen ist es oft ausreichend, rationale Zahlen mit endlich vielen Dezimalstellen als Näherungswerte von irrationalen Zahlen anzugeben. Je nachdem, wie genau das Ergebnis einer Rechnung sein soll, verwendet man nur Näherungswerte mit der entsprechenden Anzahl von Dezimalstellen. Die Anzahl der Dezimalstellen sollte dabei sinnvoll, d. h. dem Sachverhalt entsprechend, sein.

$\sqrt{2}+\sqrt{5}\approx 3{,}6502815...$	$\sqrt{2}+\sqrt{5}\approx 1{,}4+2{,}2=$	$3{,}6$	oder
	$\approx 1{,}41+2{,}24=$	$3{,}65$	oder
	$\approx 1{,}414+2{,}236=$	$3{,}650$	oder
	$\approx 1{,}4142+2{,}2361=$	$3{,}6503$	
$\sqrt{2}\cdot\sqrt[3]{5}\approx 2{,}4182712...$	$\sqrt{2}\cdot\sqrt[3]{5}\approx 1{,}4\cdot 1{,}7\approx$	$2{,}4$	oder
	$\approx 1{,}41\cdot 1{,}71\approx$	$2{,}41$	oder
	$\approx 1{,}414\cdot 1{,}710\approx$	$2{,}418$	oder
	$\approx 1{,}4142\cdot 1{,}710\approx$	$2{,}4182$	
$\sqrt{5}:\sqrt[3]{2}\approx 1{,}7747683...$	$\sqrt{5}:\sqrt[3]{2}\approx 2{,}2:1{,}3\approx$	$1{,}7$	oder
	$\approx 2{,}24:1{,}26\approx$	$1{,}78$	oder
	$\approx 2{,}236:1{,}260\approx$	$1{,}775$	oder
	$\approx 2{,}2361:1{,}260\approx$	$1{,}7747$	

Beim Umgang mit reellen Zahlen muss man stets zwischen dem genauen Ergebnis und der rationalen Zahl als Näherungswert für das Ergebnis unterscheiden,
z. B.: $\sqrt{2}+\sqrt{5}\approx 3{,}65$

Näherungswerte und sinnvolle Genauigkeit

Wenn in eine Rechnung (mindestens) ein **Näherungswert** eingeht, so ist auch das Resultat ein Näherungswert.

Die Frage, in welchem Maße sich bei einer Rechnung die Genauigkeit der Eingangswerte auf die Genauigkeit des Resultats auswirkt, kann nicht allgemein beantwortet werden.

Bei der Addition und Subtraktion von Näherungswerten sucht man denjenigen Näherungswert, bei dem die letzte zuverlässige Ziffer am weitesten links steht, und rundet das Ergebnis auf diese Stelle.

26 ??		50,0?	
12,7?		− 17,46	
+ 3,89		− 3,8?	
42,59	$42{,}59 \approx 43$	28,74	$28{,}74 \approx 28{,}7$

Bei der Multiplikation oder Division von Näherungswerten ist es sinnvoll, das Ergebnis auf die Anzahl der **zuverlässigen Ziffern** zu runden, die der Wert mit der geringsten Anzahl von zuverlässigen Ziffern hat. Dabei werden die Nullen, die links von der ersten von Null verschiedenen Ziffer stehen, nicht mitgezählt.

Näherungswert	3 275 s	0,73 kg	0,05 m³	1,0 mm	1,00 m	10,01 g
Anzahl der zu berücksichtigenden Stellen	4	2	1	2	3	4

$2{,}74\text{ m} \cdot 8{,}6\text{ m} = 23{,}564\text{ m}^2 \approx 24\text{ m}^2$ $\quad 452\text{ g} : 57\text{ cm}^3 = 7{,}92982\ldots \frac{\text{g}}{\text{cm}^3} \approx 7{,}9\frac{\text{g}}{\text{cm}^3}$

$3{,}15\text{ m} : 0{,}0052 = 605{,}76\ldots\text{ m} \approx 610\text{ m}$

Aufgaben

Irrationale Zahlen

1. Runde folgende Zahlen auf zwei Stellen nach dem Komma (Dezimalstellen):
a) 5,783 b) 1 007,141 c) 28,2525 d) 0,176

2. Zwischen welchen benachbarten natürlichen Zahlen liegen die folgenden Zahlen?
Beispiel: $22 < \sqrt{500} < 23$, da $22^2 < 500 < 23^2$
$484 < 500 < 529$
a) $\sqrt{10}$ b) $\sqrt{15}$ c) $\sqrt{80}$ d) $\sqrt{200}$ e) $\sqrt[3]{5}$ f) $\sqrt[3]{28}$ g) $\sqrt[3]{120}$

3. Bestimme durch systematisches Vorgehen $\sqrt{5}$, $\sqrt{13}$ und $\sqrt{20}$ auf vier Dezimalstellen genau. Überlege zunächst, zwischen welchen benachbarten natürlichen Zahlen die gesuchte Zahl liegt.

4. Ein quadratischer Garten ist 200 m² groß. Mit welcher Seitenlänge grenzt er an den Nachbargarten? Bestimme die Länge durch systematisches Probieren auf Dezimeter genau.

5. Bestimme folgende Wurzeln auf zwei Dezimalstellen genau:
a) $\sqrt{5}$ b) $\sqrt{6}$ c) $\sqrt{150}$ d) $\sqrt{420}$ e) $\sqrt{333}$ f) $\sqrt{0{,}5}$ g) $\sqrt{0{,}2}$

6. Berechne. Runde auf zwei Dezimalstellen.
a) $5 + \sqrt{19}$ b) $\sqrt{20} - \sqrt{12}$ c) $\sqrt{35 + 73}$ d) $\sqrt{5{,}4 \cdot 9{,}3}$
e) $(\sqrt{5} + \sqrt{8}) : \sqrt{2}$ f) $\frac{\sqrt{8} - 5}{\sqrt{3}}$ g) $\frac{4 \cdot \sqrt{20}}{\sqrt{2 \cdot 5}}$ h) $\sqrt{11} + 3\sqrt{12}$
i) $\frac{\sqrt{66} - \sqrt{33}}{4\sqrt{44}}$ j) $\frac{\sqrt{14} + 5}{14 + \sqrt{5}}$ k) $\frac{\sqrt{8} + \sqrt{7} \cdot \sqrt{6}}{1{,}6^2}$ l) $\frac{\sqrt{3} \cdot \sqrt{5} - 2\sqrt{5}}{2{,}4^2 - 3^2}$

7. Ziehst du aus Zahlen, die zwischen 0 und 1 liegen, die Wurzel, tritt eine Besonderheit auf. Welche? Ermittle dazu folgende Wurzeln. Runde jeweils auf die dritte Dezimalstelle.

a) $\sqrt{0{,}3}$ b) $\sqrt{0{,}4}$ c) $\sqrt{0{,}02}$ d) $\sqrt{0{,}008}$

e) $\sqrt{\frac{1}{10}}$ f) $\sqrt{\frac{9}{10}}$ g) $\sqrt{\frac{3}{5}}$ h) $\sqrt{\frac{23}{25}}$

8. Bestimme folgende Wurzeln. Runde auf die zweite Dezimalstelle.

a) $\sqrt[3]{5}$ b) $\sqrt[3]{20}$ c) $\sqrt[3]{155}$ d) $\sqrt[3]{0{,}8}$ e) $\sqrt[3]{\frac{17}{8}}$ f) $\sqrt[3]{\frac{8}{17}}$

9. Überprüfe, ob folgende Aussagen wahr oder falsch sind. Wandle die falschen Aussagen in wahre Aussagen um.

a) $\sqrt{3 \cdot 5} < \sqrt{7 \cdot 2}$ b) $4{,}44 < \sqrt{22}$ c) $\sqrt{99} < 9{,}95$

d) $0{,}894 = \sqrt{0{,}8}$ e) $\sqrt{3 \cdot 17} > \sqrt{51}$ f) $2\sqrt{5} = \sqrt{20}$

10. Vereinfache. Welche Besonderheit tritt auf? Formuliere einen Merksatz in Worten.

a) $\sqrt{2}^2$ b) $\sqrt{27}^2$ c) $\sqrt{0{,}88}^2$ d) $\sqrt{6}^2$ e) $\sqrt{a}^2$

f) $\sqrt{4}^2$ g) $\sqrt{25}^2$ h) $\sqrt{\left(\frac{5}{6}\right)^2}$ i) $\sqrt{0{,}473}^2$ j) $\sqrt{x}^2$

11. Gib an, welche Zahlen

a) natürliche, b) ganze, c) rationale, d) irrationale, e) reelle

Zahlen sind.

$-\frac{2}{3}$; 33; $\sqrt{64}$; $1{,}\overline{4}$; $\frac{2}{5}$; 0,85; 0; 3 – 9; $-\sqrt{16}$; $\sqrt{46}$; 1047; 7 : 9

***12.** Bestimme die Kantenlänge der schräg liegenden Fliesen, die in einem Grundgitter von quadratischen „Einheitsfliesen" liegen. Untersuche, ob die Kantenlängen rational oder irrational sind.

Näherungswerte und sinnvolle Genauigkeit

13. Runde die mit einem Taschenrechner ermittelten Ergebnisse sinnvoll. Alle Ausgangswerte sind Näherungswerte.

a) $2{,}9 \cdot 5{,}8 = 16{,}82$ b) $50{,}7 \cdot 8{,}15 = 413{,}205$ c) $0{,}828 \cdot 587 = 486{,}036$

d) $9{,}5 : 5{,}4 = 1{,}75925$ e) $40{,}7 : 13{,}8 = 2{,}94927$ f) $0{,}63 : 28 = 0{,}0225$

g) $166 \cdot 733 = 121\,678$ h) $50 : 30 = 1{,}66666$ i) $10{,}2 \cdot 0{,}29 = 2{,}958$

14. Berechne mit sinnvoller Genauigkeit. Alle Angaben sind Messwerte.

a) 3,76 m · 5,7 m b) 12,73 km · 4 km

c) 12,73 m · 6 m d) 7,53 cm · 6,374 cm · 5,248 cm

e) 127,30 m · 6 m f) 75,30 cm · 63,74 cm · 52,48 cm

g) 1,273 m · 6 m h) 5,53 cm · 6,374 cm · 5,248 cm

15. Berechne mit sinnvoller Genauigkeit. Alle Dividenden sind Näherungswerte.

a) 583 g : 49 b) 7 389,29 m : 6 c) 12,54 m : 7
d) 322 km : 14 e) 7,54 t : 3 f) 8,125 km : 16
g) 322 m : 14 h) 75,400 kg : 3 i) 81,25 m : 16

16. Gib von den Näherungswerten jeweils die Anzahl der Stellen an, die bei Multiplikationsaufgaben mit diesen Werten sinnvoll zu berücksichtigen sind.

a) 2,0 mm b) 12,47 *l* c) 0,03 m^2 d) 3,00 m
e) 17 375 cm f) 2 mm g) 12 km h) 2,78 m^3
i) 17,357 cm j) 0,32 g k) 7,0 dt l) 0,080 t

17. Im Rahmen eines Projekts zur Verkehrssicherheit wurden auf dem Schulhof einer Schule 186 Fahrräder von Schülern und Lehrern auf Mängel überprüft. Die Mängel findest du im nebenstehenden Diagramm.

a) Berechne mit sinnvoller Genauigkeit die Anzahl der Fahrräder, die die entsprechenden Mängel aufwiesen.
b) Prüfe die Fahrräder in deiner Schule in gleicher Weise.
c) Fertige ein Kreisdiagramm an und vergleiche beide Ergebnisse.

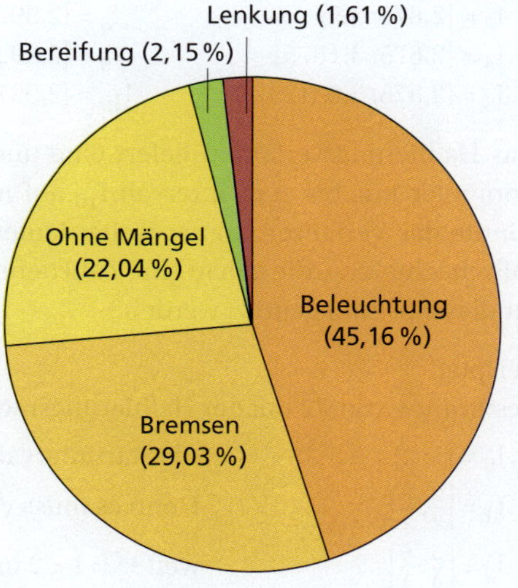

18. Gib die Ergebnisse in einer dem Sachverhalt entsprechenden Genauigkeit an.

a) Das Spielfeld ist 101,75 m lang und 72,65 m breit.
Welchen Flächeninhalt hat das Spielfeld?
b) Das Becken ist 15,25 m lang, 10,45 m breit und 2,20 m tief.
Wie viel Kubikmeter Wasser fasst das Becken?

19. Zwischen welchen ganzen Zahlen liegen folgende Wurzeln? Begründe deine Wahl.

a) $\sqrt{22}$ b) $\sqrt{85}$ c) $\sqrt{0{,}18}$ d) $\sqrt[3]{99}$

20. Bestimme mit einem Näherungsverfahren $\sqrt{30}$ auf drei Stellen nach dem Komma.
Beginne die Einschachtelung mit natürlichen Zahlen.
Notiere zu jedem Schritt eine Begründung durch Quadrieren.

21. Beseitige zunächst die Klammern und fasse zusammen. Berechne die Werte der Terme näherungsweise mit dem Taschenrechner.

a) $4\sqrt{7}(7-\sqrt{5})$ b) $(2\sqrt{5}+3\sqrt{2}-5\sqrt{4})\cdot\sqrt{10}$
c) $\sqrt{3}\,9(\sqrt{3}-\sqrt{5})\cdot(-\sqrt{5})$ d) $(3-\sqrt{3}+\sqrt{8})\cdot(\sqrt{5}-\sqrt{2})$

22. Gegeben sind die Flächeninhalte von Quadraten. Berechne die jeweilige Seitenlänge und beachte dabei, dass die Maßzahlen gerundet sind (z. B. wäre $\sqrt{10{,}3}\approx 3{,}209$ viel zu genau).

a) 512,1 m^2 b) 1 245 m^2 c) 0,34 km^2 d) 10,2 ha e) 26 cm^2 f) 8,26 dm^2

Intervallhalbierungsverfahren

Beispiel:
Bestimmen von $\sqrt{9}$ mit der Halbierungsmethode
Hier wissen wir das Ergebnis 3 auch ohne Intervallschachtelung, und gerade darin liegt der Sinn eines Tests. Wir starten mit dem Intervall [1; 6] und zerlegen es in die halben Intervalle [1; 3,5] und [3,5; 6]. Wir lassen die zweite Hälfte weg, weil bereits $3{,}5^2 = 12{,}25$, also zu groß ist. Aber wir behalten [1; 3,5], weil $1^2 \leq 9 \leq 3{,}5^2$, d. h. $\sqrt{9} \in [1; 3{,}5]$. Mit [1; 3,5] wird genauso verfahren usw.

$I_1 = [1; 3{,}5]$	$I_6 = [2{,}95312; 3{,}03125]$
$I_2 = [2{,}25; 3{,}5]$	$I_7 = [2{,}99218; 3{,}03125]$
$I_3 = [2{,}875; 3{,}5]$	$I_8 = [2{,}99218; 3{,}01171]$
$I_4 = [2{,}875; 3{,}1875]$	$I_9 = [2{,}99218; 3{,}00195]$
$I_5 = [2{,}875; 3{,}03125]$	$I_{10} = [2{,}99707; 3{,}00195]$

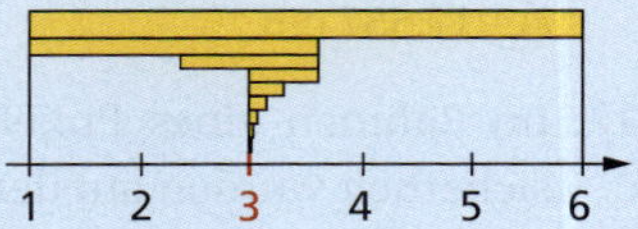

Das Halbierungsverfahren liefert eine unendliche Folge von Intervallen. Zwar haben wir einen Computer nur bis zum Intervall I_{10} auf maximal sechs Ziffern rechnen lassen, aber prinzipiell könnte das Verfahren immer weiter laufen. Das Intervallhalbierungsverfahren liefert eine Intervallschachtelung, die genau eine Zahl definiert. Unterschiedliche Intervallschachtelungen können für dieselbe Zahl genutzt werden.

Beispiel:
Bestimmen von $\sqrt{2}$ mit der Halbierungsmethode

$I_0 = [1; 2]$	Als Startintervall I_0 sei [1; 2] gewählt.	$I_0 = [1; 2]$
$I_1 = \left[\frac{2}{2}; \frac{3}{2}\right]$;	Denn es muss $\sqrt{2} \in [1; 2]$ gelten,	$I_1 = [1; 1{,}5]$
$I_2 = \left[\frac{5}{4}; \frac{6}{4}\right]$	weil $1^2 = 1 < 2$ und $2^2 = 4 > 2$ ist.	$I_2 = [1{,}25; 1{,}50]$
$I_3 = \left[\frac{11}{8}; \frac{12}{8}\right]$	Die Mitte 1,5 teilt I_0 in zwei Hälften.	$I_3 = [1{,}375; 1{,}500]$
$I_4 = \left[\frac{22}{16}; \frac{23}{16}\right]$	Als Intervall I_1 wird [1; 1,5] genommen,	$I_4 = [1{,}3750; 1{,}4375]$
…	denn $1{,}5^2$ (= 2,25) ist größer als 2.	…
$I_{20} = \left[\frac{1\,482\,910}{1\,048\,576}; \frac{1\,482\,911}{1\,048\,576}\right]$		$I_{20} = [1{,}414213; 1{,}414214]$

Auf diese Weise ergibt sich eine Intervallschachtelung für $\sqrt{2}$, deren erste Intervalle abgedruckt sind, links in Bruchform, rechts in Dezimalschreibweise.

Das Halbierungsverfahren ist universell einsetzbar.
Ohne die vielseitige Einsetzbarkeit zu verlieren, kann man das Verfahren dem Dezimalsystem dadurch anpassen, dass jedes Intervall in zehn gleiche Teile zerlegt wird. Allerdings muss man dann häufiger prüfen, welches der Teilintervalle die gesuchte Zahl enthält. Dann aber liefert jeder Schritt eine Dezimalstelle mehr, wie die ersten Intervalle für $\sqrt{3}$ zeigen.

$I_0 = [1; 2]$
$I_1 = [1{,}6; 1{,}9]$
$I_2 = [1{,}72; 1{,}75]$
$I_3 = [1{,}732; 1{,}735]$
$I_4 = [1{,}7320; 1{,}7323]$
$I_5 = [1{,}73203; 1{,}73206]$
$I_6 = [1{,}732048; 1{,}732051]$

Bestimmt mit der Halbierungsmethode $\sqrt{5}$ und $\sqrt{12}$.

1.3 Rechnen mit Wurzeln

Historische Entwicklung des Wurzelzeichens

Der italienische Mathematiker LEONARDO VON PISA (auch LEONARDO FIBONACCI genannt; 1180 bis 1228) benutzte r2 für $\sqrt{2}$. r war die Abkürzung des lateinischen Wortes radix (Wurzel). Deshalb nennt man das Wurzelziehen aus einer Zahl auch **Radizieren.** MICHAEL STIFEL (1487 bis 1567) stilisierte dieses r zum heute noch gebräuchlichen Wurzelhaken $\sqrt{\ }$.

> Die **Wurzel** aus einer nichtnegativen Zahl a ist diejenige nichtnegative Zahl b, die mit sich selbst multipliziert die Zahl a ergibt.
> Es gilt: $\sqrt{a} = b$, wenn $b \cdot b = b^2 = a$ und $a, b \geq 0$
> Der Term unter dem Wurzelzeichen heißt **Radikand.**

$\sqrt{16} = 4$, da $4^2 = 16$

$\sqrt{121} = 11$, da $11^2 = 121$

$\sqrt{0{,}01} = 0{,}1$, da $0{,}1^2 = 0{,}01$

$\sqrt{\frac{9}{144}} = \frac{3}{12} = \frac{1}{4}$, da $\left(\frac{3}{12}\right)^2 = \frac{9}{144}$

Addition und Subtraktion

Welche Rechnung ist richtig?

Addition	Subtraktion
$\sqrt{25} + \sqrt{4} = 5 + 2 = 7$	$\sqrt{25} - \sqrt{4} = 5 - 2 = 3$
$\sqrt{25} + \sqrt{4} = \sqrt{25 + 4} = \sqrt{29} \approx 5{,}39$	$\sqrt{25} - \sqrt{4} = \sqrt{25 - 4} = \sqrt{21} \approx 4{,}58$

Radikanden lassen sich beim Addieren und Subtrahieren nicht zusammenfassen. Allerdings lassen sich Vielfache derselben Wurzel zusammenfassen.

$3\sqrt{4} + 5\sqrt{4} = 3 \cdot 2 + 5 \cdot 2 = 6 + 10 = 16$ oder

$3\sqrt{4} + 5\sqrt{4} = (3 + 5)\sqrt{4} = 8\sqrt{4} = 8 \cdot 2 = 16$

Das Multiplikationszeichen zwischen Zahl und Wurzel kann weggelassen werden.

Aufgrund des Distributivgesetzes lassen sich Vielfache derselben Wurzel zusammenfassen:
$4\sqrt{7} + 6\sqrt{7} = (4 + 6)\sqrt{7} = 10\sqrt{7} \approx 26{,}46$

$10\sqrt{7}$ ist das genaue Ergebnis. 26,46 ist ein rationaler Näherungswert für $10\sqrt{7}$.

> Sind a, b und c beliebige rationale Zahlen mit $b \geq 0$, so gilt:
> $a\sqrt{b} \pm c\sqrt{b} = (a \pm c)\sqrt{b}$

Bei der Addition und Subtraktion von Wurzeln können somit nur gleiche Wurzeln zusammengefasst werden.

Multiplikation und Division

Welche Rechnung ist richtig?

Multiplikation	Division
$\sqrt{25}\cdot\sqrt{4} = 5\cdot 2 = 10$	$\sqrt{25}:\sqrt{4} = 5:2 = 2{,}5$
$\sqrt{25}\cdot\sqrt{4} = \sqrt{25\cdot 4} = \sqrt{100} = 10$	$\sqrt{25}:\sqrt{4} = \frac{\sqrt{25}}{\sqrt{4}} = \sqrt{\frac{25}{4}} = \frac{5}{2} = 2{,}5$

Beim Multiplizieren und Dividieren lassen sich die Radikanden zusammenfassen.

Für $\sqrt{3}\cdot\sqrt{12} = \sqrt{3\cdot 12} = \sqrt{36} = 6$ erhält man als Lösung eine rationale Zahl.

Sowohl $\sqrt{3}$ als auch $\sqrt{12}$ sind irrationale Zahlen. Verwendet man Näherungswerte für beide Wurzeln bei der Multiplikation, so erhält man als Ergebnis auch einen Näherungswert:

$\sqrt{3}\cdot\sqrt{12} \approx 1{,}732\cdot 3{,}464 \approx 5{,}999648 \approx 1{,}73205\cdot 3{,}46410 \approx 5{,}9999944\ldots$

Je genauer die verwendeten Näherungswerte sind, umso näher rückt das Ergebnis offensichtlich an den exakten Wert von 6 heran.
Die folgenden Überlegungen zeigen, dass man grundsätzlich das Produkt der beiden Radikanden bilden und anschließend die Wurzel ziehen kann.

$\sqrt{3}\cdot\sqrt{12}$

1. Überlegung $(\sqrt{3}\cdot\sqrt{12})^2$
$= (\sqrt{3}\cdot\sqrt{12})\cdot(\sqrt{3}\cdot\sqrt{12})$
$= \sqrt{3}\cdot\sqrt{3}\cdot\sqrt{12}\cdot\sqrt{12}$
$= \sqrt{3}^2\cdot\sqrt{12}^2$
$= 3\cdot 12$

2. Überlegung $(\sqrt{3}\cdot\sqrt{12})^2$
$= (\sqrt{3\cdot 12})^2$
$= 3\cdot 12$

Aus beiden Überlegungen folgt: $\sqrt{3}\cdot\sqrt{12} = \sqrt{3\cdot 12}$

Aufgrund der Tatsache, dass die Division die Umkehrung der Multiplikation ist, lässt sich ein entsprechendes Gesetz auch für die Division finden.

$\sqrt{80}:\sqrt{20} = \sqrt{80:20} = \frac{\sqrt{80}}{\sqrt{20}} = \sqrt{\frac{80}{20}} = \sqrt{4} = 2$

Sind a und b beliebige positive rationale Zahlen, so gilt:
$\sqrt{a}\cdot\sqrt{b} = \sqrt{a\cdot b}$ und $\frac{\sqrt{a}}{\sqrt{b}} = \sqrt{\frac{a}{b}}$

$\sqrt{8}\cdot\sqrt{18} = \sqrt{8\cdot 18} = \sqrt{144} = 12$

$\sqrt{5}\cdot\sqrt{20} = \sqrt{5\cdot 20} = \sqrt{100} = 10$

$\sqrt{12}\cdot\sqrt{300} = \sqrt{12\cdot 300} = \sqrt{3600} = 60$

$\sqrt{125}:\sqrt{5} = \frac{\sqrt{125}}{\sqrt{5}} = \sqrt{\frac{125}{5}} = \sqrt{25} = 5$

$\sqrt{490}:\sqrt{10} = \frac{\sqrt{490}}{\sqrt{10}} = \sqrt{\frac{490}{10}} = \sqrt{49} = 7$

$\sqrt{75}:\sqrt{27} = \frac{\sqrt{75}}{\sqrt{27}} = \sqrt{\frac{75}{27}} = \sqrt{\frac{25}{9}} = \frac{5}{3}$

Partielles Wurzelziehen

Leider ist es meist nicht möglich, die Wurzel so zu ziehen, dass man eine rationale Zahl erhält. Trotzdem lässt sich häufig der Radikand der Wurzel vereinfachen, indem man die Wurzel teilweise zieht. Dieses Verfahren nennt man **partielles Wurzelziehen.**

Katharina	Paul
$\sqrt{50} = \sqrt{25\cdot 2}$	$\sqrt{50} = \sqrt{5\cdot 10}$
$= \sqrt{25}\cdot\sqrt{2}$	$= \sqrt{5}\cdot\sqrt{10}$
$= 5\sqrt{2}$	= ?
also	also
$\sqrt{50} = 5\sqrt{2}$	$\sqrt{50} = \sqrt{5}\cdot\sqrt{10}$

$\sqrt{18} = \sqrt{9\cdot 2} = \sqrt{9}\cdot\sqrt{2} = 3\cdot\sqrt{2}$ $\qquad$ $\sqrt{96} = \sqrt{16\cdot 6} = \sqrt{16}\cdot\sqrt{6} = 4\cdot\sqrt{6}$

$\sqrt{175} = \sqrt{25\cdot 7} = \sqrt{25}\cdot\sqrt{7} = 5\cdot\sqrt{7}$ $\qquad$ $\sqrt{108} = \sqrt{36\cdot 3} = \sqrt{36}\cdot\sqrt{3} = 6\cdot\sqrt{3}$

Das partielle Wurzelziehen kann man immer dann anwenden, wenn man den Radikanden so in ein Produkt zerlegen kann, dass mindestens ein Faktor eine Quadratzahl ist.

Sind a und b beliebige positive rationale Zahlen, so gilt:
$\sqrt{a^2\cdot b} = \sqrt{a^2}\cdot\sqrt{b} = a\sqrt{b}$

Natürlich kann man dieses Verfahren auch umkehren.

$3\sqrt{2} = \sqrt{3^2}\cdot\sqrt{2} = \sqrt{9\cdot 2} = \sqrt{18}$

$17\sqrt{5} = \sqrt{17^2}\cdot\sqrt{5} = \sqrt{289}\cdot\sqrt{5} = \sqrt{289\cdot 5} = \sqrt{1\,445}$

Aufgaben

Addition und Subtraktion von Wurzeln

1. Übernimm in dein Heft und setze jeweils das richtige Zeichen (=; <; >) ein.

a) $\sqrt{16+9}$ ■ $\sqrt{16}+\sqrt{9}$ $\qquad$ b) $\sqrt{25}+\sqrt{144}$ ■ $\sqrt{169}$
c) $\sqrt{49+576}$ ■ $\sqrt{49}+\sqrt{576}$ $\qquad$ d) $\sqrt{289-64}$ ■ $\sqrt{225}$
e) $\sqrt{1681}-\sqrt{1600}$ ■ $\sqrt{81}$ $\qquad$ f) $\sqrt{3721}$ ■ $\sqrt{121+3600}$

2. Fasse zusammen.

a) $\sqrt{3}+\sqrt{3}$ $\qquad$ b) $\sqrt{5}+\sqrt{5}+\sqrt{5}$ $\qquad$ c) $\sqrt{7}+\sqrt{7}+\sqrt{7}+\sqrt{7}$
d) $2\sqrt{3}+5\sqrt{3}$ $\qquad$ e) $4\sqrt{5}+8\sqrt{3}+6\sqrt{5}$ $\qquad$ f) $-20\sqrt{2}+8\sqrt{2}$
g) $1{,}2\sqrt{8}-5{,}3\sqrt{8}$ $\qquad$ h) $\sqrt{12}\cdot 5-18\sqrt{12}$ $\qquad$ i) $-\sqrt{6}+4\sqrt{6}-0{,}5\sqrt{6}$

3. Fasse zusammen und berechne dann die Termwerte auf zwei Dezimalstellen genau.

a) $7\sqrt{5}-13\sqrt{2}+10\sqrt{5}-14\sqrt{2}$ $\qquad$ b) $-3{,}5\sqrt{8}+4{,}5\sqrt{6}-5{,}5\sqrt{6}+6{,}5\sqrt{8}$
c) $\frac{1}{2}\sqrt{10}-\frac{3}{4}\sqrt{11}+\frac{7}{2}\sqrt{10}-\frac{5}{4}\sqrt{11}$ $\qquad$ d) $\frac{1}{3}\sqrt{15}+\frac{3}{4}\sqrt{15}-\frac{1}{2}\sqrt{15}+\frac{5}{6}\sqrt{15}$
e) $\frac{1}{2}\sqrt{5}-\frac{3}{4}\sqrt{3}+13\sqrt{5}-\frac{3}{8}\sqrt{3}-\sqrt{5}$ $\qquad$ f) $\frac{1}{3}\sqrt{3}+\frac{5}{6}\sqrt{3}-2\sqrt{5}$

Multiplikation und Division von Wurzeln

4. Fasse zu einer Wurzel zusammen und berechne.

a) $\sqrt{2}\cdot\sqrt{72}$ b) $\sqrt{96}\cdot\sqrt{6}$ c) $\sqrt{8}\cdot\sqrt{98}$ d) $\sqrt{2{,}5}\cdot\sqrt{1000}$
e) $\sqrt{54}\cdot\sqrt{6}$ f) $\sqrt{14{,}4}\cdot\sqrt{0{,}4}$ g) $\sqrt{\frac{1}{5}}\cdot\sqrt{80}$ h) $\sqrt{1{,}2}\cdot\sqrt{4}\cdot\sqrt{4{,}8}$

5. Zerlege in mehrere Wurzeln und berechne.

a) $\sqrt{9\cdot 225}$ b) $\sqrt{4\cdot 100\cdot 121}$ c) $\sqrt{49\cdot 81}$ d) $\sqrt{441\cdot 144}$
e) $\sqrt{4\cdot 9\cdot 16\cdot 25}$ f) $\sqrt{4{,}84\cdot 19{,}36}$ g) $\sqrt{0{,}09\cdot 0{,}04\cdot 0{,}81}$ h) $\sqrt{\frac{16}{25}\cdot\frac{9}{36}}$

6. Zerlege den Radikanden folgender Wurzeln zunächst in möglichst kleine Quadratzahlen und berechne anschließend die Wurzel.
Beispiel: $\sqrt{1764} = \sqrt{4\cdot 441} = \sqrt{4\cdot 9\cdot 49} = 2\cdot 3\cdot 7 = 42$

a) $\sqrt{2025}$ b) $\sqrt{900}$ c) $\sqrt{11664}$ d) $\sqrt{1296}$
e) $\sqrt{576}$ f) $\sqrt{4356}$ g) $\sqrt{18225}$ h) $\sqrt{1521}$

7. Vereinfache so weit wie möglich und berechne.

a) $\sqrt{12}\cdot\sqrt{3}$ b) $\sqrt{2{,}7}\cdot\sqrt{0{,}3}$ c) $\sqrt{125}\cdot\sqrt{20}$ d) $\frac{\sqrt{9}\cdot\sqrt{16}}{2\cdot\sqrt{36}}$
e) $\sqrt{2}\cdot\sqrt{3}\cdot\sqrt{24}$ f) $\sqrt{12}\cdot\sqrt{\frac{1}{3}}$ g) $\sqrt[3]{9}\cdot\sqrt[3]{3}$ h) $\sqrt{\frac{3}{5}}\cdot\sqrt{\frac{12}{500}}$
i) $\sqrt{0{,}1}\cdot\sqrt{5}\cdot\sqrt{50}+\sqrt{\frac{1}{10}}\cdot\sqrt{49}\cdot\sqrt{10}$ j) $\sqrt[3]{\frac{4}{6}}\cdot\sqrt[3]{\frac{81}{16}}$ k) $\sqrt[3]{20}\cdot\sqrt[3]{0{,}5}\cdot\sqrt[3]{0{,}1}$

8. Fasse zu einer Wurzel zusammen und berechne.

a) $\frac{\sqrt{450}}{\sqrt{50}}$ b) $\frac{\sqrt{18}}{\sqrt{2}}$ c) $\frac{\sqrt{80}}{\sqrt{5}}$ d) $\frac{\sqrt{75}}{\sqrt{3}}$ e) $\frac{\sqrt{216}}{\sqrt{6}}$
f) $\frac{\sqrt{147}}{\sqrt{3}}$ g) $\sqrt{20}:\sqrt{5}$ h) $\sqrt{0{,}7}:\sqrt{70}$ i) $\frac{\sqrt{24{,}2}}{\sqrt{5}}$ j) $\frac{\sqrt{4800}}{\sqrt{3}}$

9. Zerlege in mehrere Wurzeln und berechne.

a) $\sqrt{\frac{25}{4}}$ b) $\sqrt{\frac{36}{9}}$ c) $\sqrt{\frac{4\cdot 81}{9}}$ d) $\sqrt{\frac{16\cdot 36}{25}}$ e) $\sqrt{\frac{16\cdot 9}{4\cdot 25}}$

10. Vereinfache.

a) $\sqrt{a}\cdot\sqrt{a}$ b) $\sqrt{a}\cdot\sqrt{ax^2}$ c) $\sqrt{3a}\cdot\sqrt{3a}$ d) $\sqrt{2a}\cdot\sqrt{3b}\cdot\sqrt{24ab}$
e) $\sqrt{12{,}1a\cdot 10a}$ f) $\sqrt{x}\cdot\sqrt{x^2}$ g) $\sqrt{x+2}\cdot\sqrt{x+2}$ h) $\sqrt{xy}\cdot\sqrt{\frac{x}{y}}$
i) $\sqrt{2x^2}:\sqrt{0{,}02x}$ j) $\sqrt{\frac{5}{16}x}:\sqrt{\frac{5}{6}x}$ k) $\frac{\sqrt{24x}}{\sqrt{15y}}\cdot\frac{\sqrt{5a^2x}}{\sqrt{8y}}$ l) $\frac{\sqrt{2x^2}\cdot\sqrt{4{,}5v^2}\cdot\sqrt{7}}{15\sqrt{7}-12\sqrt{7}}$

Partielles Wurzelziehen

11. Vereinfache folgende Terme, indem du teilweise die Wurzel ziehst:

a) $\sqrt{50}$ b) $\sqrt{80}$ c) $\sqrt{96}$ d) $\sqrt{150}$ e) $\sqrt{160}$ f) $\sqrt{280}$
g) $\sqrt{300}$ h) $\sqrt{244}$ i) $\sqrt{111}$ j) $\sqrt{1{,}62}$ k) $\sqrt{3{,}63}$ l) $\sqrt{1050}$

12. Vereinfache durch partielles Wurzelziehen.

a) $\sqrt{2a^2}$ b) $\sqrt{20xy^2}$ c) $\sqrt{z^3}$ d) $\sqrt{180a^2b}$ e) $\sqrt{5a^3b^3}$
f) $\sqrt{9y}$ g) $\sqrt{xy^2z^3}$ h) $\sqrt{45x^3}$ i) $\sqrt{121x}$ j) $\sqrt{a^7b^6}$
k) $\sqrt{81a}$ l) $\sqrt{25x^2y^3}$ m) $\sqrt{250a^3b^5}$ n) $\sqrt{100a^2b^2}$ o) $\sqrt{\frac{75}{9}a^6}$

Arithmetische Beweise

Pierre de Fermat (1601 bis 1665) hat durch viele originelle Ideen die Entwicklung der Mathematik vorangetrieben. So fand er heraus, dass der Term $2^n + 1$ für n = 1; 2; 4; 8; 16 jeweils eine Primzahl ist.
Er vermutete, dass sich auch für n = 32; 64; 128 usw. stets Primzahlen ergeben.

Erst hundert Jahre später konnte Leonhard Euler (1707 bis 1783), einer der größten Mathematiker aller Zeiten, durch geschickte Rechnungen mit Potenzen nachweisen, dass $641 = 5 \cdot 2^7 + 1$ ein Teiler von $2^{32} + 1$ ist.
Dieses Gegenspiel zeigt, dass die Vermutung von Fermat nicht richtig war.

Leonhard Euler

Auch heute noch beschäftigen sich Mathematiker immer wieder mit Fragen, die sich aus den verschiedensten Problemen ergeben.
Bei vielen dieser Probleme steht das Beweisen mathematischer Sätze im Vordergrund. Ausgangspunkt eines Beweises sind bereits bewiesene Aussagen (wahre Aussagen) und die jeweiligen Voraussetzungen.

Beispiel:
Das Produkt zweier gerader natürlicher Zahlen ist stets gerade.
Umformen des Satzes in die „WENN-DANN-Form“:
Wenn P das Produkt zweier gerader natürlicher Zahlen ist, dann ist P stets gerade.

Schrittfolge beim Führen von Beweisen

① Voraussetzung: P ist Produkt zweier gerader Zahlen.
② Behauptung: $2|P$
③ Beweis:

1. Zahl: $2n$; 2. Zahl: $2n + 2$	Festlegen einer Variablen, Bilden entsprechender Terme
$P = 2n \cdot (2n + 2)$	Bilden des Produkts
$P = 4n^2 + 4n$	Auflösen der Klammern
$P = 2(2n^2 + 2n)$	Umformen in ein Produkt (ausklammern)
$2\|2(2n^2 + 2n)$	Anwenden einer Teilbarkeitsregel

$2|2(2n^2 + 2n)$ ist eine wahre Aussage und gilt für alle natürlichen Zahlen n.

Beweise nun selbst folgende Aussagen:

1. Die Summe dreier aufeinanderfolgender natürlicher Zahlen ist stets durch drei teilbar.
2. Das Quadrat einer ungeraden Zahl ist stets ungerade.
3. Die Differenz der Quadrate von zwei aufeinanderfolgenden natürlichen Zahlen ist gleich der Summe dieser Zahlen.

1.4 Gemischte Aufgaben

Rechnen mit Wurzeln

1. Vereinfache folgende Terme so weit wie möglich. Berechne anschließend die Wurzeln und runde das Ergebnis auf die zweite Dezimalstelle.

a) $\sqrt{7} \cdot 5 - \sqrt{7} \cdot 3$ b) $6\sqrt{6} + 9\sqrt{6} - 18\sqrt{6}$
c) $27\sqrt{5} - 39\sqrt{5} + \sqrt{5} \cdot 20$ d) $19{,}5\sqrt{8} - 13{,}8\sqrt{7} + 11{,}2\sqrt{8} - \sqrt{7}$
e) $20\sqrt{0{,}7} + 60\sqrt{0{,}7} - 160\sqrt{0{,}7} + 90\sqrt{0{,}7}$ f) $-\sqrt{15} + 13\sqrt{15} - 15\sqrt{13} + \sqrt{13}$

2. Eine rechteckige Rasenfläche hat eine Seitenlänge von 16 m und eine Breite von 9 m. Welche Seitenlänge müsste eine quadratische Rasenfläche haben, die denselben Flächeninhalt hat?

3. Wahr oder falsch? Begründe und berichtige die falschen Aussagen.

a) $\sqrt{2\,500} = 500$ b) $\sqrt{19{,}36} = 4{,}4$ c) $\sqrt{0{,}0081} = 0{,}8$
d) $\sqrt{47{,}2^2} = 42{,}7$ e) $\sqrt{(-47{,}2)^2} = 47{,}2$ f) $-\sqrt{(-3)^2} = -3$

4. Lucas meint: $4^2 = 5^2 + 3^2$ Tina meint: $3^2 \neq 5^2 - 4^2$
Jonas meint: $5^2 = 4^2 + 3^2$ Lili meint: $3^2 = 4^2 + 5^2$
Welches von diesen vier Kindern hat recht? Begründe.

5. Vereinfache.

a) $5\sqrt{a} - \sqrt{a}$ b) $6\sqrt{b} - 9\sqrt{b} + \sqrt{b}$ c) $\frac{1}{3}\sqrt{c} - \frac{4}{5}\sqrt{c}$
d) $3{,}5\sqrt{x} - \sqrt{x} + 5{,}5\sqrt{x}$ e) $3\sqrt{x+1} - 5\sqrt{x+1} + \sqrt{x+1}$
f) $ab\sqrt{c} - ac\sqrt{c}$ g) $a\sqrt{b} - \sqrt{b}$ h) $5\sqrt{xy} - a\sqrt{xy} + \frac{1}{3}\sqrt{xy}$

6. Forme zunächst so um, dass möglichst nur eine Quadratwurzel auftritt und berechne diese.

a) $\sqrt{2} \cdot \sqrt{18}$ b) $\sqrt{1{,}6} \cdot \sqrt{0{,}4}$ c) $\sqrt{3} \cdot \sqrt{27}$ d) $\sqrt{1{,}2} \cdot \sqrt{0{,}3}$
e) $\sqrt{\frac{1}{3}} \cdot \sqrt{147}$ f) $\sqrt{\frac{55}{4}} \cdot \sqrt{\frac{44}{5}}$ g) $\sqrt{\frac{2}{3}} \cdot \sqrt{96}$ h) $\sqrt{1{,}6} \cdot \sqrt{1\,000}$
i) $\sqrt{147} : \sqrt{3}$ j) $\frac{\sqrt{125}}{\sqrt{5}}$ k) $\frac{\sqrt{1{,}5}}{\sqrt{6}}$ *l) $\frac{\sqrt{5}}{\sqrt{0{,}002}}$
m) $\frac{\sqrt{20}}{\sqrt{3}} \cdot \sqrt{2{,}4}$ n) $\frac{\sqrt{18}}{\sqrt{8}} \cdot \frac{\sqrt{72}}{\sqrt{2}}$ *o) $\sqrt{2{,}28 - 2 \cdot \sqrt{5} : \sqrt{35}}$

7. Vereinfache so weit wie möglich.

a) $\sqrt{64a^2}$ b) $\sqrt{121b^2}$ c) $\sqrt{a^2}$ d) $\sqrt{a^2b^2}$
e) $\sqrt{(a+b)^2}$ f) $\sqrt{a^2 - 2ab + b^2}$ g) $\sqrt{144(a+b)^2}$ h) $\sqrt{9a^2 + 6ab + b^2}$

8. Vereinfache.

a) $\sqrt{3a} \cdot \sqrt{3a}$ b) $\sqrt{27a} \cdot \sqrt{3a}$ c) $\sqrt{6a} \cdot \sqrt{3} \cdot \sqrt{8a}$ d) $\sqrt{1{,}8a} \cdot \sqrt{0{,}2a}$
e) $\sqrt{a} \cdot \sqrt{a^3}$ f) $\sqrt{28ab} \cdot \sqrt{7ab}$ g) $\sqrt{49a} \cdot \sqrt{25ab} \cdot \sqrt{b}$ h) $\sqrt{a^4} \cdot \sqrt{b^6}$

9. Berechne wie im Beispiel.

Beispiel: $4\sqrt{7} = \sqrt{4^2 \cdot 7} = \sqrt{16 \cdot 7} = \sqrt{112}$

a) $5\sqrt{3}$ b) $6\sqrt{5}$ c) $3\sqrt{13}$ d) $2\sqrt{38}$ e) $5\sqrt{11}$ f) $6\sqrt{0{,}6}$
g) $7\sqrt{0{,}2}$ h) $10\sqrt{15}$ i) $8\sqrt{2}$ j) $4\sqrt{3}$ k) $5\sqrt{0{,}5}$ l) $6\sqrt{2}$

10. Schreibe kürzer.

a) $\sqrt{a^3}:\sqrt{4a}$ b) $\sqrt{288a^3}:\sqrt{2a}$ c) $\sqrt{a^2}:\sqrt{b^2}$ d) $\sqrt{a\cdot b}:\sqrt{\frac{a}{b}}$

e) $\sqrt{\frac{27x^3y}{3xy}}$ f) $\sqrt{\frac{25z^2}{108x}}:\sqrt{\frac{16y^2}{3x}}$ g) $\sqrt{\frac{a}{b}}:\sqrt{\frac{a}{b}}$ h) $\sqrt{a^2b^3c^4}:\sqrt{bc^2}$

11. Vereinfache folgende Terme durch partielles Wurzelziehen:

a) $\sqrt{600}$ b) $\sqrt{2\,150}$ c) $\sqrt{84}$ d) $\sqrt{244}$

e) $\sqrt{1\,500}$ f) $\sqrt{50}$ g) $\sqrt{1\,701}$ h) $\sqrt{28\,800}$

12. Bringe den Faktor unter die Wurzel.

a) $2\sqrt{5}$ b) $3x\sqrt{7}$ c) $5ab\sqrt{c}$ d) $6\sqrt{6a}$

e) $a\sqrt{a}$ f) $10\sqrt{1{,}3}$ g) $5x\sqrt{\frac{1}{3}}$ h) $2{,}5a\sqrt{\frac{b}{c}}$

13. Vereinfache so weit wie möglich.

a) $\sqrt{80a}$ b) $\sqrt{xy^2}$ c) $\sqrt{25x^2y^3}$ d) $\sqrt{\frac{a}{b^3}}$

e) $\sqrt{\frac{28x^2}{y}}$ f) $\sqrt{\frac{44x^2y^2z^3}{x^2y^3z^4}}$ g) $\sqrt{\frac{8a}{7b^2}}\cdot\sqrt{\frac{12b^4}{a}}$ *h) $\sqrt{\frac{500}{x^2}}:\sqrt{\frac{64x^2}{y^3z}}$

14. Vergleiche den Flächeninhalt beider Vierecke (siehe Abbildung).

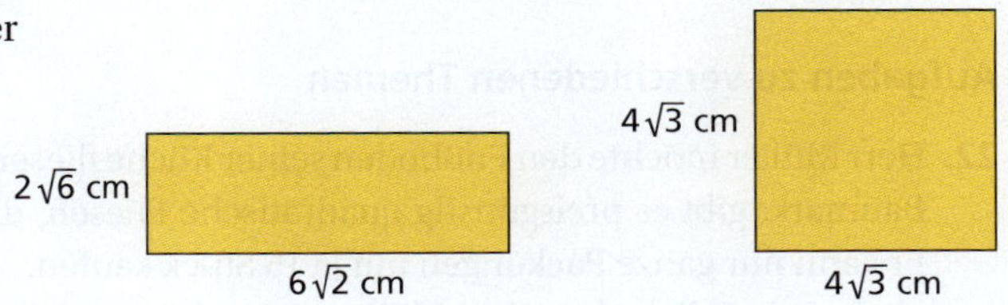

15. Löse zunächst die Klammern auf und fasse dann zusammen.

a) $\sqrt{5}\cdot(8-2\sqrt{5})$

b) $3\sqrt{3}\cdot(\sqrt{3}+2\sqrt{3})$

c) $(-8\sqrt{75}+7\sqrt{12}-6\sqrt{48})\cdot\sqrt{3}$

d) $(\sqrt{27}-\sqrt{48})\cdot\left(\sqrt{3}+\frac{1}{\sqrt{3}}\right)$

16. Vereinfache mithilfe der binomischen Formeln.

a) $(\sqrt{a}+\sqrt{b})^2$ b) $(\sqrt{a}-\sqrt{b})^2$ c) $(\sqrt{a}+\sqrt{b})\cdot(\sqrt{a}-\sqrt{b})$

d) $(\sqrt{10}-\sqrt{6})\cdot(\sqrt{10}+\sqrt{6})$ e) $(\sqrt{5}+2\sqrt{7})^2$ f) $(1-\sqrt{a})^2+(1+\sqrt{a})^2$

17. Übertrage die Tabelle in dein Heft. Kreuze an, zu welchem Zahlenbereich die Zahlen gehören.

	$\mathbb{N}$	$\mathbb{Z}$	$\mathbb{Q}$	$\mathbb{R}$
5				
1,76				
−0,5				
$-\sqrt{18}$				
$2\sqrt{5}$				

18. Ziehe partiell die Wurzel (a; b ≥ 0).

a) $\sqrt{300}$ b) $\sqrt{750}$ c) $\sqrt{3675}$ d) $\sqrt{5\cdot 0{,}5^2}$ e) $\sqrt{40a}$

f) $\sqrt{(-8)^2\cdot 3}$ g) $\sqrt{\frac{73}{4}}$ h) $\sqrt{\frac{75}{9}}$ i) $\sqrt{250a^2b^2}$ j) $\sqrt{100a^3b^5}$

19. Konstruiere ein rechtwinklig-gleichschenkliges Dreieck mit dem Flächeninhalt $A = 6{,}125\ cm^2$.

20. Schreibe das Produkt als Wurzel.

a) $7\sqrt{2}$ b) $11\sqrt{3}$ c) $-5\sqrt{7}$ d) $-3\sqrt{0{,}3}$ e) $0{,}5\sqrt{2}$

f) $20\sqrt{0{,}1}$ g) $0{,}6\sqrt{0{,}7}$ h) $\frac{1}{3}\sqrt{5}$ i) $\frac{5}{4}\sqrt{1{,}5}$ j) $3a\sqrt{6}$

21. Berechne die Flächeninhalte.

a) $a = \frac{3}{5}\sqrt{6}$ cm; $h_a = 2\sqrt{3}$ cm

b) $e = 4\sqrt{5}$ cm; $f = \sqrt{15}$ cm

c) $a = 2\sqrt{8}$ cm; $b = 4\sqrt{5}$ cm; $c = 3\sqrt{8}$ cm; $d = 2\sqrt{5}$ cm; $e = \sqrt{8}$ cm

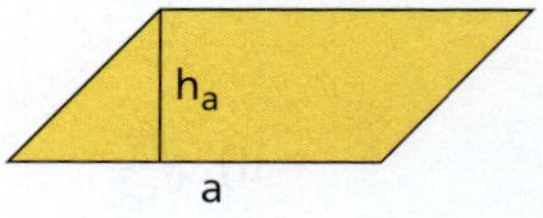

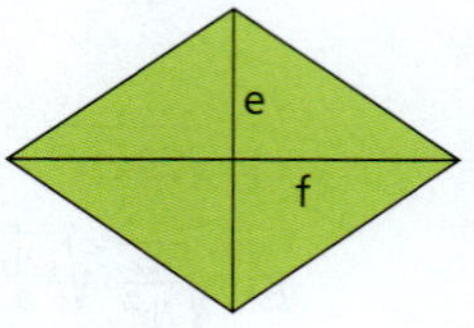

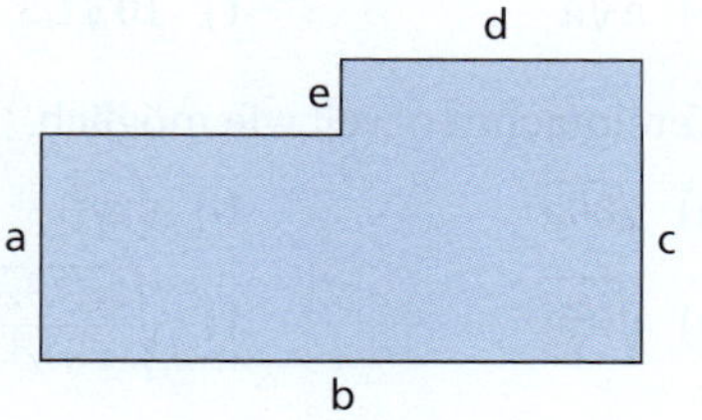

Aufgaben zu verschiedenen Themen

22. Herr Müller möchte den Fußboden seiner Küche fliesen. Sie ist 4,50 m lang und 3,53 m breit. Im Baumarkt gibt es preisgünstig quadratische Fliesen, die eine Seitenlänge von 31,5 cm haben. Er kann nur ganze Packungen mit je 15 Stück kaufen.

a) Ist es möglich, dass Herr Müller seinen Küchenfußboden fliesen kann, ohne eine Fliese zerschneiden zu müssen? Begründe deine Antwort. Welche Fugenbreite muss er einhalten? Gib die Anzahl der Fliesen an, die auf der kürzeren bzw. längeren Seite liegen.

b) Wie viele Packungen muss Herr Müller kaufen? Berechne den prozentualen Anteil der Fliesen, die er für spätere Reparaturarbeiten übrig hat.

c) Hätte Herr Müller mit derselben Packungszahl (siehe Aufgabe b) seinen quadratischen Keller fliesen können, der eine Grundfläche von $17{,}64\ m^2$ hat? Begründe.

23. Zur Veranschaulichung großer Geldbeträge kann ein Geldstapel aus der entsprechenden Anzahl von 100-Euro-Scheinen verwendet werden. Ein Schein hat eine Dicke von 0,1 mm. Wie hoch bzw. wie lang ist ein Stapel, der dem Geldbetrag entspricht?

a) 1 000 Euro b) 1 Million Euro c) 1 Milliarde Euro d) 1 Billion Euro

Vergleiche mit der Höhe von Bergen bzw. mit der Entfernung von Städten.

24. Berechne und vergleiche die Höhe bzw. Länge eines Stapels aus 100-Euro-Scheinen für folgende Summen:

a) Das teuerste Gemälde der Welt ist das Porträt des Dr. Gachet von VINCENT VAN GOGH, das am 15. Mai 1990 im Auktionshaus CHRISTIE's in New York für 82,5 Mio. $ (etwa 40 Mio. Euro) den Besitzer wechselte.

b) 1999 betrugen die Ausgaben im Haushaltsplan des Landes Mecklenburg-Vorpommern $8{,}8 \cdot 10^9$ €, des Landes Sachsen-Anhalt $1{,}25 \cdot 10^{10}$ € und im Bundeshaushalt $2{,}7086 \cdot 10^{11}$ €.

c) Für Arbeitslosengeld und Arbeitslosenhilfe wurden 1999 in der Bundesrepublik insgesamt 40,4 Mrd. € ausgegeben.

25. Um Größenverhältnisse im Mikrokosmos zu veranschaulichen, kann man eine maßstäbliche Vergrößerung in den „sichtbaren" Bereich von 10^{-3} m bis 10^{3} m vornehmen.
Welche Längen entsprechen den Einheiten 1 mm; 1 cm; 1 dm; 1 m und 1 km bei folgender Vergrößerung? Gib auch den Maßstab an.

a) 1 mm ≙ 1 µm b) 1 mm ≙ 1 nm c) 1 mm ≙ 1 pm

26. Suche Objekte aus den folgenden drei Mikrowelten heraus, deren Größen etwa in der gleichen Dimension liegen. Veranschauliche die Größenverhältnisse der jeweils ausgewählten Objekte, indem du eine geeignete Vergrößerung wählst. Fertige eine Zeichnung an, indem du die Objekte durch eine Strecke oder einen Kreis veranschaulichst.

a) Die Welt der Mikroelektronik
Eine Leiterplatte in einem Computer (z. B. für eine Grafikkarte) hat eine Dicke von 1,5 mm. Der Durchmesser der Löcher zur Aufnahme der Kontaktstifte beträgt 300 µm. Ein Leiterzug ist 150 µm breit. Ein Anschlusskontakt auf einem CMOS-Chip hat eine Fläche von 100 µm · 100 µm. Die Abstände der Leiterbahnen in einem Chip betragen z. Z. 0,18 µm, künftig werden es nur noch 0,13 bis 0,05 µm sein.

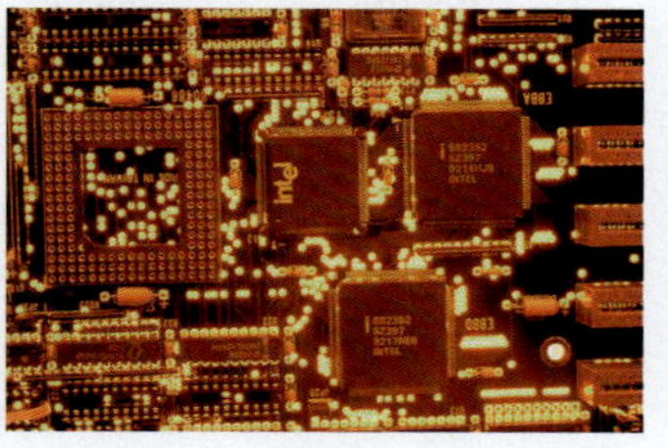

b) Die Welt der Mikrobiologie
Das kleinste biologische Virus hat eine Größe von $2 \cdot 10^{-5}$ mm. Die kleinste Bakterie, der Erreger der Papageienkrankheit, misst 275 µm und die größte Bakterie, der Bazillus Megatarium, 4 µm. Ein rotes Blutkörperchen hat die Form einer Scheibe mit einem Durchmesser von $7 \cdot 10^{-6}$ m. Die Zellen des menschlichen Körpers haben eine Größe zwischen 10 und 30 µm.

c) Die Welt der Atome
Der Abstand zweier Atome im Kochsalzgitter beträgt 3 µm.
Das größte Atom ist das Cäsiumatom mit einem Durchmesser von $3{,}7 \cdot 10^{-8}$ cm.
Das kleinste Atom hat das Element Helium mit einem Durchmesser von $0{,}6 \cdot 10^{-8}$ cm.
Der Durchmesser des Atomkerns des Heliumatoms beträgt $4 \cdot 10^{-13}$ cm.

27. Um die riesigen Entfernungen im Kosmos zu verdeutlichen, kann als Maß die Zeit gewählt werden, die ein Lichtstrahl zum Zurücklegen dieser Entfernungen brauchen würde. Licht bewegt sich mit etwa 300 000 km · s^{-1} durch das Weltall, eine Geschwindigkeit, die von keinem Raumschiff erreicht werden kann.
Berechne die Zeit, die ein Lichtstrahl für folgende Strecken benötigt:

a) einmal um die Erde b) von der Erde bis zur Sonne
c) von der Erde bis zu den übrigen Planeten

	Sonne	Merkur	Venus	Erde	Mars	Saturn	Neptun
kürzeste Entfernung zur Erde in 10^6 km	147,1	79,3	40,4	–	56,8	1198,3	4308,4
Masse in 10^{24} kg	1989000	0,34	4,87	5,97	0,64	569	103
Radius in 10^3 km	696	2,44	6,06	6,38	3,40	60,34	24,80

28. Mit der physikalischen Größe Dichte wird das Verhältnis von Masse und Volumen eines Stoffs angegeben. Die größte Dichte eines Stoffs auf der Erde hat Osmium mit $22{,}59\ g \cdot cm^{-3}$. Die geringste Dichte bei Zimmertemperatur hat das Gas Wasserstoff mit $0{,}00008989\ g \cdot cm^{-3}$.

a) Berechne die Dichte der Planeten unseres Sonnensystems und vergleiche sie mit der Dichte von Stoffen auf der Erde. Die Planeten sollen die Form von Kugeln haben.

b) Die Tabelle zeigt Radius, Volumen und Masse von typischen Vertretern der verschiedenen Sternklassen. Finde Vergleichsgrößen für die Radien und Massen der Sterne. Berechne die Dichte der Sterne.

	Riese	Hauptreihenstern	Weißer Zwerg	Neutronenstern
Masse	$4{,}2 \cdot 10^{33}$ kg	$4 \cdot 10^{30}$ kg	$4 \cdot 10^{27}$ kg	$10^{30} \cdot$ kg
Radius	10^9 km	10^6 km	10^3 km	10 km

29. Sascha hilft seinem Vater beim Erneuern der Terrasse, deren Grundriss quadratisch ist. Der Vater verlegt die ebenfalls quadratischen Platten. Sascha trägt immer drei dieser Platten. Am Ende sollen angeblich noch zwei Platten fehlen, damit die Terrasse vollständig ausgelegt ist. Sascha beweist seinem Vater, dass dies nicht sein kann.
Wie könnte er diesen Beweis geführt haben?

***30.** Denke dir eine natürliche Zahl. Multipliziere sie mit den nächsten drei darauffolgenden Zahlen, addiere die Zahl 1. Das Ergebnis ist immer eine Quadratzahl.
Beweise, dass diese Aussage für jede natürliche Zahl gilt.

31. Aus einem Quader (siehe Abbildung) soll ein Würfel mit demselben Volumen durch Umschmelzen hergestellt werden. Welche Kantenlänge muss der Würfel haben?

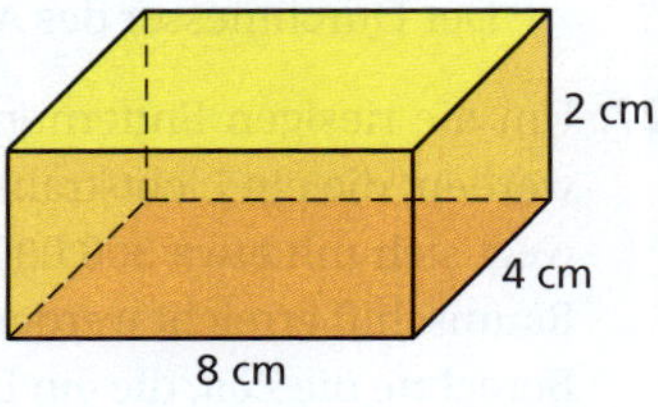

32. Berechne die Ergebnisse der folgenden Aufgaben auf zwei unterschiedlichen Wegen:

① $25{,}32 \cdot 12{,}174 \cdot 17{,}582$ ② $7{,}3 \cdot 6{,}81 \cdot 5{,}78$
③ $12{,}44 \cdot 7{,}342 \cdot 6{,}238$ ④ $9{,}24 \cdot 13{,}43 \cdot 6{,}82$

a) Runde jeweils die Faktoren auf Zehntel und berechne dann das Produkt.

b) Berechne jeweils das Produkt und runde das Ergebnis auf Zehntel.

c) Vergleiche die Ergebnisse aus a und b miteinander.

33. Herr Franke tankt für 36,15 € Normalbenzin an einer Tankstelle. Die Preistafel zeigt den Preis für Benzin mit 1,049 € (Stand Januar 2009) an.
Wie viel Liter Benzin hat Herr Franke getankt?
Runde das Ergebnis sinnvoll.

1. Vereinfache die Terme so weit wie möglich.

a) $16 - 5a - 8 - 2a + 8a - 13$
b) $-11 + (8c - 19) + 12 - 5c$
c) $-7a - (9y + 13a) - y$
d) $15d - 2(6d + 3)$
e) $-(3z^2 - 8y) + 9z^2 - 7y - 5$
f) $4x^2y - (13ab + 3x^2y) - 9a + 2b$
g) $(3x - 9)(5 - 2y)$
h) $17ab - (4b - 8a)(2 - b)$

2. Forme die Produkte mithilfe der binomischen Formeln jeweils in eine Summe um.

a) $(x + 5)^2$
b) $(8 - y)^2$
c) $(12 - 2a)^2$
d) $(b + 3)(b - 3)$
e) $(4z - 13)(4z + 13)$
f) $(-6x + 10)^2$
g) $(7d - 9)(7d + 9)$
h) $(-6a + 2)(-6a - 2)$
i) $(-3y - 2z)^2$

3. Löse die folgenden Gleichungen:

a) $x^2 = 36$ b) $y^2 = 63$ c) $z^2 = -25$ d) $\sqrt{x} = 9$ e) $\sqrt{y} = 13$ f) $\sqrt{z} = -5$

4. Bestimme jeweils die Lösungsmenge.

a) $x^3 = 64$ b) $z^3 = -125$ c) $y^3 = 24$ d) $(x + 1)^3 = 64$ e) $(y - 1)^3 = 64$

5. Zwischen welchen ganzen Zahlen liegen die Wurzeln?

a) $\sqrt{253}$; $\sqrt{81{,}9}$; $\sqrt{351}$; $\sqrt{910}$
b) $\sqrt[3]{99}$; $\sqrt[3]{0{,}07}$; $\sqrt[3]{3{,}64}$; $\sqrt[3]{920}$

6. Gib an, welche Zahlen rational und welche irrational sind. Begründe.

25 $\sqrt{25}$ $\sqrt{52}$ $-\sqrt{25}$ $-\sqrt{52}$ $\sqrt{-52}$
$\sqrt[3]{25}$ 25^3 $\sqrt{5} : \sqrt{2}$ $-25 : 0$ $-5{,}25$ $\sqrt{2 - 5}$

7. Vereinfache folgende Terme so weit wie möglich:

a) $\sqrt{27a}\sqrt{3a}$
b) $\sqrt{121a^2b^2}$
c) $\sqrt{75x^2}$
d) $\frac{\sqrt{600ab^2}}{\sqrt{150a}}$
e) $\sqrt{\frac{243a^2b^2}{3b^2}}$
f) $\sqrt{4(x + y)^2}$

8. Berechne. Runde auf die zweite Dezimalstelle.

a) $\sqrt{7} + \sqrt{12}$ b) $5\sqrt{10} - 3\sqrt{5}$ c) $\sqrt[3]{25} - \sqrt{52}$ d) $\frac{\sqrt{80}}{2 - \sqrt{2}}$

9. Berechne.

a) $\sqrt{1{,}6} \cdot \sqrt{1\,000}$ b) $\sqrt[3]{16} \cdot \sqrt[3]{4}$ c) $\sqrt{8} \cdot \sqrt{6} \cdot \sqrt{3}$ d) $2 \cdot \sqrt{0{,}75} \cdot \sqrt{3}$

10. Vereinfache die Terme so weit wie möglich.

a) $16\sqrt{3} - 21\sqrt{3} + 10\sqrt{3}$ b) $2\sqrt{b} - 7\sqrt{a} + 9\sqrt{a}$ c) $71\sqrt{5} + 4\sqrt{5} - 10\sqrt{20}$

11. Ziehe partiell die Wurzel.

a) $\sqrt{108}$ b) $\sqrt{980}$ c) $\sqrt{0{,}25a^2b}$ d) $\sqrt{\frac{49}{5}}$

12. Viktor will in seinem Zimmer Seile für eine Niedervoltbeleuchtung parallel zur Decke diagonal spannen. Um nicht zu kurze Drahtseile zu kaufen, misst er die Länge a und Breite b seines Zimmers. Er weiß nämlich, dass daraus die Diagonalenlänge d mit der Formel $d = \sqrt{a^2 + b^2}$ berechnet werden kann. Er notiert sich die Messergebnisse korrekt mit der Angabe seiner Messgenauigkeit zu $a = (3{,}11 \pm 0{,}01)$ m und $b = (2{,}35 \pm 0{,}01)$ m.

a) Berechne die kleinstmögliche Diagonalenlänge d_{min} und die größtmögliche d_{max}.
b) Ermittle daraus die gesuchte Diagonalenlänge d unter Angabe der Fehlerhaftigkeit.

Das Wichtigste im Überblick

Rechnen mit Zahlen und Variablen

Ausmultiplizieren (Ausklammern)

Man multipliziert eine Summe mit einem Faktor, indem man jedes Glied der Summe mit dem Faktor multipliziert und die Produkte addiert.

$2a \cdot (6b + 2a) = 12ab + 4a^2$ $\qquad$ $3a \cdot (4ab - 3b) = 12a^2b - 9ab$

Durch das Ausklammern wird eine Summe in ein Produkt umgewandelt.
Alle gemeinsamen Faktoren werden vor die Klammer geschreiben.
$12ab + 8a^2c = 3 \cdot \underline{4 \cdot a} \cdot b + 2 \cdot \underline{4 \cdot a} \cdot a \cdot c = 4a(3b + 2ac)$

Multiplikation von Summen

Bei der Multiplikation von Summen wird jedes Glied der einen Summe mit jedem Glied der anderen Summe multipliziert. Anschließend werden gleichartige Glieder zusammengefasst.

$(12a + 3b) \cdot (3a + 2b) = 36a^2 + 24ab + 9ab + 6b^2 = 36a^2 + 33ab + 6b^2$

Binomische Formeln

Eine Summe oder Differenz, die aus zwei Gliedern besteht, heißt **Binom.** Produkte bestimmter Binome ergeben die binomischen Formeln.

1. binomische Formel: $(a + b)^2 = a^2 + 2ab + b^2$
2. binomische Formel: $(a - b)^2 = a^2 - 2ab + b^2$
3. binomische Formel: $(a + b)(a - b) = a^2 - b^2$

Mithilfe der binomischen Formeln werden Produkte in Summen umgeformt.
$(2x + 5)^2 = (2x + 5)(2x + 5) = 4x^2 + 20x + 25$ $\qquad$ $(3a - b)(3a + b) = 9a^2 - b^2$

Binomische Formeln werden auch genutzt beim Umformen von bestimmten Summen in Produkte.
$36a^2 + 24ab + 4b^2 = (6a + 2b)^2$ $\qquad$ $9x^2 - y^2 = (3x + y)(3x - y)$

Rechnen mit Quotienten

Jeder Quotient aus zwei Termen kann als Bruch mit Variablen aufgefasst werden. Das Rechnen erfolgt analog dem Rechnen mit Brüchen.

Erweitern und Kürzen	Multiplikation	Division
Zähler und Nenner mit dem gleichen Term (≠ 0) multiplizieren bzw. durch den gleichen Term (≠ 0) dividieren.	Terme auf einen gemeinsamen Bruchstrich schreiben; so weit wie möglich kürzen; Zähler miteinander und Nenner miteinander multiplizieren.	Den Kehrwert des Divisors bilden und mit ihm multiplizieren.
$\frac{a}{b} \overset{\cdot 3c}{=} \frac{3ac}{3bc}$ $\quad$ $\frac{2x^2}{6xy^2} \overset{:3c}{=} \frac{x}{3y^2}$	$\frac{ab}{a+2} \cdot \frac{(a+2)^2}{2a^2b^3} = \frac{ab \cdot (a+2)^2}{(a+2) \cdot 2a^2b^3} = \frac{a+2}{2ab^2}$	$\frac{xy}{x+1} : \frac{x^2y}{(x+1)^2} = \frac{xy \cdot (x+1)^2}{(x+1) \cdot x^2y} = \frac{x+1}{x}$

Reelle Zahlen und Wurzeln

Reelle Zahlen

Zahlen, die sich nur als unendlich nichtperiodische Dezimalbrüche darstellen lassen, nennt man **irrationale Zahlen.**

$\sqrt{2}$; $\sqrt[3]{5}$; $\sqrt{17}$; $\sqrt{32}$

Die rationalen Zahlen und die irrationalen Zahlen zusammen bilden die Menge der **reellen Zahlen** $\mathbb{R}$.

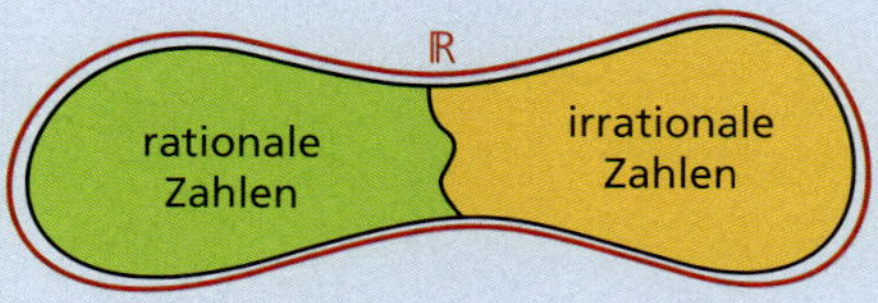

Rechnen mit Wurzeln

Addition und Subtraktion

Für nichtnegative Zahlen b gilt aufgrund des Distributivgesetzes: $a\sqrt{b} \pm c\sqrt{b} = (a \pm c)\sqrt{b}$

$5\sqrt{3} + 7\sqrt{3} = 12\sqrt{3}$

$18\sqrt{10} - 3\sqrt{10} = 15\sqrt{10}$

Multiplikation und Division

Für nichtnegative Zahlen a und b gilt:

$\sqrt{a} \cdot \sqrt{b} = \sqrt{a \cdot b}$

$\frac{\sqrt{a}}{\sqrt{b}} = \sqrt{\frac{a}{b}}$ $(b \neq 0)$

$\sqrt{3} \cdot \sqrt{12} = \sqrt{3 \cdot 12} = \sqrt{36} = 6$

$\frac{\sqrt{75}}{\sqrt{3}} = \sqrt{\frac{75}{3}} = \sqrt{25} = 5$

Partielles Wurzelziehen

Kann der Radikand einer Wurzel so in ein Produkt zerlegt werden, dass mindestens ein Faktor eine Quadratzahl ist, dann gilt: $\sqrt{a^2 \cdot b} = a\sqrt{b}$

$\sqrt{50} = \sqrt{25 \cdot 2} = \sqrt{5^2 \cdot 2} = 5\sqrt{2}$

$\sqrt{72} = \sqrt{36 \cdot 2} = \sqrt{6^2 \cdot 2} = 6\sqrt{2}$

Rechnen mit sinnvoller Genauigkeit

Bei der Addition (Subtraktion) von Näherungswerten sucht man denjenigen Näherungswert, bei dem die letzte zuverlässige Ziffer am weitesten links steht, und rundet das Ergebnis auf diese Stelle.

$$\begin{array}{rr} & 26{,}0 \\ & 12{,}7 \\ + & 3{,}89 \\ \hline & 42{,}59 \approx 42{,}6 \end{array}$$

$$\begin{array}{rr} & 50{,}0 \\ & 17{,}46 \\ - & 3{,}8 \\ \hline & 28{,}74 \approx 28{,}7 \end{array}$$

Bei der Multiplikation (Division) von Näherungswerten sucht man den Wert mit der geringsten Anzahl von zuverlässigen Ziffern und rundet auf diese Anzahl von Ziffern.

$3{,}8\ \text{m} \cdot 5{,}42\ \text{m} = 20{,}59\ \text{m}^2 \approx 21\ \text{m}^2$

$6{,}67\ \text{m}^2 : 3{,}5\ \text{m} = 7{,}62\ \text{m} \approx 7{,}6\ \text{m}$

2 Quadratische Gleichungen und quadratische Funktionen

Wasserspiele
Der Bogen, den der Wasserstrahl beschreibt, heißt Parabel.
Wie kann man die größte Höhe des Wasserstrahls ermitteln?

Sportwettkampf
Bei einem Wettkampf im Tischtennis spielt jeder gegen jeden.
Es werden 56 Spiele ausgetragen.
Wie viele Sportler nahmen am Wettkampf teil?

Kugelstoßen
Die Flugbahn einer Kugel hängt von verschiedenen Faktoren ab.
Gib mindestens zwei Faktoren an.
Beschreibe die Flugbahn einer Kugel.

Das Koordinatensystem

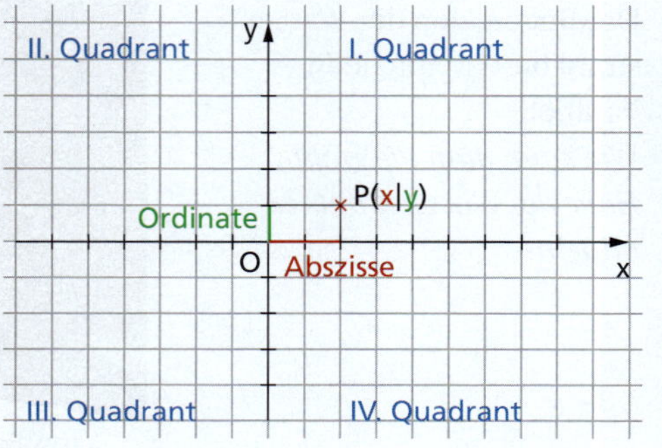

Der französische Philosoph und Mathematiker René Descartes (lat.: Cartesius, 1596 bis 1659) führte zur Beschreibung von Punkten in der Ebene ein System von zwei rechtwinklig zueinander liegenden Achsen (Zahlengeraden) und Koordinaten ein, welches nach ihm kartesisches Koordinatensystem benannt wurde. Durch das kartesische Koordinatensystem wird die Ebene in vier Quadranten eingeteilt.
Ein Punkt im Koordinatensystem ist durch seine **Koordinaten,** d.h. durch die Abstände zu den Achsen, eindeutig festgelegt. Der **Koordinatenursprung** O hat die Koordinaten (0|0).

Lineare Funktionen

Eine Zuordnung, bei der jedem Element der Menge D (Definitionsbereich) genau ein Element der Menge W (Wertebereich) zugeordnet wird, nennt man Funktion.

Darstellungsarten

– Satz

Jeder Zahl wird ihr Doppeltes vermindert um 1 zugeordnet.

– Wertetabelle

x	–2	–1	0	1	2
y	–5	–3	–1	1	3

– Wertepaare (x|y)

(–2|–5); (–1|–3); (0|–1); (1|1); (2|3)

– Gleichung

$y = 2x - 1$

– Koordinatensystem

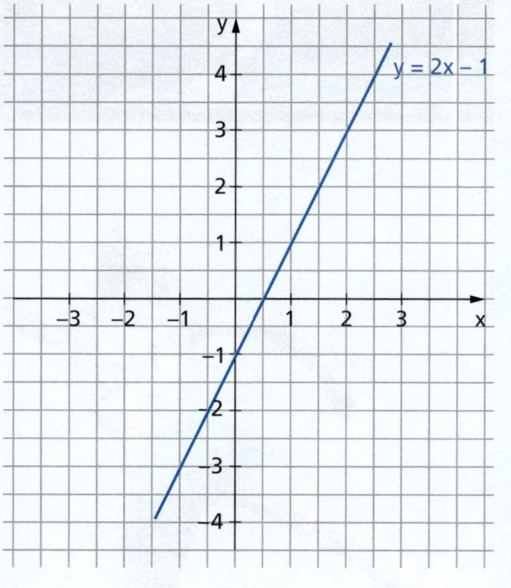

Eigenschaften

Definitionsbereich: $x \in \mathbb{Q}$
Wertebereich: $y \in \mathbb{Q}$
Monotonie: monoton steigend
Nullstellen (Schnittstelle mit der x-Achse): $x_0 = 0{,}5$
Schnittpunkt mit der y-Achse: P(0|–1)
Symmetrie: symmetrisch bezüglich der y-Achse für $y = -2x - 1$

Lösungsverfahren für lineare Gleichungssysteme

Zwei lineare Gleichungen mit jeweils den gleichen zwei Variablen bilden ein lineares Gleichungssystem.

Grafisches Lösen

Jede lineare Gleichung wird als Funktionsgleichung aufgefasst und ihre Bilder (Graphen) werden in ein Koordinatensystem gezeichnet. Der Schnittpunkt der beiden Graphen gehört zu beiden Funktionen. Die Koordinaten sind Lösung des linearen Gleichungssystems.

I $2x + 2y = 6 \quad (x, y \in \mathbb{Q})$
II $2x + y = 5$
$L = \{(2|1)\} \rightarrow x = 2$ und $y = 1$

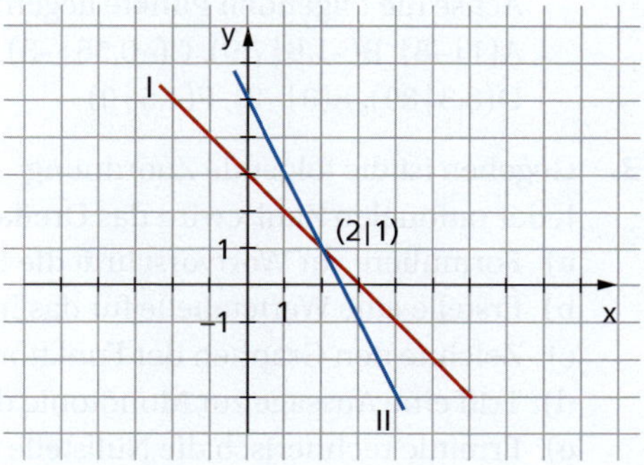

Rechnerisches Lösen

Beim rechnerischen Lösen werden die zwei Gleichungen so umgeformt, dass man nur eine lineare Gleichung mit einer Variablen erhält. Je nach Umformungen heißen die Verfahren **Gleichsetzungsverfahren, Additionsverfahren oder Einsetzungsverfahren.**

Lösbarkeitsbedingungen für ein lineares Gleichungssystem

① Genau eine Lösung:	Die Geraden schneiden einander in einem Punkt. Die Lösungsmenge besteht aus genau einem Zahlenpaar.
② Keine Lösung:	Die Geraden sind zueinander parallel. Die Lösungsmenge ist leer.
③ Unendlich viele Lösungen:	Die Geraden liegen übereinander. Es gibt unendlich viele Zahlenpaare, die beide Gleichungen erfüllen.

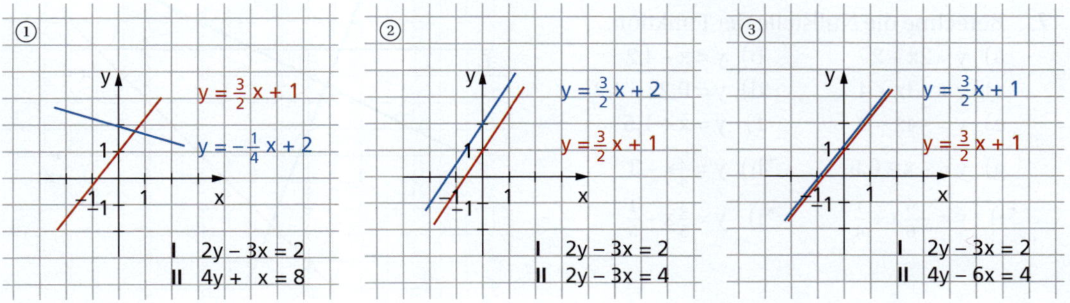

Aufgaben

1. Gib die Koordinaten der Punkte P_1 bis P_7 an. In welchem Quadranten liegen jeweils die Punkte?

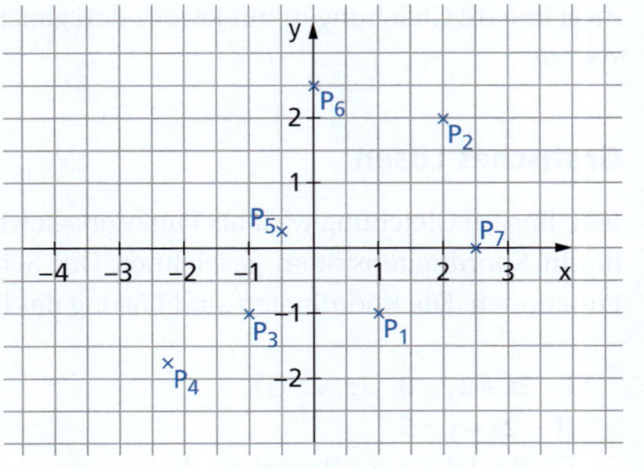

2. a) Trage die folgenden Punkte in ein Koordinatensystem ein: A(3 | 6), B(–9 | 5), C(0,5 | –3), D(0 | –6), E(–4 | –2), F(4 | 0)

b) Entscheide, ohne zu zeichnen, in welchem Quadranten bzw. auf welcher Achse die folgenden Punkte liegen: A(1 | –8), B(–1,6 | 7,9), C(–0,56 | –3), D(6,3 | 89), E(0 | –2), F(1,5 | 0)

3. Gegeben ist die folgende Zuordnung:
Jeder rationalen Zahl x wird das Dreifache der Zahl vermehrt um eins zugeordnet.

a) Formuliere zur Wortvorschrift die Funktionsgleichung.
b) Erstelle eine Wertetabelle für das Intervall $-6 \le x \le 6$ mit einer Schrittweite von 0,5.
c) Zeichne den Graphen der Funktion im Intervall $-4 \le x \le 4$.
d) Triff eine Aussage zur Monotonie dieser Funktion.
e) Ermittle rechnerisch die Nullstelle der Funktion und vergleiche mit deinem Graphen.
f) Lies den Schnittpunkt mit der y-Achse aus der Darstellung ab.
g) Überprüfe dein Ergebnis von Aufgabe f rechnerisch.
h) Gib die Gleichung der Funktion an, die zu deiner Funktion bezüglich der y-Achse symmetrisch ist.

4. Zeichne jeweils den Graphen der folgenden Funktionen:

a) $y = 2x + 3$ b) $y = 1{,}5x - 0{,}5$ c) $y = -2x + 3$ d) $y = 0{,}5x - 6$
e) $y = x - 0{,}6$ f) $y = -3x + 4$ g) $y = -\frac{1}{2}x - 1$ *h) $y = \frac{1}{4}x + 2$

5. Prüfe rechnerisch, ob die Punkte zum Graphen der Funktion gehören.

a) $y = 4x - 0{,}5$: $P_1(1 | 3)$ $P_2(-2 | 7)$ $P_3(-2{,}5 | -11)$ $P_4(-1{,}5 | -6{,}5)$ $P_5(0{,}1 | 0{,}1)$
b) $y = \frac{1}{2}x - 7$: $P_1(2 | -6)$ $P_2\left(-1 \,|\, 7\frac{1}{2}\right)$ $P_3\left(\frac{1}{4} \,|\, -6\frac{7}{8}\right)$ $P_4(6 | 4)$ $P_5(-2 | -8)$

6. Ermittle jeweils die Funktionsgleichung der Graphen (siehe Abbildung).

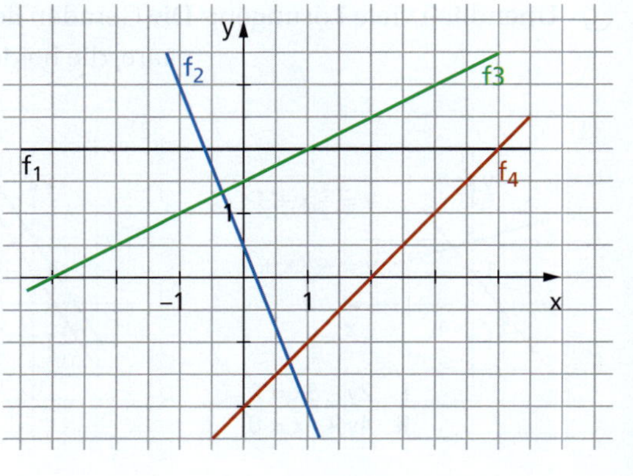

7. Berechne die Nullstelle der Funktion.

a) $y = 2x + 2$ b) $y = x - 4{,}2$
c) $y = -3x + 4$ d) $y = 0{,}2x - 4{,}2$
e) $y = -4x - 2$ f) $y = x + 1{,}5$
g) $y = -x - 0{,}8$ *h) $y = \frac{5}{4}x - 3$
*i) $y = -\frac{5}{6}x + \frac{1}{4}$ *j) $y = \frac{3}{5}x + \frac{1}{5}$

8. Zeichne eine Gerade, die durch die Punkte P_1 und P_2 geht.
Bestimme die Funktionsgleichung des Graphen aus der Zeichnung.

a) $P_1(2|-1)$, $P_2(-2|0)$ b) $P_1(0|-1)$, $P_2(4|2)$ c) $P_1(1|1)$, $P_2(2|3)$
d) $P_1(-2|0)$, $P_2(0|2)$ e) $P_1(1|2{,}5)$, $P_2(-1|1{,}5)$ f) $P_1(-3|1)$, $P_2(3|1)$

9. Berechne die Funktionswerte der Funktionen für die folgenden Stellen:

a) $y = -3x + 2$ $x_1 = 13$ $x_2 = -0{,}5$ $x_3 = 2$ $x_4 = -4$ $x_5 = 1{,}4$
b) $y = 2x - 2$ $x_1 = 2$ $x_2 = 0{,}5$ $x_3 = -2{,}4$ $x_4 = -4$ $x_5 = 3{,}6$
*c) $y = -\frac{2}{3}x + 4$ $x_1 = -\frac{1}{2}$ $x_2 = \frac{1}{4}$ $x_3 = \frac{1}{2}$ $x_4 = 1{,}3$ $x_5 = -6$

10. Beschreibe die im Diagramm dargestellte Wanderung der Klasse 9 a.

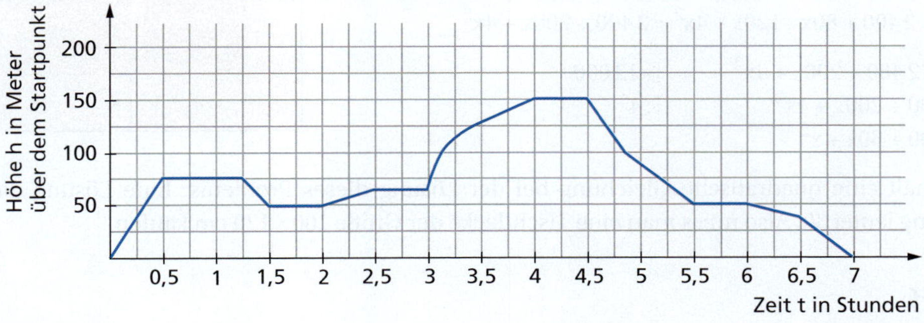

11. Löse die folgenden Gleichungssysteme mit verschiedenen Verfahren. Für welches Verfahren hast du dich entschieden? Begründe.

a) I $y + 2x = 6$
II $3y + 4x = 14$

b) I $x + 2y = 5$
II $5x - 2y = 1$

c) I $y + 2x = 4$
II $x = 5{,}5 - 4y$

12. Ersetze die leeren Felder, sodass die Bedingungen erfüllt werden.

a) I $2x + 2y = 6$
II ▭
Es gibt eine Lösung.

b) I $2x + 2y = 6$
II ▭
Es gibt keine Lösung.

c) I $2x + 2y = 6$
II ▭
Es gibt unendlich viele Lösungen.

13. Wie groß sind die Winkel in einem gleichschenkligen Dreieck, wenn jeder Basiswinkel doppelt so groß ist wie der Winkel an der Spitze?

14. Die Breite eines rechteckigen Grundstücks beträgt 20 m. Wenn man die Grundstückslänge um 4 m verkürzt, verringert sich der Flächeninhalt um 80 m^2. Verkürzt man die Grundstückslänge um 6 m, nimmt der Flächeninhalt um 120 m^2 ab.
Bestimme die ursprüngliche Länge und den Flächeninhalt des Grundstücks.

15. Max ist fünf Jahre älter als sein Bruder Ben. Zusammen sind beide 25 Jahre alt.
Wie alt sind Max und Ben?

16. Lisa verteilt Bonbons an ihre drei Freundinnen. Lara erhält ein Drittel, Laura erhält vier Bonbons mehr als Lara. Für Lilli bleiben dann fünf Bonbons.
Wie viele Bonbons erhält jede Freundin?

2.1 Quadratische Gleichungen

Für einen Tisch soll eine neue Decke gekauft werden. Die Tischfläche ist 40×60 cm. Die Decke soll fünfmal so groß wie der Tisch sein und jeweils um den gleichen Wert über die Tischkante hängen. Wie viel Zentimeter hängt die Tischdecke herunter?

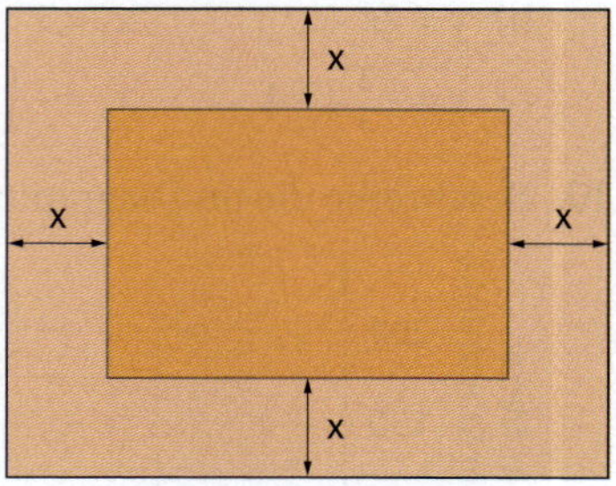

$A_{Tisch} = 40\text{ cm} \cdot 60\text{ cm} = 2\,400\text{ cm}^2$

$A_{Decke} = 5 \cdot A_{Tisch}$
$A_{Decke} = 5 \cdot 2400\text{ cm}^2 = 12\,000\text{ cm}^2$
$A_{Decke} = (40 + 2x)(60 + 2x)$
$A_{Decke} = 2\,400 + 80x + 120x + 4x^2 = 2\,400 + 200x + 4x^2$

$12\,000 = 2\,400 + 200x + 4x^2 \quad | -12\,000$
$0 = -9\,600 + 200x + 4x^2 \quad | :4$
$0 = -2\,400 + 50x + x^2$

Man erhält eine quadratische Gleichung bei der Lösung dieses Problems. Eine Lösung dieser Gleichung lautet 30. Also muss man eine Tischdecke der Größe 100×120 cm kaufen.

Begriff

Die Gleichung $a \cdot x^2 + b \cdot x + c = 0$ heißt **allgemeine Form** der quadratischen Gleichung.

Weil $a \neq 0$ ist, kann man die Gleichung durch a dividieren.
Zur Vereinfachung werden die Koeffizienten umbenannt: $\frac{b}{a} = p$ und $\frac{c}{a} = q$

$x^2 + \frac{b}{a} \cdot x + \frac{c}{a} = 0$

x^2 → quadratisches Glied; $\frac{b}{a} \cdot x$ → lineares Glied; $\frac{c}{a}$ → absolutes Glied

Die Gleichung $x^2 + p \cdot x + q = 0$ heißt **Normalform** der quadratischen Gleichung.

Die Variablen a, b, c, p und q heißen **Parameter** der Gleichung.

Lösen quadratischer Gleichungen

Zum Lösen kann man die Kenntnisse über das **Quadrieren** und **Wurzelziehen** anwenden. Dabei ist zu beachten, dass die Quadrate zueinander entgegengesetzter Zahlen gleich sind.

Gleichung	$x^2 = 4$	$x^2 = 0$	$x^2 = -4$
Lösung(en)	$x_1 = 2$ und $x_2 = -2$	$x = 0$	–
Lösungsmenge	L = {2; –2}	L = {0}	L = { }
Anzahl der Lösungen	zwei	eine	keine

Lösen durch inhaltliche Überlegungen

Die Gleichung $x^2 = 36$ ist zu lösen. Folgende Überlegungen kann man dabei anstellen:
6 ist eine Lösung der Gleichung $x^2 = 36$, denn $6^2 = 36$ ist eine wahre Aussage.
-6 ist ebenfalls Lösung der Gleichung $x^2 = 36$, denn $(-6)^2 = 36$ ist auch eine wahre Aussage.
Weitere Lösungen existieren nicht. Die Gleichung $x^2 = 36$ hat zwei Lösungen ($x = 6$ und $x = -6$).
Die Lösungsmenge ist $L = \{6; -6\}$; man schreibt auch $x_1 = 6$ und $x_2 = -6$.

① $x^2 = 3 \quad |\sqrt{}$
$x_{1;2} = \pm\sqrt{3}$
$x_1 = \sqrt{3}$
$x_2 = -\sqrt{3}$

② $y^2 = 1{,}69 \quad |\sqrt{}$
$y_{1;2} = \pm\sqrt{1{,}69}$
$y_{1;2} = \pm 1{,}3$
$y_1 = 1{,}3$
$y_2 = -1{,}3$

③ $12z^2 = 192 \quad |:12$
$z^2 = 16 \quad |\sqrt{}$
$z_{1;2} = \pm\sqrt{16}$
$z_{1;2} = \pm 4$
$z_1 = 4$
$z_2 = -4$

④ $d^2 + 0{,}64 = 1 \quad |-0{,}64$
$d^2 = 0{,}36 \quad |\sqrt{}$
$d_{1;2} = \pm\sqrt{0{,}36}$
$d_{1;2} = \pm 0{,}6$
$d_1 = 0{,}6$
$d_2 = -0{,}6$

Hinweis:
Beachte, dass die Quadratwurzel nur definiert ist, wenn der Radikand positiv oder 0 ist. Das Wurzelziehen ist keine Äquivalenzumformung einer Gleichung.

① $(x+4)^2 = 121 \quad |\sqrt{}$
$x + 4 = \sqrt{121}$ $\qquad x + 4 = -\sqrt{121}$
$x + 4 = 11$ $\qquad x + 4 = -11$
$x_1 = 11 - 4$ $\qquad x_2 = -11 - 4$
$x_1 = 7$ $\qquad x_2 = -15$

Probe x_1:
$(7+4)^2 = 121$
w. A.

Probe x_2:
$(-15+4)^2 = 121$
w. A.

② $3(x+1)^2 - 15 = 0$
$3(x+1)^2 = 15 \quad |:3$
$(x+1)^2 = 5 \quad |\sqrt{}$
$x + 1 = \sqrt{5}$ $\qquad x + 1 = -\sqrt{5}$
$x_1 = -1 + \sqrt{5}$ $\qquad x_2 = -1 - \sqrt{5}$

Probe x_1:
$3(-1 + \sqrt{5} + 1)^2 - 15 = 0$
w. A.

Probe x_2:
$3(-1 - \sqrt{5} + 1)^2 - 15 = 0$
w. A.

Wenn das Produkt zweier Terme gleich 0 ist, muss mindestens einer der Terme den Wert 0 haben.

① $x \cdot (x+3) = 0$
$x_1 = 0$ $\qquad x_2 + 3 = 0$
$\qquad x_2 = -3$

Probe x_1:
$0 \cdot (0+3) = 0$
w. A.

Probe x_2:
$-3 \cdot (-3+3) = 0$
w. A.

② $(x+7) \cdot (x-2) = 0$
$x_1 + 7 = 0$ $\qquad x_2 - 2 = 0$
$x_1 = -7$ $\qquad x_2 = 2$

Probe x_1:
$(-7+7)(-7-2) = 0$
w. A.

Probe x_2:
$(2+7)(2-2) = 0$
w. A.

Gleichungen wie z. B. $x^2 + 3x = 0$ oder $3x^2 - 12x = 0$ können durch Ausklammern als Produkt geschrieben werden. Das Produkt ist 0, wenn mindestens ein Faktor 0 ist.

① $x^2 + 3x = 0$
$x(x+3) = 0$ $\qquad x_2 + 3 = 0$
$x_1 = 0$ $\qquad x_2 = -3$

② $3x^2 - 12x = 0$
$x(3x - 12) = 0$ $\qquad 3x_2 - 12 = 0$
$x_1 = 0$ $\qquad x_2 = 4$

Lösen unter Anwendung binomischer Formeln

Für die Gleichung $x^2 + 14x + 49 = 0$ kann man die Lösung mithilfe einer binomischen Formel finden.
Dazu wird auf der linken Seite der Gleichung die Summe in ein Produkt umgeformt.

$x^2 + 14x + 49 = 0$ | 1. binomische Formel

$(x+7)^2 = 0$

$(x+7)(x+7) = 0$

$x_1 = x_2 = -7$

Probe:
$(-7)^2 + 14 \cdot (-7) + 49 = 0$ w. A.

In der Gleichung $x^2 + 6x + 5 = 0$ steckt keine binomische Formel.
Diese Gleichung muss ergänzt werden, um so unter Anwendung einer binomischen Formel die Summe in ein Produkt umzuformen und den bekannten Lösungsweg zu nutzen. Die Ergänzung wird als **quadratische Ergänzung** bezeichnet.

$a^2 + 2ab + b^2 = 0$

$x^2 + 6x + 5 = 0$

$x^2 + 2 \cdot 3x + 5 = 0$ | Widerspruch, da b = 3; quadrat. Ergänzung

$x^2 + 6x + 9 - 9 + 5 = 0$ | umformen

$(x+3)^2 - 9 + 5 = 0$ | zusammenfassen

$(x+3)^2 - 4 = 0$ | + 4

$(x_1 + 3)^2 = 4$ | $\sqrt{\ }$

$x_1 + 3 = 2$ $\quad$ $x_2 + 3 = -2$

$x_1 = -1$ $\quad$ $x_2 = -5$

Hinweis:
Man ergänzt die Zahl 9, damit ein vollständiges Quadrat entsteht.
Gleichzeitig wird 9 subtrahiert, damit es eine äquivalente Umformung ist.

Probe x_1: $(-1)^2 + 6 \cdot (-1) + 5 = 0$ w. A. $\quad$ x_2: $(-5)^2 + 6 \cdot (-5) + 5 = 0$ w. A.

Die Probe wird immer an der Ausgangsgleichung durchgeführt.

Quadratische Gleichungen der Form $x^2 + 2b \cdot x + c = 0$ werden unter Anwendung der 1. binomischen Formel ergänzt und anschließend umgeformt.

$x^2 + 2b \cdot x + c = x^2 + 2b \cdot x + b^2 - b^2 + c = (x^2 + 2b \cdot x + b^2) + (-b^2 + c) = (x+b)^2 + (-b^2 + c)$

Quadratische Gleichungen der Form $a \cdot x^2 + b \cdot x + c = 0$ müssen erst in die Normalform umgeformt werden.

①

$x^2 - 10x = 24$ | − 24

$x^2 - 10x - 24 = 0$

$x^2 - 2 \cdot 5x + 25 - 25 - 24 = 0$ | quadr. Erg.

$x^2 - 10x + 25 - 49 = 0$ | umformen

$(x-5)^2 - 49 = 0$ | + 49

$(x-5)^2 = 49$ | $\sqrt{\ }$

$x_1 - 5 = 7$ $\quad$ $x_2 - 5 = -7$

$x_1 = 12$ $\quad$ $x_2 = -2$

Probe x_1: $12^2 - 10 \cdot 12 = 24$ w. A.

x_2: $(-2)^2 - 10 \cdot (-2) = 24$ w. A.

②

$3x^2 - 15x + 18 = 0$ | : 3

$x^2 - 5x + 6 = 0$

$x^2 - 5x + \left(\frac{5}{2}\right)^2 - \left(\frac{5}{2}\right)^2 + 6 = 0$

$\left(x - \frac{5}{2}\right)^2 - \frac{25}{4} + 6 = 0$ | $+ \frac{25}{4} - 6$

$\left(x - \frac{5}{2}\right)^2 = \frac{1}{4}$ | $\sqrt{\ }$

$x_1 - \frac{5}{2} = \frac{1}{2}$ $\quad$ $x_2 - \frac{5}{2} = -\frac{1}{2}$

$x_1 = 3$ $\quad$ $x_2 = 2$

Probe x_1: $3 \cdot 3^2 - 15 \cdot 3 + 18 = 0$ w. A.

x_2: $3 \cdot 2^2 - 15 \cdot 2 + 18 = 0$ w. A.

Lösen mit einer Lösungsformel

Man versucht, die quadratische Ergänzung für die Normalform zu finden, um den Lösungsweg zu vereinfachen.

$$x^2 + px + q = 0 \qquad | \text{ quadrat. Ergänzung } \left(\frac{p}{2}\right)^2$$

$$x^2 + px + \left(\frac{p}{2}\right)^2 - \left(\frac{p}{2}\right)^2 + q = 0 \qquad | \text{ umformen}$$

$$\left(x + \frac{p}{2}\right)^2 - \left(\frac{p}{2}\right)^2 + q = 0 \qquad | + \left(\frac{p}{2}\right)^2 - q$$

$$\left(x + \frac{p}{2}\right)^2 = \left(\frac{p}{2}\right)^2 - q \qquad | \sqrt{\ }$$

$$x_{1;\,2} + \frac{p}{2} = \pm\sqrt{\left(\frac{p}{2}\right)^2 - q} \qquad | - \frac{p}{2}$$

$$x_{1;\,2} = -\frac{p}{2} \pm \sqrt{\left(\frac{p}{2}\right)^2 - q} \qquad | - \frac{p}{2}$$

$$x_1 = -\frac{p}{2} + \sqrt{\left(\frac{p}{2}\right)^2 - q}$$

$$x_2 = -\frac{p}{2} - \sqrt{\left(\frac{p}{2}\right)^2 - q}$$

Die Gleichung $x_{1;\,2} = -\frac{p}{2} \pm \sqrt{\left(\frac{p}{2}\right)^2 - q}$ wird als **Lösungsformel** für quadratische Gleichungen bezeichnet. Voraussetzung ist, dass die quadratische Gleichung in Normalform vorliegt.

Der Term $\left(\frac{p}{2}\right)^2 - q$ unter der Wurzel wird als **Diskriminante** D bezeichnet.

Hinweis:
Sind p oder q negativ, dann sind $-p$ bzw. $-q$ positiv.

Mithilfe der Diskriminante erkennt man sehr schnell, wie viele Lösungen die Gleichung hat.

$x^2 - 6x + 8 = 0$	$x^2 + 2x + 5 = 0$	$x^2 + 14x + 49 = 0$
$p = -6$ und $q = 8$	$p = 2$ und $q = 5$	$p = 14$ und $q = 49$
$D = \left(\frac{p}{2}\right)^2 - q$ $D = \left(\frac{-6}{2}\right)^2 - 8 = 9 - 8 = 1$	$D = \left(\frac{p}{2}\right)^2 - q$ $D = \left(\frac{2}{2}\right)^2 - 5 = 1 - 5 = -4$	$D = \left(\frac{p}{2}\right)^2 - q$ $D = \left(\frac{14}{2}\right)^2 - 49 = 49 - 49 = 0$
$D > 0 \rightarrow$ zwei Lösungen	$D < 0 \rightarrow$ keine Lösung	$D = 0 \rightarrow$ eine Lösung

Ist $D > 0$, so hat die Gleichung zwei Lösungen $\rightarrow$ $x_1 = -\frac{p}{2} + \sqrt{\left(\frac{p}{2}\right)^2 - q}$ und $x_2 = -\frac{p}{2} - \sqrt{\left(\frac{p}{2}\right)^2 - q}$.

Ist $D = 0$, so hat die Gleichung eine Lösung $\rightarrow$ $x = -\frac{p}{2}$.

Ist $D < 0$, so gibt es keine Lösung, denn $\sqrt{D}$ ist nur definiert, wenn der Radikand positiv oder 0 ist.

Führe eine Probe mit möglichst genauen Werten durch.

Gleichungen mit Parametern

Nicht immer findet man quadratische Gleichungen in der allgemeinen Form oder der Normalform vor. Es gibt auch Gleichungen, die Parameter enthalten. Beim Lösen einer solchen quadratischen Gleichung ist eine Fallunterscheidung erforderlich. Es muss untersucht werden, für welche Werte des Parameters die Diskriminante D größer, gleich oder kleiner 0 ist.
Welche Zahlen x erfüllen die Gleichung $x^2 - 4x + 5a = 86$?
Zuerst wird die Gleichung in die Normalform gebracht. p und q werden angegeben.
$x^2 - 4x + 5a - 86 = 0$
$x^2 - 4x + (5a - 86) = 0$ $\qquad$ $p = -4$ und $q = 5a - 86$

Mithilfe der Lösungsformel wird die Lösungsmenge bestimmt.
$x_{1;2} = \frac{4}{2} \pm \sqrt{\left(\frac{4}{2}\right)^2 - 5a + 86}$
$x_{1;2} = 2 \pm \sqrt{4 - 5a + 86}$
$x_{1;2} = 2 \pm \sqrt{90 - 5a}$

Nun ist eine Fallunterscheidung erforderlich. Die Diskriminante ist $D = 90 - 5a$.

Fall 1: $90 - 5a > 0$	**Fall 2:** $90 - 5a = 0$	**Fall 3:** $90 - 5a < 0$
$90 > 5a$	$90 = 5a$	$90 < 5a$
$18 > a$	$18 = a$	$18 < a$
$x_{1;2} = 2 \pm \sqrt{90 - 5a}$	$x_1 = x_2 = 2$	$L = \{\}$
zwei Lösungen, da $D > 0$	eine Lösungen, da $D = 0$	keine Lösungen, da $D < 0$

Aufgaben

Lösen durch inhaltliche Überlegungen

1. Welche Formeln können als quadratische Gleichungen aufgefasst werden? Begründe. Welche Variable ist als Parameter anzusehen?

a) $A = \frac{\pi}{4} \cdot d^2$ $\qquad$ b) $A = a^2$ $\qquad$ c) $V = a^3$
d) $V = a^2 \cdot h$ $\qquad$ *e) $R = \frac{P}{I^2}$ $\qquad$ f) $s = \frac{a}{2} \cdot t^2$

2. Löse die folgenden Gleichungen und gib die Lösungsmengen an:

a) $x^2 - 25 = 0$ $\qquad$ b) $x^2 - 5 = 0$ $\qquad$ c) $x^2 + 7 = 0$
d) $2x^2 - 128 = 0$ $\qquad$ e) $x^2 - 0{,}04 = 0$ $\qquad$ *f) $x^2 - \frac{9}{16} = 0$

3. Löse die folgenden Gleichungen:

a) $3x^2 + 4{,}13 = 20$ $\qquad$ b) $4x^2 + \frac{4}{5} = 6x^2 - \frac{16}{5}$ $\qquad$ c) $\frac{1}{2}x^2 + 12 = 20$
d) $2x^2 - 5{,}6 = 4{,}08$ $\qquad$ e) $4x^2 = 16$ $\qquad$ f) $4x^2 - \frac{1}{2} = 3x^2 + \frac{1}{2}$

4. Der Flächeninhalt eines Rechtecks beträgt 512 cm^2. Eine Rechteckseite ist doppelt so lang wie die andere Seite. Wie lang sind die Seiten des Rechtecks?

***5.** Wie lang und wie breit ist ein Rechteck, wenn sich seine Länge zur Breite wie 5 : 3 verhält? Der Flächeninhalt des Rechtecks beträgt 2 535 cm^2.

6. Welche Zahlen erfüllen jeweils die Bedingungen?

a) Addiert man zum Quadrat einer natürlichen Zahl die Zahl 111, so erhält man 400.

b) Subtrahiert man vom Quadrat einer ganzen Zahl die Zahl 87, so erhält man 274.

c) Multipliziert man das Dreifache einer Zahl mit ihrem Siebenfachen, so erhält man 336.

d) Subtrahiert man 37 vom Fünffachen des Quadrats einer Zahl, so erhält man 808.

e) Multipliziert man eine natürliche Zahl mit sich selbst und subtrahiert dann 178, so erhält man 398.

f) Addiert man zum doppelten Quadrat einer Zahl die Zahl 11, so erhält man 173.

g) Subtrahiert man vom Neunfachen des Quadrats einer Zahl die Zahl 45, so erhält man 99.

7. Der Oberflächeninhalt eines Würfels beträgt 121,5 cm². Wie lang ist eine Kante des Würfels?

8. Ein quadratischer Garten hat einen Flächeninhalt von 380,25 m². Wie lang sind seine Seiten?

9. Löse folgende Gleichungen durch inhaltliche Überlegungen:

a) $x(x+3)=0$ b) $x(x-7)=0$ c) $x(11+x)=0$

d) $x(2x-4)=0$ e) $x(x+\sqrt{3})=0$ f) $x\left(5-\frac{x}{2}\right)=0$

10. Löse folgende Gleichungen. Wandle die Summen dazu in Produkte um.

a) $x^2-14x=0$ b) $x^2+6x=0$ c) $x^2-\frac{1}{2}x=0$

d) $x^2-x=0$ e) $-x^2+2x=0$ f) $\frac{1}{4}x^2-x=0$

11. Gib die Lösungsmengen folgender Gleichungen an:

a) $x^2+x=0$ b) $5x^2=10x$ c) $6x-x^2=0$

d) $2{,}5x^2-4x=0$ e) $0=2x^2+3x$ f) $x^2=\frac{1}{2}x$

g) $-5x^2+10x=4x^2+19x$ h) $0=12x-4x^2$ i) $\frac{x}{4}-x^2=0$

12. Prüfe, ob die angegebenen Lösungsmengen zu den Gleichungen gehören. Begründe.

a) $x^2+17x=0$; $L=\{0; -17\}$ b) $3x^2+x=0$; $L=\{0; 1\}$ c) $4x^2+8x=0$; $L=\{0; -8\}$

d) $4x^2-8x=0$; $L=\{0; 8\}$ e) $\frac{x^2}{2}-\frac{x}{4}=0$; $L=\left\{0; \frac{1}{2}\right\}$ f) $3x^2-2x=-3x^2$; $L=\left\{-\frac{1}{3}; 0\right\}$

13. Welche Zahlen erfüllen jeweils die folgenden Bedingungen? Begründe.

a) Verdoppelt man das Quadrat einer Zahl, so erhält man das Vierzehnfache der Zahl.

b) Das Neunfache einer Zahl vermindert um das dreifache Quadrat dieser Zahl ist gleich 0.

14. Löse folgende Gleichungen inhaltlich:

a) $(x-2)(x+3)=0$ b) $(x-1)^2=0$ c) $(x+1)(x+4)=0$

d) $(x+7)^2=0$ e) $(x-0{,}5)(x-4{,}5)=0$ f) $\left(x+\frac{1}{2}\right)\left(x-\frac{9}{2}\right)=0$

g) $x(x+5)=0$ h) $(x-4)^2=0$ i) $(x-2)(x-2)=0$

Lösen unter Anwendung binomischer Formeln

15. Forme jede Summe mithilfe von $a^2 - b^2 = (a + b)(a - b)$ in ein Produkt um.

a) $x^2 - y^2$ b) $m^2 - 1$ c) $x^2 - 49$ d) $x^2 - 324$ e) $x^2 - 2{,}25$

f) $16x^2 - 9$ g) $4x^2 - 1$ h) $\frac{x^2}{4} - 1$ i) $\frac{x^2}{16} - 25$ j) $\left(\frac{x}{2}\right)^2 - \left(\frac{1}{2}\right)^2$

16. Löse folgende Gleichungen inhaltlich:

a) $(x - 9)(x + 9) = 0$ b) $(x + 4{,}5)(x - 4{,}5) = 0$ c) $\left(x + \frac{1}{4}\right)\left(x - \frac{1}{4}\right) = 0$

d) $(2x + 6)(2x - 6) = 0$ e) $(7x + 3)(7x - 3) = 0$ f) $\left(\frac{x}{2} - 1\right)\left(\frac{x}{2} + 1\right) = 0$

17. Löse folgende Gleichungen. Führe auch eine Probe durch:

a) $4x^2 = 36$ b) $-1 = -\frac{x^2}{16}$ c) $0{,}5x^2 - 18 = 0$

d) $5x^2 + x^2 - 216 = 0$ e) $2x^2 - 144 = x^2$ f) $3x^2 + 10 = 5 + x^2$

g) $7x^2 = 2x^2 + 20$ h) $3x^2 + 11 = x^2$ i) $12x^2 - 5 = 9x^2 + 43$

18. Löse die Gleichungen. Forme dazu die linken Seiten der Gleichungen mithilfe einer binomischen Formel um.

a) $x^2 + 6x + 9 = 36$ b) $x^2 - 8x + 16 = 36$ c) $x^2 + 2x + 1 = 36$

d) $x^2 - 4x + 4 = 9$ e) $x^2 - 2x + 1 = 4$ f) $x^2 + 14x + 49 = 36$

g) $x^2 + 12x + 36 = 25$ h) $x^2 + \frac{1}{2}x + \frac{1}{16} = \frac{9}{16}$ i) $x^2 + 5x + 6{,}25 = 1{,}44$

19. Gib die quadratischen Ergänzungen zu den angegebenen Summen an.

a) $x^2 + 18x$ b) $x^2 - 2x$ c) $x^2 + 7x$ d) $a^2 + 5a$ e) $z^2 - 0{,}6z$

20. a) Ein Quadrat mit der Seitenlänge a und ein Quadrat mit der Seitenlänge 3 cm sind zusammen flächengleich zu einem Rechteck mit den Seitenlängen a und 6 cm.
Berechne a.

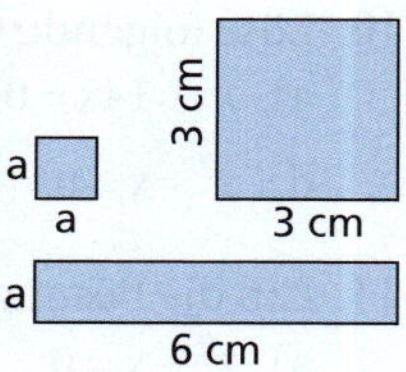

b) Wenn eine Seite eines Quadrats um 3 cm verkürzt und die andere Seite um 3 cm verlängert wird, entsteht ein Rechteck mit einem Flächeninhalt von 16 cm².
Wie groß ist die Seitenlänge des Quadrats?

Lösen mit einer Lösungsformel

21. Gib für folgende quadratische Gleichungen die Lösungen an:

a) $x^2 + 17x + 72 = 0$ b) $x^2 + 4x - 5 = 0$ c) $x^2 + 6x - 7 = 0$

d) $x^2 - 7x + 12 = 0$ e) $x^2 - 9x + 20 = 0$ f) $x^2 - 6x - 27 = 0$

g) $x^2 + 2x - 3 = 0$ h) $x^2 - 5{,}5x = 0$ i) $x^2 + x - 2 = 0$

j) $x^2 - 2x + 0{,}75 = 0$ k) $x^2 - 6{,}5x - 7{,}5 = 0$ *l) $x^2 - \frac{3}{5}x + \frac{2}{25} = 0$

m) $x^2 + 8x + 7 = 0$ n) $x^2 + 8x + 16 = 0$ o) $x^2 + 8x + 25 = 0$

22. Löse folgende Gleichungen. Forme zuerst in die Normalform um.

a) $x^2 - 3x = 4$ b) $x^2 = x + 20$ c) $x^2 + 2 = 3x$

d) $5x + 14 = x^2$ e) $8x = -12 - x^2$ f) $x^2 + 10x + 25 = 0$

g) $3x^2 + 6x + 3 = 0$ h) $4x^2 + 12x + 8 = 0$ i) $8x^2 - 2x = 1$

j) $5x^2 - 1{,}5x + 0{,}1 = 0$ k) $\frac{x^2}{2} + 8 = -5x$ l) $2x^2 + 8x = 10$

23. Löse folgende Gleichungen:

a) $4x^2 = 12x - 4$ b) $9x^2 + 9x = 18$
c) $3x^2 - 60 = 3x$ d) $7x^2 = 42 + 7x$
*e) $\frac{x^2}{2} + 3x = -4$ f) $5x^2 - x = 6$
*g) $\frac{x^2}{2} + x = 12$ h) $4x^2 - 4x - 15 = 0$
i) $2x^2 = 13x + 7$ *j) $(x - 7{,}5)(x + 3{,}8) = 0$
k) $8x^2 + 2x = 1$ *l) $\frac{x^2}{9} + \frac{x}{3} - 2 = 0$

24. Bestimme den Parameter q so, dass jede Gleichung genau eine Lösung besitzt.

a) $x^2 + 6x + q = 0$ b) $x^2 - 5x + q = 0$ c) $x^2 + 2x + q = 0$
d) $x^2 + 14x + q = 0$ e) $x^2 - 8x + q = 0$ f) $x^2 + x + q = 0$

25. Bestimme den Wert des Terms $\left(\frac{p}{2}\right)^2 - q$. Wie viele Lösungen besitzt jede der Gleichungen?

a) $x^2 + 5x + 6 = 0$ b) $x^2 - 22x + 121 = 0$ c) $x^2 + x - 90 = 0$
d) $x^2 + 2x + 5 = 0$ e) $x^2 - 8x + 17 = 0$ f) $x^2 - 1{,}5x + 0{,}5 = 0$
g) $x^2 + 12x + 20 = 0$ h) $x^2 - 7x + 12{,}5 = 0$ i) $x^2 + x + 1 = 0$
j) $x^2 + 2x + 1 = 0$ k) $x^2 - 10x + 24 = 0$ l) $x^2 + 14x + 49 = 0$

26. Welche Zahlen erfüllen jeweils die Bedingungen?

a) Das Produkt zweier aufeinanderfolgender natürlicher Zahlen beträgt 702.
b) Die Differenz aus dem Achtfachen einer Zahl und ihrer Quadratzahl beträgt 7.
c) Subtrahiert man vom Quadrat einer Zahl die Zahl 126, so erhält man das Elffache der Zahl.

d) Addiert man zum Quadrat einer Zahl die Zahl selbst, so erhält man 552.
e) Die Summe zweier aufeinanderfolgender ganzer Zahlen ist um 341 kleiner als ihr Produkt.
f) Subtrahiert man von einer unbekannten Zahl die Zahl 7 und multipliziert diese Differenz mit der gesuchten Zahl, so erhält man 368.

27. Löse die folgenden Gleichungen. Führe eine Probe durch.

a) $x^2 - 5x - 6 = 0$ b) $x^2 + 7x = 0$ c) $x^2 - 25 = 0$ d) $x^2 + 12x + 32 = 0$
e) $x^2 - 6x + 8 = 0$ f) $x^2 - x - 42 = 0$ g) $x^2 - 16x - 60 = 0$ h) $x^2 + 5x - 36 = 0$

28. Löse folgende Gleichungen:

a) $(2x + 2)(x - 2) - (x + 1)(x + 2) = 0$ b) $(4x - 2)(x - 2) = (3x - 2)(x - 3)$
c) $(x - 8)(3x + 9) = (2x + 4)(x - 5)$ d) $(x + 4)^2 - (x - 5)^2 + (x - 3)^2 = 17x + 24$
*e) $\frac{(x+2)^2}{2} - \frac{(x+3)^2}{5} = \frac{(2x+6)^2}{5} - 17$ *f) $\frac{(x+2)^2}{6} - \frac{(x+5)^2}{9} + \frac{(2x-2)^2}{18} + 1 = 0$
*g) $\frac{x+5}{x-5} + \frac{2x}{x+5} + 1 = \frac{4x^2}{x^2-25}$ $(|x| \neq 5)$ *h) $\frac{6x}{x-1} - \frac{11x}{x+1} + 5 = \frac{17x-5}{x^2-1}$ $(|x| \neq 1)$

29. Löse die folgenden Gleichungen mithilfe der Lösungsformel:

a) $x^2 - 2x - 24 = 0$ b) $x^2 - 12x + 11 = 0$ c) $x^2 + 9x + 20 = 0$
d) $x^2 + x - 20 = 0$ e) $x^2 + 11x + 18 = 0$ f) $x^2 + 3x - 18 = 0$

Gleichungen mit Parametern

30. Welche Zahlen x erfüllen die Gleichungen?

a) $ax^2 + b^2 = bx^2 + a^2 \; (a \neq b)$

b) $ax^2 = \frac{1}{a} \; (a \neq 0)$

c) $(x + a)^2 + (x - a)^2 = 52a^2$

*d) $\frac{x + a}{x - a} + \frac{x - a}{x + a} = \frac{34}{15} \; (x \neq |a|, a \neq 0)$

31. Für welche a ($a \in \mathbb{R}$) haben die Gleichungen zwei verschiedene Lösungen?

a) $x^2 - 12x + 2a = 0$

b) $x^2 + 12x + 2a = 0$

c) $x^2 - 3x + 3a = 0$

32. Für welche a hat jeweils die Gleichung genau eine Lösung?

a) $x^2 - 3x + a = 0$

b) $x^2 + x - \frac{a}{3} = 0$

c) $6x^2 - 9x + 18a = 0$

33. Für welche c hat jeweils die Gleichung keine Lösung?

a) $x^2 - 2x + 2c = 0$

b) $x^2 - \frac{1}{2}x + \frac{c}{2} = 0$

c) $x^2 + 20x + 10c = 0$

34. Wie viele Lösungen besitzen die folgenden Gleichungen? Untersuche die Abhängigkeit vom Wert c.

a) $x^2 + 8x + c = 0$

b) $x^2 - 3x - 2c = 0$

c) $2x^2 + 5x - 3c = 0$

35. Für welche n hat $x^2 + n \cdot x + 64 = 0$ genau eine Lösung? Wie heißt diese Lösung?

Quadratische Gleichungen in der Geometrie

36. Eine Kathete eines rechtwinkligen Dreiecks ist 4 cm länger als die andere Kathete. Der Flächeninhalt des Dreiecks beträgt 58,5 cm².
Wie lang sind die Katheten des Dreiecks?

37. Ein rechtwinkliges Dreieck besitzt einen Flächeninhalt von 87,5 cm². Die eine Kathete ist um 1,5 cm kürzer als die andere Kathete.
Wie lang sind die Katheten des Dreiecks?

38. Verlängert man eine Seite eines Quadrats um 3,0 cm und verkürzt die andere Seite um 5,0 cm, so entsteht ein Rechteck mit einem Flächeninhalt von 513 cm².
Gib die Seitenlänge des ursprünglichen Quadrats an.

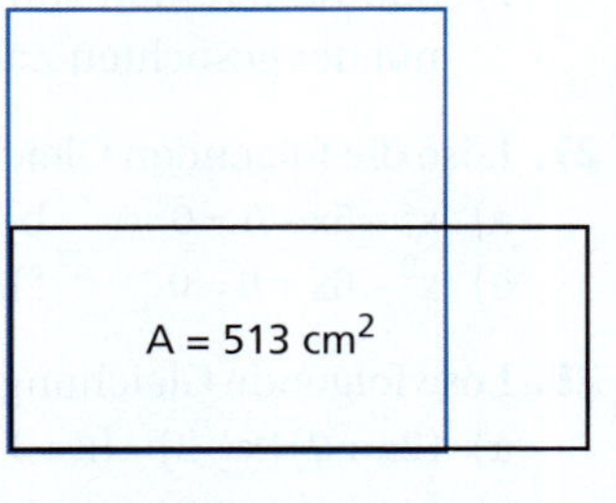

39. Wie lang sind die Seiten eines Rechtecks, dessen Umfang 64,0 cm und dessen Flächeninhalt 247 cm² beträgt?

40. Verkürzt man alle Kanten eines Würfels um 3,0 cm, so verkleinert sich seine Oberfläche um 450 cm². Gib die Kantenlänge des ursprünglichen Würfels an.

41. Bei einem Kreis wird die Länge des Radius um 7 cm vergrößert. Der Flächeninhalt des dadurch entstandenen Kreises beträgt 408 cm².

a) Berechne die Länge vom Radius des ursprünglichen Kreises.

b) Erläutere dein Vorgehen.

c) Wie ändert sich der Flächeninhalt eines Kreises, wenn sein Radius verdoppelt wird?

Satz des Vieta

Der französische Mathematiker FRANÇOIS VIÈTE (1540 bis 1603), dessen lateinischer Name VIETA (*Sprechweise:* Vi-eta) ist, fand folgenden Zusammenhang zwischen den Lösungen und den Parametern einer quadratischen Gleichung:

Sind x_1 und x_2 Lösungen der quadratischen Gleichung $x^2 + p \cdot x + q = 0$, so gilt:

$x_1 + x_2 = -p$ und $x_1 \cdot x_2 = q$

Zur Begründung des Satzes ist folgende Überlegung möglich:
Die Gleichung $(x - x_1) \cdot (x - x_2) = 0$ hat die Lösungen x_1 und x_2.

FRANÇOIS VIÈTE

Es gilt: $(x - x_1) \cdot (x - x_2) = x^2 - x \cdot x_2 - x_1 \cdot x + x_1 \cdot x_2 = x^2 - (x_1 + x_2) \cdot x + x_1 \cdot x_2$

Mit dem Satz von Vieta und seiner auch gültigen Umkehrung ergeben sich Möglichkeiten beim Arbeiten mit quadratischen Gleichungen:

① Es ist eine weitere **Kontrollmöglichkeit** vorhanden.
Beispiel: $x^2 - 6x - 16 = 0$; $p = -6$; $q = -16$
Lösungen: $x_1 = 8$ und $x_2 = -2$
Kontrolle: $x_1 + x_2 = 6 = -p$ und $x_1 \cdot x_2 = -16 = q$

② Ganzzahlige Lösungen können durch **Probieren** gefunden werden. Dazu wird q in ein Produkt und −p in eine Summe zerlegt.
Beispiel: $x^2 - 6x - 16 = 0$
Lösung: $-16 = (-4) \cdot 4 = (-2) \cdot 8 = 2 \cdot (-8) = x_1 \cdot x_2$
$x_1 = -2$ und $x_2 = 8$
$-2 + 8 = 6 = -p$

③ Auf einfachem Weg lassen sich zu gegebenen Lösungen **Gleichungen finden.**
Beispiel: $x_1 = 2$ und $x_2 = 3$ sind Lösungen einer quadratischen Gleichung.
Aus $2 + 3 = 5 = -p$ und $2 \cdot 3 = 6 = q$ ergibt sich: $x^2 - 5x + 6 = 0$

1. Ermittle p und q in der Gleichung $x^2 + p \cdot x + q = 0$. x_1 und x_2 sind Lösungen.
   a) $x_1 = 5$; $x_2 = 1$ b) $x_1 = -4$; $x_2 = 3$ c) $x_1 = -2$; $x_2 = -1$
2. Überprüfe mithilfe des Satzes von Vieta, ob die Lösungen x_1 und x_2 richtig ermittelt wurden.
   a) $x^2 - 13x + 42 = 0$; $x_1 = 5$; $x_2 = 1$
   b) $x^2 + x - 0{,}75 = 0$; $x_1 = -1{,}5$; $x_2 = 0{,}5$
   c) $x^2 + 2x - 24 = 0$; $x_1 = -4$; $x_2 = 6$
3. Ermittle die ganzzahligen Lösungen der folgenden Gleichungen mithilfe des Satzes von Vieta:
   a) $x^2 + 8x - 9 = 0$ b) $x^2 - 7x + 12 = 0$ c) $x^2 - 2x - 15 = 0$
4. Löse die folgenden Gleichungen mithilfe des Satzes von Vieta:
   a) $x^2 + 13x + 36 = 0$ b) $x^2 - 5x - 36 = 0$ c) $x^2 + 5x - 36 = 0$
5. a) Wie groß ist p in der Gleichung $x^2 + p \cdot x - 18 = 0$, wenn $x_1 = 9$ eine Lösung der Gleichung ist?
   b) Wie groß ist q in der Gleichung $x^2 - 8x + q = 0$, wenn $x_1 = 5$ eine Lösung der Gleichung ist?

2.2 Quadratische Funktionen

Viele Zusammenhänge in verschiedenen Bereichen lassen sich durch Funktionen beschreiben:

① $s = v \cdot t$ Zusammenhang Weg – Zeit

② $A = \pi \cdot r^2$ Zusammenhang Kreisfläche – Radius

③ $E_{kin} = \frac{m}{2} \cdot v^2$ Zusammenhang kinetische Energie – Geschwindigkeit

In den Funktionsgleichungen ② und ③ tritt eine Variable (r bzw. v) in der zweiten Potenz (im Quadrat) auf. Diese Funktionen nennt man **quadratische Funktionen.**

Eine Funktion f mit einer Gleichung der Form $y = f(x) = a \cdot x^2 + b \cdot x + c$ (a, b und c rationale Zahlen; $a \neq 0$) oder einer solchen, die durch äquivalentes Umformen in diese Form überführt werden kann, heißt **quadratische Funktion.**
$a \cdot x^2$ heißt quadratisches Glied, $b \cdot x$ heißt lineares Glied und c heißt absolutes Glied.
a, b und c sind Koeffizienten.

Quadratische Funktionen mit der Gleichung $y = a \cdot x^2$

Der Definitionsbereich für quadratische Funktionen ist die Menge der rationalen Zahlen. Die Graphen dieser Funktionen heißen **Parabeln.** Für a = 1 erhält man die Gleichung $y = x^2$.

Quadratische Funktionen mit der Gleichung $y = x^2$

Funktionsgleichung: $y = x^2$

Wertetabelle:

x	−3	$-\frac{5}{2}$	−2	−1,5	−1	$-\frac{1}{2}$	$-\frac{1}{4}$	0	$\frac{1}{4}$	$\frac{1}{2}$	1	1,5	2	$\frac{5}{2}$	3
$y = x^2$	9	$\frac{25}{4}$	4	2,25	1	$\frac{1}{4}$	$\frac{1}{16}$	0	$\frac{1}{16}$	$\frac{1}{4}$	1	2,25	4	$\frac{25}{4}$	9

Darstellung im Koordinatensystem:
Der Graph heißt **Normalparabel.** Normalparabeln kann man mit einer Schablone zeichnen oder mit einem Funktionsplotter, mit dynamischer Geometriesoftware bzw. einem Computeralgebrasystem erstellen. Der kleinste Funktionswert ist gleichzeitig die y-Koordinate vom **Scheitelpunkt der Parabel** S(0|0).

Eigenschaften

Definitionsbereich: $x \in \mathbb{Q}$
Wertebereich: $y \geq 0$
Symmetrie: Graph symmetrisch zur y-Achse
Nullstellen: $x_0 = 0$
Besondere Punkte: Scheitelpunkt im Koordinatenursprung (0|0)
Monotonie: für $x < 0$ monoton fallend
für $x > 0$ monoton wachsend

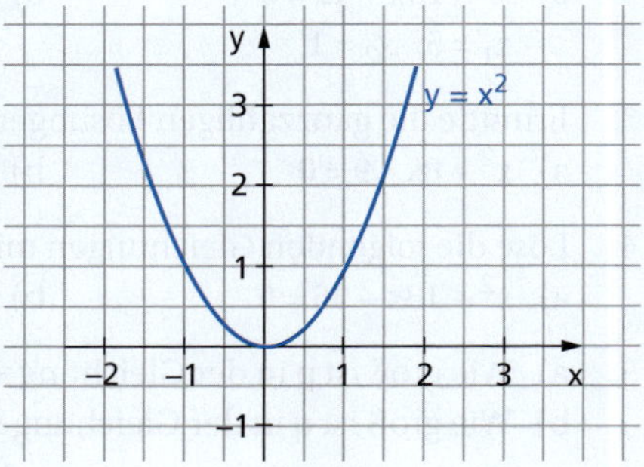

Quadratische Funktionen mit der Gleichung $y = a \cdot x^2$; $a \neq 1$

Man untersucht zuerst, welche Werte a annehmen kann. Dabei stellt man fest, dass drei Fälle auftreten können.

Fall 1: $a > 1$ **Fall 2:** $0 < a < 1$ **Fall 3:** $a < 0$

Man erstellt eine Wertetabelle und trägt die Werte in ein Koordinatensystem ein. Zur Kontrolle kann man ein Computeralgebrasystem (CAS, z. B. Derive) nutzen.

Erstellen einer Wertetabelle:

x	−2	−1	$-\frac{1}{2}$	0	$\frac{1}{2}$	1	2
$y = x^2$	4	1	$\frac{1}{4}$	0	$\frac{1}{4}$	1	4
$y = \frac{1}{2}x^2$	2	$\frac{1}{2}$	$\frac{1}{4}$	0	$\frac{1}{4}$	$\frac{1}{2}$	2
$y = 2x^2$	8	2	$\frac{1}{2}$	0	$\frac{1}{2}$	2	8
$y = 3x^2$	12	3	$\frac{3}{4}$	0	$\frac{3}{4}$	3	12
$y = -x^2$	−4	−1	$-\frac{1}{4}$	0	$-\frac{1}{4}$	−1	−4

Grafische Darstellung:

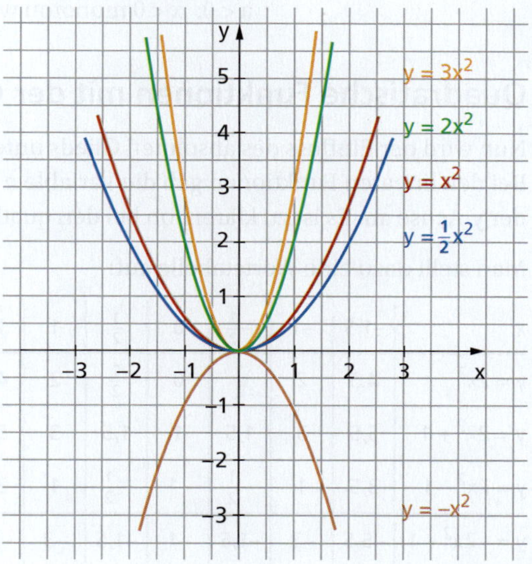

Aus der grafischen Abbildung kann man erkennen:

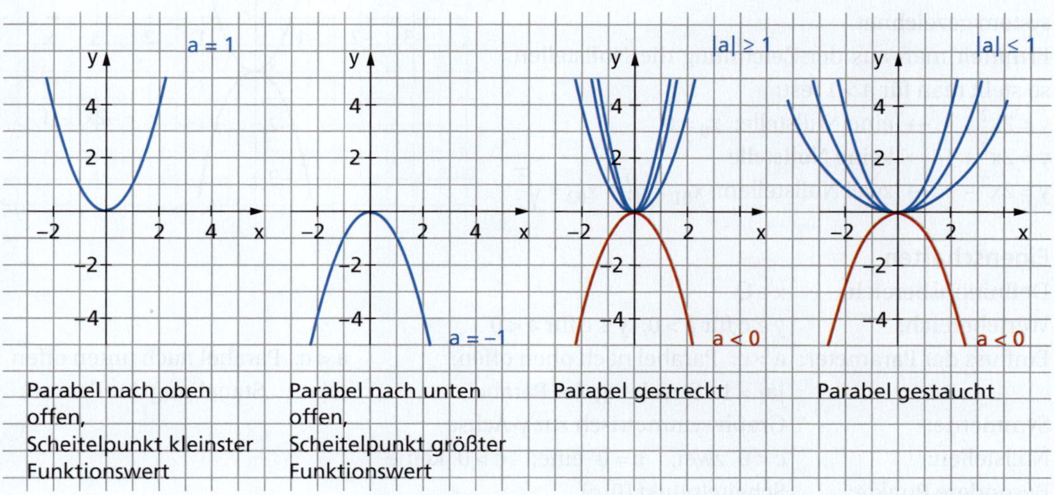

Parabel nach oben offen, Scheitelpunkt kleinster Funktionswert

Parabel nach unten offen, Scheitelpunkt größter Funktionswert

Parabel gestreckt

Parabel gestaucht

Der Parameter a bewirkt eine Stauchung oder Streckung der Parabel. Für $a < 0$ wird die Parabel an der x-Achse gespiegelt.

Eigenschaften

Definitionsbereich: $x \in \mathbb{Q}$

Wertebereich: $y \geq 0$ für $a > 0$; $y \leq 0$ für $a < 0$

Einfluss der Parameter: $a > 0$: Parabel nach oben offen; $a < 0$: Parabel nach unten offen
$|a| > 1$: Streckung der Parabel; $|a| < 1$: Stauchung der Parabel

Symmetrie: Graph symmetrisch zur y-Achse

Nullstellen: $x_0 = 0$

Besondere Punkte: Scheitelpunkt im Koordinatenursprung $(0|0)$

Monotonie: $a > 0$: $x < 0$ monoton fallend; $x > 0$ monoton wachsend
$a < 0$: $x < 0$ monoton wachsend; $x > 0$ monoton fallend

Quadratische Funktionen mit der Gleichung $y = a \cdot x^2 + c$

Nun wird der Einfluss des absoluten Glieds untersucht.
Bei den linearen Funktionen gab die Variable n die Verschiebung des Graphen mit $y = m \cdot x + n$ auf der y-Achse an. Es ist zu klären, ob bei den quadratischen Funktionen ein ähnlicher Fall auftritt.

Man stellt dazu eine Wertetabelle auf:

x	–1,5	–1	$-\frac{1}{2}$	0	$\frac{1}{2}$	1	1,5
$y = 2x^2$	4,5	2	$\frac{1}{2}$	0	$\frac{1}{2}$	2	4,5
$y = 2x^2 + 1$	5,5	3	1,5	1	1,5	3	5,5
$y = 2x^2 - 1$	3,5	1	$-\frac{1}{2}$	–1	$-\frac{1}{2}$	1	3,5
$y = -2x^2 - 1$	–5,5	–3	–1,5	–1	–1,5	–3	–5,5

Grafische Darstellung:

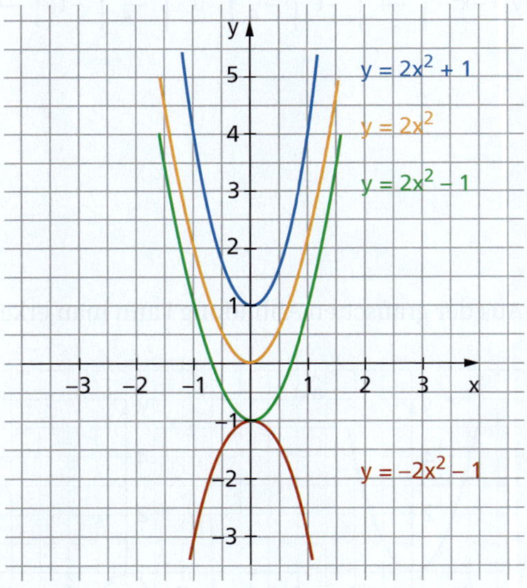

Dann werden die Graphen in ein Koordinatensystem gezeichnet.
Ermittelt man aus der Zeichnung die Nullstellen, so stellt man für $a > 1$ fest:

$y = 2x^2 \rightarrow$ eine Nullstelle: $x_0 = 0$

$y = 2x^2 + 1 \rightarrow$ keine Nullstelle

$y = 2x^2 - 1 \rightarrow$ zwei Nullstellen: $x_{01} = \sqrt{\frac{1}{2}}$; $x_{02} = \sqrt{\frac{1}{2}}$

Eigenschaften

Definitionsbereich: $x \in \mathbb{Q}$

Wertebereich: $y \geq c$ für $a > 0$; $y \leq c$ für $a < 0$

Einfluss der Parameter: $a > c$: Parabel nach oben offen; $a < c$: Parabel nach unten offen
$|a| > 1$: Streckung der Parabel; $|a| < 1$: Stauchung der Parabel

Symmetrie: Graph symmetrisch zur y-Achse

Nullstellen: $c < 0$ zwei; $c = 0$ eine; $c > 0$ keine

Besondere Punkte: Scheitelpunkt $(0|c)$

Monotonie: $a > 0$: $x < 0$ monoton fallend; $x > 0$ monoton wachsend
$a < 0$: $x < 0$ monoton wachsend; $x > 0$ monoton fallend

Nullstellenberechnung

Nullstellen einer Funktion sind die Lösungen der Gleichung mit y = 0. Die Nullstellenberechnung führt also auf das Lösen quadratischer Gleichungen der Form $a \cdot x^2 + c = 0$.

Nullstellenberechnung für $y = 2x^2 - 8$

$y = 0 \qquad 0 = 2x^2 - 8 \quad | + 8$

$8 = 2x^2 \quad | : 2$

$4 = x^2 \quad | \sqrt{}$

$x_{01} = 2 \qquad x_{02} = -2$

Probe: $2 \cdot 2^2 - 8 = 8 - 8 = 0$

$2 \cdot (-2)^2 - 8 = 8 - 8 = 0$

Die Funktion $y = 2x^2 - 8$ hat die Nullstellen $x_{01} = 2$ und $x_{02} = -2$.

Ermittle die Nullstellen der Funktion $y = \frac{1}{4}x^2 + 1$.

Rechnerische Lösung: $\frac{1}{4}x^2 + 1 = 0$

$\frac{1}{4}x^2 = -1$

$x^2 = -4$

$x = \sqrt{-4}$ n. def.

keine Nullstelle

Antwort: Die Funktion $y = \frac{1}{4}x^2 + 1$ hat keine Nullstelle.

Grafische Lösung:

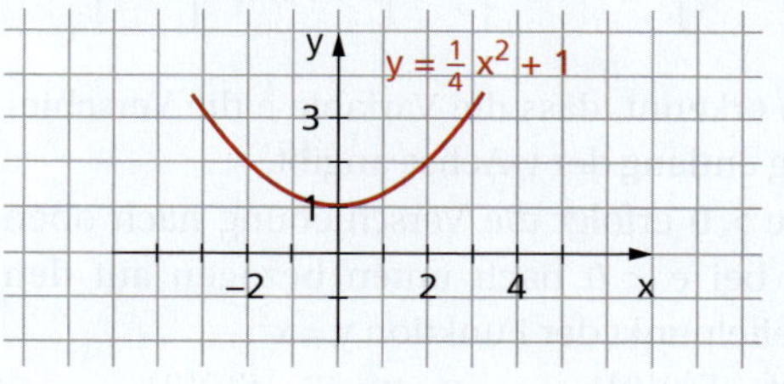

Die Anzahl der Nullstellen ist abhängig vom Parameter c:

c > 0: keine Nullstelle c = 0: eine Nullstelle c < 0: zwei Nullstellen

Quadratische Funktionen mit der Gleichung $y = (x + d)^2 + e$

Bei Funktionen mit einer Gleichung der Form $y = (x + d)^2 + e$ lassen sich die Koordinaten des Scheitelpunkts leicht ablesen. Eine Funktionsgleichung dieser Form heißt **Scheitelpunktsform** einer quadratischen Funktion. Die Graphen sind Normalparabeln. Da das quadratische Glied keinen Faktor hat, ist die Parabel weder gestaucht noch gestreckt. Der Scheitelpunkt kann in jedem der vier Quadranten liegen.

Farbe	Scheitelpunkt
Rot	S(−4|0)
Blau	S(−3|−2,5)
Schwarz	S(0|0)
Braun	S(0|−4)
Gelb	S(3|1,5)
Grün	S(3|−5)

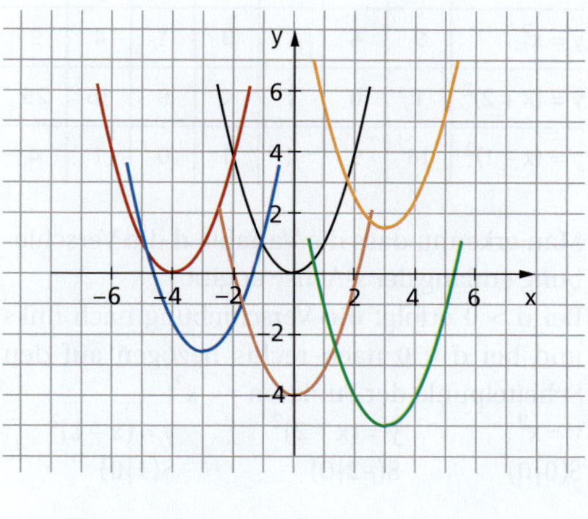

Nun gilt es, mithilfe von Wertetabellen herauszufinden, warum dieser Name gewählt wurde. Ausgangspunkt ist eine Fallunterscheidung.

Fall 1: $d = 0$ und $e = 0 \rightarrow y = x^2$

Fall 2: $d = 0$ und $e \neq 0 \rightarrow y = x^2 + e$

Fall 3: $d \neq 0$ und $e = 0 \rightarrow y = (x + d)^2$

Fall 4: $d \neq 0$ und $e \neq 0 \rightarrow y = (x + d)^2 + e$

Untersucht man nun die Fälle 1 und 2, stellt man Parallelen zu den Funktionen mit der Gleichung $y = a \cdot x^2 + c$ fest.

x	–3	–2	–1	0	1	2	3
$y = x^2$	9	4	1	0	1	4	9
$y = x^2 + 2$	11	6	3	2	3	6	11
$y = x^2 - 1$	8	3	0	–1	0	3	8

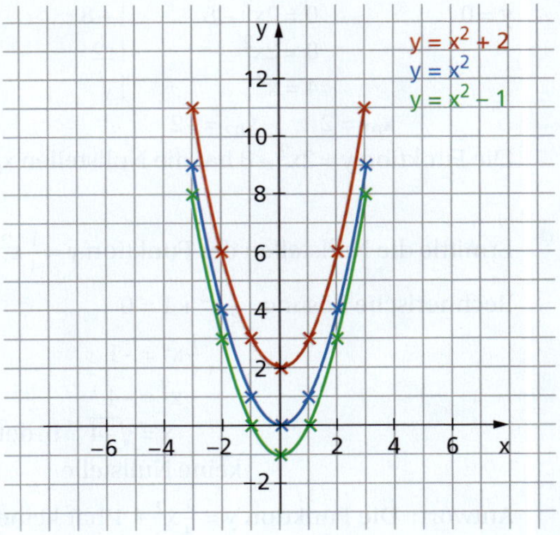

Man erkennt, dass die Variable e die Verschiebung entlang der y-Achse angibt.
Bei $e > 0$ erfolgt die Verschiebung nach oben und bei $e < 0$ nach unten bezogen auf den Scheitelpunkt der Funktion $y = x^2$:

$y = x^2$ S(0|0) $y = x^2 + 2$ S(0|2) $y = x^2 - 1$ S(0|–1)

> Die Graphen von Funktionen mit einer Gleichung der Form $y = f(x) = x^2 + e$ haben den Scheitelpunkt S(0|e).

Die Graphen der Funktionen $y = x^2 + e$ sind Normalparabeln und können mithilfe von Schablonen gezeichnet werden. Die Parabel ist nach oben offen. Bei Funktionen mit der Gleichung $y = -x^2 + e$ ist die Normalparabel nach unten offen. Der Scheitelpunkt ist auch S(0|e).

Man untersucht nun die Fälle 1 und 3.

x	–3	–2	–1	0	1	2	3
$y = x^2$	9	4	1	0	1	4	9
$y = (x + 2)^2$	1	0	1	4	9	16	25
$y = (x - 1)^2$	16	9	4	1	0	1	4

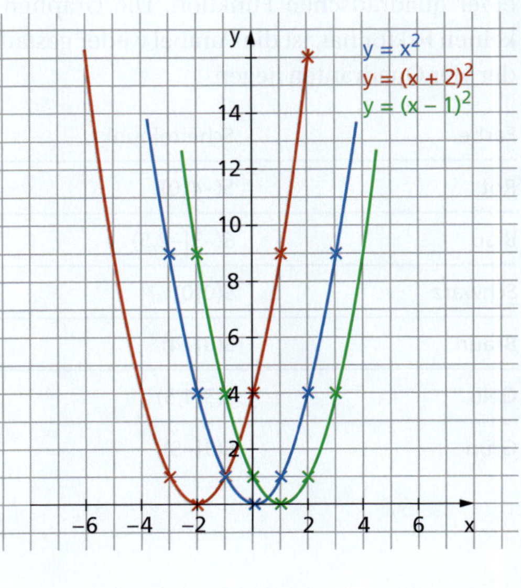

Man erkennt, dass die Variable d die Verschiebung entlang der x-Achse angibt.
Bei $d > 0$ erfolgt die Verschiebung nach links und bei $d < 0$ nach rechts bezogen auf den Scheitelpunkt der Funktion $y = x^2$:

$y = x^2$	$y = (x + 2)^2$	$y = (x - 1)^2$
S(0|0)	S(–2|0)	S(1|0)

> Die Graphen von Funktionen mit einer Gleichung der Form $y = f(x) = (x + d)^2$ haben den Scheitelpunkt $S(-d|0)$.

Nun untersucht man die Fälle 1 und 4. Zuerst wird wieder eine Wertetabelle aufgestellt.

x	–2	–1	0	1	2
$y = x^2$	4	1	0	1	4
$y = (x + 2)^2 + 2$	2	3	6	11	18
$y = (x + 2)^2 - 1$	–1	0	–1	8	15
$y = (x - 1)^2 + 2$	11	6	3	2	3
$y = (x - 1)^2 - 1$	8	3	0	–1	0

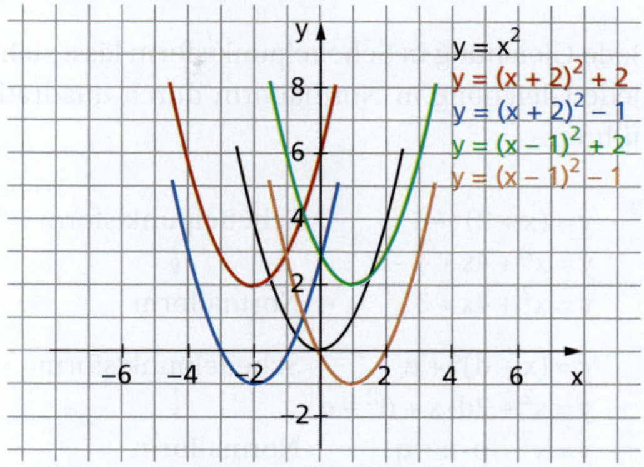

Die Graphen der Funktion werden gezeichnet.
Daraus ergeben sich die Koordinaten der Verschiebung der Normalparabel in x-Richtung für d und in y-Richtung für e:

$y = x^2$	$y = (x+2)^2 + 2$	$y = (x+2)^2 - 1$	$y = (x-1)^2 + 2$	$y = (x-1)^2 - 1$
$S(0\|0)$	$S(-2\|2)$	$S(-2\|-1)$	$S(1\|2)$	$S(1\|-1)$

> Die Graphen von Funktionen mit einer Gleichung der Form $y = f(x) = (x + d)^2 + e$ haben den Scheitelpunkt $S(-d|e)$.

Die Graphen der Funktionen $y = (x + d)^2 + e$ können mithilfe von Schablonen der Normalparabeln gezeichnet werden. Zur Kontrolle kann man mit den Koordinaten des Scheitelpunkts eine Punktprobe durchführen.

Der Graph der Funktion $y = (x + 2)^2 + 1$ hat den Scheitelpunkt $S(-2|1)$.
Probe: $1 = (-2 + 2)^2 + 1$ w. A.

Für die Funktion $y = (x + d) + e$ lässt sich die Anzahl der Nullstellen von der Variablen e ableiten.
Es gilt: $e > 0 \rightarrow$ keine Nullstelle
$e = 0 \rightarrow$ eine Nullstelle
$e < 0 \rightarrow$ zwei Nullstellen

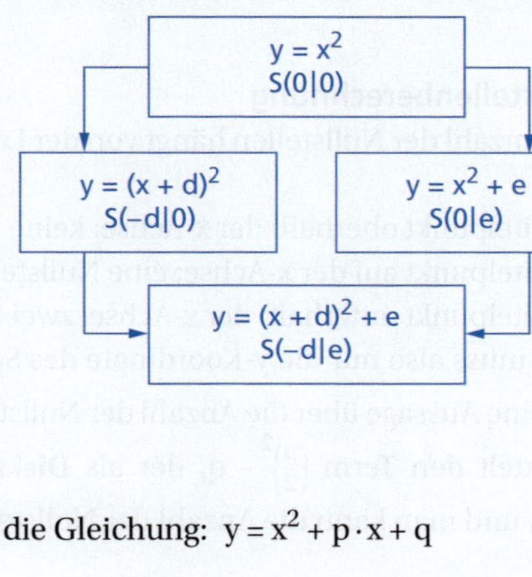

Zum Berechnen der Nullstellen wird die Gleichung $0 = (x + d)^2 + e$ nach x umgestellt.

Da man die Funktionsgleichung $y = (x + d)^2 + e$ mithilfe der binomischen Formeln auflösen kann, entsteht folgende Beziehung: $y = x^2 + 2dx + d^2 + e$

Man setzt für $2d \rightarrow p$ sowie für $d^2 + e \rightarrow q$ und erhält die Gleichung: $y = x^2 + p \cdot x + q$

Quadratische Funktionen mit der Gleichung $y = x^2 + p \cdot x + q$

Funktionsgleichungen der Form $y = f(x) = x^2 + p \cdot x + q$ heißen **Normalform** der quadratischen Funktion.

Jede Gleichung in Scheitelpunktsform lässt sich in die Normalform überführen. Es lässt sich auch jede Gleichung in Normalform durch quadratische Ergänzung in die Scheitelpunktsform überführen.

$y = (x + 2)^2 - 1$ Scheitelpunktsform
$y = x^2 + 4x + 4 - 1$ ↓
$y = x^2 + 4x + 3$ Normalform

$y = x^2 - 2x + 3$ Normalform
$y = x^2 - 2 \cdot 1x + 1 - 1 + 3$ ↓
$y = (x - 1)^2 + 2$ Scheitelpunktsform

$y = (x + d)^2 + e$ Scheitelpunktsform
$y = x^2 + 2d \cdot x + d^2 + e$ ↓
$y = x^2 + p \cdot x + q$ Normalform

$y = x^2 + p \cdot x + q$ Normalform
$y = x^2 + p \cdot x + \left(\frac{p}{2}\right)^2 - \left(\frac{p}{2}\right)^2 + q$ ↓
$y = \left(x + \frac{p}{2}\right)^2 - \left(\frac{p}{2}\right)^2 + q$
$y\,(x + d)^2 + e$ Scheitelpunktsform

Um die Koordinaten des Scheitelpunkts zu bestimmen, muss man die Normalform der Gleichung einer quadratischen Funktion in die Scheitelpunktsform überführen.

$y = (x + d)^2 + e$
$S(-d|e)$

$d = \frac{p}{2}$ ↓ ↑ $p = 2d$
$e = -\left(\frac{p}{2}\right)^2 + q$ $q = d^2 + e$

$y = x^2 + p \cdot x + q$
$S\left(-\frac{p}{2} \middle| -\left(\frac{p}{2}\right)^2 + q\right)$

Die Graphen von Funktionen mit einer Gleichung der Form $y = f(x) = x^2 + p \cdot x + q$ haben den Scheitelpunkt $S\left(-\frac{p}{2} \middle| -\left(\frac{p}{2}\right)^2 + q\right)$.

Nullstellenberechnung

Die Anzahl der Nullstellen hängt von der Lage des Scheitelpunkts ab:
Scheitelpunkt oberhalb der x-Achse: keine Nullstelle
Scheitelpunkt auf der x-Achse: eine Nullstelle
Scheitelpunkt unterhalb der x-Achse: zwei Nullstellen
Man muss also nur die y-Koordinate des Scheitelpunkts kennen, um eine Aussage über die Anzahl der Nullstellen zu machen. Man ermittelt den Term $\left(\frac{p}{2}\right)^2 - q$, der als **Diskriminante** bezeichnet wird, und man kann die Anzahl der Nullstellen sofort angeben.

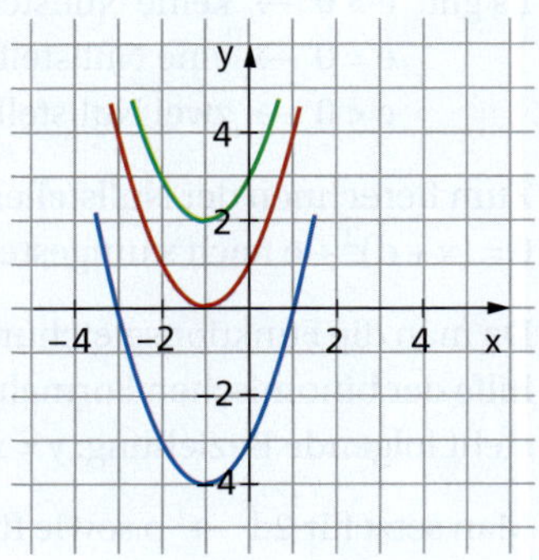

Eine quadratische Funktion mit einer Gleichung der Form $y = f(x) = x^2 + p \cdot x + q$ hat stets dann Nullstellen, wenn die Diskriminante $D = \left(\frac{p}{2}\right)^2 - q$ größer oder gleich 0 ist.
Für $D > 0$ hat die Funktion zwei Nullstellen.
Für $D = 0$ hat die Funktion eine Nullstelle.
Für $D < 0$ hat die Funktion keine Nullstelle.

Zum Berechnen von Nullstellen kann man auf das Lösen quadratischer Gleichungen zurückgreifen, denn es ergibt sich mit $x^2 + p \cdot x + q = 0$ die Normalform der quadratischen Gleichungen.
So kann die Lösungsformel angewendet werden: $x_{1;2} = -\frac{p}{2} \pm \sqrt{\left(\frac{p}{2}\right)^2 - q}$

Für die Funktion $y = 3x^2 - 18x + 24$ sind die Nullstellen zu ermitteln.

① $y = 0$ $\qquad 3x^2 - 18x + 24 = 0$

② $a \cdot x^2 + b \cdot x + c = 0$ in $x^2 + p \cdot x + q = 0$ überführen $\qquad 3x^2 - 18x + 24 = 0 \quad |:3$

$x^2 - 6x + 8 = 0$

③ Existenz von Nullstellen: $\left(\frac{p}{2}\right)^2 - q \geq 0$ $\quad p = -6;\ q = 8$

$\left(\frac{p}{2}\right)^2 - q = 9 - 8 = 1 \geq 0$ Es existieren Nullstellen.

④ Anwendung der Formel: $x_{1;2} = -\frac{p}{2} \pm \sqrt{\left(\frac{p}{2}\right)^2 - q}$ $\qquad p = -6;\ q = 8$

$x_{1;2} = 3 \pm \sqrt{3^2 - 8}$
$x_{1;2} = 3 \pm \sqrt{9 - 8}$
$x_{1;2} = 3 \pm \sqrt{1}$
$x_{1;2} = 3 \pm 1$
$x_1 = 4$
$x_2 = 2$

Probe: für x_1: $3 \cdot 4^2 - 18 \cdot 4 + 24 = 0$
$3 \cdot 16 - 72 + 24 = 0$
$48 - 72 + 24 = 0$
$0 = 0$ w. A.

für x_2: $3 \cdot 2^2 - 18 \cdot 2 + 24 = 0$
$3 \cdot 4 - 36 + 24 = 0$
$12 - 36 + 24 = 0$
$0 = 0$ w. A.

Antwort: Die Nullstellen der Funktion $y = 3x^2 - 18x + 24$ sind $x_1 = 4$ und $x_2 = 2$.

Aufgaben

Quadratische Funktionen mit der Gleichung $y = a \cdot x^2$

1. Prüfe, ob folgende Punkte auf der Normalparabel $y = x^2$ liegen:
a) A(1,5|2,25) b) B(–3,4|1,56) c) C(–2,5|–6,25) d) D(17,2|29,58) e) E(1,44|1,2)

2. Zeichne die Graphen der Funktionen $y = f(x) = m \cdot x$ in ein gemeinsames Koordinatensystem und be- schreibe den Einfluss von m auf den Graphen.
Unterscheide verschiedene Fälle.
$f_1(x) = x$ $\quad f_2(x) = \frac{1}{2}x$ $\quad f_3(x) = 3x$ $\quad f_4(x) = -x$ $\quad f_5(x) = -\frac{1}{2}x$ $\quad f_6(x) = -3x$

3. Skizziere die Graphen der Funktionen $y = a \cdot x^2$ und beschreibe den Einfluss des Parameters a.
$f_1(x) = x^2$ $f_2(x) = -x^2$ $f_3(x) = -1{,}5x^2$ $f_4(x) = 1{,}5x^2$

4. a) Lies die Koordinaten der markierten Punkte ab.
b) Welche Funktionswerte gehören zu den Argumenten 2; –2; 1,5 und 7?
c) Zu welchen Argumenten gehören die Funktionswerte 4; 6; 25; –4 und 0?
d) Prüfe, ob jedem x-Wert genau ein y-Wert und jedem y-Wert genau ein x-Wert zugeordnet ist.
e) Wie verhalten sich die Funktionswerte, wenn die Argumente sehr groß bzw. sehr klein werden?
f) Welcher Zusammenhang ist für alle $x \in \mathbb{Q}$ richtig?
① $f(x) = f(-x)$ ② $f(x) = -f(x)$

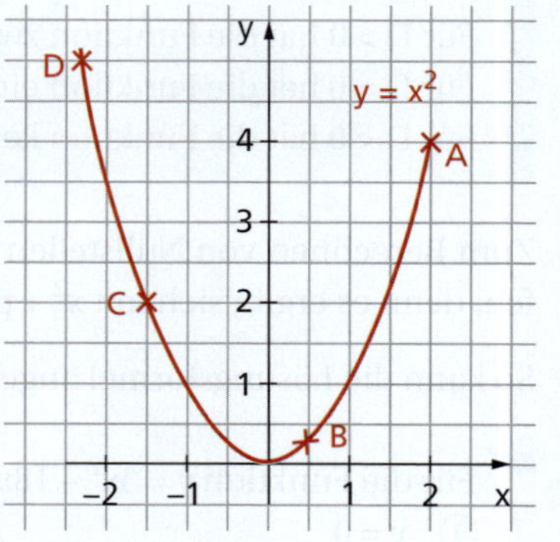

5. Welche der folgenden Überlegungen zur Funktion $y = a \cdot x^2$ sind richtig? Zeichne die Graphen.
a) Bei der linearen Funktion $y = 3x$ ist 3 der Anstieg, wenn x um 1 wächst, wächst y um 3. Analog kann man sagen, dass die quadratische Funktion $y = 3x^2$ auch den Anstieg 3 hat.
b) Der Zuwachs von y bei einer Änderung von x ist bei einer quadratischen Funktion an jeder Stelle anders. Je weiter man nach rechts geht, um so größer ist der Zuwachs von y, wenn x jeweils um 1 wächst.
c) Man kann sich m und a als Faktoren für jeden Funktionswert vorstellen; m vergrößert oder verkleinert die Funktionswerte von $y = x$ und a die von $y = x^2$.

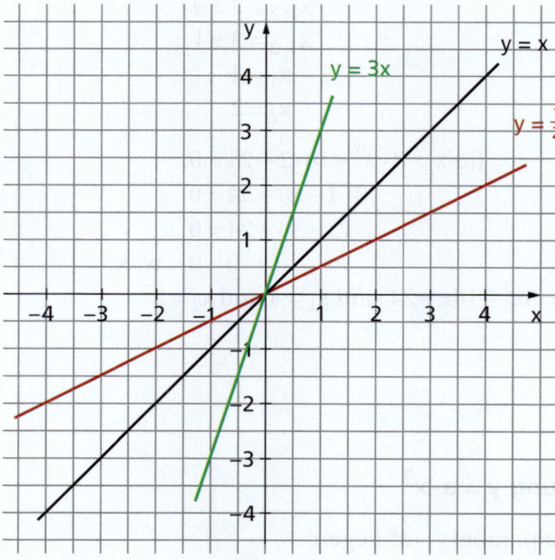

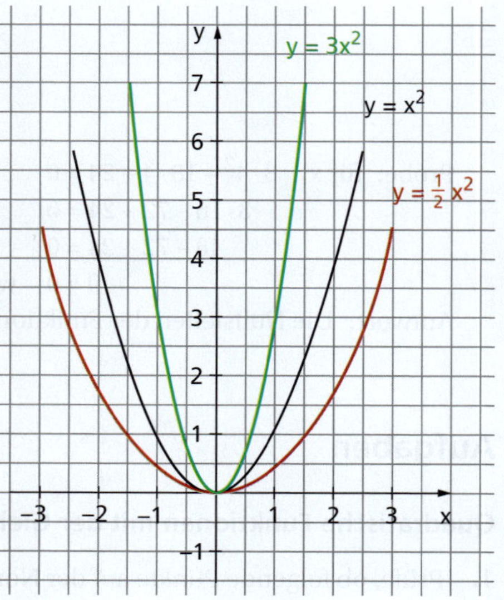

6. Welche Gleichungen gehören zu folgenden Graphen?
a) Die Normalparabel wird auf ein Viertel gestaucht.
b) Die Normalparabel wird um ein Viertel gestaucht.
c) Die Normalparabel wird an der x-Achse gespiegelt und mit dem Faktor 4 gestreckt.
d) Die Normalparabel wird an der x-Achse gespiegelt und um ein Drittel gestaucht.

7. Bestimme die Gleichung der Funktion $y = a \cdot x^2$, deren Graph durch den Punkt P(4|-2) geht. Liegen auch die Punkte R(0|0), Q(-4|-2) und S(-10|-100) auf dieser Parabel?

***8.** Eine Parabel geht durch den Koordinatenursprung und durch den Punkt P. Bestimme die Gleichung der Funktion.

a) P(1|1,5) b) P(2|2) c) P(-4|2)

9. Welche Gleichungen gehören zu den Graphen in der Abbildung?

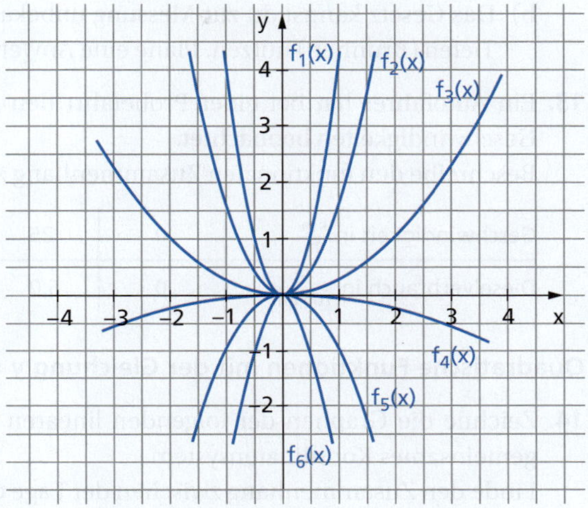

10. Der Bremsweg von Pkws mit einer bestimmten Geschwindigkeit bis zum Stillstand kann mit einer Gleichung der Form $y = a \cdot x^2$ beschrieben werden. y ist die Maßzahl des Bremswegs in Meter und x die Maßzahl der Geschwindigkeit in Kilometer pro Stunde, die der Pkw zu Beginn des Bremswegs hatte. In Autozeitungen wird der Bremsweg eines bestimmten Pkws bei Vollbremsung mit 40 m angegeben, wenn das Auto 100 $\frac{km}{h}$ fuhr und die Fahrbahn trocken ist.

a) Bestimme aus diesen Angaben eine Gleichung für den Bremsweg dieses Pkws bei beliebigen Geschwindigkeiten.

b) Berechne den Bremsweg, den der Pkw bei einer Geschwindigkeit von 80 $\frac{km}{h}$ $\left(180 \frac{km}{h}, 30 \frac{km}{h}\right)$ benötigt.

c) 15 m vor einem Auto, das 60 $\frac{km}{h}$ fährt, befindet sich ein Hindernis. Kommt das Auto rechtzeitig zum Stehen? Begründe.

11. Tobias und Robert sind Langstreckenläufer. Sie laufen auf einer 400-m-Bahn. Ihr Trainer hat bei einem 3 000-m-Lauf folgende Zwischenzeiten gestoppt:

Weg	0 m	400 m	800 m	1000 m
Tobias	0 s	96 s	192 s	288 s
Robert	0 s	163 s	230 s	282 s

a) Stelle in einem Weg-Zeit-Diagramm die Abhängigkeit des Weges von der Zeit dar.

b) Beschreibe die Bewegung der beiden Läufer. Finde jeweils einen funktionalen Zusammenhang zwischen dem zurückgelegten Weg und der benötigten Zeit für die ersten drei Runden.

c) Bestimme die Zeiten für 3000 m, wenn sie ihren Laufstil der ersten drei Runden beibehalten.

12. Frank lässt Steine aus verschiedenen Höhen fallen. Er misst die Zeit bis zum Aufprall.

Zeit in s	0	1,2	1,4	1,8	2	2,5	1,8
Weg in m	0	7	9,6	16	20	30,6	44

a) Finde ein Gesetz, das die Abhängigkeit der Fallhöhe h von der Fallzeit t beschreibt.
b) Das Gesetz kannst du zur Messung unbekannter Höhen (Steilküsten oder Gebäude) oder Tiefen (Brunnen) nutzen. Plane eine Anwendung. Führe sie durch.

13. Ein Autofahrer hat bei einer Probefahrt den Dieselverbrauch seines Pkws bei bestimmten Geschwindigkeiten beobachtet.
Beschreibe den funktionalen Zusammenhang zwischen beiden Größen in Worten.

Geschwindigkeit in $\frac{km}{h}$	0	25	50	75	100	125
Dieselverbrauch in $\frac{l}{100\,km}$	0	5,0	4,9	4,8	4,6	4,9

Quadratische Funktionen mit der Gleichung $y = a \cdot x^2 + c$

14. Zeichne die Graphen der folgenden linearen Funktionen $y = f(x) = m \cdot x + n$ jeweils in ein gemeinsames Koordinatensystem.
Finde den Zusammenhang zwischen der Lage der Graphen und den Parametern m und n.
a) $f_1(x) = 0{,}5x + 2$ $\quad f_2(x) = 0{,}5x + 4$ $\quad f_3(x) = 0{,}5x$ $\quad f_4(x) = 0{,}5x - 3$
b) $f_1(x) = x + 2$ $\quad f_2(x) = 1{,}5x + 2$ $\quad f_3(x) = x + 2$ $\quad f_4(x) = -3x + 2$

15. Berechne jeweils den Funktionswert für $x = -2 \left(-1; -\frac{1}{4}; 0; \frac{1}{2}; 1; \frac{3}{2}\right)$.
a) $y = x^2 - 1$ $\quad$ b) $y = 2x^2 + 1$

16. Zeichne die Graphen in ein gemeinsames Koordinatensystem. Vergleiche die Kurven miteinander und beschreibe ihre Besonderheiten.
Gib Gemeinsamkeiten und Unterschiede an.
a) $y = x^2 + 2$ $\quad$ b) $y = x^2 + 0{,}5$ $\quad$ c) $y = x^2 - 3$ $\quad$ d) $y = x^2 - 0{,}5$

17. Skizziere die Graphen der folgenden quadratischen Funktionen $y = f(x) = a \cdot x^2 + c$ jeweils in ein gemeinsames Koordinatensystem.
Finde den Zusammenhang zwischen der Lage der Graphen und den Parametern a und c.
a) $f_1(x) = 0{,}5x^2 + 1{,}5$ $\quad f_2(x) = 0{,}5x^2 + 4$ $\quad f_3(x) = 0{,}5x^2$ $\quad f_4(x) = 0{,}5x^2 - 3$
b) $f_1(x) = 0{,}25x^2 + 2$ $\quad f_2(x) = x^2 + 2$ $\quad f_3(x) = 3x^2 + 2$ $\quad f_4(x) = -2x^2 + 2$

18. Zeichne die Graphen der folgenden Funktionen in ein Koordinatensystem.
Beschreibe die Verschiebung der Normalparabel durch den Parameter c.
Lies die Nullstellen der Funktionen näherungsweise ab.
Bestimme den kleinsten Funktionswert.
$f_1(x) = x^2 - 1{,}5$ $\quad f_2(x) = x^2 + 3$ $\quad f_3(x) = x^2 - \frac{3}{4}$

19. Beschreibe die Eigenschaften der quadratischen Funktionen mit der Gleichung $y = a \cdot x^2 + c$ und vergleiche mit den Eigenschaften der Funktion $y = a \cdot x^2$.

20. Auf dem Marktplatz einer Stadt sollen neue Wasserspiele entstehen. Ein Wasserstrahl kommt waagerecht aus einem 5 m hohen Rohr und beschreibt eine Bahn entsprechend der Gleichung $y = -\frac{1}{8}x^2 + 5$.
(y: Höhe; x: Entfernung von der Figur)
Skizziere die Bahn des Wasserstrahls in einem Koordinatensystem.
Wie lang muss das Wasserbecken mindestens sein, damit der Wasserstrahl auf der Höhe h = 0 m noch im Becken landet?

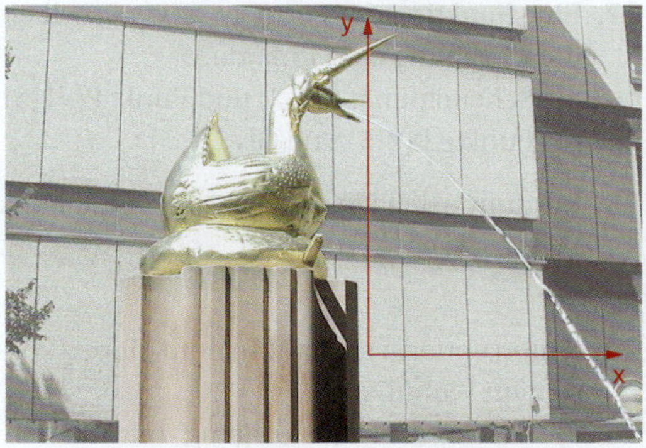

21. Skizziere die folgenden Graphen in ein Koordinatensystem. Gib ihre Funktionsgleichung an.
a) Normalparabel mit dem Faktor 3 strecken, um zwei Einheiten nach unten verschieben
b) Normalparabel mit dem Faktor 0,25 stauchen, dann an der x-Achse spiegeln und um drei Einheiten nach oben verschieben
c) Normalparabel um eine Einheit nach oben verschieben und dann mit dem Faktor 2 strecken

22. a) Gib die Funktionsgleichungen für die Graphen f_1, f_2, f_3 und f_4 an.
b) Lies die Scheitelpunktkoordinaten ab.
c) Beschreibe für jede Funktion das Verhalten der Funktionswerte, wenn die Argumente für $x > 0$ größer werden.
d) Lies die Nullstellen der Funktionen näherungsweise ab.
e) Spiegele gedanklich die Graphen an der x-Achse. Welche Funktionsgleichungen gehören dann zu den Bildern?
Formuliere eine allgemeine Aussage.

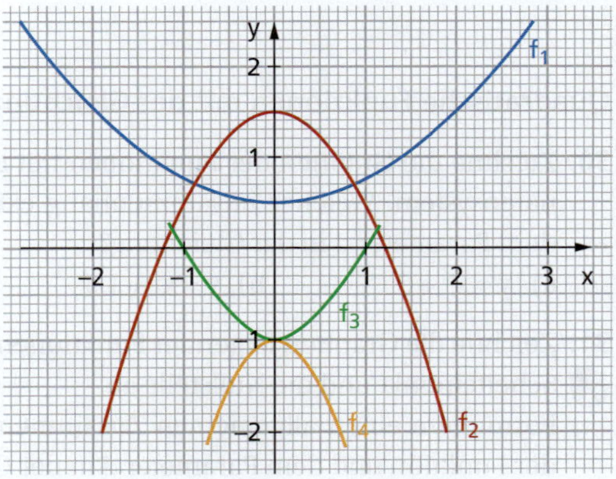

23. Entscheide, ob gegebenenfalls die Funktion Nullstellen besitzt. Berechne dann die Nullstellen. Diskutiere allgemein Existenz und Lage der Nullstellen bei Funktionen der Form $y = x^2 + c$.
a) $y = x^2 - 2{,}25$ b) $y = x^2 + 4$ c) $y = x^2 - 0{,}25$ *d) $y = -x^2 + 1{,}69$
Versuche, mit dem Computer deine Lösung zu bestätigen.

24. Berechne die Nullstellen folgender Funktionen:
a) $y = 2x^2 - 8$ *b) $y = -3x^2 - 2$ *c) $y = -0{,}5x^2 + 4{,}5$

***25.** Der Graph einer Funktion $y = x^2 + c$ geht durch den Punkt P. Bestimme den Parameter c grafisch oder durch Rechnung.
a) P(0|−4) b) P(0|0) c) P(1|2) d) P(−2|2)

26. Der Graph der Funktion $f_1(x) = x^2 - 4$ wird an der x-Achse gespiegelt. Es entsteht der Graph der Funktion f_2.
Führe die Spiegelung aus. In welchen Punkten schneiden die Graphen einander?
Gib die Gleichung der Funktion f_2 an.

27. Eine Funktion der Form $y = a \cdot x^2 + c$ soll eindeutig bestimmt werden. Ermittle, wenn möglich, die Gleichung der Funktion.

a) Scheitelpunkt S(0|2) und Punkt P(–1|5)
b) Punkte P(1|4) und Q(–1|4)
c) Punkte P(2|5) und Q(–3|7,5)
d) Scheitelpunkt S(0|–3)

28. Bestimme den kleinsten bzw. größten Funktionswert folgender Funktionen:

a) $y = 0{,}5x^2 - 3$
b) $y = -2x^2 + 1$
c) $y = -\frac{1}{4}x^2 + \frac{1}{4}$

29. Simon entfernt sich mit seinem Moped von seinem Wohnhaus.

a) Beschreibe den Vorgang mit Worten und mit einer Gleichung.
b) Wie weit ist Simon nach 4 s vom Haus entfernt?
c) Nach wie viel Sekunden ist Simon 26 m vom Haus entfernt?
d) Finde eine Gleichung, die den Sachverhalt beschreibt.

Quadratische Funktionen mit der Gleichung $y = (x + d)^2 + e$

30. Zeichne die Graphen der Funktionen mit einer Gleichung der Form $y = x^2 + d$ in ein Koordinatensystem. Welcher Zusammenhang existiert zwischen den Nullstellen der Funktion und dem Parameter d in der Gleichung?

a) $y = x^2 + 5$
b) $y = x^2 + 1{,}5$
c) $y = x^2$
d) $y = x^2 - 2{,}5$

31. Zeichne die Graphen folgender Funktionen mit der Gleichung der Form $y = (x + d)^2$. Lies ihren Scheitelpunkt und die Nullstelle ab.
Formuliere einen allgemeinen Zusammenhang zwischen dem Scheitelpunkt, der Nullstelle der Funktion und dem Parameter d in der Gleichung.

a) $y = (x - 3)^2$
b) $y = (x - 0)^2$
c) $y = (x + 4)^2$

32. Zu welchen Funktionen der Form $y = (x + d)^2$ gehören die Punkte?

a) P(0|3)
b) P(5|1)
c) P(2|4)

33. Der Graph der Funktion $y = (x - 2)^2$ wird an der x-Achse gespiegelt.
Welche der folgenden Gleichungen gehört zum gespiegelten Graphen?

a) $y = -x^2 - 2$
b) $y = -(x - 2)^2$
c) $y = -(x + 2)^2$
d) $y = -x^2 + 2$

34. Zeichne die Graphen folgender Funktionen. Beschreibe ihren Verlauf.

a) $y = (x - 2)^2 - 4$
b) $y = (x + 5)^2 + 1$

35. Gib die zugehörige Gleichung an. Benenne den Scheitelpunkt der verschobenen Parabel.

a) Normalparabel um 3 Einheiten nach links, um 4 Einheiten nach oben verschieben
b) Normalparabel um 1,2 Einheiten nach unten, um 3,6 Einheiten nach rechts verschieben
c) Normalparabel um 2,5 Einheiten nach unten verschieben
d) Normalparabel um 6,5 Einheiten nach links verschieben

36. a) Welche Verschiebungen der Normalparabel führen zu den abgebildeten Graphen?
b) Gib auch die entsprechenden Funktionsgleichungen an.
c) Gib die Eigenschaften der quadratischen Funktion mit einer Gleichung der Form $y = (x + d)^2 + e$ an.

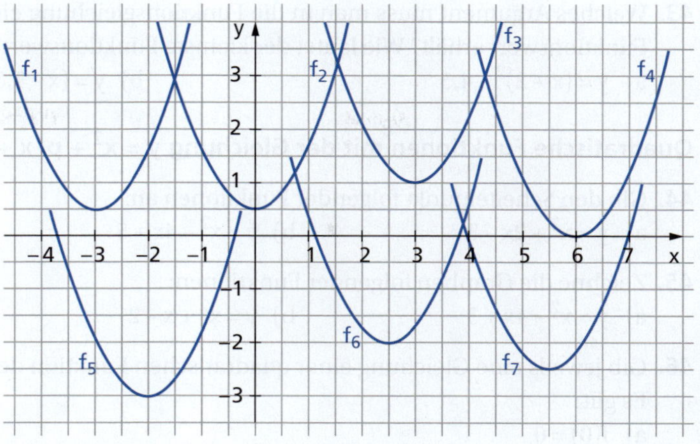

37. Gegeben sind die Funktionen $f_1(x) = (x + 1)^2 - 1$ und $f_2(x) = (x - 2)^2 + 2$.
a) Skizziere f_1 und f_2 in ein gemeinsames Koordinatensystem.
b) Gib jeweils den Scheitelpunkt und den Wertebereich der Funktionen an.
c) Lies den Schnittpunkt der Graphen beider Funktionen ab. Überprüfe durch Einsetzen der Koordinaten in beide Funktionsgleichungen.

38. Bestimme jeweils Scheitelpunkt und Nullstellen der Graphen.
a) $y = (x - 1{,}5)^2 - 4$ b) $y = (x + 0{,}5)^2 - 1$ c) $y = (x + 2)^2 + 1$
d) $y = -x^2 + 4$ e) $y = 5x^2 - 100$ f) $y = (x + 3)^2 - 1$

39. Welche Graphen der Funktionen besitzen Nullstellen? Begründe. Berechne diese Nullstellen.
a) $y = (x - 1)^2 - 1$ b) $y = (x - 2)^2 + 2{,}5$ c) $y = (x + 3)^2 - 4$

40. Gib die Gleichungen an, deren Graphen die folgenden Eigenschaften besitzen. Der Graph ist eine verschobene Normalparabel.
f_1: Scheitelpunkt $S(3|-1{,}5)$
f_2: Nullstellen bei $x_1 = 3$ und $x_2 = 5$
f_3: eine Nullstelle bei $x_0 = 3$, Scheitelpunkt $S(2|y_S)$
f_4: eine Nullstelle bei $x_0 = 5$, Scheitelpunkt $S(x_S|-4)$

41. Gegeben sind die Funktionen mit einer Gleichung der Form $y = (x + d)^2 + 1$.
a) Gib drei beliebige Funktionen an, deren Gleichungen die genannte Form haben. Skizziere sie in ein gemeinsames Koordinatensystem.
b) Gib den Wertebereich aller Funktionen dieser Form an.
c) Gib allgemein den Scheitelpunkt der Graphen dieser Funktionen für beliebiges d an.
d) Welche Gemeinsamkeiten und Unterschiede haben alle Graphen dieser Funktionen?

42. Gegeben sind Funktionen mit einer Gleichung der Form $y = (x + 3)^2 + e$.
a) Zeichne die drei Graphen mit $e = 2$, $e = -1$ und $e = -4$ in ein Koordinatensystem.
b) Gib allgemein den Scheitelpunkt der drei Graphen an, die Funktionen mit einer Gleichung der Form $y = (x + 3)^2 + e$ sind.
c) Durch welche Bewegung gehen die Graphen dieser Funktionen aus dem Graphen der Funktion $y = (x + 3)^2$ hervor?

43. Welches Argument muss man in die Funktionsgleichung einsetzen, damit man den kleinsten Funktionswert erhält? Wie lautet der kleinste Funktionswert?

a) $y = (x + 2)^2 - 4{,}5$ b) $y = (x - 1{,}5)^2 + 0{,}3$

Quadratische Funktionen mit der Gleichung $y = x^2 + p \cdot x + q$

44. Gib den Scheitelpunkt folgender Funktionen an:

a) $y = x^2 + 2x - 3$ b) $y = x^2 - 4x + 5$ c) $y = x^2 - 5x + 4$

45. Zeichne die Graphen folgender Funktionen:

a) $y = x^2 - 4x + 3$ b) $y = x^2 + x - 2$ c) $y = x^2 - 8x + 9$

46. Gib jeweils eine Gleichung einer quadratischen Funktion der Form $y = x^2 + p \cdot x + q$ an. Es gilt:

a) $f(0) = 0$
b) $x_1 = -2$; der Scheitelpunkt hat den Funktionswert -4.
c) Die Normalparabel ist symmetrisch zur y-Achse und geht durch den Punkt $P(-2|1)$.

47. Bestimme den kleinsten Funktionswert. Bei welchem Argument wird er erreicht?

a) $y = x^2 - 10x - 11$ b) $y = x^2 + 6x - 16$ c) $y = x^2 - 5x + 6$
d) $y = (x + 2)^2 - (x + 2)$ e) $y = (x + 1)(x - 3)$ f) $y = (x - 1)(x + 3)$

48. Berechne die Nullstellen.

a) $y = x^2 - 5x + 6$ b) $y = x^2 + 4x + 3$ c) $y = x^2 - 10x + 25$

49. Bestimme die Parameter p und q einer quadratischen Funktion in Normalform.

a) Die Nullstellen sind $x_1 = 2$ und $x_2 = 4$. b) $S(0|0)$ ist der Scheitelpunkt der Parabel.
c) $f(0) = 0$, eine Nullstelle ist $x_0 = -4$. d) $f(0) = 0$, eine Nullstelle ist $x_0 = 4$.

50. a) Bestimme jeweils die Nullstellen und die Koordinaten des Scheitelpunkts.

$f_1(x) = x^2 - 2x$ $f_2(x) = x^2 - 9$ $f_3(x) = (x - 2)(x + 6)$
$f_4(x) = x^2 + 2{,}2x$ $f_5(x) = (x + 3)^2$ $f_6(x) = x^2 + 4x + 4$
$f_7(x) = (x + 3)(x - 4)$ $f_8(x) = (x + 1)(x + 5)$ $f_9(x) = x^2 - 5x$
$f_{10}(x) = x^2 - 6x + 8$ $f_{11}(x) = (x - 0{,}5)(x - 2{,}5)$ $f_{12}(x) = x^2 - ax$

b) Was muss man deiner Meinung nach beim Lösen der Aufgaben beachten?

51. Gib jeweils die Gleichung einer Funktion der Form $y = x^2 + p \cdot x + q$ mit folgender Eigenschaft an. Erläutere dein Vorgehen.

a) Der Scheitelpunkt der zugehörigen Normalparabel liegt bei $S(4|-3)$.
b) Die Funktion hat Nullstellen bei $x_1 = 5$ und $x_2 = 7$.
c) Der Scheitelpunkt hat den Funktionswert 2.
d) Die Parabel schneidet die y-Achse im Punkt $P(0|6)$.
e) Der Scheitelpunkt liegt auf der x-Achse.
f) Der Scheitelpunkt liegt auf der y-Achse.

52. a) Gib an, ob die folgenden Parabeln nach oben oder nach unten geöffnet sind. Begründe.
b) Bestimme jeweils die Scheitelpunkte und die Nullstellen.

① $y = 2x^2 - 3x + 1$ ② $y = -3x^2 + 2x - 1$ ③ $y = -\frac{1}{2}x^2 + 1$ ④ $y = -4x^2$
⑤ $y = -x^2 - 4x - 1$ ⑥ $y = -(x + 3)^2 - 6$ ⑦ $y = (x + 5{,}4)^2$ ⑧ $y = -(x - 2)^2 + 1$

Brückenbau

Die Übersicht zeigt verschiedene Brückenformen mit maximaler Stützweite.

Bezeichnung	Max. Stützweite W für		Abbildung
	Beton	Stahl	
Balkenbrücke als Talbrücke oder als Flussbrücke	120 m 250 m	250 m 300 m	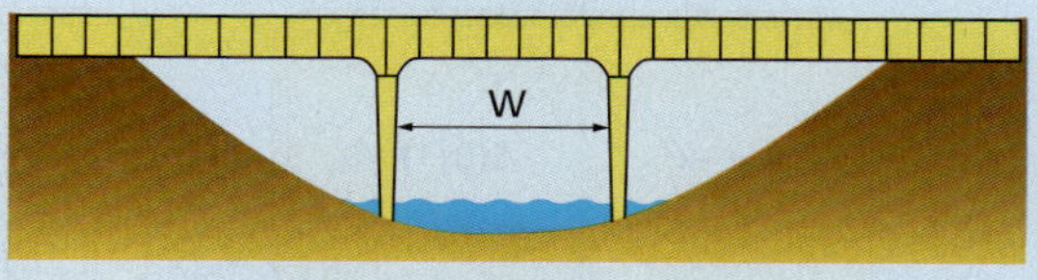
Bogenbrücke als Talbrücke oder als Flussbrücke	300 m	500 m	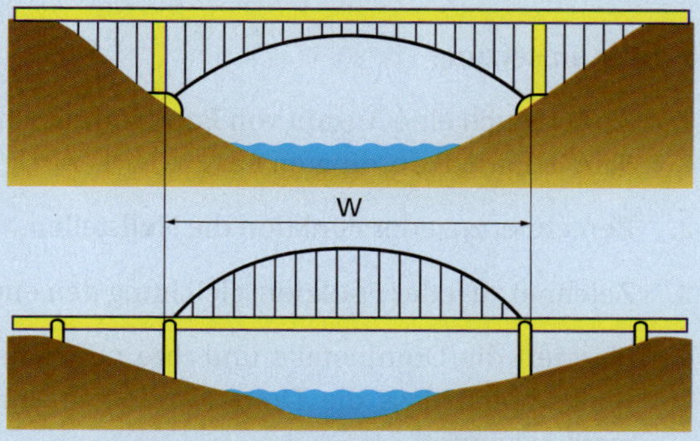
Hängebrücke	–	1 500 m	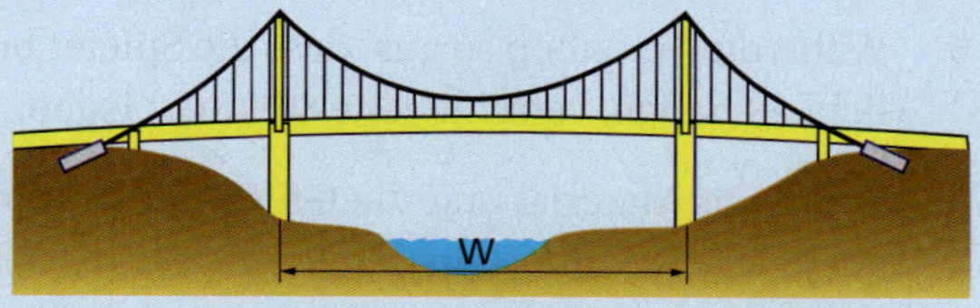
Schrägseilbrücke	400 m (Leichtbeton)	2 000 m	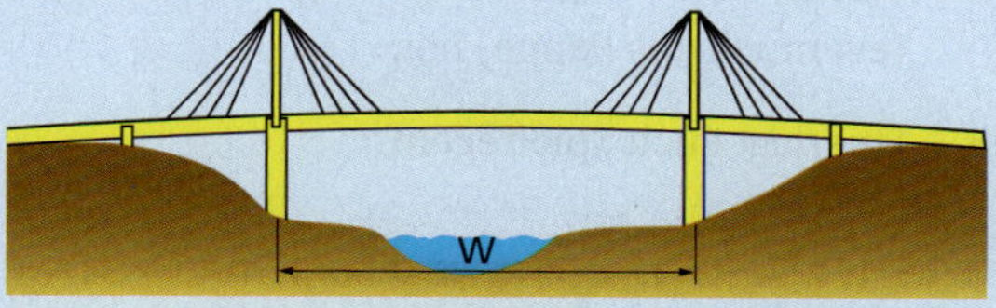

1. Informiere dich im Internet, welche Brückenarten es gibt. Nenne bekannte Brücken zu den einzelnen Brückenarten. Welche Brückenarten sind in deinem Heimatort zu finden?
2. Versuche, Angaben zur Brücke zu finden, um zu überprüfen, ob es sich um eine Parabel handelt.
3. Der Bogen einer Brücke hat die Form einer Parabel. Die Flussbreite beträgt 20 m, die Gesamthöhe der Brücke 20 m und der Abstand zwischen Brückenkopf und der zu ermittelnden Parabel 7 m. Dieser Abstand ist in einer Entfernung von 5 m vom Brückenkopf gemessen. Stelle die Parabel dar. Bestimme die Gleichung der Funktion. Welche Höhe hat der in der Brücke vorkommende Parabelbogen? Löse die Aufgabe auch mit einem Computerprogramm.

Herstellen eines Funktionsdominos

Projektziel

Stellt aus Funktionsgleichungen, den zugehörigen Graphen und der Angabe für Scheitelpunktkoordinaten bzw. Nullstellen ein Dominospiel her.

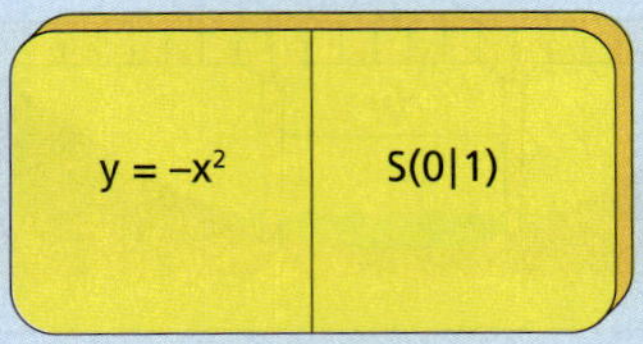

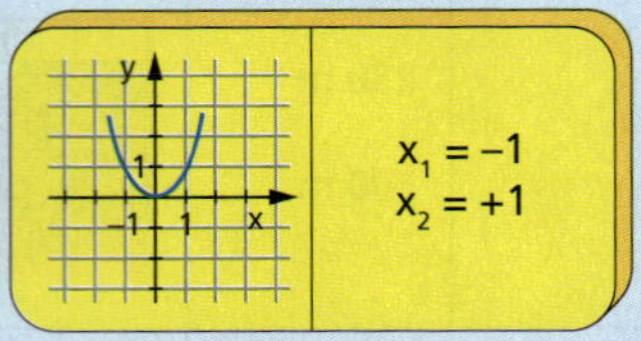

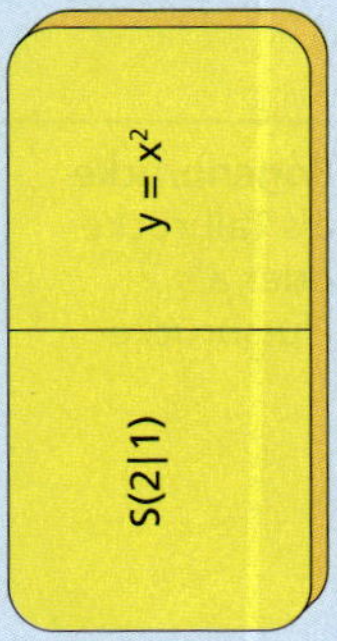

Projektumsetzung

1. Notiert euch eine Anzahl von Funktionsgleichungen und gebt jeweils die Scheitelpunktkoordinaten an.
2. Berechnet zu jeder Funktion die Nullstellen.
3. Zeichnet zu jeder Funktionsgleichung den entsprechenden Graphen.
4. Skizziert die Dominoteile und ihre mögliche Anordnung so auf einem Blatt Papier, dass die Dominosteine in einer Kette aneinandergelegt werden können.
5. Wählt die Vorgaben so aus, dass die Spieler bei einigen Steinen die Möglichkeit haben, verschiedene Steine zu legen.
6. Wählt das Material und die Größe der Dominosteine aus. Legt fest, was auf jedem Dominostein dargestellt werden soll.
7. Notiert und zeichnet eure Vorgaben auf Papier und stellt die Dominoteile (eventuell aus Pappe) her.
8. Überlegt euch Spielregeln.

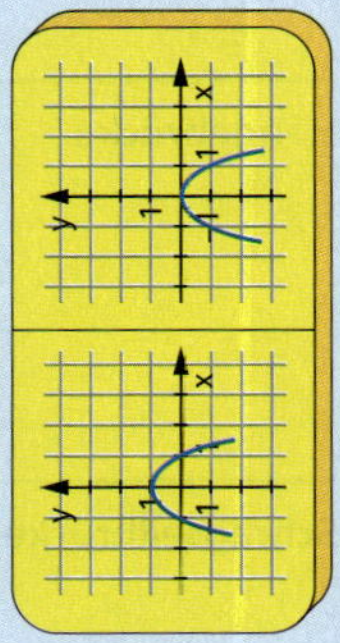

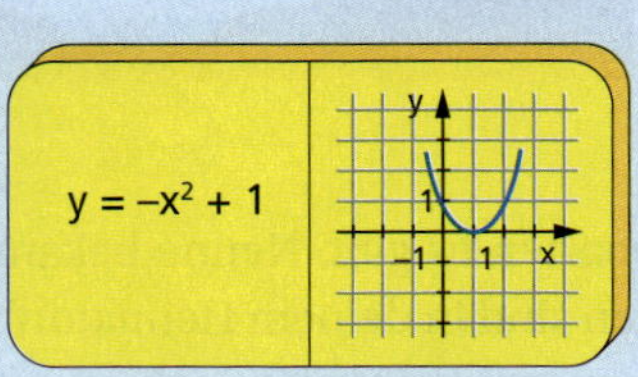

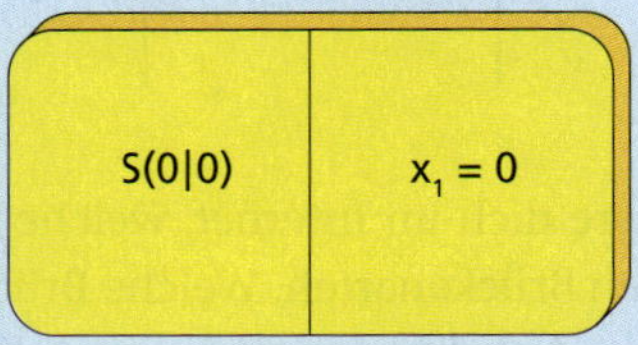

Projektauswertung

9. Spielt das Funktionsdomino mit euren Mitschülern. Prüft bei jedem Anlegen, ob die Anordnung richtig gewählt wurde.
10. Überlegt euch weitere Varianten und Möglichkeiten, ergänzende Dominosteine zu gestalten.

2.3 Gemischte Aufgaben

Quadratische Gleichungen

1. Gib die Anzahl der Lösungen an.

a) $(x-4)^2 = 9$ b) $(x+3)^2 + 4 = 0$ c) $(x+1)^2 = 0$
d) $x^2 + 16 = 0$ e) $x^2 + 3x^2 + 2 = 0$ f) $x^2 - 10x + 25 = 0$
g) $x^2 - 5 = 0$ h) $x^2 + 4 = 0$ i) $x^2 - 9 = 5$
j) $(x+2)(x-3) = 0$ k) $(x-1)^2 = 0$ l) $x^2 - 4x = 5$

2. Welche der folgenden Gleichungen haben als Lösung die Zahl 3? Begründe.
Welche Gleichungen haben außer der Lösung 3 noch weitere Lösungen?

a) $x^2 = 9$ b) $(x-3)^2 = 0$ c) $x^2 - 2x - 3 = 0$
d) $x^2 + 9 = 0$ e) $x^2 = 3$ f) $x^2 - 6x + 9 = 0$
g) $x^2 - 6x + 8 = 0$ h) $2x^2 + 18 = 12x$ i) $(x+3)(x-4) = 0$

3. Ermittle quadratische Gleichungen in Normalform, die folgende Lösungsmengen besitzen:

a) $L = \{3; -1\}$ b) $L = \{4; 2\}$ c) $L = \{-6\}$
d) $L = \{-1; -2\}$ e) $L = \{5\}$ f) $L = \left\{-\frac{1}{2}; \frac{5}{2}\right\}$

4. Gib quadratische Gleichungen an, die folgende Lösungen besitzen:

a) $x_1 = 5; x_2 = 2$ b) $x_1 = 4; x_2 = 0{,}5$ c) $x_1 = 0; x_2 = -1$
d) $x_1 = x_2 = 3$ e) $x_1 = 2; x_2 = -2$ f) $x_1 = \frac{3}{4}; x_2 = \frac{1}{2}$

5. Wo steckt der Fehler? Berichtige.

a) $x^2 - 5x - 14 = 0$

$x_{1;2} = -\frac{5}{2} \pm \sqrt{\frac{25}{4} + 14}$

$x_{1;2} = -\frac{5}{2} \pm \frac{9}{2}$

$x_1 = 2;\ x_2 = -7$

b) $x^2 + 16x + 64 = 0$

$x_{1;2} = -8 \pm \sqrt{8 - 64}$

$x_{1;2} = -8 \pm \sqrt{-56}$

$L = \{\}$

6. Für welchen Wert von q hat die Gleichung $x^2 + 6x + q = 0$ genau eine Lösung?

7. Bestimme p so, dass die Gleichung $x^2 + p \cdot x + 4 = 0$ genau eine Lösung besitzt.

8. Setze in die Gleichung $x^2 + q = 0$ für die Variable q Zahlen so ein, dass folgende Bedingungen erfüllt sind. Begründe deine Entscheidungen.

a) Zwei Lösungen b) Keine Lösung c) Genau eine Lösung

9. Setze in die Gleichung $x^2 + p \cdot x = 0$ für p Zahlen so ein, dass die Gleichung keine Lösung hat.

10. Löse die folgenden Gleichungen:

a) $(x+1)^2 + (x+2)^2 = (2x+1)^2$ b) $(2x+2)^2 - (2x-2)^2 = 2x^2$
c) $(3x+2)^2 - (x+6)^2 = (3x-2)^2$ d) $(2x+3)^2 - x(x+11) = 4x^2 - 3$
e) $9x^2 + (5x-3)^2 = (4x+3)^2$ *f) $(9x+6)^2 - (7x+2)^2 - (8x+4)^2 = 0$
g) $(5x-1)^2 + 16x^2 - (9x-2)^2 = 0$ h) $(4x-8)^2 + x(2x-18) = 6(x^2+13)$
i) $(9+x)^2 = (2x+6)^2$ j) $x(x-2) + 4 = (x+2)^2 - 6x$
*k) $(x-5)^2 + x(x+3) + 2x^2 = 3x^2 + 3x - 4$ l) $(6x-2)^2 = (7x-3)^2 - 21$

***11.** Löse folgende Gleichungen. Erzeuge zuerst die Normalform einer quadratischen Gleichung.

a) $\frac{x^2}{2} - \frac{3x}{4} = -x + \frac{3}{4}$
b) $\frac{x^2 - x}{4} + \frac{x}{2} = \frac{7x + 3}{8}$

c) $\frac{x^2 + 3}{2} + \frac{3x + 3}{3} = 20$
d) $\frac{x(x + 1)}{2} = 21$

e) $\frac{2x + 3}{4} + 3 = \frac{x(12x + 2)}{2} + 8x^2$
f) $\frac{(x + 1)^2}{12} + \frac{2x + 1}{6} = \frac{2x - 1}{3} + \frac{x + 1}{4}$

***12.** Löse folgende Gleichungen. Bestimme vorher den Grundbereich.

a) $3x = \frac{48}{x}$
b) $x = \frac{1}{x}$
c) $\frac{1}{x} = 2 - x$
d) $\frac{40}{x} = x - 3$

e) $\frac{2}{x} = \frac{x - 3}{2x}$
f) $\frac{40}{x} = \frac{16x}{3x - 5}$
g) $x - \frac{1}{x} = \frac{5x - 1}{x}$
h) $\frac{3x - 1}{x - 1} = \frac{x + 1}{3x + 1}$

i) $\frac{x^2}{2 - x} = \frac{x + 4}{5}$
j) $\frac{4}{x - 1} + \frac{3}{x + 1} = 5$
k) $\frac{2x - 1}{x + 1} = \frac{4x - 2}{3x - 1}$
l) $\frac{7x + 1}{6x} = \frac{3x + 24}{14x - 4}$

Quadratische Gleichungen in der Geometrie

13. Der Flächeninhalt eines Rechtecks beträgt 775 cm^2. Eine Seite ist um 6 cm kürzer als die andere Seite. Wie lang sind die Seiten des Rechtecks?

14. Wie lang und wie breit ist ein Rechteck, wenn sich seine Länge zur Breite wie 5 : 3 verhält? Der Flächeninhalt des Rechtecks beträgt 3 375 m^2.

15. Vergrößert man die Seite eines Quadrats um 9 cm, so vergrößert sich der Flächeninhalt um 747 cm^2. Wie lang ist eine Seite des ursprünglichen Quadrats?

16. Ein Rechteck und ein Quadrat sind flächengleich. Die eine Seite des Rechtecks ist viermal so lang wie die Seite des Quadrats, die andere ist 12 cm kürzer als die Quadratseite.
Wie lang und wie breit ist das Rechteck?

17. Wie groß ist die Grundkante eines Prismas mit quadratischer Grundfläche, das 8 cm hoch ist und ein Volumen von 450 cm^3 besitzt?

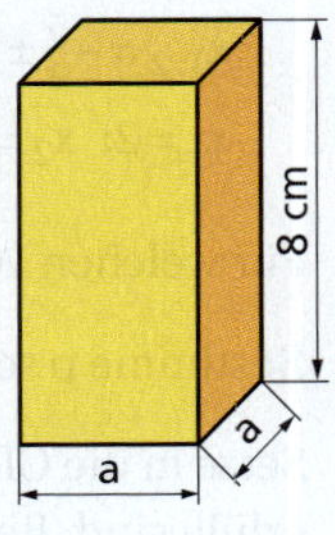

18. Der Oberflächeninhalt eines Quaders beträgt 428 cm^2. Wie lang sind die Kanten des Quaders, wenn die Maßzahlen der Kantenlängen drei aufeinanderfolgende gerade Zahlen sind?

Quadratische Gleichungen im Bauwesen

19. Ein quadratischer Garten hat einen Flächeninhalt von 420,25 m^2.
Wie viel Meter Gartenzaun werden benötigt, wenn der Garten an drei Seiten einen neuen Zaun erhalten soll?

20. Für eine neue Sportanlage steht eine 1 800 m^2 große rechteckige Fläche zur Verfügung. Sie ist 5 m länger als breit.
Berechne die Länge und die Breite der Fläche.

21. Aus einem 120 cm langen Draht sollen zwei Quadrate so gebogen werden, dass ihre Flächeninhalte zusammen 468 cm^2 betragen.
Wie lang sind die Seiten der beiden Quadrate?

22. Im Stadtpark wird in einem rechteckigen Teich eine ebenfalls rechteckige Insel angelegt. Der Teich ist 45 m lang und 32 m breit.
Wie lang und wie breit wird die Insel sein, wenn sie überall gleich weit entfernt vom Ufer ist und nur ein Achtel der Gesamtfläche des Teiches einnehmen darf?

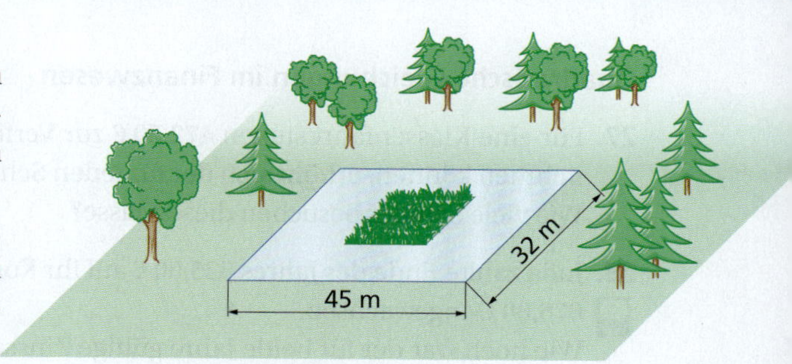

23. Ein rechteckiger Pausenhof ist 35 m lang und 25 m breit. Zum Schutz vor Straßenlärm und Schmutz soll er an zwei benachbarten Seiten mit Büschen bepflanzt werden.
Wie breit darf der Grünstreifen werden, wenn der Hof höchstens ein Zehntel seiner ursprünglichen Fläche kleiner werden darf?

Quadratische Gleichungen bei Bewegungsvorgängen

24. Folgende Weg-Zeit-Diagramme wurden für die Bewegung von drei Fahrzeugen aufgenommen. Beschreibe die Bewegung der Fahrzeuge.

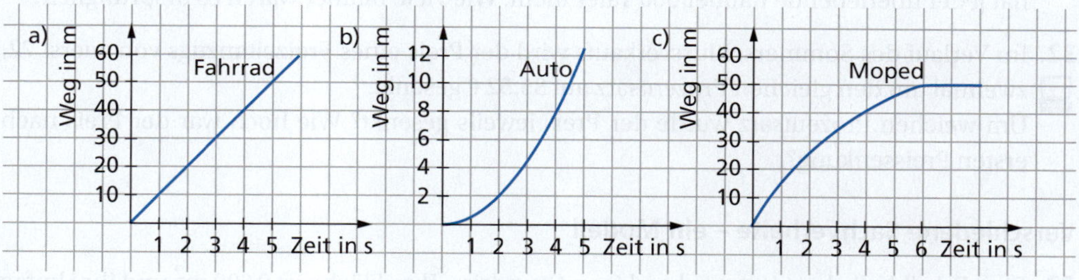

25. Ein Schiff verkehrt regelmäßig zwischen zwei an einem Fluss gelegenen Orten, die 25 km voneinander entfernt sind. Auf der Hinfahrt, gegen die Strömung, benötigt es 40 min mehr als für die Rückfahrt mit der Strömung.
Berechne die Strömungsgeschwindigkeit des Flusses, wenn die Eigengeschwindigkeit des Schiffs 20 $\frac{\text{km}}{\text{h}}$ beträgt.

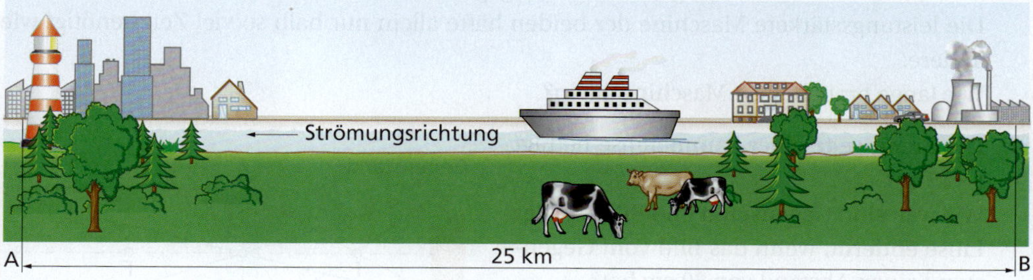

26. Ein Pkw und ein Lkw brachen zur gleichen Zeit zu einer 240 km entfernten Stadt auf. Beide fuhren mit gleichbleibender Geschwindigkeit, wobei der Pkw 30 km mehr in der Stunde zurücklegte als der Lkw. Der Lkw erreichte das Ziel 1 h 20 min nach dem Pkw.
Wie groß war die Geschwindigkeit beider Fahrzeuge?
Wie lange war jeder unterwegs?

Quadratische Gleichungen im Finanzwesen

27. Für eine Klassenfahrt stehen 472,50 € zur Verfügung. Da zwei Schüler nicht an der Fahrt teilnehmen können, erhöht sich der für jeden Schüler bereitstehende Betrag um 1,40 €.
Wie viele Schüler besuchen diese Klasse?

28. Julia zahlte Ende des Jahres 625,00 € auf ihr Konto ein. Nach zwei Jahren war ihr Guthaben auf 676,00 € angewachsen.
Wie hoch war der für beide Jahre gültige Zinssatz, wenn die Zinsen des ersten Jahres im zweiten Jahr auch verzinst wurden?

29. Wie groß ist ein Guthaben, das im Jahr 378,00 € Zinsen bringt, wenn man mit einem um 1 260,00 € größeren zweiten Guthaben ebenfalls nur dieselben Zinsen erzielt, weil der Zinssatz bei dem größeren Guthaben um 1 % niedriger ist?

30. Wie hoch muss der Zinssatz mindestens sein, wenn ein Guthaben von 8 425,50 € in zwei Jahren mit Zinseszins auf etwa 9 375,00 € angewachsen sein soll?

31. Eine Räuberbande erbeutet 6 000 Taler. Ein Räuber wird im Wald vom Blitz erschlagen. Jetzt hat jeder überlebende Räuber 500 Taler mehr. Wie viele Räuber waren es ursprünglich?

32. Im Verlauf des Sommerschlussverkaufs wird der Preis eines Freizeitanzugs von zuerst 72,50 € zweimal um den gleichen Prozentsatz auf 35,52 € gesenkt.
Um welchen Prozentsatz wurde der Preis jeweils gesenkt? Wie hoch war der Preis nach der ersten Preissenkung?

Verschiedene Sachverhalte – ein Modell

33. Eine Fabrikhalle hat einen rechteckigen Grundriss. Ihre Fläche ist 9 600 m^2 und ihr Umfang ist 400 m groß. Berechne die Seitenlängen der Fabrikhalle.

34. Ein Schwimmbecken wird aus zwei Zuflüssen gespeist. Der eine Zufluss benötigt zum Füllen des Beckens acht Stunden mehr als der andere Zufluss. Beide zusammen füllen das Becken in 24 Stunden. Welche Zeit benötigt jeder der Zuflüsse allein?

***35.** Zwei Baumaschinen benötigen für eine vorgegebene Arbeit zusammen 16 Stunden.
Die leistungsstärkere Maschine der beiden hätte allein nur halb so viel Zeit benötigt wie die andere.
Wie lange braucht jede Maschine allein?

36. Die Brennweite einer Sammellinse beträgt f = 15 cm.
Wie weit sind Gegenstand und Bild von der Linse entfernt, wenn das Bild vom Gegenstand einen Abstand von 80 cm hat?

37. Welche Brennweite muss eine Sammellinse besitzen, wenn sich der Gegenstand 40 cm vor der Linse befindet und der Bildschirm 2 cm hinter dem Brennpunkt stehen soll?

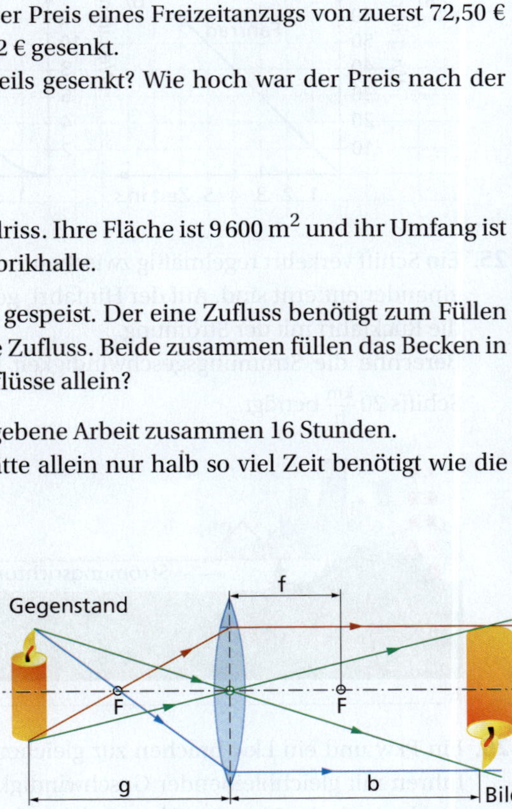

$$\frac{1}{g} + \frac{1}{b} = \frac{1}{f}$$

*38. Wie groß müssen zwei Widerstände R_1 und R_2 in einem Gleichstromkreis sein, wenn sie in Reihe geschaltet einen Gesamtwiderstand von 48 Ω und parallel geschaltet einen Gesamtwiderstand von 9 Ω haben sollen?

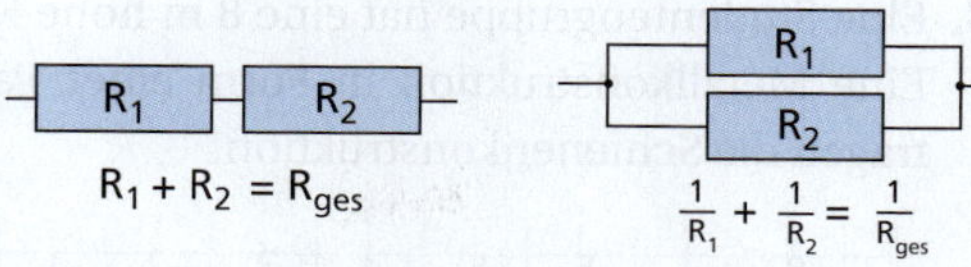

39. Eine Satellitenempfangsanlage hat einen Parabolspiegel mit einem Durchmesser 120 cm und einer Tiefe von 20 cm. Bestimme die Parameter der Parabel.

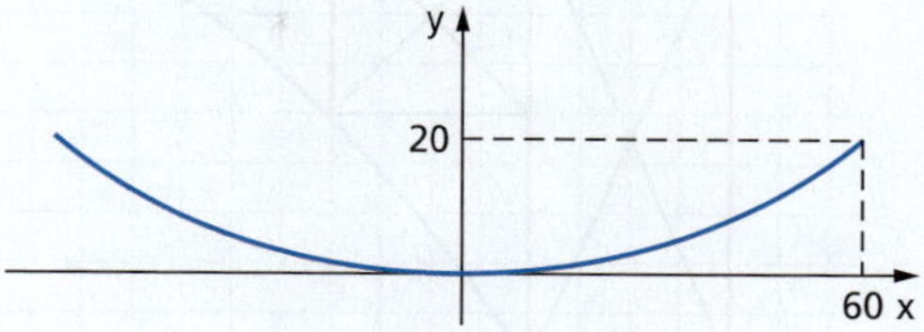

40. Für den Fernsehempfang werden häufig Parabolantennen verwendet. Ihre Querschnitte sind Parabeln.
Legt man sich den Querschnitt wie in der Abbildung in ein Koordinatensystem, kann man die Parabel mithilfe einer Gleichung beschreiben.
Stelle für den Querschnitt einer Parabolantenne mit $\overline{AC} = 60$ cm und $\overline{BD} = 6$ cm eine Funktionsgleichung auf.

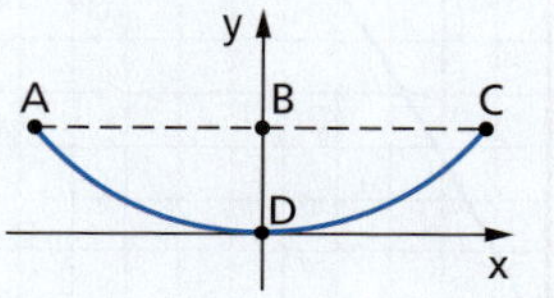

Interessante Kurven

41. Ein Junge wirft waagerecht aus einer Höhe von 125 m einen Stein von einer Klippe. Der Stein beschreibt die skizzierte Linie bei einer Abwurfgeschwindigkeit $v_0 = 10\,\frac{m}{s}$.
   a) Gib eine Gleichung für die Parabel an.
   b) Wie weit ist der Stein von der Klippe entfernt, wenn er in das Wasser eintaucht?
   c) Skizziere zwei Parabeln von der gleichen Abwurfstelle, wenn die Wurfweiten s_0 25 m bzw. 100 m betragen.
   Berechne die Gleichungen der Parabeln und einige Punkte, die auf den Parabeln liegen.
   d) v_0 und s_0 sind proportional zueinander.
   Bestimme v_0 für $s_0 = 25$ m bzw. $s_0 = 100$ m.

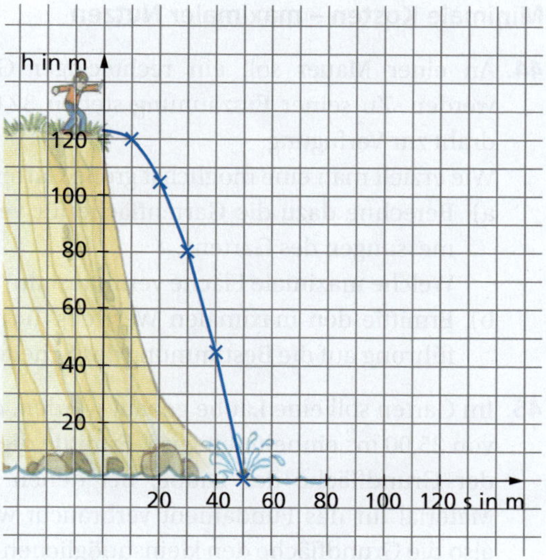

*42. Hänge eine Kette oder ein Seil an zwei Punkten auf und übertrage die entstehende Kurve auf ein Blatt. Zeichne in ein Koordinatensystem, dessen Ursprung sich im tiefsten Punkt der Kurve befindet.
Versuche, die Kurve möglichst gut durch den Graphen einer Funktion $y = a \cdot x^2$ zu beschreiben.

43. Eine Studentengruppe hat eine 8 m hohe Konstruktion für eine Eisenbahnbrücke entworfen. Eine Metallkonstruktion in Form einer Parabel spannt sich über eine Straße. Eisenpfeiler tragen die Schienenkonstruktion.

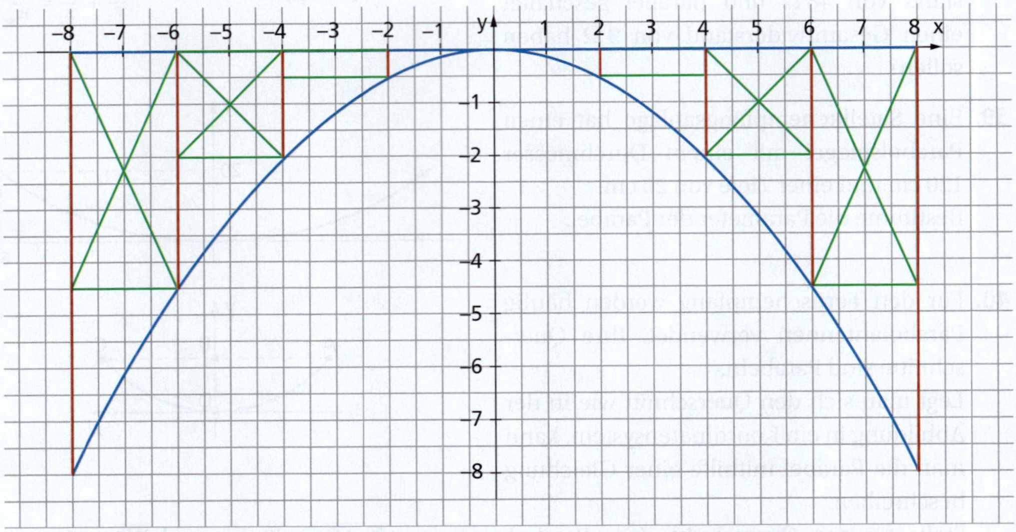

a) Bestimme die Gleichung der Parabel im eingezeichneten Koordinatensystem.
b) Alle zwei Meter müssen senkrechte Eisenpfeiler zur Verstärkung eingebaut werden. Wie viele Pfeiler müssen in welcher Länge hergestellt werden?

Minimale Kosten – maximaler Nutzen

44. An einer Mauer soll ein rechteckiger Garten angelegt werden. Zu seiner Einzäunung stehen 32,00 m Maschendraht zur Verfügung.
Wie erzielt man eine möglichst große Gartenfläche?

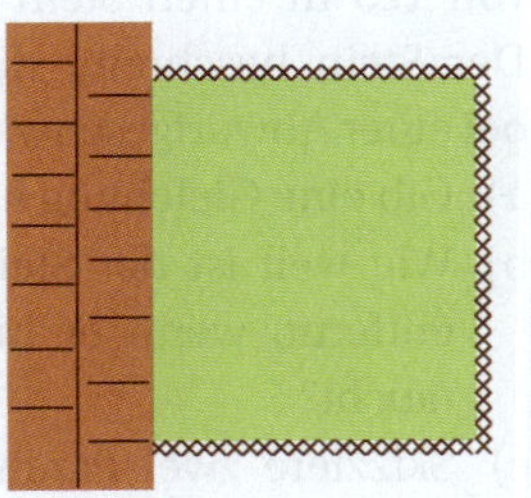

a) Berechne dazu die Gartenfläche für verschiedene Abmessungen des Gartens.
Welche maximale Fläche vermutest du?
b) Ermittle den maximalen Wert des Terms durch Rückführung auf die Bestimmung des Scheitelpunkts einer quadratischen Funktion.

45. Im Garten soll eine Laube gebaut werden, die eine Fläche von 25,00 m² einnehmen wird. Ermittle die Abmessungen der Grundfläche der Laube, bei denen am wenigsten Material für das Fundament verbraucht wird, bei denen also die Grundfläche den kleinstmöglichen Umfang hat.

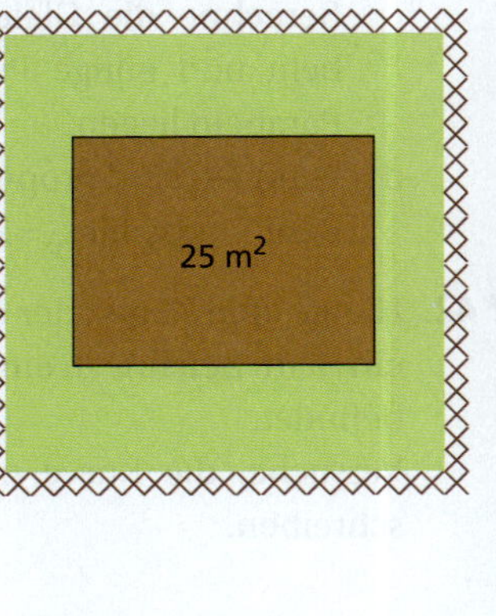

a) Berechne den Umfang der Grundfläche der Laube für b = 1 m, b = 2 m, b = 3 m, b = 4 m, b = 5 m und b = 6 m.
b) Stelle die Funktion, die die Abhängigkeit des Umfangs der Laube von einer Seitenlänge beschreibt, grafisch dar und lies den kleinsten Funktionswert ab.

1. Löse die quadratischen Gleichungen.

a) $x^2 - 361 = 0$ b) $x^2 - 1{,}44 = 0$ c) $x^2 + 16 = 0$

d) $x^2 - x = 0$ e) $2x^2 + 5{,}4x = 0$ f) $\frac{x^2}{4} + 2{,}2x = 0$

2. Löse folgende quadratische Gleichungen:

a) $x^2 = 4x - 3$ b) $2x^2 - 8x = 10$ c) $x^2 + 2x = -2$

*d) $5x - \frac{9}{x} = 12$ *e) $x = \frac{12}{x+1}$

3. Für welche a gibt es

a) keine Lösung, b) eine Lösung, c) zwei Lösungen?

① $x^2 + 22x + a = 0$ ② $x^2 \; 12x - a = 0$

4. In einem Rechteck ist die Länge einer Seite um 3,6 cm kürzer als die Länge der anderen Seite. Berechne, wie lang die Seiten des Rechtecks sind, wenn dessen Flächeninhalt 54,52 cm^2 beträgt.

5. Ein Sportverein mietet für eine Fahrt einen Bus für 135 €. Diese Kosten werden gleichmäßig verteilt. Wären fünf Personen mehr mitgefahren, hätten sich die Kosten für jeden Teilnehmer um 0,90 € verringert.
Bestimme die Teilnehmerzahl.

6. Folgende quadratische Funktionen sind gegeben:

① $y = x^2 + 2$ ② $y = (x+1)^2$ ③ $y = (x-1)^2 - 2$ ④ $y = x^2 + 2x + 1$ ⑤ $y = x^2 + 4x + 8$

a) Ermittle die Koordinaten des Scheitelpunkts der Graphen.
b) Zeichne die Graphen.
c) Lies die jeweiligen Nullstellen ab.
d) Ermittle die Nullstellen rechnerisch.

7. Für welches p hat die Funktion $y = x^2 + p \cdot x + 9$ Nullstellen? Gib zwei Beispiele an.
Zeichne den Graphen und lies die Nullstellen ab.

8. Die Summe der Quadrate von vier aufeinanderfolgenden ganzen Zahlen betrage 630.
Berechne die betreffenden Zahlen. Gibt es mehrere Möglichkeiten?

9. Bei einem Tischtenniswettkampf spielt jeder Sportler gegen jeden. Es werden 20 Spiele ausgetragen.
Wie viele Sportler nahmen am Wettkampf teil?

10. Gib Funktionsgleichungen an, deren Graphen die folgenden Eigenschaften besitzen:
Der Graph ist eine verschobene Normalparabel.

a) Der Graph von $f_1(x)$ hat den Scheitelpunkt $(-1{,}5|2)$.
b) Der kleinste Funktionswert von $f_2(x)$ ist $f(-2) = -4$.
*c) Der Graph $f_3(x)$ schneidet die y-Achse im Punkt $P(0|3)$. Eine Nullstelle ist $x_0 = 1$.

11. Die Zahl 85 soll so in zwei Summanden zerlegt werden, dass ihr Produkt 1 776 beträgt.
Wie heißen die beiden Summanden?

12. Tims Mutter ist 24 Jahre jünger als seine Oma. Multipliziert man das Alter der beiden miteinander, so erhält man 2 356. Berechne das Alter von Tims Mutter und Oma.

Quadratische Gleichungen

Allgemeine Form

$a \cdot x^2 + b \cdot x + c = 0$

- c: absolutes Glied
- $b \cdot x$: lineares Glied
- $a \cdot x^2$: quadratisches Glied

Normalform

$x^2 + p \cdot x + q = 0$

Lösungsformel: $x_{1;\,2} = -\frac{p}{2} \pm \sqrt{\left(\frac{p}{2}\right)^2 - q}$

$\left(\frac{p}{2}\right)^2 - q = D$ (Diskriminante)

Lösen quadratischer Gleichungen

Anwenden der Lösungsformel

$x^2 + 8x + 15 = 0$

$x_{1;\,2} = -\frac{8}{2} \pm \sqrt{\left(\frac{8}{2}\right)^2 - 15}$

$x_{1;\,2} = -4 \pm \sqrt{16 - 15}$

$x_{1;\,2} = -4 \pm \sqrt{1}$

$x_{1;\,2} = -4 \pm 1$

$x_1 = -4 + 1 \qquad x_2 = -4 - 1$

$x_1 = -3 \qquad x_2 = -5$

$L = \{-3; -5\}$

Umformen mithilfe der quadratischen Ergänzung

$8 - 6x + x^2 = 0$	| in die Normalform bringen
$x^2 - 6x + 8 = 0$	| quadr. Ergänzung
$x^2 - 2 \cdot 3x + 9 - 9 + 8 = 0$	| zusammenfassen
$x^2 - 2 \cdot 3x + 9 - 1 = 0$	| umformen
$(x - 3)^2 - 1 = 0$	| + 1
$(x - 3)^2 = 1$	| $\sqrt{\ }$

$x_1 - 3 = 1 \qquad x_2 - 3 = -1$

$x_1 = 4 \qquad x_2 = 2$

$L = \{4; 2\}$

Probe:

x_1: $(-3)^2 + 8 \cdot (-3) + 15 = 0$
$0 = 0$

x_2: $(-5)^2 + 8 \cdot (-5) + 15 = 0$
$0 = 0$

x_1: $8 - 6 \cdot 4 + 4^2 = 0$
$0 = 0$

x_2: $8 - 6 \cdot 2 + 2^2 = 0$
$0 = 0$

Ein Produkt ist 0, wenn mindestens ein Faktor 0 ist.

$(x + 7)(x - 2) = 0$

$x + 7 = 0 \qquad x_2 - 2 = 0$

$x_1 = -7 \qquad x_2 = 2$

$L = \{-7; 2\}$

Probe:

x_1: $(-7 + 7)(-7 - 2) = 0$
$0 = 0$

x_2: $(2 + 7)(2 - 2) = 0$
$0 = 0$

Gleichungen der Form $a \cdot x^2 + b \cdot x = 0$ bzw. $a \cdot x^2 - b \cdot x = 0$ können durch Ausklammern umgeformt werden in ein Produkt $x(a \cdot x + b) = 0$ bzw. $x(a \cdot x - b) = 0$.

Anzahl der Lösungen

$D > 0$	$D = 0$	$D < 0$
$x_1 = -\frac{p}{2} + \sqrt{D}$ $x_2 = -\frac{p}{2} - \sqrt{D}$	$x_1 = x_2 = -\frac{p}{2}$	$\sqrt{D}$ für $D < 0$ nicht definiert
Zwei Lösungen	Eine Lösung	Keine Lösung
$L = \left\{-\frac{p}{2} + \sqrt{D}; -\frac{p}{2} - \sqrt{D}\right\}$	$L = \left\{-\frac{p}{2}\right\}$	$L = \{\ \}$

Quadratische Funktionen

Allgemeine Form

$y = f(x) = a \cdot x^2 + b \cdot x + c = 0 \qquad (a \neq 0)$

- c: absolutes Glied
- $b \cdot x$: lineares Glied
- $a \cdot x^2$: quadratisches Glied

Normalform

$y = f(x) = x^2 + p \cdot x + q$

Scheitelpunkt: $S\left(-\frac{p}{2} \middle| -\left(\frac{p}{2}\right)^2 + q\right)$

Spezialfälle

$\mathbf{y = a \cdot x^2}$

Für $0 < a < 1$: Parabel wird gestaucht.
Für $a > 1$: Parabel wird gestreckt.
Für $a < 0$: Spiegelung an der x-Achse
Für $a = 1$: $\mathbf{y = x^2}$ (Normalparabel)
Scheitelpunkt: S (0|0)

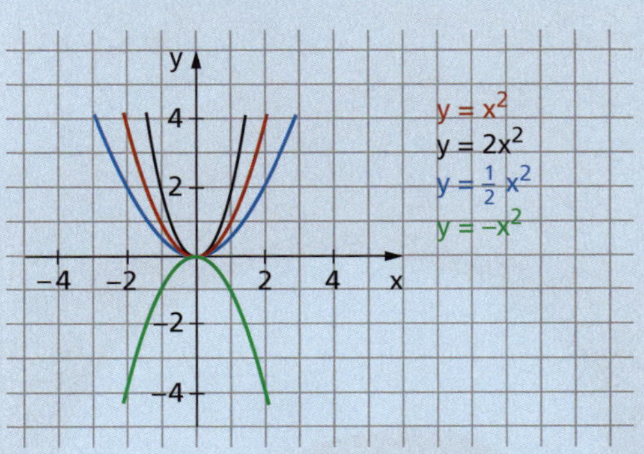

$\mathbf{y = x^2 + c}$ (Normalparabel)
c gibt die Verschiebung entlang der y-Achse an.
Scheitelpunkt: S (0|c)

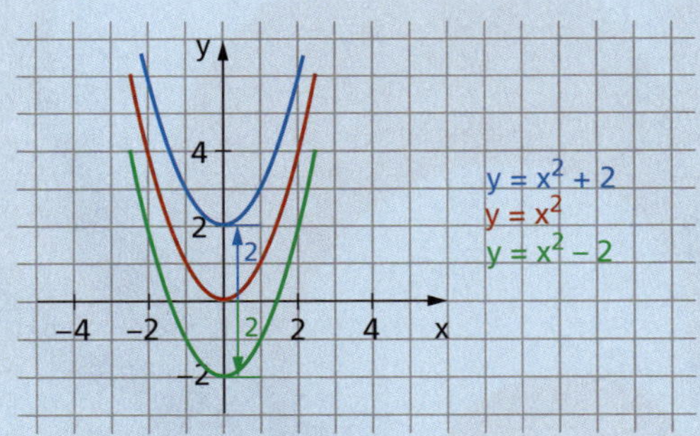

Scheitelpunktsform

$\mathbf{y = (x + d)^2 + e}$ (Normalparabel)
d gibt die Verschiebung entlang der x-Achse
und
e gibt die Verschiebung entlang der y-Achse an.
Scheitelpunkt: S (–d|e)

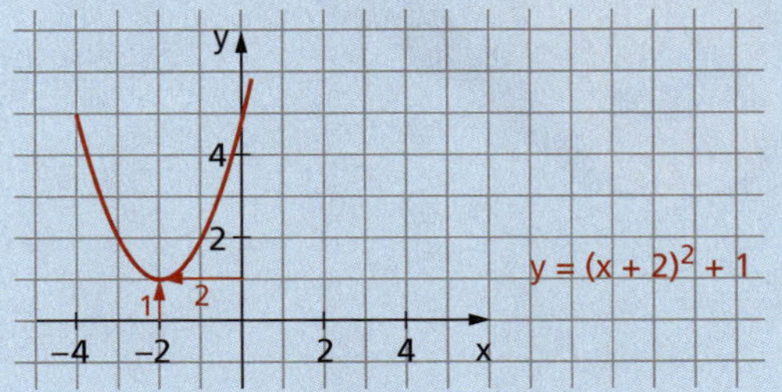

Anzahl der Nullstellen

$y = f(x) = x^2 + p \cdot x + q$:

$\left(\frac{p}{2}\right)^2 - q > 0$	$\left(\frac{p}{2}\right)^2 - q = 0$	$\left(\frac{p}{2}\right)^2 - q < 0$
Zwei Nullstellen	Eine Nullstelle	Keine Nullstelle

3 Körperdarstellung und Körperberechnung

Kegel

Der Begriff „Kegel“ kommt auch im Alltag vor.

Beschreibe ausführlich, was der Begriff „Kegel“ im Alltag bedeutet, und nenne Beispiele. Finde eine genaue Formulierung des Begriffs „Kegel“ für die Mathematik und schreibe sie auf.

Kugel

In dem Märchen „Der Froschkönig“ spielt die jüngste Prinzessin mit ihrer goldenen Kugel. Die Kugel hat einen Durchmesser von 12 cm.

Wie schwer ist die Kugel, wenn sie aus massivem Gold besteht?

(Dichte Gold: $19{,}32\,\frac{g}{cm^3}$*)*

Volumenvergleich

Eisbecher können verschiedene Formen haben, z. B. Halbkugel, Kegel …

Vergleiche das Volumen beider Eisbecher mit folgenden Maßen:

Gefäß 1: Durchmesser 9 cm

Gefäß 2: Durchmesser 8 cm; Höhe 10 cm

In welchem Becher würdest du drei Kugeln Eis servieren? Begründe.

Flächen

Rechteck	Trapez	Allgemeines Dreieck	Rechtwinkliges Dreieck	Kreis
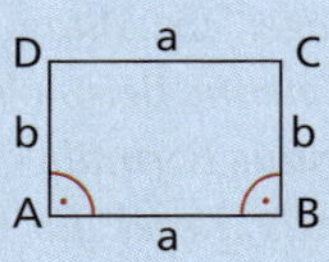	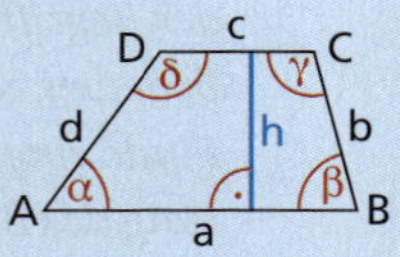	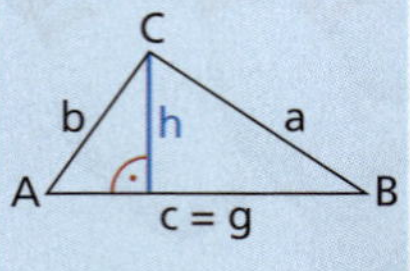	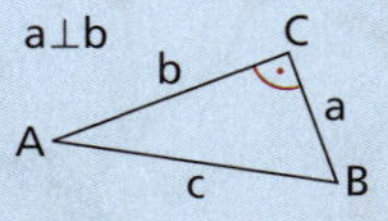	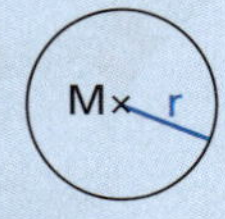
$A = a \cdot b$	$A = \frac{a+c}{2} \cdot h$	$A = \frac{g \cdot h}{2}$	$A = \frac{a \cdot b}{2}$	$A = \pi r^2$
$u = 2(a + b)$	$u = a + b + c + d$	$u = a + b + c$	$u = a + b + c$	$u = 2\pi r$

Körper

Prisma mit dreiseitiger Grundfläche	Prisma mit trapezförmiger Grundfläche	Kreiszylinder	Pyramide mit quadratischer Grundfläche
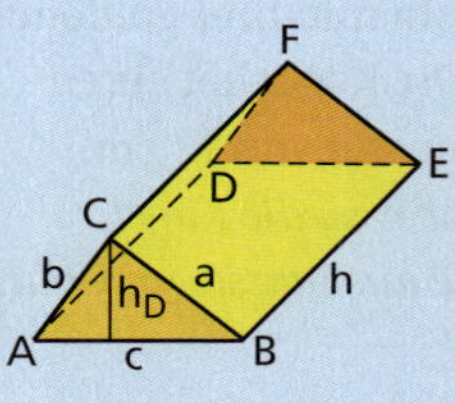	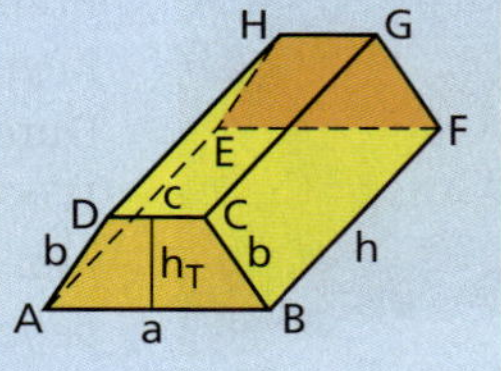	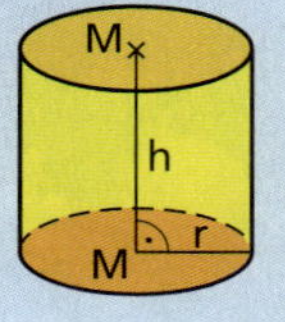	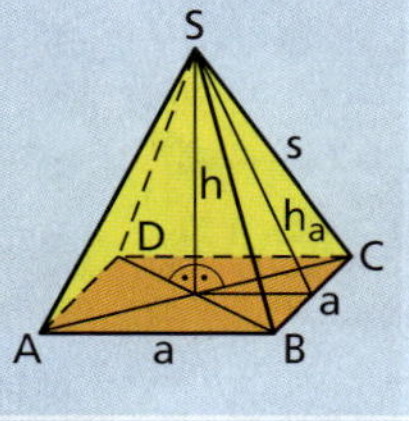
$V = A_G \cdot h$	$V = A_G \cdot h$	$V = A_G \cdot h$	$V = \frac{1}{3} A_G \cdot h$
$A_O = 2A_G + A_M$	$A_O = 2A_G + A_M$	$A_O = 2A_G + A_M$	$A_O = A_G + A_M$

Darstellungsarten

Schrägbild	Netz
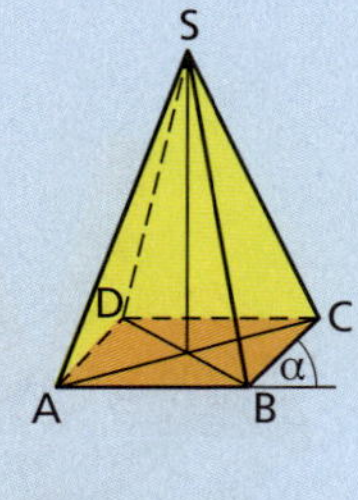 Verzerrungswinkel $\alpha = 45°$ Verkürzungsverhältnis $q = \frac{1}{2}$	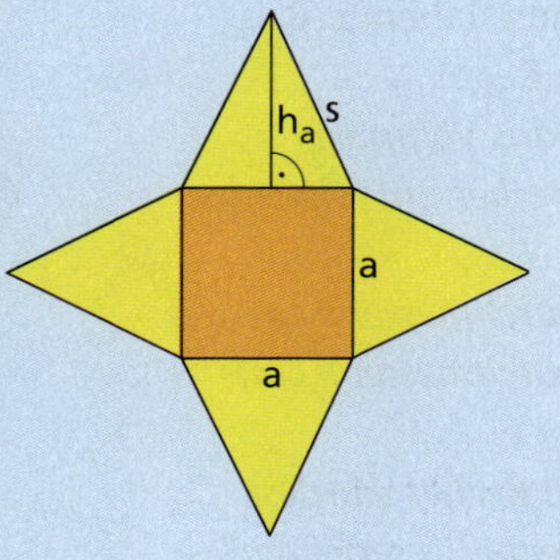

Aufgaben

1. Konstruiere folgende Dreiecke. Ermittle die fehlenden Seitenlängen und Winkelangaben durch Messung.

a) $c = 6$ cm; $b = 5$ cm; $\alpha = 40°$
b) $a = 4{,}5$ cm; $b = 7$ cm; $c = 8$ cm
c) $c = 9$ cm; $b = 5{,}8$ cm; $\beta = 45°$
d) $a = 5{,}5$ cm; $b = 5{,}5$ cm; $\gamma = 60°$
e) $b = 6{,}5$ cm; $c = 8$ cm; $\gamma = 90°$
f) $a = 3{,}6$ cm; $b = 5$ cm; $c = 6$ cm

2. a) Was besagt der Satz des Pythagoras? Informiere dich darüber.
b) Die Kurzform des Satzes des Pythagoras für ein Dreieck ABC mit $\gamma = 90°$ lautet $a^2 + b^2 = c^2$. Sind die Behauptungen richtig oder falsch? Begründe und berichtige gegebenenfalls.

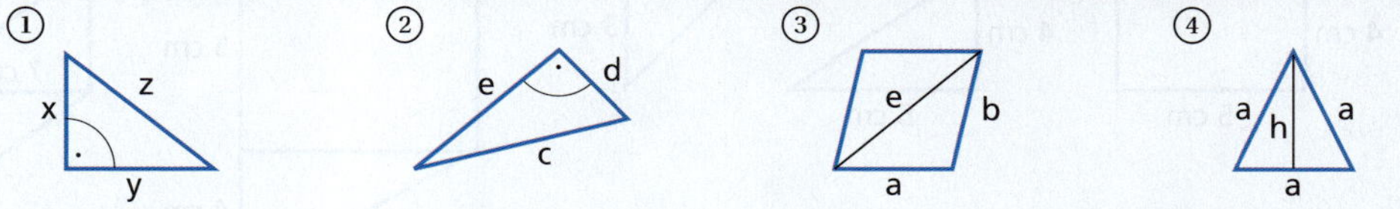

① $x^2 + y^2 = z^2$ ② $c^2 + d^2 = e^2$ ③ $a^2 + b^2 = e^2$ ④ $h^2 + \left(\frac{1}{2}a\right)^2 = a^2$

c) Benenne die folgenden Figuren. Berechne die Länge der farbigen Strecken.

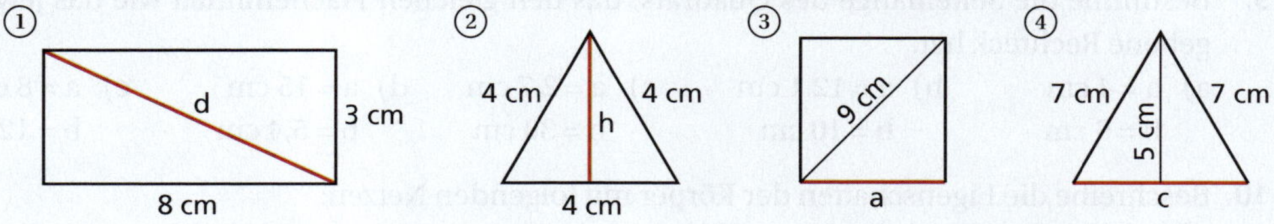

3. Berechne den Umfang und den Flächeninhalt folgender Kreise:
a) $d = 2{,}5$ cm
b) $r = 3$ cm

4. Wie groß ist der Flächeninhalt des abgebildeten Halbkreises?

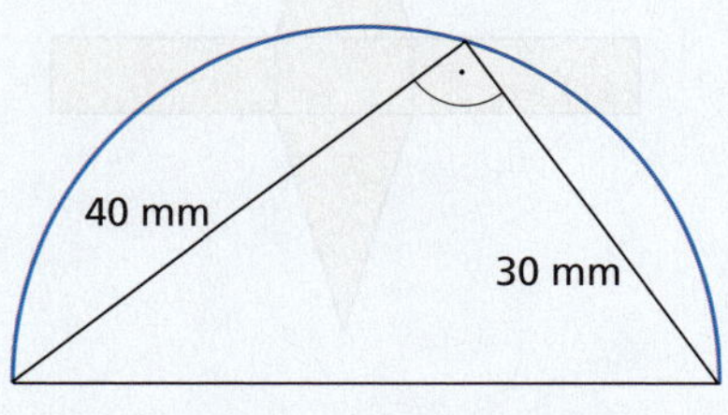

5. Ein Quader hat die Seitenlängen $a = 6$ cm, $b = 9$ cm und $c = 4$ cm.
a) Fertige ein Schrägbild und ein Netz des Quaders an.
b) Zeichne drei verschiedene Wege ein, um von A nach G zu gelangen.
c) Vergleiche die Wege und bestimme jeweils ihre Länge.

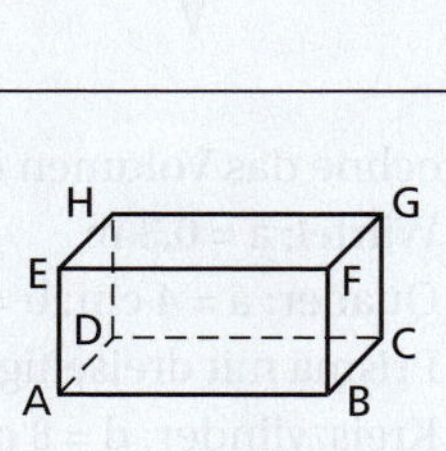

***6.** Ein Würfel hat eine Kantenlänge von 8 cm. Es wurden verschiedene „Wege" eingezeichnet, um vom Punkt B zum Punkt H zu gelangen.
a) Gib den kürzesten Weg an.
b) Bestimme die Länge der verschiedenen Wege. Zeichne dazu ein Netz des Würfels im Maßstab 1 : 2.

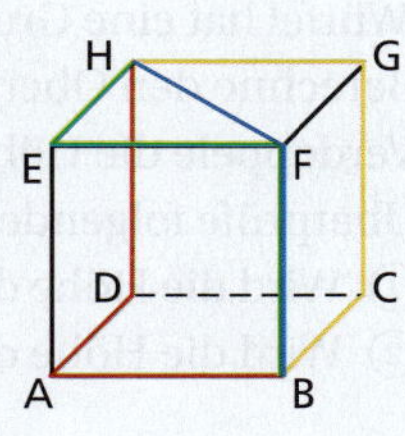

7. Gib die fehlenden Längen für die Figuren in den Skizzen an.

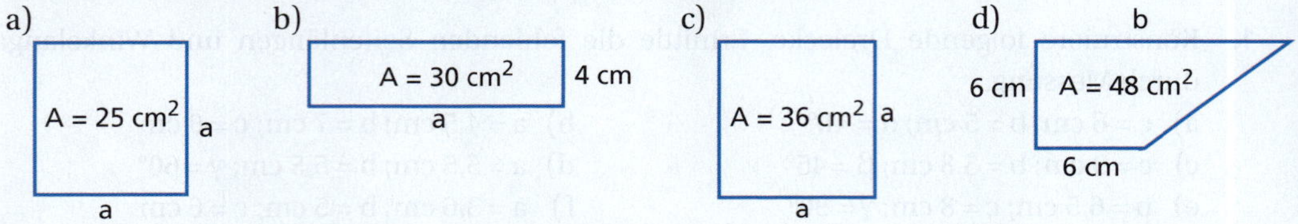

8. Wie groß ist der Flächeninhalt der Figuren?

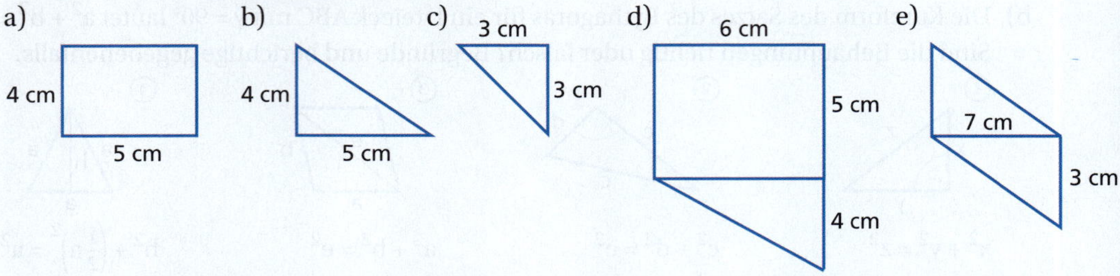

9. Bestimme die Seitenlänge des Quadrats, das den gleichen Flächeninhalt wie das jeweils gegebene Rechteck hat.

a) a = 4 cm; b = 9 cm
b) a = 12,1 cm; b = 10 cm
c) a = 2,7 cm; b = 30 cm
d) a = 15 cm; b = 5,4 cm
e) a = 8 cm; b = 12,5 cm

10. Beschreibe die Eigenschaften der Körper mit folgenden Netzen:

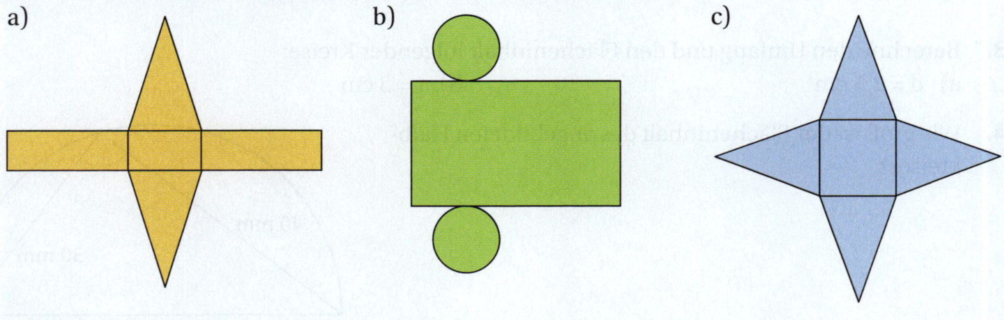

11. Berechne das Volumen und den Oberflächeninhalt folgender Körper:

a) Würfel: a = 0,3 m
b) Quader: a = 4 cm; b = 3,2 cm; c = 0,7 dm
c) Prisma mit dreiseitiger Grundfläche: h = c = 4 cm; a = 2,7 cm; b = 3,8 cm; h_c = 2,5 cm
d) Kreiszylinder: d = 8 cm; h = 5,4 cm
e) Pyramide mit quadratischer Grundfläche: a = 8 m; h_a = 9 m

12. Ein Würfel hat eine Grundkantenlänge von 3,5 cm.

a) Berechne den Oberflächeninhalt und das Volumen.
b) Verdoppele die Höhe des Würfels und beschreibe den entstandenen Körper.
c) Überprüfe folgende Behauptungen und begründe jeweils deine Entscheidung:
① Wird die Höhe des Würfels verdoppelt, so verdoppelt sich sein Volumen.
② Wird die Höhe des Würfels verdoppelt, so verdoppelt sich sein Oberflächeninhalt.

13. Welche der folgenden Körper sind Prismen? Beschreibe bei den Prismen jeweils die Lage der Grundfläche. Gib die Anzahl der Seitenflächen an.

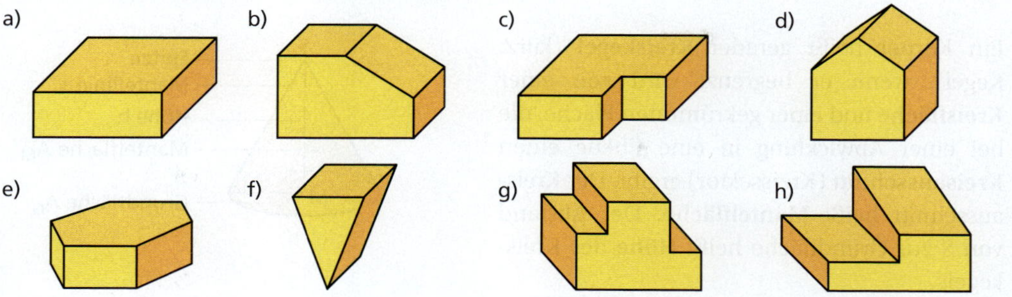

14. a) Welche Eigenschaften haben die Körper ① bis ⑧?
b) Gib gemeinsame Eigenschaften an.

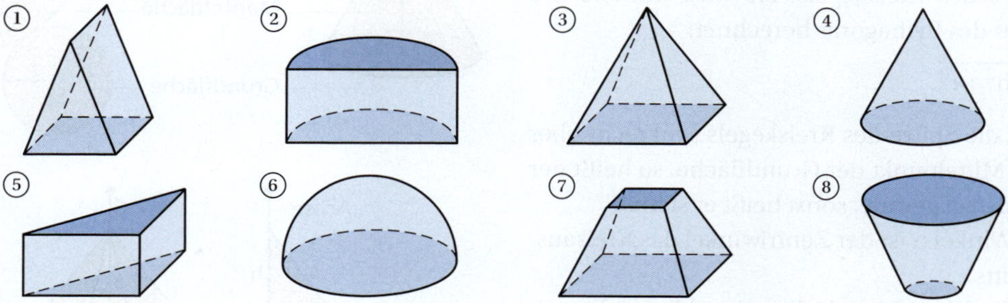

15. Die nebenstehende Abbildung zeigt das Schrägbild eines geraden Prismas mit trapezförmiger Grundfläche.
a) Zeichne ein Netz des Prismas im Maßstab 1 : 3.
b) Berechne Volumen und Oberflächeninhalt des Prismas.

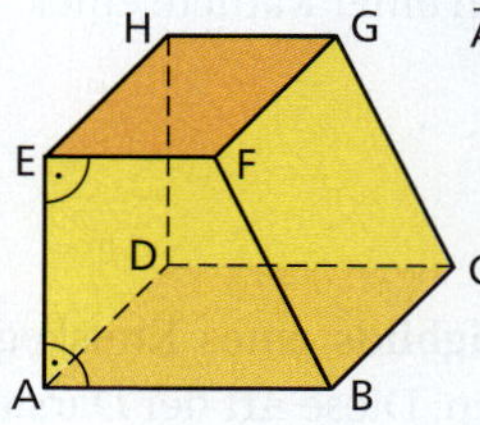

$\overline{AD} = \overline{BC} = \overline{FG} = \overline{EH} = 18{,}0$ cm
$\overline{AE} = \overline{DH} = 12{,}0$ cm
$\overline{EF} = \overline{GH} = 9{,}0$ cm
$\overline{AB} = \overline{CD} = 15{,}0$ cm

16. Ein Werbestand in Form einer quadratischen Pyramide hat eine Höhe von 5,5 m und ein Volumen von 32,3 m^3. Wie lang ist die Grundkante dieses Werbestands?

17. Zeichne das Netz einer rechteckigen Pyramide, deren Volumen 11,25 cm^3 beträgt und deren Grundfläche 3,0 cm lang und 2,5 cm breit ist.
Wie hoch ist diese Pyramide?

18. Lucas will das Modell einer rechteckigen Pyramide bauen. Er hat Pappe mit den Maßen 40×60 cm zur Verfügung. Die Grundfläche soll 15 cm lang und 20 cm breit sein.
a) Wie hoch kann seine Pyramide höchstens sein, wenn er ohne Klebekanten und ohne zu stückeln bauen will?
b) Berechne Lucas‘ Materialbedarf für diese Höhe.
c) Wie viel Prozent Verschnitt fallen an?

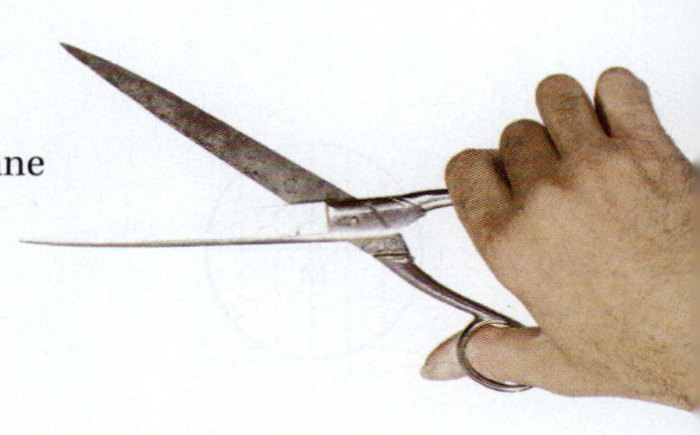

3.1 Kreiskegel

Ein Körper heißt gerader **Kreiskegel** (kurz: Kegel), wenn er begrenzt wird von einer **Kreisfläche** und einer gekrümmten Fläche, die bei einer Abwicklung in eine Ebene einen **Kreisausschnitt** (Kreissektor) ergibt. Der Kreisausschnitt heißt **Mantelfläche.** Der Abstand von S zur Grundfläche heißt **Höhe** des Kreiskegels.

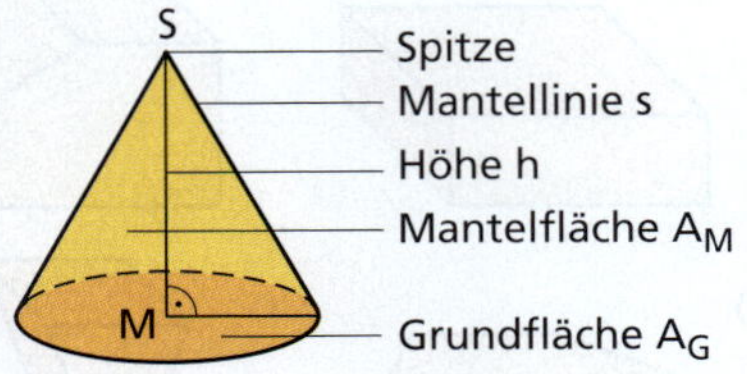

Jede Strecke, welche die Spitze des Kreiskegels mit der Grundkante verbindet, heißt **Mantellinie s** des Kreiskegels. Sie wird mithilfe des Satzes des Pythagoras berechnet:

$s = \sqrt{h^2 + r^2}$

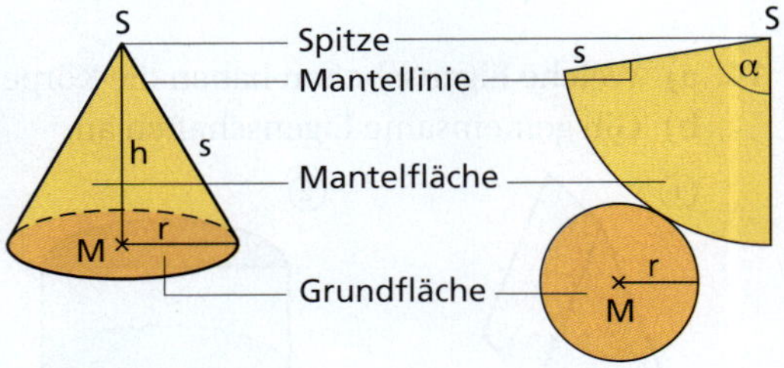

Liegt die Spitze des Kreiskegels senkrecht über dem Mittelpunkt der Grundfläche, so heißt der Kreiskegel **gerade,** sonst heißt er **schief.**
Der Winkel α ist der Zentriwinkel des Kreisausschnitts.
Der Kreiskegel ist ein Rotationskörper. Er entsteht durch die Drehung an einer Kathete eines rechtwinkligen Dreiecks.

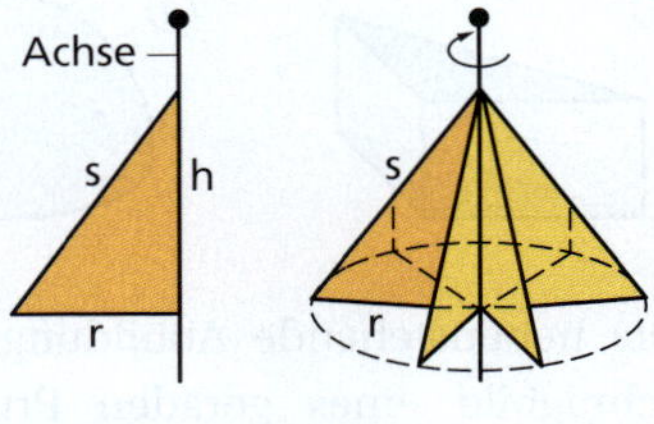

Schrägbild

Zum Zeichnen des **Schrägbilds** eines Kreiskegels kann man einen Winkel von 90° statt eines Winkels von 45° verwenden. Diese Art der Darstellung wird oft zum Skizzieren benutzt.
Zuerst wird das Schrägbild der Grundfläche gezeichnet. In den Grundkreis trägt man Sehnen in gleichen Abständen senkrecht zum Durchmesser ein.
Die Hilfslinien werden um die Hälfte gekürzt. Die Endpunkte der Hilfslinien verbindet man. Es entsteht eine Ellipse.
Dann wird über dem Mittelpunkt der Grundfläche die Höhe des Kreiskegels abgetragen und die Tangenten werden an das Schrägbild der Grundfläche gezeichnet.

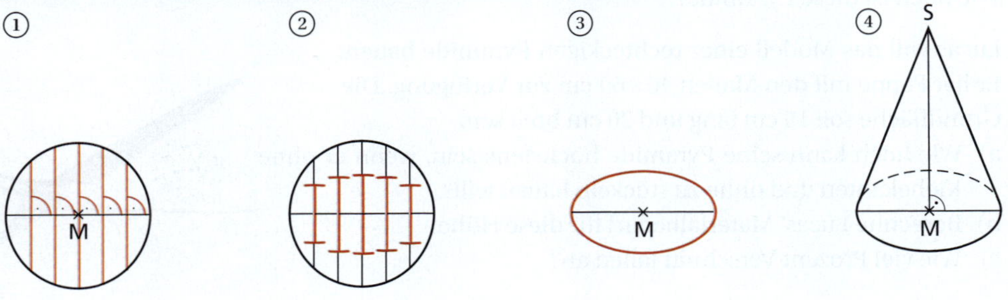

Volumen und Oberflächeninhalt

Volumen

Will man von einem Kreiszylinder und einem Kreiskegel mit gleicher Grundfläche und gleicher Höhe das Volumen vergleichen, so kann man ähnlich vorgehen wie bei der Volumenbestimmung einer Pyramide.
Der Kreiskegel wird mit Wasser oder Sand gefüllt und dieser Inhalt in den Kreiszylinder umgefüllt.
Dabei kann man feststellen, dass drei Füllungen des Kreiskegels genau eine Füllung des Kreiszylinders ergeben.

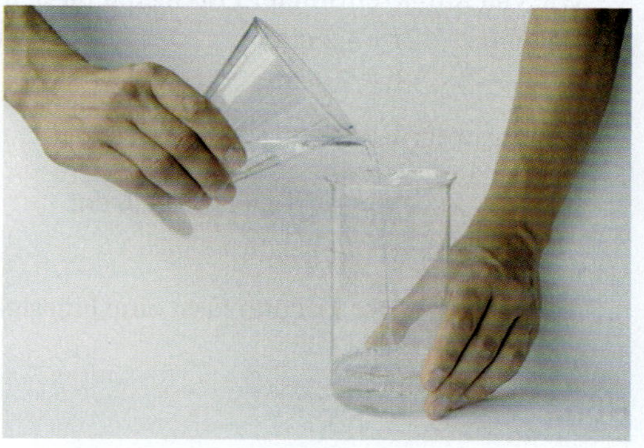

Das **Volumen** eines Kreiskegels ist demzufolge ein Drittel des Volumens eines Kreiszylinders mit gleicher Grundfläche und Höhe.

Das **Volumen** V eines Kreiskegels ist der dritte Teil des Produkts aus dem Grundflächeninhalt A_G und der Höhe h:

$V = \frac{1}{3} A_G \cdot h$ $\qquad$ $V = \frac{1}{3} \pi r^2 \cdot h$

Oberflächeninhalt

Der **Oberflächeninhalt** A_O eines Kreiskegels setzt sich aus den Inhalten seiner **Grundfläche** A_G und seiner **Mantelfläche** A_M zusammen. Die Mantelfläche ist ein Kreisausschnitt mit dem Zentriwinkel α und der Mantellinie s als Radius.

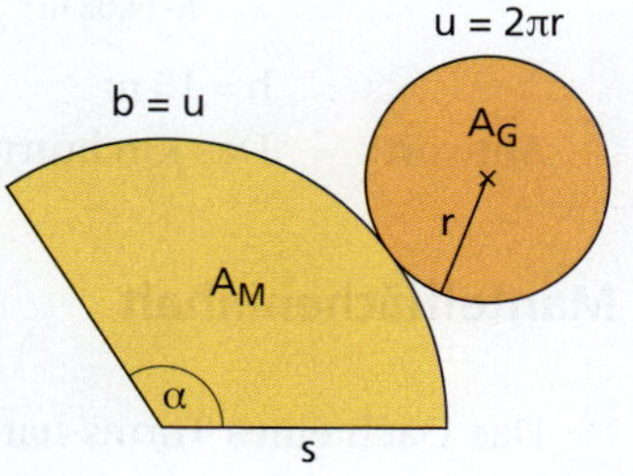

Für den Kreisausschnitt A_M gilt: $A_M = \pi s^2 \cdot \frac{\alpha}{360°}$

Für die Bogenlänge b des Kreisausschnitts gilt: $b = 2\pi s \cdot \frac{\alpha}{360°}$

Der Zentriwinkel ist oft nicht bekannt, deshalb wird er durch Umformen beider Gleichungen ersetzt.

$\frac{\alpha}{360°} = \frac{A_M}{\pi s^2} \rightarrow \frac{\alpha}{360°} = \frac{b}{2\pi s} \rightarrow \frac{A_M}{\pi s^2} = \frac{b}{2\pi s} \rightarrow A_M = \frac{\pi s^2 \cdot b}{2\pi s}$

Da b = u ist und u = 2πr, gilt nun: $A_M = \frac{\pi s^2 \cdot 2\pi r}{2\pi s} = \pi rs$

Der **Oberflächeninhalt** A_O eines geraden Kreiskegels mit dem Grundkreisradius r und der Mantellinie s ist gleich der Summe aus den Inhalten des Grundkreises A_G und der Mantelfläche A_M:

$A_O = A_G + A_M$ $\qquad$ $A_G = \pi r^2$ $\qquad$ $A_M = \pi rs$

$A_O = \pi r^2 + \pi rs = \pi r(r + s)$

Volumen

Ein Trichter hat die Form eines Kegels mit einem Radius von 4,9 cm und einer Höhe von 7,0 cm. Wie viel Kubikzentimeter Flüssigkeit passen in den Trichter?

Gegeben: $r = 4{,}9\ \text{cm}$, $h = 7{,}0\ \text{cm}$

Gesucht: V

Planfigur:

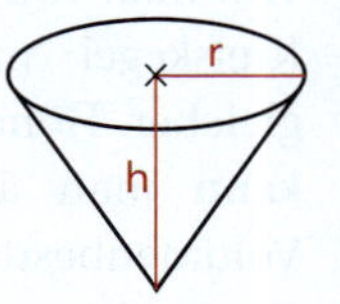

Lösungsweg: $V = \frac{1}{3}\pi r^2 \cdot h$

$V = \frac{1}{3}\pi \cdot (4{,}9\ \text{cm})^2 \cdot 7{,}0\ \text{cm}$

$V = 176\ \text{cm}^3$

Antwort: Der Trichter fasst eine Flüssigkeitsmenge von $176\ \text{cm}^3$.

Höhe

Wie hoch ist ein kegelförmiges Kirchturmdach, dessen Volumen $365\ \text{m}^3$ beträgt und das einen Durchmesser von 9,64 m besitzt?

Gegeben: $V = 365\ \text{m}^3$, $d = 2r = 9{,}64\ \text{m}$, $r = 4{,}82\ \text{m}$

Gesucht: h

Planfigur:

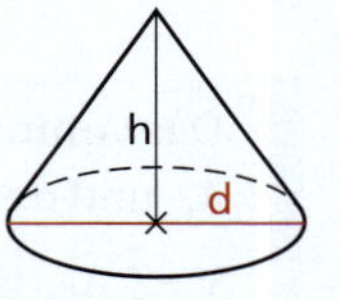

Lösungsweg: $V = \frac{1}{3}\pi r^2 \cdot h \quad |:(\pi r^2)$

$\frac{V}{\pi r^2} = \frac{1}{3}\cdot h \quad |\cdot 3$

$h = \frac{3V}{\pi r^2}$

$h = \frac{3 \cdot 365\ \text{m}^3}{\pi \cdot (4{,}82\ \text{m})^2}$

$h = 15\ \text{m}$

Antwort: Das Kirchturmdach ist 15 m hoch.

Mantelflächeninhalt

Das Dach eines Turms hat die Form eines Kegels. Seine Höhe beträgt 8,0 m und der Durchmesser ist 5,0 m. Wie viel Quadratmeter Dachfläche sind bei der Sanierung des Turms einzudecken?

Gegeben: $h = 8{,}0\ \text{m}$, $d = 2r = 5{,}0\ \text{m}$, $r = 2{,}5\ \text{m}$

Gesucht: A_M

Planfigur:

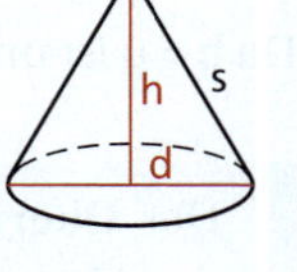

Lösungsweg: $A_M = \pi r \cdot s$ $\qquad s^2 = h^2 + r^2 \quad |\sqrt{\ }$

$A_M = \pi \cdot 8{,}4\ \text{m} \cdot 2{,}5\ \text{m}$ $\qquad s = \sqrt{h^2 + r^2}$

$A_M = 66{,}0\ \text{m}^2$ $\qquad s = \sqrt{(8{,}0\ \text{m})^2 + (2{,}5\ \text{m})^2} = 8{,}4\ \text{m}$

Antwort: Es sind $66{,}0\ \text{m}^2$ mit Dachfläche einzudecken.

Aufgaben

1. Die Volumenformel für einen Kreiskegel kannst du durch folgendes Experiment bestätigen:
Baue dir einen Kreiszylinder und einen Kreiskegel mit gleichen Grundflächen und gleichen Höhen, die man beide mit Sand oder Wasser füllen kann. Schütte dann den Inhalt des Kreiskegels so oft in den Kreiszylinder, bis dieser gefüllt ist.
Wie oft passt das Volumen dieses Kreiskegels in den Kreiszylinder?

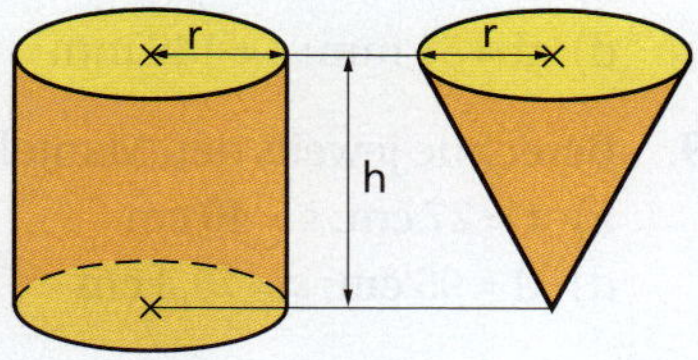

2. Berechne jeweils das Volumen der Kreiskegel.
a) $r = 4$ cm; $h = 6$ cm
b) $d = 12$ cm; $h = 7$ cm
c) $s = 9$ m; $h = 50$ cm
d) $r = 5$ cm; $s = 8$ cm
e) $A_G = 12\ cm^2$; $h = 6$ cm
f) $A_M = 46\ cm^2$; $r = 3$ cm

3. Berechne jeweils die Höhe der Kreiskegel.
a) $V = 5{,}5\ cm^3$; $r = 2{,}2$ cm
b) $V = 638{,}8\ m^3$; $r = 15$ m
c) $V = 410{,}5\ m^3$; $r = 70$ dm
d) $V = 15{,}6\ dm^3$; $d = 7{,}0$ dm
e) $V = 818\ m^3$; $d = 25$ m
f) $V = 42{,}7\ dm^3$; $d = 56$ cm

4. Berechne jeweils den Radius der Kreiskegel.
a) $V = 17\ cm^3$; $h = 2$ cm
b) $V = 857\ m^3$; $h = 20$ m
c) $V = 9{,}73\ m^3$; $h = 1{,}90$ m
d) $V = 81{,}14\ dm^3$; $h = 12$ dm
e) $V = 7{,}566\ m^3$; $h = 1{,}23$ m
f) $V = 555\ m^3$; $h = 15$ m

5. Vermute zunächst, welcher Kreiskegel den kleinsten Oberflächeninhalt besitzt.
Berechne dann den Oberflächeninhalt der folgenden Kreiskegel:

a)
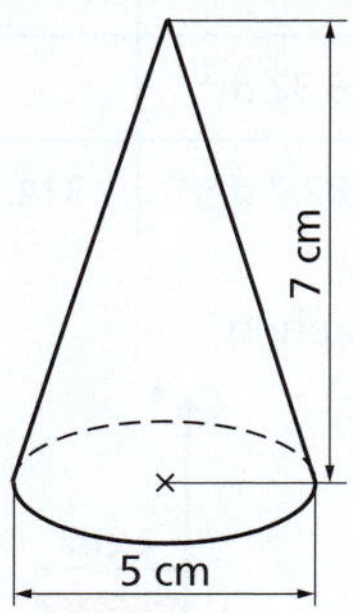

b)
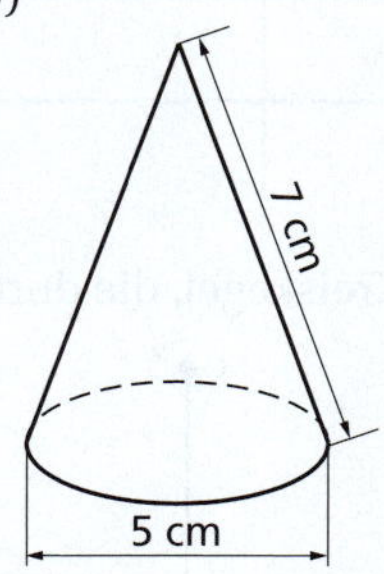

c)
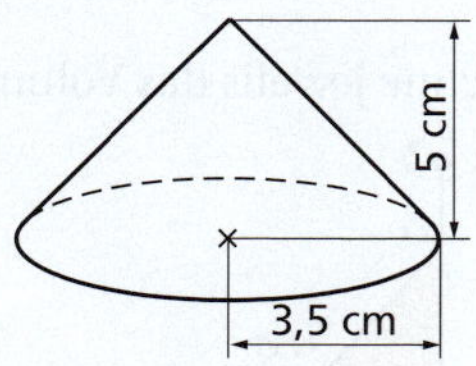

6. Berechne das Volumen und den Oberflächeninhalt folgender Kegel:

a)

r	7,3 cm	0,83 m	9,7 cm
h	2,8 cm	6,7 cm	113 mm

b)

d	3,8 m	11,6 dm	0,78 dm
h	4,2 m	32 cm	78 mm

c)

r	5,8 cm	15 cm	5,3 dm
s	11,9 cm	24 cm	98 cm

7. Berechne die jeweils fehlenden Größen des Kegels.
a) $r = 4{,}2$ cm; $s = 5{,}8$ cm (d, h, V, A_O)
b) $h = 6{,}6$ cm; $s = 7{,}9$ cm (r, d, V, A_O)

8. Berechne jeweils den Oberflächeninhalt der Kreiskegel.

a) $r = 9$ cm; $s = 19$ cm b) $r = 40{,}4$ m; $s = 75{,}8$ m c) $r = 9{,}36$ dm; $s = 159{,}65$ dm
d) $d = 51$ mm; $s = 149$ mm e) $d = 20{,}3$ cm; $s = 387$ mm f) $d = 9{,}52$ m; $s = 703$ cm

9. Berechne jeweils den Mantelflächeninhalt der Kreiskegel.

a) $r = 27$ cm; $s = 40$ cm b) $r = 32{,}8$ dm; $s = 81{,}1$ dm c) $d = 50$ m; $s = 38$ m
d) $d = 95$ cm; $s = 70{,}4$ cm e) $A_O = 913\ \text{cm}^2$; $r = 4$ cm f) $A_O = 422{,}9\ \text{m}^2$; $r = 3{,}6$ m

10. Berechne jeweils die Mantellinie der Kreiskegel.

a) $r = 8$ cm; $h = 12$ cm b) $r = 6{,}4$ m; $h = 8{,}3$ m c) $d = 14$ dm; $h = 9$ dm
d) $d = 20{,}8$ cm; $h = 15{,}2$ cm e) $A_M = 560\ \text{cm}^2$; $r = 7$ cm f) $A_M = 826\ \text{m}^2$; $r = 130$ dm

11. Berechne jeweils den Radius der Kreiskegel.

a) $A_M = 83\ \text{cm}^2$; $s = 8$ cm b) $A_M = 71{,}4\ \text{m}^2$; $s = 6{,}2$ m c) $A_M = 32{,}0\ \text{cm}^2$; $A_O = 45{,}0\ \text{cm}^2$
d) $A_O = 64\ \text{m}^2$; $A_M = 25\ \text{m}^2$ e) $s = 13$ cm; $h = 12$ cm f) $s = 3{,}7$ cm; $h = 2{,}8$ cm

12. Übernimm die Tabelle in dein Heft und vervollständige sie für einen Kreiskegel.

	r	h	s	A_G	A_M	A_O	V
a)	4 cm	8 cm					
b)		3 m	5 m				
c)			9 mm	124 mm²			
d)				12,7 cm²	25,1 cm²		
e)					4,89 m²	6,32 m²	
f)						282,7 dm²	314,2 dm³

***13.** Berechne jeweils das Volumen der Kreiskegel, die durch Rotation entstehen.

a)

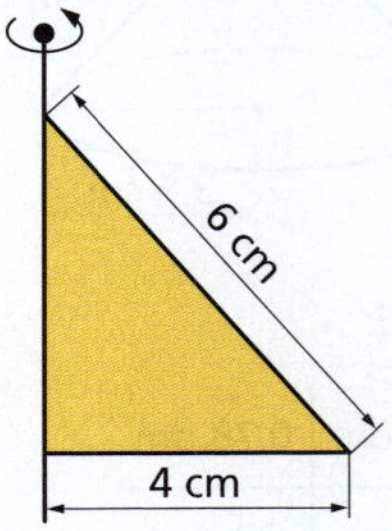

b)

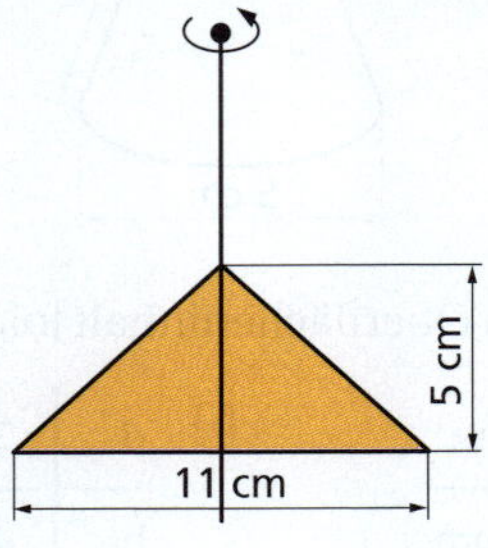

c)

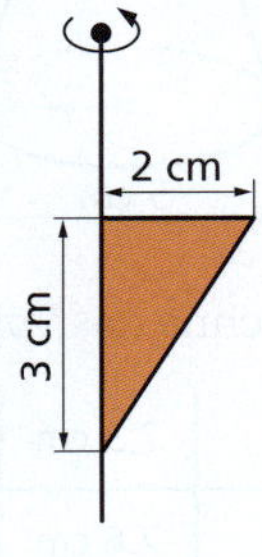

14. Wie hoch ist ein Kreiskegel, wenn sein Volumen 250 cm³ und seine Grundfläche 50 cm² groß ist? Stelle den Kreiskegel im Schrägbild dar.

15. Ein Industrietrichter ist annähernd kegelförmig. Er hat einen Radius von 4 m und ist 3 m hoch. Wie viel Liter Fassungsvermögen hat dieser Trichter? Wie oft muss er mindestens neu gefüllt werden, wenn 100 000 *l* Flüssigkeit durchfließen sollen?

16. Eine kleine Schultüte als Geschenk ist 15 cm hoch und hat eine Seitenlänge von 18 cm. Wie groß ist der Inhalt dieser Minitüte?

17. a) Berechne Oberflächeninhalt und Volumen eines Holzkegels mit dem Radius 1,0 cm und der Seitenkantenlänge 2,4 cm.
b) Dieser Holzkegel wird aus einem Kreiszylinder hergestellt. Welche Maße hat der Kreiszylinder mindestens? Wie viel Prozent Abfall entstehen?

***18.** Aus einem Kreiszylinder wurde ein größtmöglicher gerader Kreiskegel herausgefräst.
Vergleiche die Oberflächeninhalte beider Körper.
Um wie viel Prozent unterscheiden sich die Oberflächeninhalte?

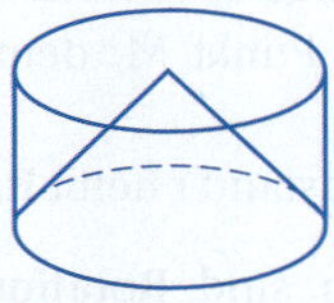

***19.** In welchem Verhältnis stehen r und s bei dem jeweiligen Zentriwinkel α zueinander?
a) $\alpha = 90°$ b) $\alpha = 180°$ c) $\alpha = 270°$ d) $\alpha = 120°$ e) $\alpha = 60°$

20. Aus farbigem Zeichenkarton werden Kreisscheiben mit einem Durchmesser von 20 cm ausgeschnitten, um daraus Faschingshüte zu basteln.
Anika verwendet einen Viertelkreis, Tom einen Halbkreis und Chris einen Dreiviertelkreis.
Wie groß ist jeweils der Durchmesser der daraus geformten Kegel, wenn man den Klebefalz vernachlässigt?
Bastle die Hüte.

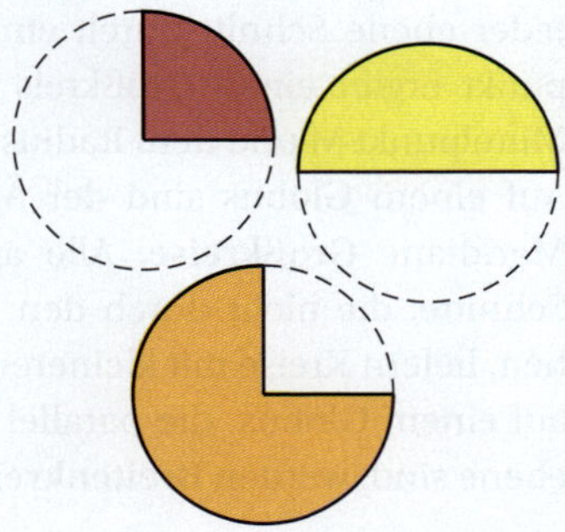

***21.** Susi will den Käfig ihres Hamsters reinigen. Dazu muss sie die Käfigschale, die 50 cm lang, 30 cm breit und 5 cm hoch ist, mit Sägespänen auffüllen. In der Tischlerei ihres Vaters liegt ein kegelförmiger Haufen Sägespäne mit einer Seitenlänge von 30,2 cm und einem Umfang von 106,2 cm. Würde dieser Haufen für Susis Vorhaben reichen?

22. Ein kegelförmiges Gefäß hat einen Innendurchmesser von 150 mm und eine Höhe von 28 cm. Wie hoch ist das Gefäß gefüllt, wenn genau 1,5 *l* eingegossen werden?

23. Ein rechtwinkliges Dreieck mit a = 3,0 cm, b = 4,0 cm und s = 5,0 cm wird um die Kathete a bzw. b gedreht. Berechne jeweils den Oberflächeninhalt und das Volumen der Kreiskegel.

24. Wie ändert sich das Volumen eines Kreiskegels bei folgenden Veränderungen seiner Maße, wenn die übrigen Maße unverändert bleiben?
a) Die Höhe wird verdoppelt. b) Der Grundkreisradius wird verdoppelt.

***25.** Eine Schultüte soll aus einem Stück Pappe gebastelt werden, das die Form eines Kreisausschnitts mit dem Radius 60 cm und einem Winkel an der Spitze von 60° hat.
a) Wie groß ist der Radius der Öffnung? b) Wie hoch ist die Schultüte?

26. Zeichne das Netz des Kreiskegels mit dem Grundkreisradius r, der Mantellinie s, der Höhe h bzw. dem Zentriwinkel α.
a) s = 7,5 cm; $\alpha = 120°$ b) r = 3 cm; s = 4 cm c) r = 3 cm; h = 4 cm
d) s = 10 cm; h = 9,6 cm e) r = 1,5 cm; $\alpha = 108°$ f) h = 4 cm; $\alpha = 216°$

3.2 Kugeln

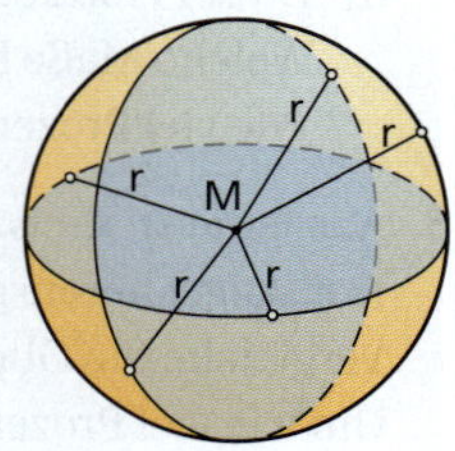

Eine **Kugel** ist ein Körper mit einer gleichmäßig gekrümmten Oberfläche.
Die Kugeloberfläche enthält alle Punkte des Raumes, die von einem festen Punkt M, dem Mittelpunkt der Kugel, den gleichen Abstand r haben.
Der Abstand r heißt **Radius** der Kugel.

Kugeln sind **Rotationskörper**. Sie entstehen beispielsweise, wenn ein Halbkreis um seinen Durchmesser rotiert. Der Kreismittelpunkt ist zugleich Kugelmittelpunkt.
Jeder ebene Schnitt durch einen Kugelmittelpunkt ergibt einen Großkreis mit demselben Mittelpunkt M und dem Radius r.
Auf einem Globus sind der Äquator und die Meridiane **Großkreise.** Alle anderen ebenen Schnitte, die nicht durch den Mittelpunkt gehen, liefern Kreise mit kleineren Radien. Kreise auf einem Globus, die parallel zur Äquatorialebene sind, werden **Breitenkreise** genannt.

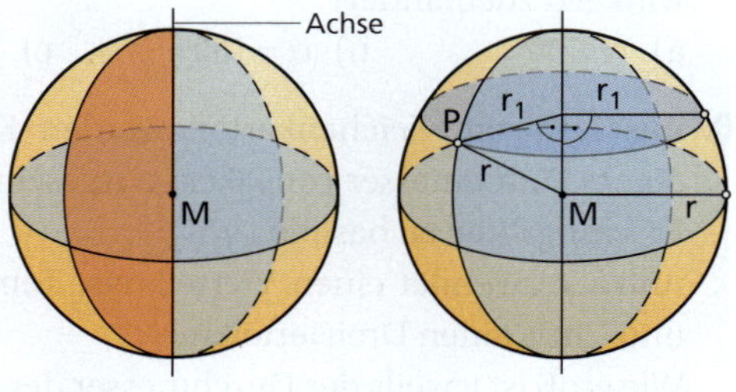

Ein anschauliches Schrägbild einer Kugel erhält man, indem man als Umriss einen Kreis mit dem Radius r zeichnet und mindestens das Bild eines weiteren Großkreises hinzufügt, insbesondere des senkrecht zur Bildebene liegenden „Äquatorkreises“.

Volumen

ARCHIMEDES (etwa 287 bis 212 v. Chr.) fand heraus, dass das Volumen einer Halbkugel der Differenz der Volumen eines Kreiszylinders und eines Kreiskegels mit gleichem Durchmesser und gleicher Höhe entspricht.

Kreiszylinder | Halbkugel | Kreiskegel

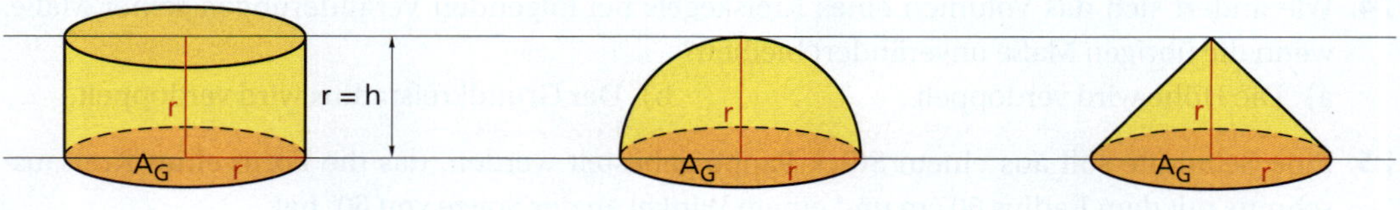

Kreiszylinder		Halbkugel		Kreiskegel
$V = A_G \cdot h$				$V = \frac{1}{3} A_G \cdot h$
$V = \pi r^2 \cdot h$				$V = \frac{1}{3} \pi r^2 \cdot h$
$V = \pi r^2 \cdot r$				$V = \frac{1}{3} \cdot \pi r^2 \cdot r$
$V = \pi r^3$	$>$	$V_{Halbkugel} = ?$	$>$	$V = \frac{1}{3} \cdot \pi r^3$

ARCHIMEDES vermutete, dass das Volumen der Halbkugel $V = \frac{2}{3}\pi r^3$ und damit das Volumen der Kugel doppelt so groß ist.
Dies ist gleichbedeutend mit:
$V_{Halbkugel} = V_{Kreiszylinder} - V_{Kreiskegel}$

Mit einem Experiment wies ARCHIMEDES nach, dass diese Vermutung stimmt.

Für das **Volumen** V einer Kugel gilt: $V = \frac{4}{3}\pi r^3$

Berechne das Volumen eines Fußballs, der einen Durchmesser von 22 cm hat.

Gegeben: $d = 22$ cm, $r = 11{,}0$ cm — Gesucht: V

Lösungsweg:
$V = \frac{4}{3}\pi r^3$
$V = \frac{4}{3}\pi(11{,}0\text{ cm})^3$
$V = 5\,575\text{ cm}^3$

Antwort: Der Fußball hat ein Volumen von $5\,575\text{ cm}^3$.

Oberflächeninhalt

Die Oberfläche des Balls ist aus regelmäßigen Fünfecken oder Sechsecken zusammengesetzt. Verbindet man alle Ecken dieser Flächen mit dem Kugelmittelpunkt des Balls, so wird dieser näherungsweise in Pyramiden aufgeteilt, die alle als Höhe den Kugelradius haben.
Eine derartige Zerlegung ist für jede Kugel denkbar. Die Annäherung wird mit zunehmender Anzahl der Teilflächen immer besser.

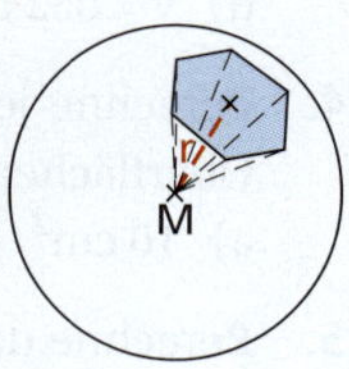

Es gilt für die Pyramiden: $V_1 = \frac{1}{3}A_{G1}\cdot r \quad V_2 = \frac{1}{3}A_{G2}\cdot r \quad V_3 = \frac{1}{3}A_{G3}\cdot r$ usw.

Für das Volumen der Kugel gilt dann: $V = V_1 + V_2 + V_3 + \ldots + V_n$

$V = \frac{1}{3}A_{G1}\cdot r + \frac{1}{3}A_{G2}\cdot r + \frac{1}{3}A_{G3}\cdot r + \ldots + \frac{1}{3}A_{Gn}\cdot r$

$V = \frac{1}{3}r(A_{G1} + A_{G2} + A_{G3} + \ldots + A_{Gn})$

Da alle Grundflächen zusammen die Oberfläche der Kugel bilden, gilt: $V = \frac{1}{3}r\cdot A_O$

Man setzt für V die Formel zur Berechnung des Kugelvolumens ein: $\frac{4}{3}\pi r^3 = \frac{1}{3}r\cdot A_O$

Die Formel wird nach A_O aufgelöst: $\frac{4}{3}\pi r^3 = \frac{1}{3}r\cdot A_O \quad |\cdot 3$

$4\pi r^3 = r\cdot A_O \quad |:r$

$4\pi r^2 = A_O$

Für den **Oberflächeninhalt** A_O einer Kugel gilt: $A_O = 4\pi r^2$

Ein Ballon hat einen Durchmesser von 16 m.
Wie viel Quadratmeter Stoff werden mindestens für die Herstellung der Ballonhülle benötigt?

Gegeben: $d = 16\ \text{m}$ Gesucht: A_O
$r = 8\ \text{m}$

Lösungsweg: $A_O = \pi r^2$

$A_O = 4\pi(8\ \text{m})^2$

$A_O \approx 804\ \text{m}^2$

Antwort: Für die Herstellung der Ballonhülle werden $804\ \text{m}^2$ Stoff benötigt.

Aufgaben

1. Berechne jeweils das Volumen der Kugeln.
a) $r = 4{,}5\ \text{cm}$ b) $d = 4{,}8\ \text{dm}$ c) $r = 3{,}9\ \text{m}$ d) $d = 8\ \text{mm}$ e) $r = 31\ \text{km}$

2. Berechne jeweils den Radius und den Durchmesser für die Kugeln mit dem angegebenen Volumen.
a) $12\ \text{cm}^3$ b) $5\ \text{m}^3$ c) $7\ l$ d) $14\ \text{dm}^3$ e) $120\ \text{ml}$

3. Berechne jeweils den Oberflächeninhalt der Kugeln.
a) $r = 7\ \text{cm}$ b) $r = 12\ \text{m}$ c) $r = 13{,}5\ \text{dm}$
d) $V = 852\ \text{cm}^3$ e) $V = 1\,213\ \text{m}^3$ f) $V = 49{,}52\ \text{dm}^3$

4. Berechne jeweils den Radius und den Durchmesser für die Kugeln mit dem angegebenen Oberflächeninhalt.
a) $16\ \text{cm}^2$ b) $77\ \text{mm}^2$ c) $100\ \text{m}^2$ d) $66\ \text{dm}^2$ e) $516\ \text{km}^2$

***5.** Berechne das Volumen eines kugelförmig aufgeblasenen Luftballons mit einem Umfang von 32 cm.

6. Otto von Guericke führte 1654 den Versuch mit den luftleer gepumpten „Magdeburger Halbkugeln“ durch. Es gelang 16 Pferden nicht, diese zu trennen. Die Halbkugeln hatten einen Durchmesser von etwa einer Dreiviertel Magdeburger Elle (eine Magdeburger Elle entspricht etwa 55 cm).
Wie groß war die Oberfläche der ganzen Kugel?

***7.** Eine Weihnachtsbaumkugel aus Glas hat einen Außendurchmesser von 8 cm und eine Wanddicke von 0,4 mm.
Berechne den inneren Hohlraum und den äußeren Oberflächeninhalt.

8. Berechne die Innendurchmesser kugelförmiger Tanks mit folgendem Fassungsvermögen:
a) 10 hl b) 50 hl c) $7\,000\ l$
d) 100 hl e) $2\,000\ l$

9. Aus einem Würfel mit einer Kantenlänge von 7,0 cm wird die größtmögliche Kugel gefräst.
a) Wie groß ist ihr Volumen? b) Berechne den Oberflächeninhalt.
*c) Wie viel Prozent „Abfall“ entstehen?

10. Die halbkugelförmige Kuppel einer Kirche soll gereinigt werden.
Wie groß ist die Fläche, die bearbeitet werden muss, wenn die Kuppel 12 m Durchmesser hat?

11. Ein Basketball hat einen mittleren Durchmesser von 24,35 cm.
Wie viel Quadratzentimeter Leder ist zu seiner Herstellung erforderlich, wenn man mit 25 % Verschnitt rechnet?

12. Aus einem Kilogramm Blei $\left(\varrho = 11{,}3\,\frac{\text{g}}{\text{cm}^3}\right)$ werden Kugeln von 4 mm Durchmesser gegossen.
Wie viele Kugeln lassen sich herstellen?

***13.** Im Märchen „Hans im Glück" hatte Hans einen Klumpen Gold als Lohn bekommen. Dieser Goldbrocken sollte so groß sein wie der Kopf von Hans. Nehmen wir an, der Kopf hat eine Kugelform und einen Durchmesser von 20 cm.
a) Wäre Hans wirklich in der Lage, den Goldklumpen selber zu tragen? Begründe.
b) Welchen Durchmesser müsste der Goldklumpen haben, wenn er höchstens eine Masse von 10 kg besitzen würde?

14. Der Tabelle kannst du die mittleren Radien für verschiedene Körper unseres Sonnensystems entnehmen.
a) Berechne die Volumen und die Dichte dieser Körper.
b) Ordne die Himmelskörper nach ihrer Dichte.
Nutze zur Lösung ein Tabellenkalkulationsprogramm.

	A	B	C	D	E
1	**Körper**	**r (m)**	**m (t)**	**V (m³)**	**$\varrho\left(\frac{t}{m^3}\right)$**
2	Erde	$6{,}371 \cdot 10^6$	$5{,}97 \cdot 10^{21}$	=4/3*PI()*B2^3	=C2/D2
3	Mond	$1{,}738 \cdot 10^6$	$7{,}35 \cdot 10^{19}$	…	…
4	Mars	$3{,}397 \cdot 10^6$	$6{,}45 \cdot 10^{20}$	…	…
5	Jupiter	$71{,}4 \cdot 10^6$	$1{,}90 \cdot 10^{24}$	…	…
6	Sonne	$696{,}0 \cdot 10^6$	$1{,}99 \cdot 10^{27}$	…	…

Hinweis:
Mache dich mit der Eingabe großer Zahlen vertraut. In den meisten Programmen muss man die Zellen erst formatieren.
Beispiel: $5{,}97 \cdot 10^{21}$ wird als **5,97E+21** eingegeben.

***15.** Unsere Sonne wird in einigen Milliarden Jahren zu einem sogenannten „weißen Zwerg" schrumpfen. Ihr Radius wird sich auf etwa ein Hundertstel des heutigen Werts reduzieren.
a) Berechne Oberfläche, Volumen und Dichte für diesen Zustand der Sonne.
b) Diskutiere das Ergebnis für die Dichte.

Rund um die Kugel

Oberflächenvergrößerung

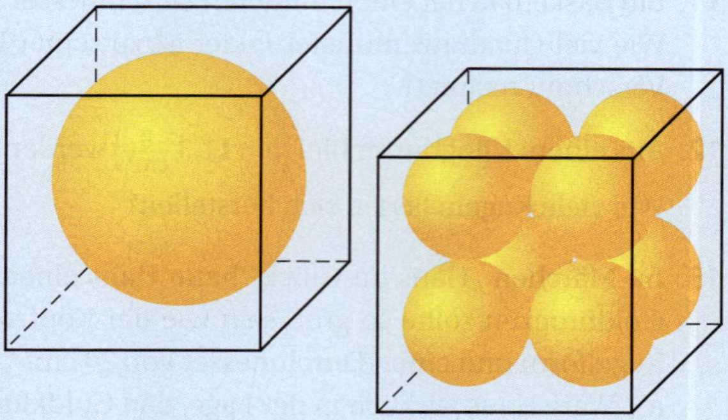

1. a) Ein würfelförmiger Glasbehälter mit 10 cm Kantenlänge wird mit jeweils gleich großen Kugeln gefüllt.
   Wie verändert sich der Gesamtoberflächeninhalt der Kugeln, wenn der Durchmesser jeweils halbiert wird?
   b) Bis zu welcher Kugelanzahl macht das Ganze einen Sinn?
   Nutze ein Computerprogramm, um dir Rechenarbeit zu ersparen.
   c) Verallgemeinere deine Erkenntnisse.
   Wie groß ist der Faktor, mit dem sich die Anzahl der Kugeln ändert?
   Wie verändert sich jeweils der Gesamtoberflächeninhalt der Kugeln?

Bestimmung des Kugeldurchmessers

2. a) Vor dir liegt eine Kugel aus Plastik oder Styropor.
   Wie kannst du experimentell den Durchmesser der Kugel bestimmen?
   b) Gibt es weitere Lösungsmöglichkeiten als die auf den Fotos?
   c) Protokolliere deine Versuche und werte diese aus.
   Was kannst du über die Genauigkeit aussagen?

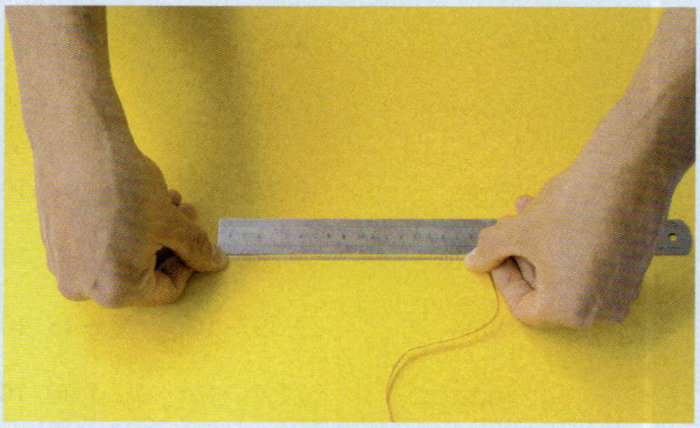

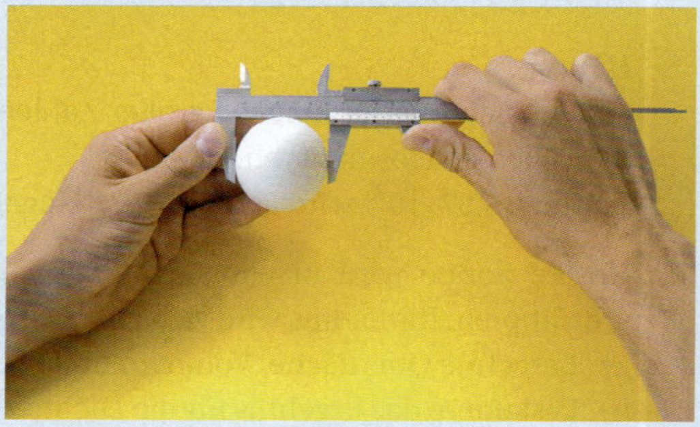

Dichtebestimmung

3. a) Du musst nicht ARCHIMEDES sein, um zu erkennen, wie die Dichte eines Körpers bestimmt werden kann. ARCHIMEDES setzte sich in die Badewanne ...
Erkundige dich, wie die Geschichte weitergeht.
b) Wie bestimmst du die Dichte? Die Fotos sollen dir dabei helfen.

c) Aus welchem Material sind die Kugeln?
① r = 4 cm; m = 2,402 kg ② d = 20 mm; m = 2,93 g ③ r = 6 m; m = 162,9 kg
d) Denke dir selbst sinnvolle mathematische Aufgaben zum Thema Kugel aus.
Löse deine Aufgaben und besprich sie mit deinen Mitschülern.
Präsentiere deine Ergebnisse vor der Klasse. Fertige Fotos und Übersichten an. Beziehe auch ein Computerprogramm mit ein.

3.3 Zusammengesetzte Körper

Berechnungen

In der realen Welt treten Körper selten in ihrer geometrischen Form einzeln auf. Es gibt eine Vielfalt an Kombinationsmöglichkeiten.
Diese zusammengesetzten Körper können zur Berechnung zerlegt oder ergänzt werden. Dadurch ergeben sich auch verschiedene Lösungswege.

Ein bekanntes Spielzeug für Kinder ist das Stehaufmännchen. Es besteht aus einer Halbkugel und einem Kegel. Der Durchmesser beträgt 8 cm, die Gesamthöhe ist 10 cm.
Berechne das Volumen des Männchens. Wie groß ist der Oberflächeninhalt?

Gegeben: $d = 8\text{ cm};\ h = 10\text{ cm}$ Gesucht: $V;\ A_O$ Planfigur:

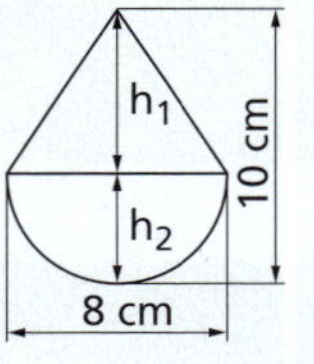

Lösungsweg: benötigte Größen berechnen:
$d = 8\text{ cm};\ r = 4\text{ cm}$
$h_2 = r = 4\text{ cm};\ h_1 = 10\text{ cm} - 4\text{ cm} = 6\text{ cm}$

$$V = V_{Kegel} + V_{Halbkugel}$$

$V_{Kegel} = \frac{1}{3}\pi r^2 \cdot h_1$
$V_{Kegel} = \frac{1}{3}\pi (4\text{ cm})^2 \cdot 6\text{ cm}$
$V_{Kegel} = 100{,}53\text{ cm}^3$

$V_{Halbkugel} = \frac{1}{2} \cdot \frac{4}{3}\pi r^3 = \frac{2}{3}\pi r^3$
$V_{Halbkugel} = \frac{2}{3}\pi \cdot (4\text{ cm})^3$
$V_{Halbkugel} = 134{,}04\text{ cm}^3$

$$V = 100{,}53\text{ cm}^3 + 134{,}04\text{ cm}^3 = 234{,}57\text{ cm}^3 \approx 235\text{ cm}^3$$

Für das Berechnen von A_O benötigte Größe ermitteln:
$s = \sqrt{(6\text{ cm})^2 + (4\text{ cm})^2} = 7{,}2\text{ cm}$

① $A_O = A_{M\ Kegel} + \frac{A_{O\ Kugel}}{2}$
$A_{M\ Kegel} = \pi rs$
$\frac{A_{O\ Kugel}}{2} = \frac{4\pi r^2}{2} = 2\pi r^2$

$A_O = \pi rs + 2\pi r^2$
$A_O = \pi \cdot 4\text{ cm} \cdot 7{,}2\text{ cm} + 2\pi \cdot (4\text{ cm})^2$
$A_O = 191\text{ cm}^2$

② $A_O = A_{O\ Kegel} + \frac{A_{O\ Kugel}}{2} - A_{G\ Kegel}$
$A_{O\ Kegel} = \pi r^2 + \pi rs$
$\frac{A_{O\ Kugel}}{2} = \frac{4\pi r^2}{2} = 2\pi r^2$ $A_{G\ Kegel} = \pi r^2$

$A_O = \pi r^2 + \pi rs + 2\pi r^2 - \pi r^2 = \pi rs + 2\pi r^2$
$A_O = \pi \cdot 4\text{ cm} \cdot 7{,}2\text{ cm} + 2\pi \cdot (4\text{ cm})^2$
$A_O = 191\text{ cm}^2$

Antwort: Das Volumen beträgt 235 cm^3 und der Oberflächeninhalt 191 cm^2.

Welchen Rechenweg man anwendet, kann man selbst entscheiden. Er muss konsequent eingehalten werden und alle Schritte müssen nachvollziehbar sein.

Bei der Berechnung des Volumens von zusammengesetzten Körpern werden die Volumen der Teilkörper ermittelt und anschließend addiert.

Bei der Berechnung von Oberflächeninhalten unterscheidet man zwei Wege:
1. Alle von außen sichtbaren Flächen werden berechnet.
2. Von der Gesamtoberfläche werden die nicht sichtbaren Flächen subtrahiert.

Aufgaben

1. Berechne jeweils das Volumen und den Oberflächeninhalt der Körper.

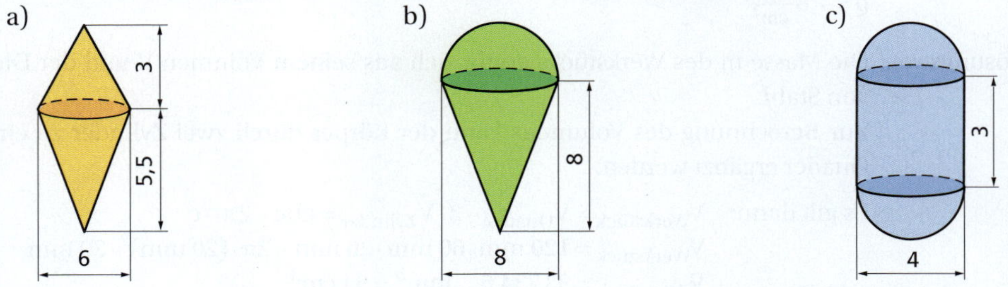

Maßangaben in Zentimeter

2. Berechne jeweils Oberflächeninhalt und Volumen der Körper. (Maßangaben in Zentimeter)

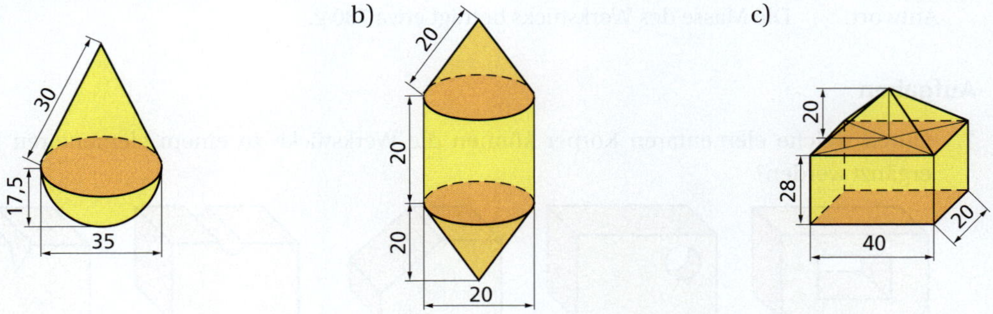

3. a) Berechne Volumen und Oberflächeninhalt des Körpers.
b) Aus welchen Körpern wurde dieser Körper zusammengesetzt? Nenne mindestens zwei Möglichkeiten.

Maßangaben in Zentimeter

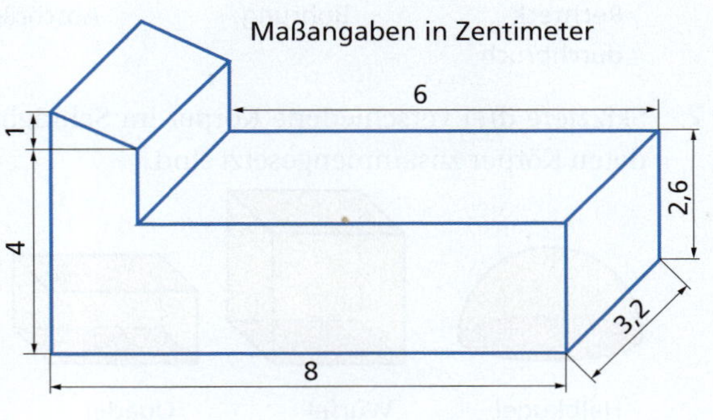

Restkörper

Unter Restkörpern versteht man Körper, aus denen andere Körper herausgetrennt, herausgeschnitten oder herausgefräst wurden.

Ein Werkstück aus Stahl mit den in der Abbildung angegebenen Maßen besitzt zwei Bohrungen mit jeweils einem Durchmesser von 40 mm.
Wie groß ist die Masse dieses Werkstücks? Das Werkstück besteht aus Stahl, dessen Dichte $7{,}8\,\frac{g}{cm^3}$ beträgt.

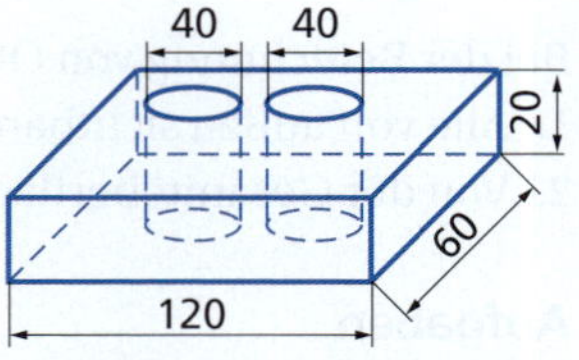

Maßangaben in Millimeter

Gegeben: Maße nach Zeichnung; $\varrho = 7{,}8\,\frac{g}{cm^3}$

Gesucht: m

Lösungsweg: Die Masse m des Werkstücks ergibt sich aus seinem Volumen V und der Dichte von Stahl.
Zur Berechnung des Volumens kann der Körper durch zwei Zylinder zu einem Quader ergänzt werden.

Es gilt dann:
$$V_{Werkstück} = V_{Quader} - 2 \cdot V_{Zylinder} = abc - 2\pi r^2 c$$
$$V_{Werkstück} = 120\text{ mm} \cdot 60\text{ mm} \cdot 20\text{ mm} - 2\pi \cdot (20\text{ mm})^2 \cdot 20\text{ mm}$$
$$V_{Werkstück} = 93\,734{,}5\ldots\text{ mm}^3 \approx 94\text{ cm}^3$$

Für die Masse gilt:
$$m = \varrho \cdot V$$
$$m = 7{,}8\,\frac{g}{cm^3} \cdot 94\text{ cm}^3$$
$$m \approx 730\text{ g}$$

Antwort: Die Masse des Werkstücks beträgt etwa 730 g.

Aufgaben

1. Durch welche elementaren Körper können die Werkstücke zu einem elementaren Körper ergänzt werden?

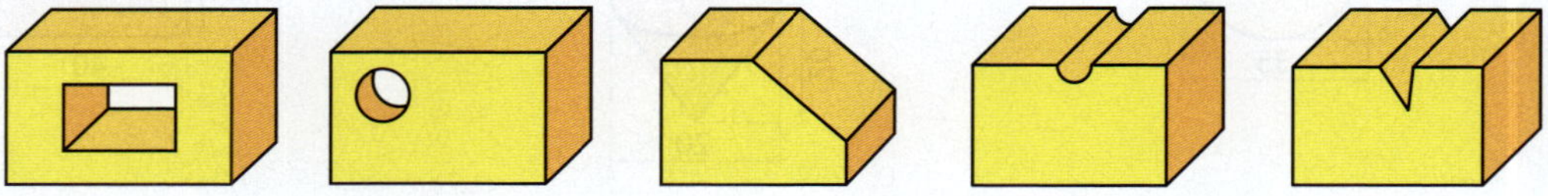
Rechteckdurchbruch | Bohrung | Abschrägung | Rille | Kerbe

***2.** Skizziere drei verschiedene Körper im Schrägbild, die aus zwei oder mehreren der abgebildeten Körper zusammengesetzt sind.

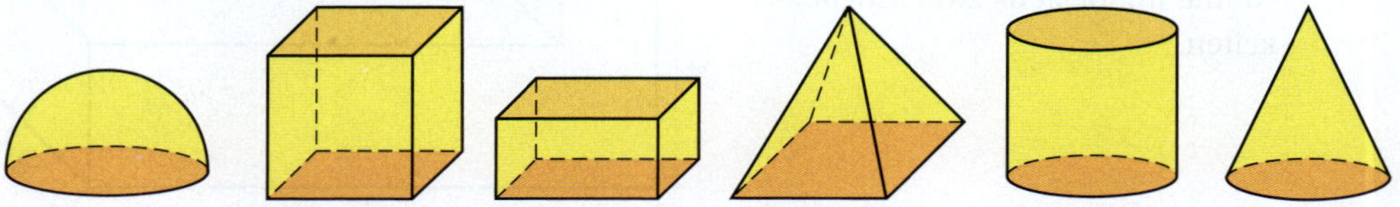
Halbkugel | Würfel | Quader | Pyramide | Zylinder | Kegel

3. Ein massiv aus Stahl gefertigtes Werkstück besteht aus einem Zylinder mit einem aufgesetzten Kegel.

a) Berechne die Masse des Werkstücks $\left(\text{Dichte: } 7{,}8\,\frac{\text{g}}{\text{cm}^2}\right)$.

b) Berechne die Oberfläche des Werkstücks.

*c) Wie viel Prozent Abfall entstehen, wenn das Werkstück aus einem zylindrischen Stück von 25 cm Durchmesser und 33 cm Länge ausgefräst wird?

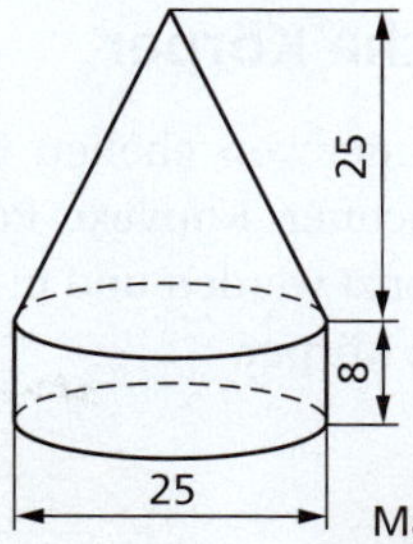

4. Ein Festzelt ist 18 m lang und 8 m breit. In der Mitte ist es 5 m hoch, an den Rändern 3,80 m.

a) Zeichne ein Schrägbild im Maßstab 1 : 100.

b) Wie viel Quadratmeter Zeltplane wurden verarbeitet? Rechne mit 15 % Verschnitt.

c) Ein Stahlgerüst trägt das Zelt. Welche Länge haben die Stahlrohre zusammen?

d) Wie viele Personen können sich im Zelt gleichzeitig aufhalten, wenn man pro Person 5 m³ Luft veranschlagt?

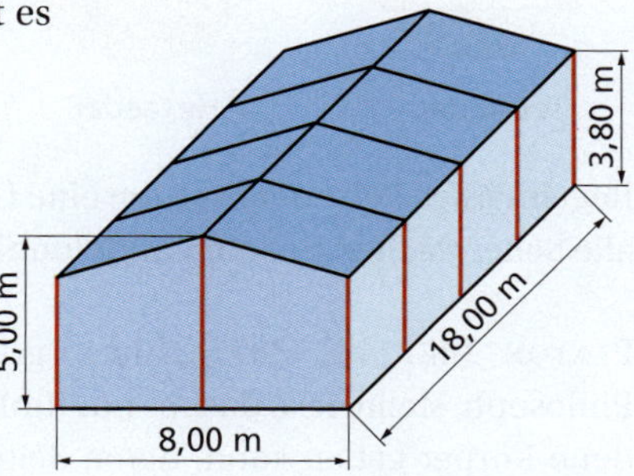

5. Für den Balkonbau eines Mehrfamilienhauses werden Verbindungsstücke benötigt (1 cm³ Stahl wiegt 7,8 g).

a) Welche Masse haben 2 000 Stück?

b) Um sie haltbarer zu machen, wird die Oberfläche verzinkt. Wie groß ist die Fläche, die insgesamt zu behandeln ist?

c) Als Alternative können die Stücke dreimal gestrichen werden. Wie groß ist die zu streichende Fläche?

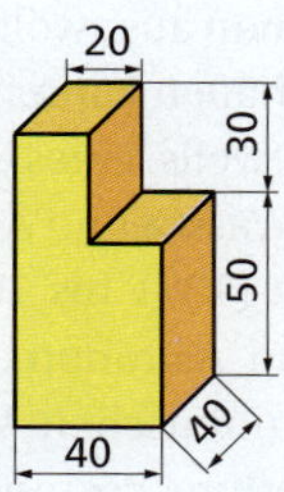

6. Berechne und vergleiche die Radien, die Volumen und die Oberflächeninhalte einer Kugel mit denen einer Halbkugel mit jeweils einem Durchmesser von 10 cm.

7. Skizziere die Vorderansicht und Draufsicht der Körper. Berechne die Masse der dargestellten Körper aus Stahl $\left(\text{Maßangaben in Millimeter; Dichte: } 7{,}8\,\frac{\text{g}}{\text{cm}^3}\right)$.

a)

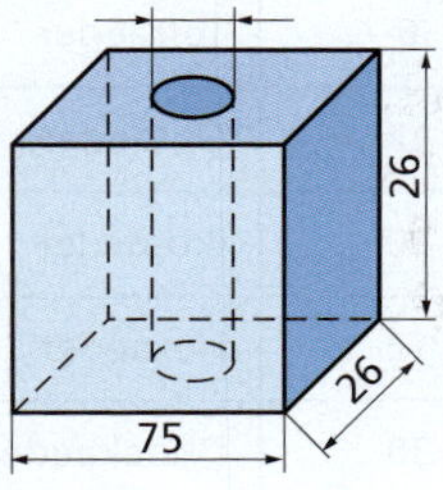

b)

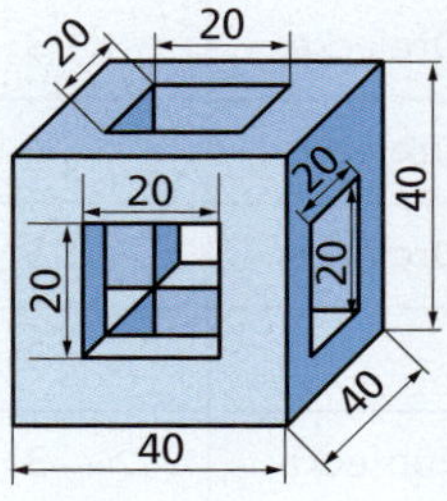

Platonische Körper

Ein Körper, der von ebenen Figuren sowie Kanten und Ecken begrenzt wird, heißt **Polyeder** oder Vielflächner. **Konvexe** Polyeder, die von regelmäßigen, untereinander kongruenten Vielecken begrenzt werden und in deren Ecken jeweils gleich viele Kanten zusammenstoßen, heißen **platonische Körper.**

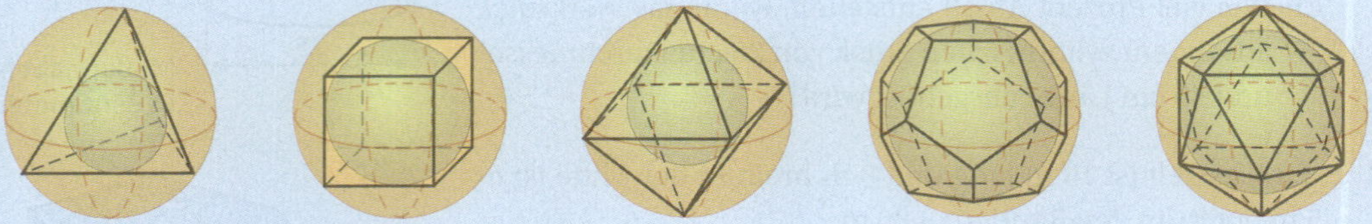

Tetraeder Hexaeder Oktaeder Dodekaeder Ikosaeder

Regelmäßige Polyeder besitzen eine Umkugel, die durch alle Eckpunkte geht, und eine Inkugel, die alle Seitenflächen in deren Mittelpunkten berührt.

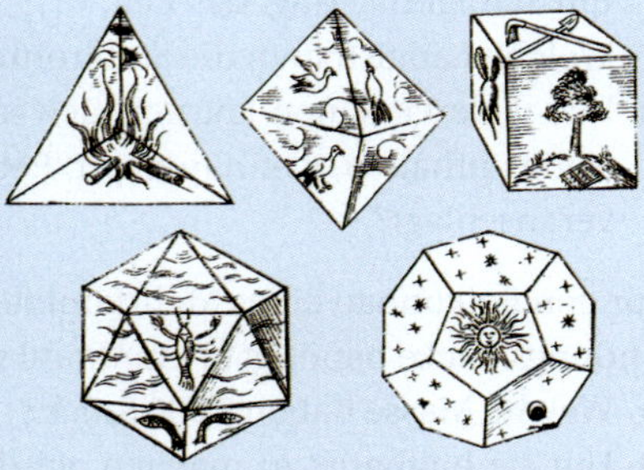

PLATON (427 bis 347 v. Chr.), griechischer Philosoph, stellte fest, dass es nur fünf verschiedene Körper geben kann, deren Seitenflächen ausschließlich aus zueinander kongruenten regulären Vielecken bestehen. Einer davon ist das Dodekaeder, das man aus zwölf regulären Fünfecken zusammenbauen kann. PLATON ordnete diesen Körpern jeweils eines der Urelemente Feuer, Erde, Luft, Wasser und Äther zu.

JOHANNES KEPLER (1571 bis 1630), Mathematiker, Physiker und Astronom, brachte in seinem ersten astronomischen Werk, das unter dem Titel „Mysterium cosmographicum" bereits 1594 entstand, die geometrischen Eigenschaften platonischer Körper mit den Abständen der Planetenbahnen in Verbindung.

Begrenzende Flächen	Seitenflächen an einer Ecke	Anzahl der			Regelmäßiger Körper
		Ecken	Flächen	Kanten	
gleichseitige Dreiecke	3	4	4	6	Tetraeder
gleichseitige Dreiecke	4	6	8	12	Oktaeder
gleichseitige Dreiecke	5	12	20	30	Ikosaeder
Quadrate	3	8	6	12	Hexaeder
regelmäßige Fünfecke	3	20	12	30	Dodekaeder

1. Erkläre die Begriffe „konvex“ und „kongruent“.

2. Aufgrund einfacher mathematischer Winkelüberlegungen wird rasch klar, dass es nur diese fünf Polyeder geben kann, die ihrerseits aus regelmäßigen Dreiecken (Tetraeder, Oktaeder und Ikosaeder), Quadraten (Hexaeder) oder Fünfecken (Dodekaeder) bestehen müssen.
   a) Warum können an einer Ecke nur Dreiecke, Quadrate oder Fünfecke zusammentreffen?
   b) Wie viele Kanten können zusammentreffen?

3. Unter dem Netz eines Körpers versteht man die in einer Ebene ausgebreitete Oberfläche eines Körpers. Kompliziert erscheint dir bestimmt das Netz des Dodekaeders, das als Beispiel vorgegeben ist. Zeichne die Netze der vier verbleibenden Polyeder.

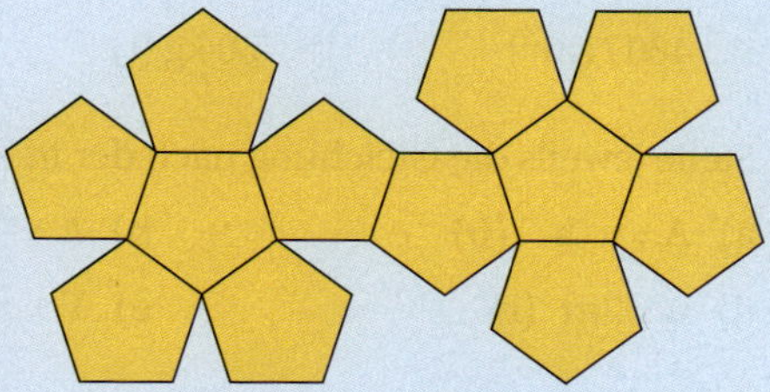

4. Du erhältst den Auftrag, einen der platonischen Körper, der von Dreiecken begrenzt ist, aus Zeichenkarton zu bauen.
   a) Welche Größe soll der von dir ausgesuchte Polyeder haben?
   b) Stelle Material zusammen.
   c) Zeichne das Netz des Körpers. Überlege, welche Kanten du mit Klebefalzen versehen musst. Schneide aus, falte und klebe.

5. Der Mathematiker LEONHARD EULER (1707 bis 1783) hat für die Anzahl der Ecken e, der Flächen f und der Kanten k einen Zusammenhang gefunden. Versuche, diesen zu finden, und formuliere den eulerschen Polyedersatz in Form einer Gleichung.

ARCHIMEDES (287 bis 212 v. Chr.) beschäftigte sich mit Polyedern, die gewisse Regelmäßigkeiten aufweisen. Polyeder, bei denen die Umgebung aller Ecken kongruent ist und deren Seitenflächen aus regelmäßigen Vielecken bestehen, werden **archimedische Polyeder** genannt. Aus allen platonischen Polyedern kann man durch „Abschneiden“ der Ecken archimedische Polyeder erzeugen.

6. Stelle Modelle platonischer Körper aus Modelliermasse her. Erzeuge aus diesen Körpern archimedische Körper. Beschreibe dein Vorgehen.

7. Wertet alle Ergebnisse in der Klasse aus. Erstellt eine Übersicht zu den Polyedern und deren Eigenschaften.

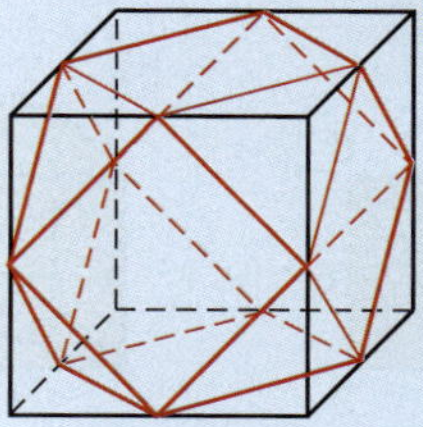

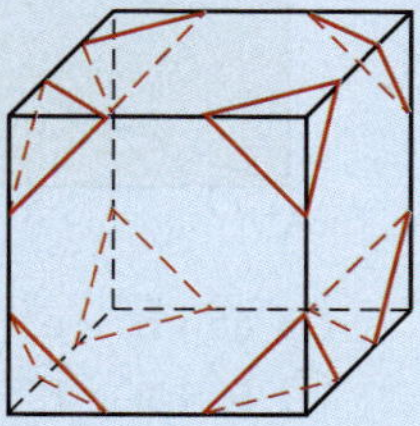

3.4 Gemischte Aufgaben

1. Wandle in die in Klammern stehenden Einheiten um.
Für welche Größenbereiche werden diese Einheiten benutzt?

a) 60 dm (m) b) $270\ mm^2$ (cm^2) c) $16\ m^3$ (dm^3) d) $3{,}2\ cm^3$ (mm^3)
e) $4\ dm^3$ (l) f) 3,2 km (m) g) $5{,}4\ m^2$ (cm^2) h) $\frac{1}{2}$ dm (cm)
i) 460 l (m^3) j) 5,6 kg (t) k) $3\,532\ m^2$ (ha) l) 5,6 kg (g)

2. Stelle jeweils die Gleichung nach der in Klammern stehenden Variablen um.

a) $A = a \cdot b$ (b) b) $A = \frac{a+c}{2} \cdot h$ (c) c) $u = 2(a+b)$ (a)
d) $u = 2\pi r$ (r) e) $V = \pi r^2 \cdot h$ (h; r) f) $V = \frac{1}{3} A_G \cdot h$ (h)

3. Die Variablen a, b und c sollen Streckenlängen bezeichnen. Gib an, welche Größe mit dem jeweiligen Term berechnet wird und welche Bedeutung die Variablen in diesem Fall haben.

a) $a \cdot b \cdot c$ b) $\pi \cdot a^2$ c) $\pi \cdot a^2 \cdot b$ d) $\pi \cdot a \cdot b$ e) $2\pi a(a+b)$
f) $\frac{1}{3} a \cdot b \cdot c$ g) $4 \cdot \pi \cdot a^2$ h) $\frac{1}{3} \pi \cdot a^2 \cdot b$ i) $\frac{4}{3} \pi \cdot a^3$ j) $\frac{1}{3} a \cdot b \cdot c$

4. Berechne jeweils den Flächeninhalt und den Umfang folgender Figuren:

a) ein Dreieck mit c = 5 cm; b = 3 cm; $\gamma = 90°$
b) einen Kreis mit r = 3 dm
c) einen Rhombus (eine Raute) mit e = 50 mm; f = 3 cm
d) ein Parallelogramm mit g = a = 7 dm; $h_g = 3{,}5$ dm

5. Konstruiere die Figuren aus Aufgabe 4. Nutze eventuell einen geeigneten Maßstab für deine Konstruktion. Gib diesen an.

6. Beschreibe die geometrischen Formen. Welche der Winkel sind rechte Winkel? Schätze die Größe der anderen Winkel.

a)
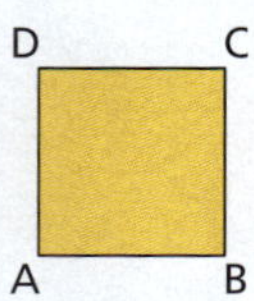

b)
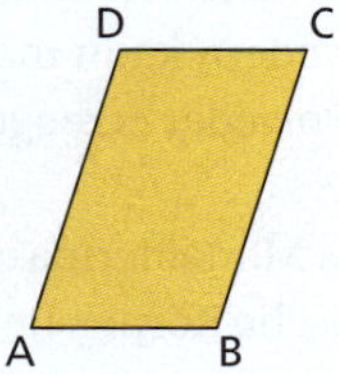

c)
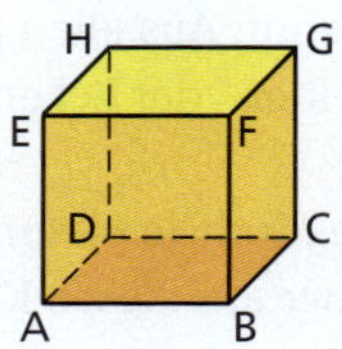

7. Richtig oder falsch?

a)
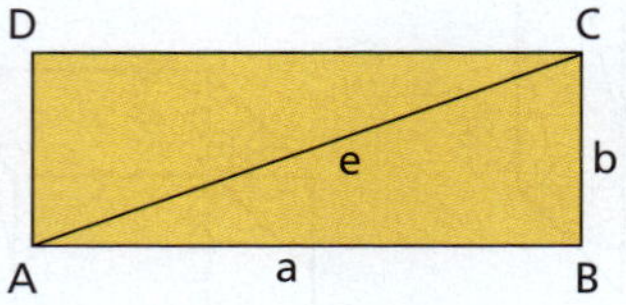

① $a^2 + b^2 = e^2$
② $b^2 + a^2 = b^2$

b)
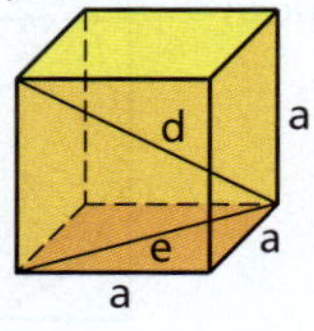

① $a^2 + a^2 = e^2$
② $a^2 + e^2 = d^2$

c)
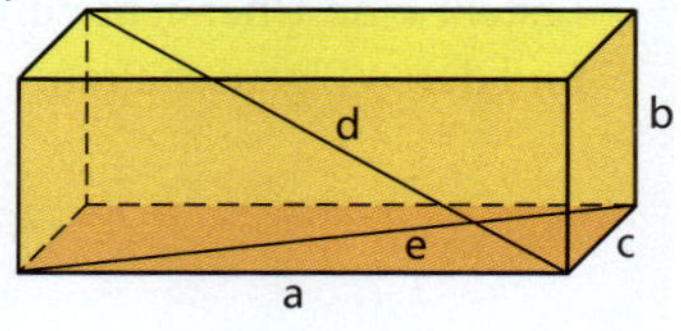

① $a^2 + b^2 = d^2$
② $a^2 + c^2 = e^2$

8. Gegeben sind die Punkte A(1|4), B(5|2), C(1|-2) und D(-6|-1). Trage die Punkte in ein Koordinatensystem ein und berechne den Abstand zwischen den Punkten.
a) A und B b) B und C c) A und C d) C und D

9. Gilt für ein Dreieck mit a = 3,6 cm, b = 1,5 cm und c = 3,9 cm die Gleichung $a^2 + b^2 = c^2$? Zeichne das Dreieck und überprüfe, ob es rechtwinklig ist.

10. Prüfe mit dem Satz des Pythagoras, ob mit den angegebenen Seitenlängen rechtwinklige Dreiecke konstruiert werden können. Wenn ja, beschreibe die Lage des rechten Winkels.

	①	②	③	④	⑤	⑥
a	7,8 cm	4,9 cm	15 cm	12,7 cm	0,9 m	13,5 cm
b	5 cm	5,6 cm	16 cm	14,4 cm	1,5 m	10 cm
c	6 cm	7,4 cm	21 cm	6,8 cm	2,3 m	9 cm

11. Welche Körper sind im Netz dargestellt? Beschreibe die Eigenschaften der Körper. Stelle die Körper im Schrägbild dar.

a)
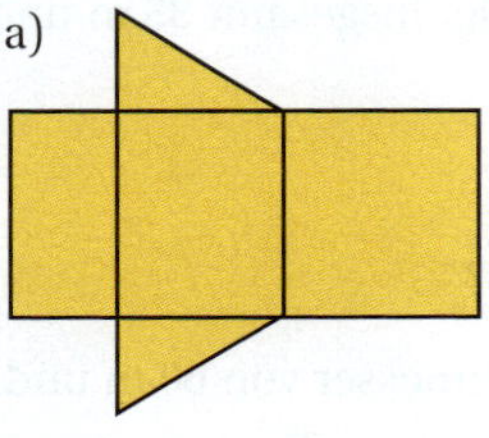
b)
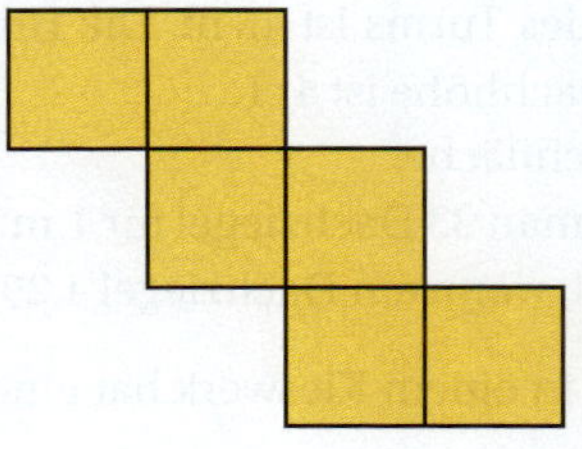
c)
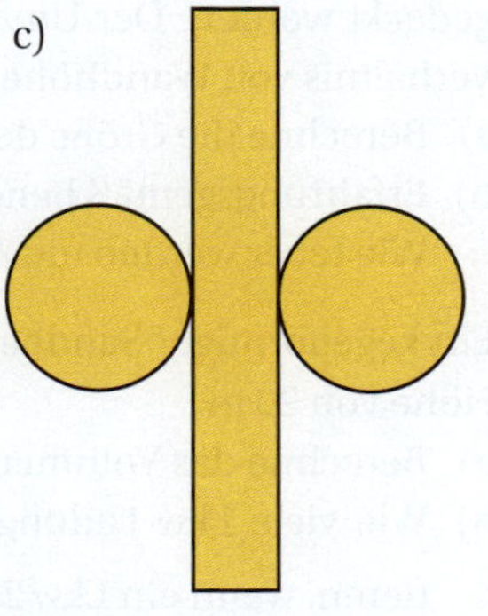

12. Zeichne ein Schrägbild und ein Netz einer quadratischen Pyramide mit den Maßen a = 4 cm und h = 5 cm.

13. Berechne jeweils den Oberflächeninhalt und das Volumen folgender Körper:
a) Quader mit a = 2,5 cm; b = 4 cm; c = 3 dm
b) Kreiszylinder mit d = 3,5 cm; h = 5 cm
c) dreiseitiges Prisma (Grundfläche gleichseitiges Dreieck) mit a = 2,8 cm; h = 7,5 cm

14. Berechne das Volumen und den Oberflächeninhalt.
a) Kreiszylinder: r = 4 cm; h = 5 cm
b) Kreiszylinder: u = 20 cm; h = 8 cm
*c) Prisma mit trapezförmiger Grundfläche (b = d):
a = 4 m; c = 3 m; h_T = 2 m; h = 10 m
*d) Prisma mit dreiseitiger rechtwinkliger Grundfläche: a = 4 cm; b = 3 cm (γ = 90°); h = 6 cm
e) Quader: l = 3,2 cm; b = 24 mm; h = 0,8 dm
f) Würfel: a = 4,2 dm

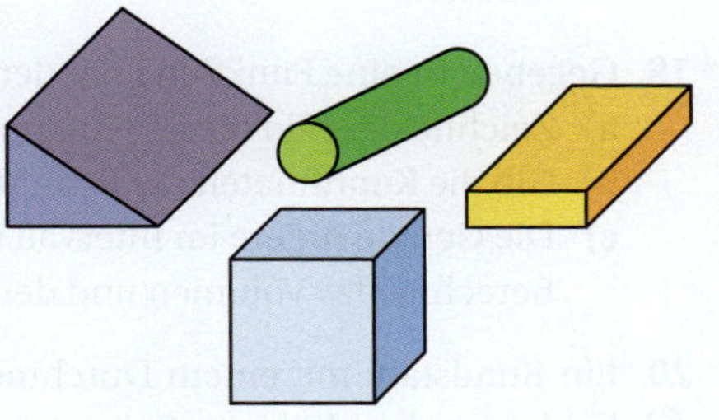

15. Ein Glasbetrieb bietet kegelförmige Gläser unterschiedlicher Größe an.

Sorte A	Sorte B	Sorte C
$r = 3{,}4$ cm $h_K = 10$ cm $h_G = 13$ cm	$r = 2{,}9$ cm $h_K = 4{,}5$ cm $h_G = 15{,}5$ cm	$r = 4{,}8$ cm $h_K = 6{,}2$ cm $h_G = 14{,}4$ cm

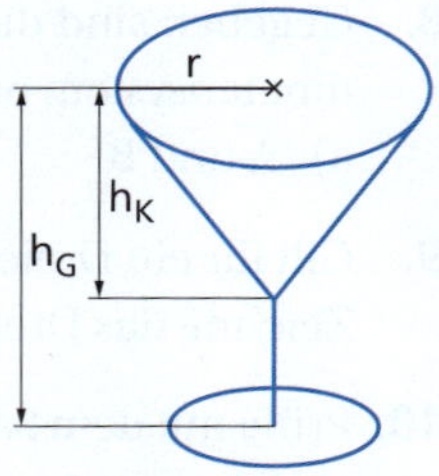

a) Berechne das maximale Fassungsvermögen für jedes Glas.

b) Jedes Glas wird bis zu 1 cm unter dem Rand gefüllt.
Wie viel Milliliter eines Getränks sind in jedem Glas?

c) Wie viel Prozent des Gesamtvolumens eines Glases sind nur gefüllt?

d) Der Kelch und der Stiel des Glases sollen von außen mit einer Farblegierung überzogen werden. Der Stiel hat die Form eines Zylinders und einen Durchmesser von 1,4 cm.
Wie viel Quadratzentimeter Fläche müssen je Glassorte mit dieser Farbe überzogen werden, wenn man die Verbundstelle zwischen Kelch und Stiel sowie zwischen Stiel und Fuß nicht berücksichtigt?
Die Glasstärke des Kelches beträgt 2 mm.

16. Das kegelförmige Dach eines Wachturms einer alten Stadtmauer soll mit neuen Ziegeln eingedeckt werden. Der Umfang des Turms ist 45 m. Die Höhe beträgt insgesamt 35 m und das Verhältnis von Wandhöhe zu Dachhöhe ist 4 : 1.

a) Berechne die Größe der Dachfläche.

b) Erfahrungsgemäß benötigt man 33 Dachziegel für 1 m^2 Fläche.
Wie teuer werden die Ziegel, wenn ein Dachziegel 4,29 € kostet?

17. Ein kegelförmiger Sandhaufen in einem Kieswerk hat einen Durchmesser von 60 m und eine Höhe von 20 m.

a) Berechne das Volumen des Sandbergs.

b) Wie viele Lkw-Ladungen sind notwendig, um den Sand zu den Baustellen zu transportieren, wenn ein Lkw 24 t Sand $\left(\text{Dichte: } 2{,}0\ \frac{\text{g}}{\text{cm}^3}\right)$ laden kann?

18. In einem Quader (a = 12 cm; b = 5 cm; c = 5 cm) werden zwei kegelförmige Hohlräume ausgefräst. Der Kegel hat einen Durchmesser von 4 cm und eine Höhe von 4 cm.

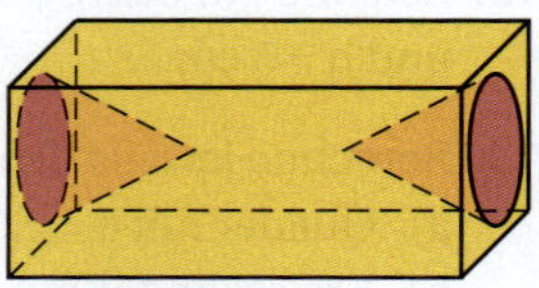

a) Wie viel Prozent Volumen gehen durch die Ausfräsungen verloren?

b) Das Bauteil besteht aus Messing. Wie groß ist seine Masse mit den kegelförmigen Hohlräumen?

***19.** Gegeben ist eine Funktion f mit der Gleichung $y = 0{,}75x + 4{,}5$.

a) Zeichne das Bild dieser Funktion in ein Koordinatensystem mit der Einheit 1 cm.

b) Gib die Koordinaten der Schnittpunkte der Geraden mit den Koordinatenachsen an.

c) Die Gerade rotiere im Intervall von $x_1 = -6$ bis $x^2 = 6$ um die y-Achse.
Berechne das Volumen und den Mantelflächeninhalt des entstehenden Rotationskörpers.

20. Ein Rundstahl mit einem Durchmesser von 24,0 mm und einer Länge von 120,0 mm erhält beiderseits kegelförmige Spitzen von jeweils 30,0 mm Länge.
Wie viel Prozent seines ursprünglichen Volumens verliert dadurch dieser Rundstahl?

***21.** Bereits eine geringe Menge Öl kann eine erhebliche Verschmutzung von Wasser bewirken. Aufgrund der unterschiedlichen Oberflächenspannungen von Wasser und Öl erzeugt ein kugelförmiger Öltropfen mit einem Durchmesser von 10 mm auf einer Wasseroberfläche einen Ölfilm von $2\ \text{m}^2$.
Berechne, wie dick die dabei entstehende Ölschicht ist.
Wie groß ist der Ölteppich, wenn 1000 *l* Öl ins Meer fließen und sich in gleicher Weise verteilen? Erkundige dich nach Tankerunglücken und den damit verbundenen Folgen.

22. Aus einem Kilogramm Blei mit einer Dichte von $11{,}3\ \frac{\text{g}}{\text{cm}^3}$ werden Kugeln von 2 mm Durchmesser gegossen. Wie viele Kugeln lassen sich herstellen?

23. Die Lunge eines Menschen enthält rund $4 \cdot 10^8$ Lungenbläschen mit je einem Durchmesser von 0,2 mm.
Berechne den Gesamtinhalt der Oberflächen aller Lungenbläschen eines Menschen.

***24.** Beweise folgende Aussage:
Der Oberflächeninhalt einer Kugel und der Inhalt der Mantelfläche des Kreiszylinders, der diese Kugel umschreibt, sind gleich groß.

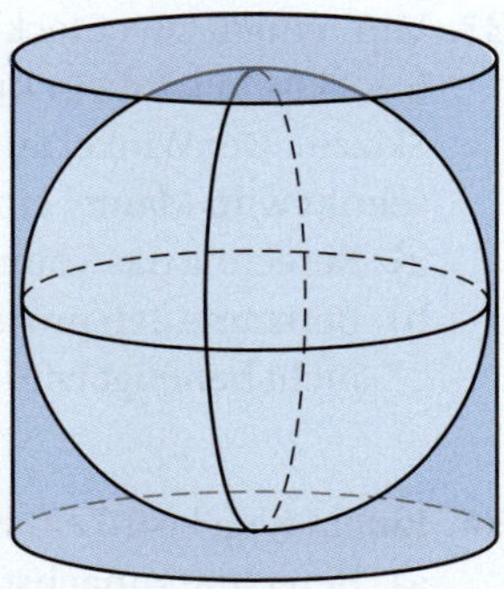

25. Wie groß ist der Radius eines Kreiszylinders, der die gleiche Höhe h und das gleiche Volumen V wie ein Kreiskegel mit dem Grundkreisradius r hat?

26. Welche Höhe hat ein Kreiszylinder, der die gleiche Grundfläche wie ein Kreiskegel mit der Höhe h besitzt?

27. Ein Ball mit einem Durchmesser von 18 cm wird in einer würfelförmigen, möglichst kleinen Schachtel verschenkt.
Wie viel Prozent des Schachtelvolumens nimmt der Ball ein?

28. Berechne jeweils den Radius der Kugeln.

a) $V = 36\ \text{dm}^3$
b) $V = 2\,877{,}34\ \text{cm}^3$

29. Berechne jeweils den Durchmesser der Kugeln.

a) $A_O = 68{,}57\ \text{dm}^2$
b) $A_O = 9\,014{,}7\ \text{m}^2$

30. Welche Masse hat eine Kugel, deren Durchmesser 5,0 cm beträgt und die aus folgenden Stoffen besteht:

a) Eis $\left(\varrho = 0{,}917\ \frac{\text{g}}{\text{cm}^3}\right)$
b) Hartgummi $\left(\varrho = 1{,}3\ \frac{\text{g}}{\text{cm}^3}\right)$
c) Eichenholz $\left(\varrho = 0{,}9\ \frac{\text{g}}{\text{cm}^3}\right)$
d) Stahl $\left(\varrho = 7{,}85\ \frac{\text{g}}{\text{cm}^3}\right)$

***31.** Kegelfreund Fred hat Kugeln aus Eisenholz $\left(\text{Dichte: } 1{,}3\ \frac{\text{g}}{\text{cm}^3}\right)$ mit einem Gewicht von 2,8 kg.
Durch die starke Beanspruchung waren sie schadhaft geworden. Also ließ Fred eine Schicht von 4 mm abschleifen.

a) Schätze den absoluten und den prozentualen Masseverlust durch die Behandlung.
b) Berechne die Masse einer Kugel nach der Behandlung.
c) Gib den Masseverlust in Prozent an.

32. Fabian soll verschiedene Körper im Schrägbild skizzieren. Er erleichtert sich die Arbeit, indem er die Körper ausgehend von einem Quader skizziert.

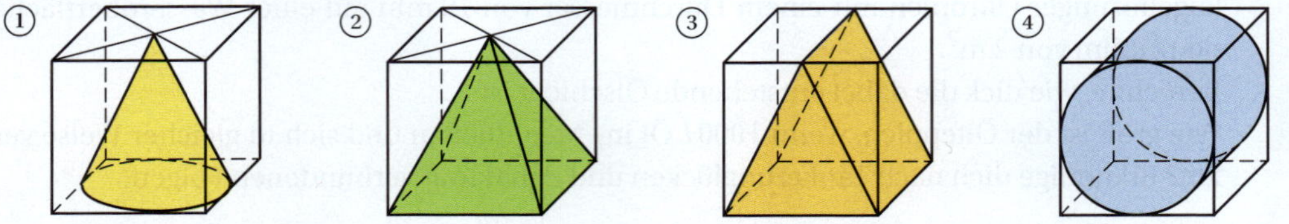

a) Welche Körper hat er skizziert? Beschreibe sein Vorgehen. Wie bewertest du dieses Vorgehen?
Kannst du dieses Verfahren am Computer beim Zeichnen von Körpern auch anwenden? Probiere es aus.

b) Wie würdest du eine Kugel nach demselben Prinzip skizzieren?

33. Von einem Rechteck mit den Seiten a = 40,0 cm und b = 25,0 cm wird ein Kreisausschnitt ausgeschnitten (siehe Skizze). Der Winkel an der Spitze beträgt 80°. Der Kreisausschnitt wird Mantel eines Kegels.

a) Berechne das Volumen des Kegels.

b) Berechne den prozentualen Anteil des Papiers, welches nicht benötigt wird.

Skizze:

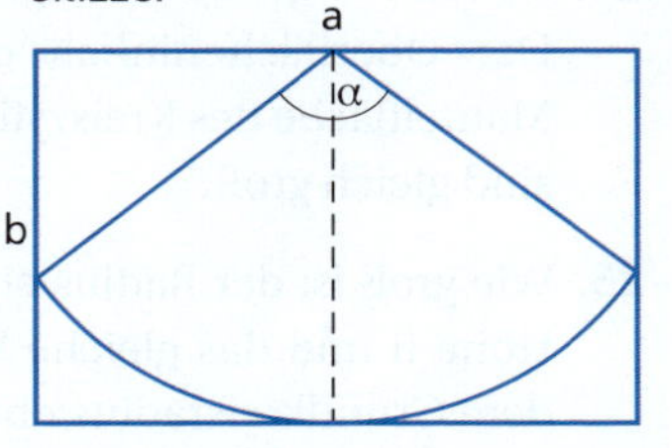

***34.** Einem Kegel wird ein weiterer Kegel einbeschrieben.

a) Berechne zunächst das Volumen des äußeren Kegels.

b) Nimm an:
Der innere Körper ist nur halb so hoch wie der äußere Körper.
Schätze:
Wie groß ist das Volumen des inneren Körpers?

c) Es gilt:
$r_i = \frac{1}{2} r_a = 2$ cm
Berechne das Volumen des inneren Körpers.

d) Wie viel Prozent Abfall entstehen, wenn der innere Körper aus dem äußeren hergestellt wird?

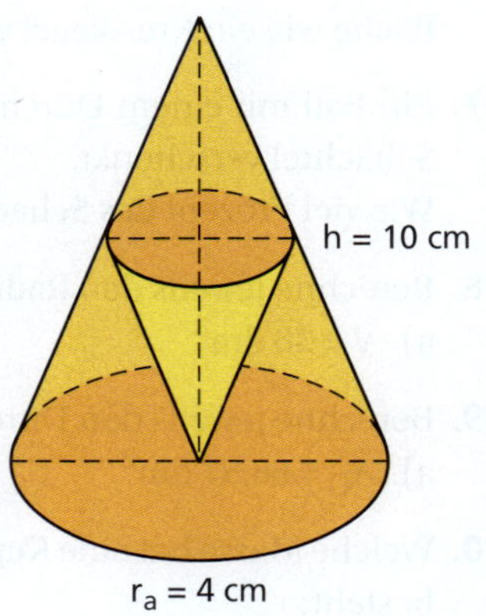

35. Schneide aus Papier einen Kreis mit 20 cm Durchmesser. Schneide den Kreis an einer beliebigen Stelle längs dem Radius ein. Drehe das Papier ineinander, sodass Kegel mit verschiedenen Größen entstehen.
Bei welchen Abmessungen hat diese Kreiskegeltüte ihr größtes Volumen? Experimentiere mit der Tüte. Notiere dir die Abmessungen r und h des Kegels.
Erstelle dir eine Tabelle mit den Spalten r, h und V mit einem Tabellenkalkulationsprogramm und veranschauliche deine Ergebnisse grafisch.
Werte deine Erkenntnisse aus.
Sind deine Erkenntnisse zu verallgemeinern? Überprüfe.

36. Berechne den Oberflächeninhalt und die Masse folgender Körper aus Aluminium mit der Dichte $\varrho = 2{,}7\,\frac{g}{cm^3}$ (Maßangaben in Millimeter):

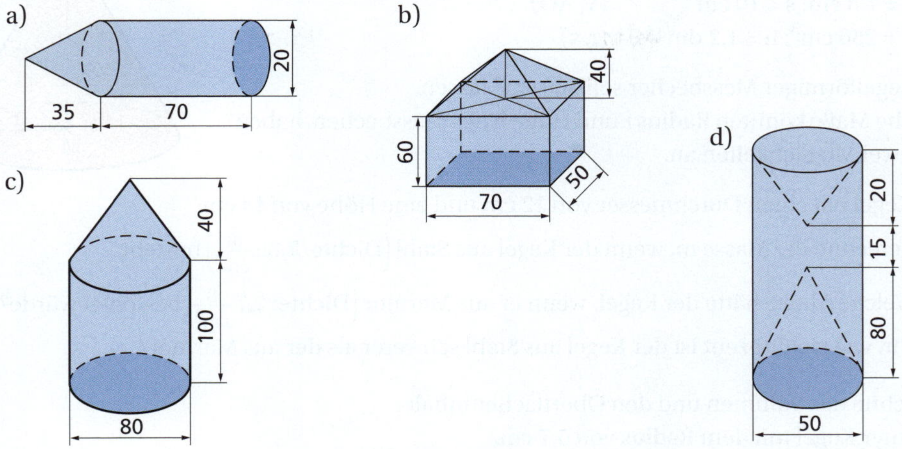

37. Die Kugeln beim Boccia haben folgende Durchmesser:

Metallkugel: 7,2 cm $\left(\varrho = 3{,}9\,\frac{g}{cm^3}\right)$; Holzkugel: 2,4 cm $\left(\varrho = 1{,}3\,\frac{g}{cm^3}\right)$

a) Berechne die Masse der Kugeln.

b) Stimmt die Aussage, dass die Holzkugel nur etwa ein Drittel der Oberfläche der Metallkugel besitzt? Begründe deine Aussage.

38. Die folgenden Körper sind aus einem Würfel entstanden. Skizziere jeweils die Vorderansicht und die Draufsicht.

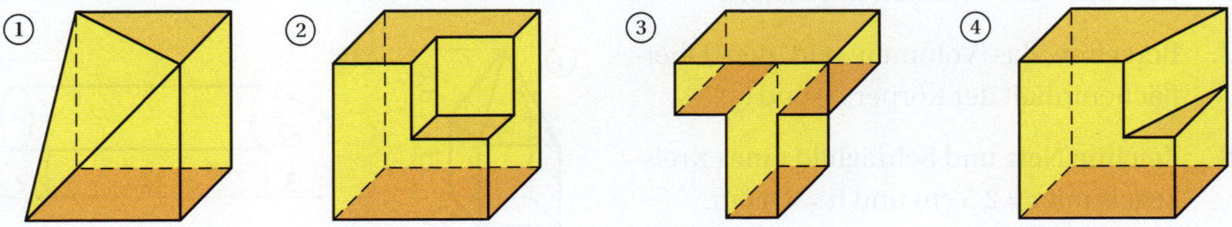

39. Eis wird in „Kugeln" verkauft. Der Eisportionierer ist eine Halbkugel. Der Innendurchmesser des kleinen Eisportionierers beträgt 4,5 cm, der des größeren 5 cm.

a) Ist der Preisunterschied gerechtfertigt?

b) Wie viel Portionen Eis erhält man jeweils aus einem Behälter mit 15 *l* Eis?

40. Eine kegelförmige Schultüte ist 1,10 m hoch und hat eine Seitenkantenlänge von 1,11 m.

a) Welchen Durchmesser hat die Schultüte?

b) Wie viel Quadratzentimeter Pappe werden für die Produktion von 2 000 Schultüten benötigt, wenn man die Klebe- und Falzkanten unberücksichtigt lässt?

c) Berechne das Volumen der Schultüte.

Teste dich selbst

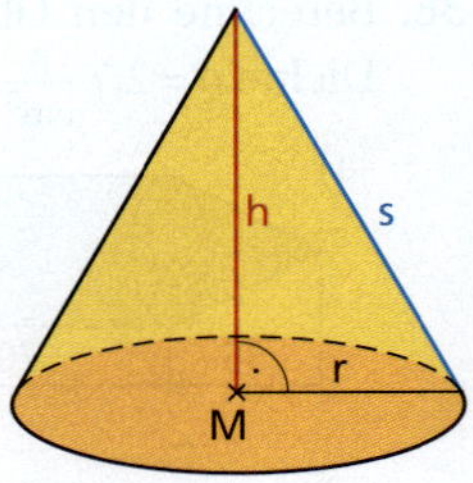

1. Berechne die jeweils angegebenen Größen eines Kegels.
a) $r = 6{,}5$ cm; $h = 11$ cm (V, A_M)
b) $d = 7{,}8$ cm; $s = 10$ cm (V, AO)
c) $V = 250\ cm^3$; $h = 1{,}2$ dm (r, s)

2. Ein kegelförmiger Messbecher soll 500 cm^3 fassen.
Welche Maße könnten Radius r und Höhe h des Messbechers haben?
Gib zwei Möglichkeiten an.

3. Ein Kegel hat einen Durchmesser von 12 cm und eine Höhe von 14 cm.
a) Berechne die Masse m, wenn der Kegel aus Stahl $\left(\text{Dichte: } 7{,}85\ \frac{g}{cm^3}\right)$ besteht.
b) Welche Masse hätte der Kegel, wenn er aus Marmor $\left(\text{Dichte: } 2{,}7\ \frac{g}{cm^3}\right)$ bestehen würde?
c) Um wie viel Prozent ist der Kegel aus Stahl schwerer als der aus Marmor?

4. Berechne das Volumen und den Oberflächeninhalt
a) einer Kugel mit dem Radius von 5,7 cm,
b) einer Halbkugel mit einem Durchmesser von 8,6 cm.

5. Aus einem Bleiwürfel $\left(\text{Dichte: } 11{,}3\ \frac{g}{cm^3}\right)$ mit einer Kantenlänge von 4 cm sollen sechs gleich große Kugeln gegossen werden.
a) Welchen Radius besitzen die Kugeln?
b) Wie groß ist die Masse einer Kugel?
c) Wie groß ist der Oberflächeninhalt einer Kugel?
d) In welchem Verhältnis steht der Oberflächeninhalt des Würfels zu dem einer Kugel?

6. Aus 1 810 m^2 Stoff wird ein kugelförmiger Ballon (ohne Verschnitt und Nähte) hergestellt. Berechne das Volumen des Ballons.

7. Berechne das Volumen und den Oberflächeninhalt der Körper ① und ②.

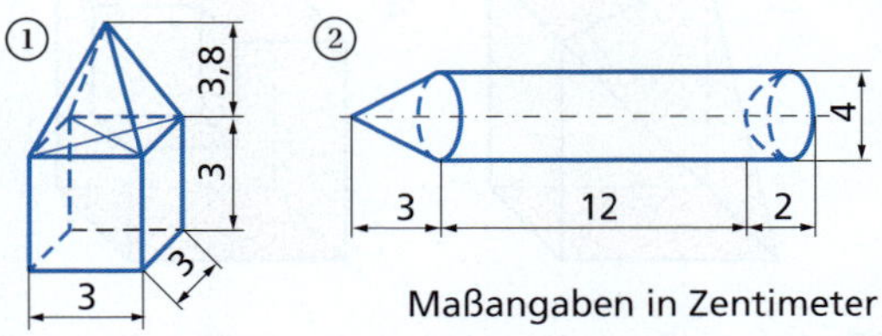

Maßangaben in Zentimeter

8. Zeichne Netz und Schrägbild eines Kreiskegels mit $r = 2{,}5$ cm und $h = 3{,}4$ cm.

9. Wie muss der Radius einer Kugel vergrößert werden, damit Folgendes gilt:
a) Das Volumen der neuen Kugel ist doppelt so groß wie das der alten Kugel.
b) Der Oberflächeninhalt der neuen Kugel ist viermal so groß wie der der alten Kugel.
c) Die Masse der neuen Kugel ist dreimal so groß wie die der alten Kugel.

10. Ein Spielzeug für Kleinkinder ist das Stehaufmännchen, das aus einer Halbkugel und einem Kegel zusammengesetzt ist.
a) Bestimme die Masse des Männchens aus Holz $\left(\text{Dichte: } 0{,}7\ \frac{g}{cm^3}\right)$, das 12 cm hoch ist und einen Durchmesser von 9 cm hat.
b) Das Männchen soll gestrichen werden. Berechne den Farbverbrauch (in Liter) für 500 Stück, wenn 1,8 ml Farbe für 100 cm^2 veranschlagt werden.

Körper

Prisma / Kreiszylinder

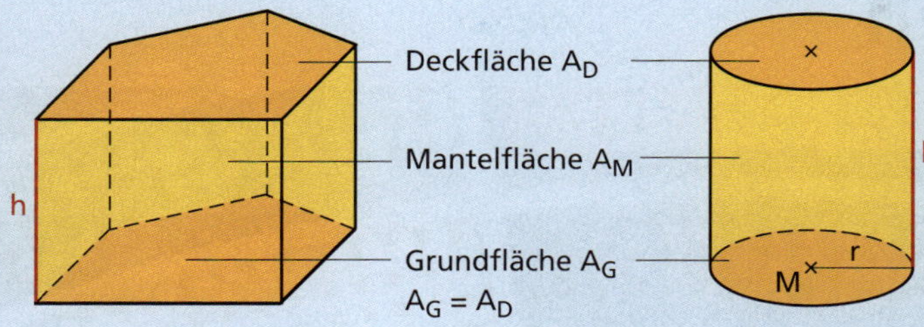

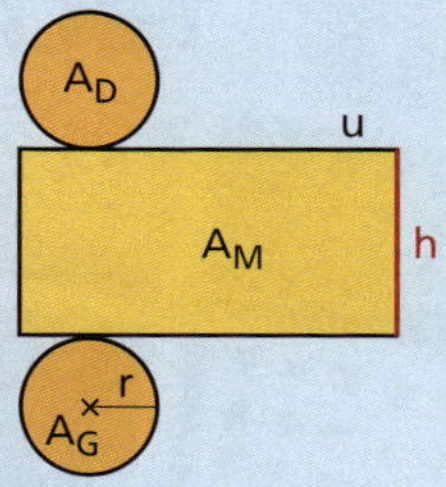

Volumen: $V = A_G \cdot h$

Oberflächeninhalt: $A_O = 2A_G + A_M$

Pyramide / Kreiskegel

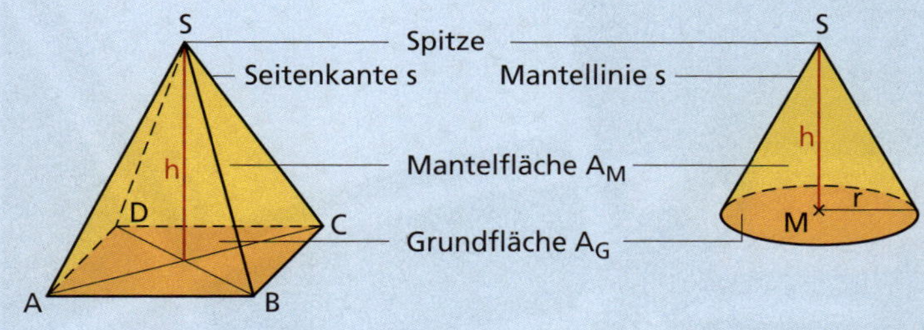

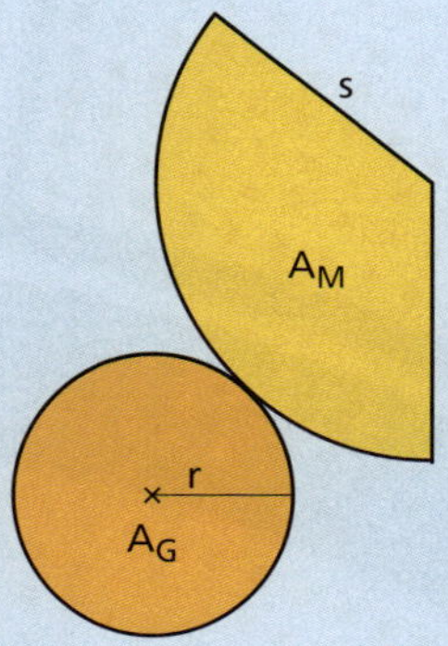

Volumen: $V = \frac{1}{3} A_G \cdot h$

Oberflächeninhalt: $A_O = A_G + A_M$

Kugel

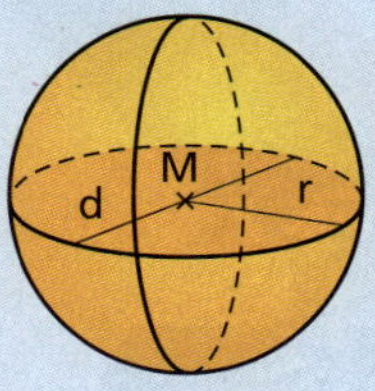

Volumen:
$V = \frac{4}{3}\pi \cdot r^3$

Oberflächeninhalt:
$A_O = 4\pi \cdot r^2$

Zusammengesetzte Körper

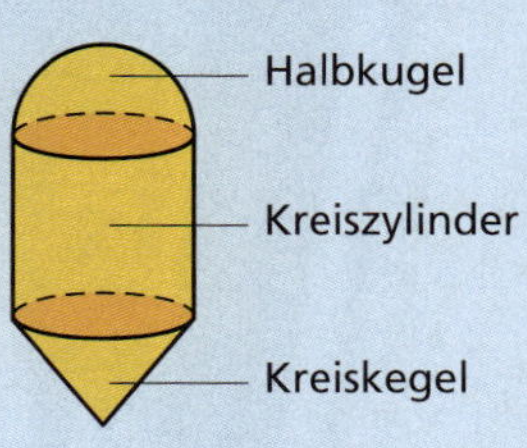

Volumen:
$V = V_1 + V_2 + V_3$

Oberflächeninhalt:
$A_O = A_{M_1} + A_{M_2} + A_{M_3}$

4 Mit Wahrscheinlichkeiten rechnen

Leistungskontrolle
Am Ende einer Unterrichtsstunde werden von der Lehrerin fünf Hefte eingesammelt, die von ihr korrigiert und bewertet werden.
Wie groß ist die Wahrscheinlichkeit dafür, dass Philipp und Jamila dabei sind, wenn in der Klasse 30 Schülerinnen und Schüler sind?

Treffer
Wie groß ist die Wahrscheinlichkeit, ins Bullseye zu treffen?

Tennisspiel
Mit welcher Wahrscheinlichkeit gewinnt Laura das Match gegen Lilly, wenn sie eine Siegerquote von 80 % hat?

Erfassen und Ordnen von Daten

In einer **Urliste** werden Daten in der Reihenfolge ihrer Erfassung aufgeschrieben. Mithilfe einer **Strichliste** werden die erfassten Daten in einfacher Form geordnet. Erweitert man die Übersicht und trägt noch ein, wie oft diese Werte auftreten, dann nennt man diese Übersicht **Häufigkeitstabelle.**
Beim **Stängel-Blätter-Diagramm** spaltet man die Werte in Stängel (z. B. Zehner) und in Blätter (z. B. Einer) auf.

Urliste **Zensuren: 5; 4; 6; 1; 3; 4; 2; 3; 3; 2; 4; 3; 2; 5; 4; 3; 2; 2; 1; 1; 3**

Strichliste

1	2	3	4	5	6
|||	𝍸	𝍸 |	||||	||	|

Häufigkeitstabelle

Zensur	1	2	3	4	5	6
absolute Häufigkeit	3	5	6	4	2	1
relative Häufigkeit	$\frac{3}{21}$ 14,3 %	$\frac{5}{21}$ 23,8 %	$\frac{6}{21}$ 28,6 %	$\frac{4}{21}$ 19,0 %	$\frac{2}{21}$ 9,5 %	$\frac{3}{21}$ 4,8 %

Stängel-Blatt-Diagramm

Zehner	Einer
0	3 4 6 3
1	2 5 7 8 4
2	0 0

Darstellung von Häufigkeitsverteilungen

Häufigkeiten können durch Strecken veranschaulicht werden. Zur Darstellung von Abläufen und Entwicklungstendenzen benutzt man Säulen- und Balkendiagramme.

Größenverhältnisse und Anteile können in Streifen- und Kreisdiagrammen dargestellt werden.

Streckendiagramm

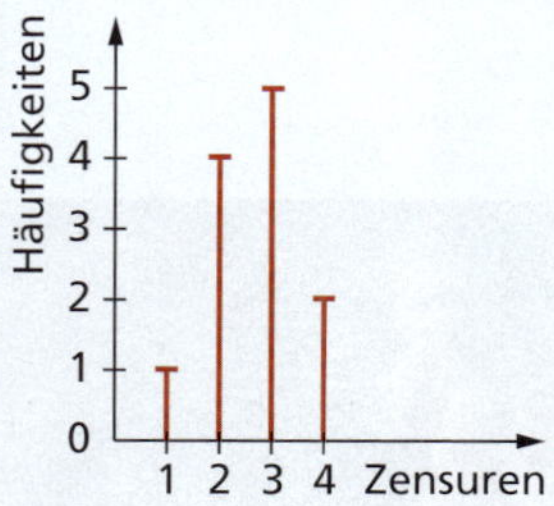

Säulen- bzw. Balkendiagramm

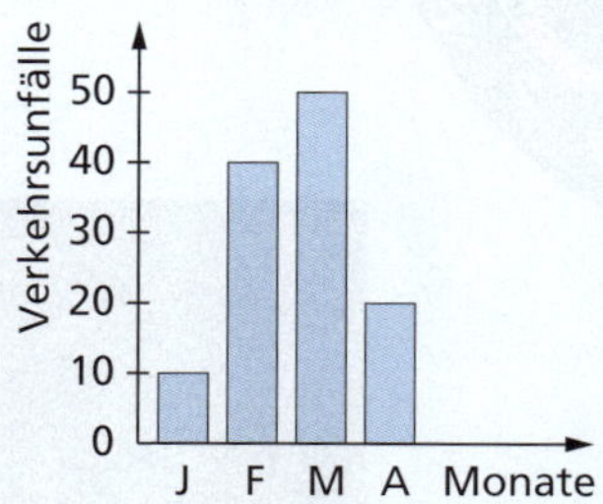

Kreisdiagramm (Prozentkreis)

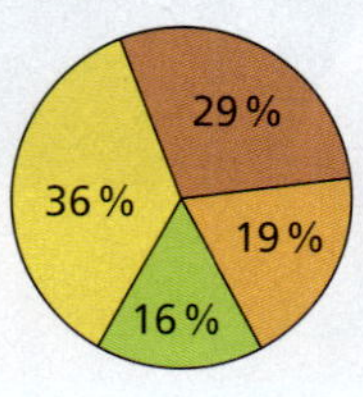

Streifendiagramm (Prozentstreifen)

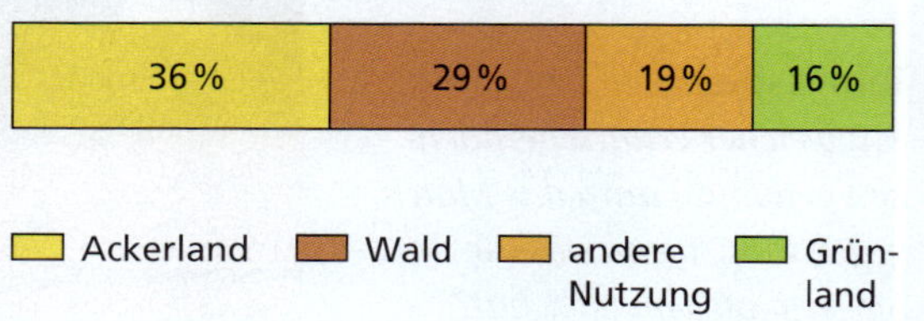

Aufgaben

1. Im Sportunterricht wurden beim Schlagballweitwurf folgende Weiten erzielt:
33 m; 35 m; 24 m; 21 m; 25 m; 33 m; 18 m; 37 m; 21 m; 25 m; 33 m; 37 m; 21 m; 18 m; 33 m; 25 m; 37 m; 33 m; 42 m; 15 m; 37 m; 27 m; 42 m; 27 m; 24 m

a) Fertige eine Strichliste an.
b) Ermittle die absoluten und die relativen Häufigkeiten.

2. Erfasse in einer Urliste, welche Handyanbieter deine Mitschüler nutzen.

a) Ermittle die relativen Häufigkeiten.
b) Stelle die Häufigkeitsverteilung in einem Kreisdiagramm dar.

3. Interpretiere die Diagramme. Stimmt die getroffene Aussage?

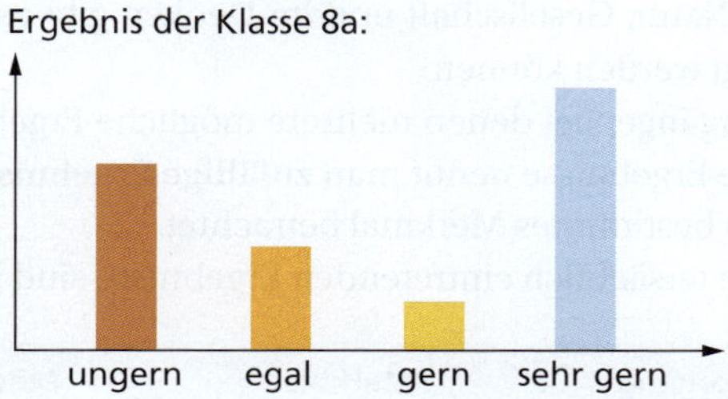

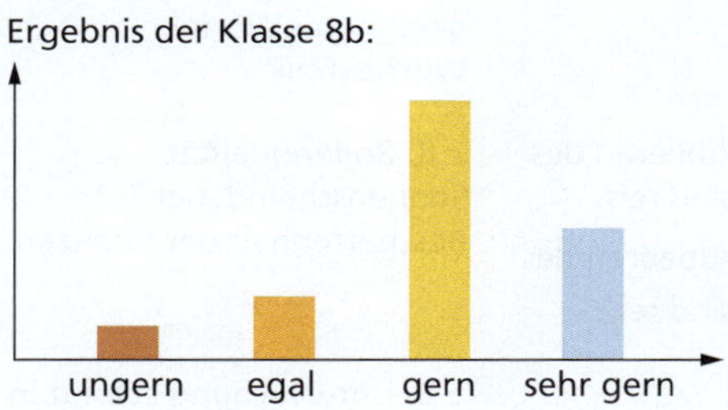

Die Chemie stimmt in allen Klassen:
Alle sitzen gern neben ihren Nachbarn. Die Befragungen ergaben in beiden Klassen einen übereinstimmend guten Mittelwert.

4. Im Stängel-Blätter-Diagramm ist das Alter der Lehrer einer Schule erfasst.

a) Wie viele Lehrer sind im Diagramm erfasst?
b) Wie groß ist das Durchschnittsalter der Lehrer?
c) Wie alt ist der jüngste Lehrer?

Zehner	Einer
3	9 0 6 2
4	7 5 2 6 3 8 6
5	8 7 8 5 6
6	2 0

5. Am Frühjahrslauf haben aus der Klasse
Klasse 9a 14 von 30,
Klasse 9b 15 von 24,
Klasse 9c 9 von 21
Schülerinnen und Schüler teilgenommen.
In welcher Klasse war die Beteiligung am größten?

6. Welches Ballspiel ist die Lieblingssportart?
Von 25 Schülerinnen und Schülern spielen acht Handball, $\frac{2}{5}$ spielen Tennis und $\frac{7}{25}$ spielen Fußball.

4.1 Ergebnisse und Ereignisse

Vorgänge mit zufälligem Ergebnis; zufällige Ereignisse

① Eine Münze wird in die Luft geworfen. Es ist sicher, dass sie wieder herunterfällt. Nicht sicher ist, welche Seite oben liegt, Zahl oder Wappen.
② Die Meteorologen kündigen für die Lausitz Regen an. Während es in Forst stark regnete, gab es in Spremberg keinen Niederschlag.
③ Ein großes Gesundheitsrisiko ist das starke Rauchen. Aber nicht jeder Raucher erkrankt an Lungenkrebs.

In Natur, Gesellschaft und im Denken gibt es Vorgänge, deren **Ergebnisse** nicht sicher vorausgesagt werden können.
Vorgänge, bei denen mehrere mögliche Ergebnisse auftreten können, heißen **zufällige Vorgänge.** Die Ergebnisse nennt man **zufällige Ergebnisse.** Bei der Untersuchung solcher Vorgänge wird nur ein bestimmtes Merkmal betrachtet.
Die tatsächlich eintretenden Ergebnisse sind immer von bestimmten Bedingungen abhängig.

Vorgang	Merkmal	Mögliche Ergebnisse	Bedingungen
Werfen eines Würfels	Augenzahl	1; 2; 3; 4; 5; 6	z. B. Unterlage, geeigneter Würfel, Wurftechnik
Ernten von Erdbeeren	Reife	– Alle Erdbeeren des Feldes sind reif. – $\frac{1}{4}$ der Erdbeeren des Feldes sind reif.	z. B. Bodenqualität, Sonnenscheindauer, Beschaffenheit der Pflanzen
Untersuchung von Verkehrsunfällen	Anzahl der tödlich verunglückten Personen	0; 1; 2 …	z. B. Untersuchung erfolgt in einer bestimmten Region, zu einer bestimmten Zeit, nach dem Alter der Personen

Ein Vorgang ist in Bezug auf ein bestimmtes Merkmal **zufällig,** wenn er mehrere mögliche Ergebnisse besitzt, von denen nach Ablauf des Vorgangs genau eines eintritt.
Die Menge aller möglichen Ergebnisse wird **Ergebnismenge** Ω (griechischer Buchstabe Omega) genannt.

Das Ergebnis eines zufälligen Vorgangs wird in der Umgangssprache meist nur dann als zufällig bezeichnet, wenn es nicht erwartet wurde.
So spricht man z. B. vom Zufall, wenn beim Loskauf der Hauptgewinn gezogen wurde („Glück gehabt!“) oder man nur Nieten erhalten hat („Pech gehabt!“).

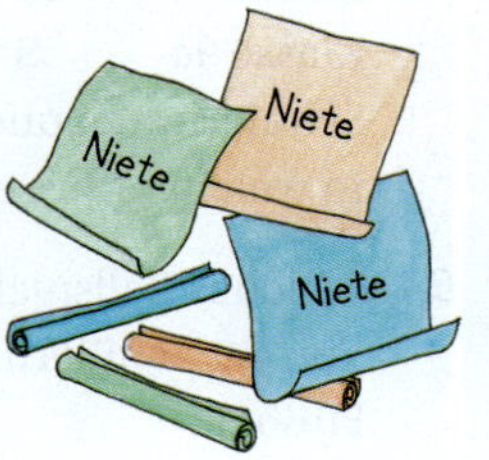

Zufallsexperimente

Zufällige Vorgänge treten in vielen Bereichen auf. Ein **Zufallsexperiment** ist die zielgerichtete Planung und Durchführung einer bestimmten Anzahl von Wiederholungen eines zufälligen Vorgangs.
Die Wahrscheinlichkeitsrechnung untersucht Gesetzmäßigkeiten zufälliger Vorgänge in allen Bereichen. Dazu ist es notwendig, auch Zufallsexperimente (Zufallsversuche) durchzuführen.

Bei der Planung und Durchführung zufälliger Vorgänge müssen folgende Fragen geklärt werden:
① Welcher Vorgang läuft ab?
② Welches Merkmal soll untersucht werden?
③ Welche Ergebnisse können auftreten?
④ Welche Bedingungen beeinflussen den Vorgang?

Vorgang	Würfeln mit einem Spielwürfel	Messen der Pulsfrequenz eines Schülers ohne körperliche Belastung	Ziehen einer Kugel aus einer Urne mit farbigen Kugeln
Merkmal	Augenzahl, die oben liegt	Anzahl der Pulsschläge pro Minute	Farbe der gezogenen Kugel
Ergebnismenge	{1; 2; 3; 4; 5; 6}	{40; 41; 42; …; 129; 130}	{Rot; Blau; Grün}
Bedingungen	– Gewürfelt wird auf einer glatten, harten Unterlage. – Immer mit den gleichen Würfeln würfeln. – Der Würfel rollt auf der Unterlage entlang.	– vorher keine körperliche Belastung – mindestens 20 min vor der Messung Ruhe (keine psychische Belastung) – Atmung ruhig und langsam	– Kugeln bestehen alle aus dem gleichen Material. – Sie haben die gleiche Größe. – Sie haben eine glatte Oberfläche.

Bei einem Zufallsexperiment interessieren alle Ergebnisse, bei denen ein bestimmtes Ereignis eintritt. Das Ereignis beschreibt man mit Worten oder man gibt es durch die Menge aller zugehörigen Ergebnisse dieses Zufallsexperiments an.

Unter einem **Zufallsexperiment** versteht man die mehrfache Wiederholung eines zufälligen Vorgangs unter gleichen Bedingungen.
Eigenschaften von Zufallsexperimenten:
- Ein Zufallsexperiment besitzt mehrere mögliche Ergebnisse.
- Zwei Ergebnisse können nicht gleichzeitig auftreten.
- Es kann nicht vorausgesagt werden, welches Ergebnis nach Ablauf des Vorgangs eintritt.
- Das Experiment kann beliebig oft wiederholt werden.

Ereignisse

Lisa, Anne, Lars und Tim werfen mit einem Oktaeder (Körper mit acht gleichseitigen Dreiecksflächen). Die Ergebnismenge beim Werfen mit einem Oktaeder ist $\Omega = \{1; 2; 3; 4; 5; 6; 7; 8\}$. Damit keiner bei diesem Spiel verliert, legen sie folgende Spielregeln fest:

A: Wer eine durch 2 teilbare Zahl wirft, erhält ein Stück Schokolade.
B: Wer eine ungerade Zahl wirft, erhält einen Bonbon.

Ein Stück Schokolade erhalten die Mitschüler bei den Augenzahlen 2, 4, 6, 8 und einen Bonbon bei den Augenzahlen 1, 3, 5, 7.

A und B sind **Teilmengen** von Ω. Sie werden als **Ereignisse** bezeichnet.

$\Omega = \{1; 2; 3; 4; 5; 6; 7; 8\}$; $A = \{2; 4; 6; 8\}$; $B = \{1; 3; 5; 7\}$

Das Ereignis A hat die Elemente {2; 4; 6; 8}. Das Ereignis B hat die Elemente {1; 3; 5; 7}.

Ergebnismenge $\Omega = \{1; 2; 3; 4; 5; 6\}$
Ereignisse, die beim einmaligen Werfen eines Würfels betrachtet werden können, sind:

Wortformulierung	Ereignis
Es wird eine Primzahl gewürfelt.	$D = \{2; 3; 5\}$
Es wird eine durch drei teilbare Zahl gewürfelt.	$E = \{3; 6\}$
Es wird eine 1 gewürfelt.	$F = \{1\}$

Ein Ereignis E tritt ein, wenn das erzielte Ergebnis zur Menge E gehört. Man sagt, auch das Ergebnis ist **günstig** für E.

Jede Teilmenge der Ergebnismenge Ω wird **Ereignis** genannt. Ereignisse werden mit großen Buchstaben bezeichnet.

Wenn ein Ereignis bei jeder Wiederholung eines Zufallsexperiments eintreten muss, ist es **sicher,** wenn es nie eintreten kann, ist es **unmöglich.**

① Lottozahlen beim Spiel 6 aus 49: Es ist sicher, dass eine Zahl von 1 bis 49 gezogen wird. Es ist aber unmöglich, die Zahl 73 zu ziehen.

② Ergebnisse einer Klassenarbeit: Mit Sicherheit kann eine Schülerin oder ein Schüler eine Note von 1 bis 6 erhalten. Es ist aber nach heutigen Bewertungskriterien in Deutschland unmöglich, die Note 8 zu bekommen.

③ Ernten von Gurken im Spreewald: Es gilt als sicher, dass von einem Gurkenfeld im Spreewald Gurken geerntet werden. Es ist aber unmöglich, von einem Gurkenfeld Tomaten zu ernten.

Gegenereignisse

Zwei Ereignisse E und $\overline{E}$ heißen **Gegenereignisse** voneinander, wenn immer eines der beiden Ereignisse eintritt (und niemals beide gleichzeitig).

Beschreiben	Ein roter und ein gelber Würfel werden geworfen.	E: Keiner der beiden Würfel zeigt die Augenzahl 4.	$\overline{E}$: Wenigstens einer der beiden Würfel zeigt die Augenzahl 4.
Auszählen	Jeder Würfel hat sechs mögliche Ergebnisse, insgesamt sind es also 36 Möglichkeiten.	Jeder Würfel hat nur noch fünf Möglichkeiten, also sind 25 Möglichkeiten für Ereignis E günstig.	Die elf Möglichkeiten, die für Ereignis $\overline{E}$ günstig sind, lassen sich nicht so einfach zählen.

Aufgaben

1. Tim und Paul verfolgen eine Saison lang die Spiele der Regionalligamannschaft SV Babelsberg 03. Jeder von ihnen beobachtet und bewertet die Spiele nach anderen Kriterien. Welche Merkmale können die beiden bei einem Fußballspiel untersuchen?

2. Die nebenstehende Abbildung zeigt eine Straßenkreuzung.
Nenne Vorgänge, die du als zufällig bezeichnen würdest.
Was kann bei diesen Vorgängen in den nächsten Minuten passieren?
Bei welchen Voraussagen bist du dir absolut sicher, bei welchen nicht?

3. Katharina und Justine beobachten das Wetter im Monat Mai.
Welche Merkmale könnten sie untersuchen?

4. Auf dem Scheunendach der Familie Lerke befindet sich ein Storchennest. Jedes Jahr brüten dort Störche.
Gib an, wie viele Jungtiere dort jedes Jahr von ihren Eltern aufgezogen werden können.
Von welchen Bedingungen hängt die Aufzucht der Jungen ab?
Informiere dich im Internet oder in der Bibliothek.

5. Frau Augsburg erwartet ein Kind. Gib die Ergebnismenge und ein Ereignis an, wenn das Geschlecht untersucht wird.
Gib jeweils das Gegenereignis an.

6. In einem Betrieb werden an einem Tag 100 Fernsehapparate hergestellt. An einem Montag waren von den 100 Geräten fünf Geräte kaputt.
Formuliere dieses Ergebnis in Worten.

4.2 Absolute und relative Häufigkeiten

Leon und Emma werfen 50-mal eine Streichholzschachtel. Sie notieren in einer Strichliste, wie oft die Schachtel auf die

- Deck- bzw. Bodenfläche,
- Reibeflächen,
- kleinen Seitenflächen fällt.

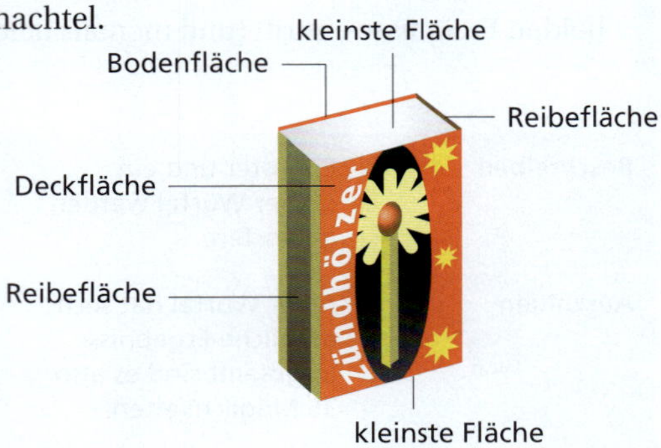

Deck- oder Bodenflächen	Reibeflächen	Kleinste Flächen
𝍸 𝍸 𝍸 𝍸 𝍸 𝍸 𝍸	𝍸 𝍸 𝍸 |||	|||

Aus der Strichliste lesen sie die **absoluten Häufigkeiten** ab und ermitteln anschließend die **relativen Häufigkeiten.** Die Ergebnisse stellen sie in einer **Häufigkeitstabelle** dar.

	Deck- oder Bodenfläche Ereignis A	Reibeflächen Ereignis B	Kleinste Flächen Ereignis C
Absolute Häufigkeit H (E)	35	12	3
Relative Häufigkeit h (E)	$\frac{35}{50} = 0{,}7 = 70\,\%$	$\frac{12}{50} = 0{,}24 = 24\,\%$	$\frac{3}{50} = 0{,}06 = 6\,\%$

Wird nach mehreren Wiederholungen eines Vorgangs jedem Ergebnis einer Ergebnismenge seine absolute oder relative Häufigkeit zugeordnet, dann erhält man eine **Häufigkeitsverteilung.** Diese kann in einer Tabelle oder grafisch (mithilfe von Diagrammen) dargestellt werden.

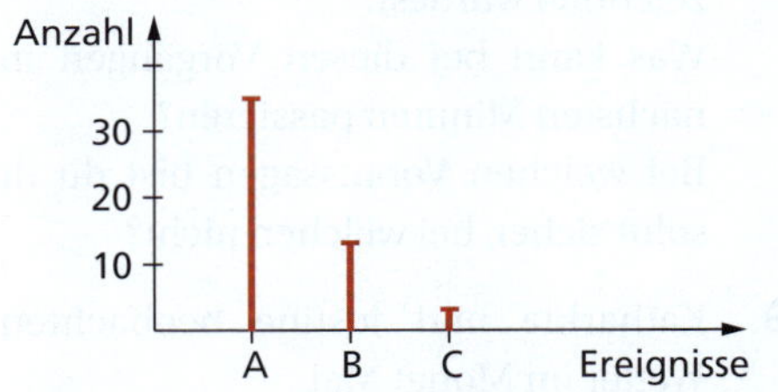

> Die **absolute Häufigkeit** H_n (E) gibt an, wie oft ein bestimmtes Ereignis bzw. Ergebnis E bei n Wiederholungen eines Vorgangs aufgetreten ist.
> Die **relative Häufigkeit** h_n (E) ist der Quotient aus der absoluten Häufigkeit H_n (E) und der Anzahl n der Wiederholungen des Vorgangs. Die relative Häufigkeit kann als gebrochene Zahl oder in Prozent angegeben werden.

Beim 50-maligen Werfen einer Streichholzschachtel ist diese zwölfmal auf eine Reibefläche gefallen.

Ergebnismenge: Ω = {Deck-/Bodenfläche; Reibefläche 1, 2; kleinste Fläche 1, 2}
Ereignis B = {Reibefläche 1, 2}

Absolute Häufigkeit: H (B) = 12 Sprechweise: H von B gleich 12

Relative Häufigkeit: $h(B) = \frac{12}{50} = 0{,}24 = 24\,\%$

Aufgaben

1. Gib folgende Brüche in Prozent an:
a) 0,5 b) 0,25 c) 0,999 d) 0,002 e) 0,504 f) 0,0007 g) 1

2. Schreibe folgende Prozentsätze als Brüche:
a) 2 % b) 73 % c) 0,3 % d) 22,4 % e) 0,85 % f) 0,01 % g) 0 %

3. a) Berechne zu jeder Zensur die relative Häufigkeit.
b) Bilde jeweils die Summe der absoluten und der relativen Häufigkeiten. Was fällt dir auf?

Zensur	1	2	3	4	5	6
H(Z)	2	4	11	6	4	1

4. Werte die Ergebnisse der letzten Mathematikarbeit in deiner Klasse aus. Fertige eine Häufigkeitstabelle an und stelle diese Häufigkeitsverteilung in einem Diagramm dar.

5. Beim Werfen mit einem Schweinewürfel können die Ereignisse Schnauze, Beine, Seite oder Rücken eintreten.
Leonie und Ben werfen je einen Schweinewürfel 50-mal. Das Ereignis „Beine" traf bei Leonie 15-mal, bei Ben nur 5-mal.
a) Berechne jeweils die relativen Häufigkeiten.
*b) Wie groß sind die relativen Häufigkeiten der Gegenereignisse?

6. Hanna würfelt mit einem Hexaeder (Spielwürfel). Die Ergebnisse ihres Spiels sind im Diagramm dargestellt.

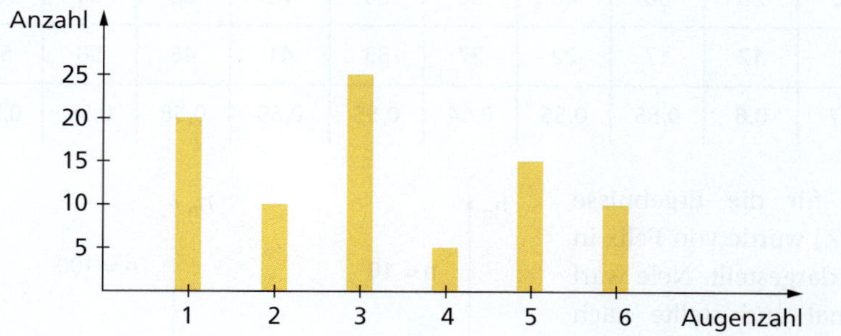

a) Wie oft hat Hanna gewürfelt?
b) Berechne die relative Häufigkeit für jede Augenzahl.
c) Gib die absolute Häufigkeit für das Ereignis „Es wird keine 6 gewürfelt" an.

7. Ein Glücksrad wurde 40-mal gedreht. Ein Mitspieler fertigte eine Häufigkeitstabelle an.

Rot	Gelb	Grün	Blau	Violett
5	9	6	12	8

a) Berechne die relative Häufigkeit für jede Farbe.
b) Stelle die Häufigkeitsverteilung in einem Diagramm dar.

8. Fertige für die Belegung der Wahlpflichtfächer in deiner Klasse eine Häufigkeitsverteilung an.
a) In Form einer Tabelle b) Mithilfe eines Diagramms

4.3 Wahrscheinlichkeiten

Gesetz der großen Zahlen

Viele Wissenschaftler versuchen, die von ihnen aufgestellten Vermutungen (Hypothesen) mithilfe von Experimenten zu beweisen. Um eine Hypothese zu bestätigen oder zu verwerfen, wiederholen sie das gleiche Experiment unter gleichen Bedingungen mehrmals.
So führte z. B. Michael Faraday (1791 bis 1867) sein Experiment zur Erzeugung des elektrischen Stroms 400-mal durch, bis er das noch heute gültige Induktionsgesetz aufstellte.

Nele und Felix warfen eine Zwei-Euro-Münze 100-mal in die Luft. Sie wollten wissen, welche Seite der Münze häufiger oben liegt. Dazu legten sie eine Strichliste an.

Anzahl der Versuche	10	20	30	40	50	60	70	80	90	100
Zahl	卌 II	卌	卌	卌	卌	卌 II	卌 III	卌	IIII	卌
Wappen	III	卌	卌	卌	卌	IIII	II	卌	卌 I	卌

Anschließend ermittelten sie in einer Häufigkeitstabelle die absolute und die relative Häufigkeit für den Fall, dass die Zahl oben lang.

Anzahl der Versuche	10	20	30	40	50	60	70	80	90	100
Absolute Häufigkeit	7	12	17	22	27	33	41	46	50	55
Relative Häufigkeit	0,7	0,6	0,56	0,55	0,54	0,55	0,59	0,58	0,55	0,55

Die relative Häufigkeit für die Ergebnisse Wappen (W) bzw. Zahl (Z) wurde von Felix in einem Säulendiagramm dargestellt. Nele warf die Münze noch 900-mal und stellte nach 1 000 Würfen fest:

- Mit zunehmender Anzahl der Versuche ändert sich die relative Häufigkeit nur noch wenig.
- Die relative Häufigkeit schwankte bei ihrem Versuch um den Wert 0,5.

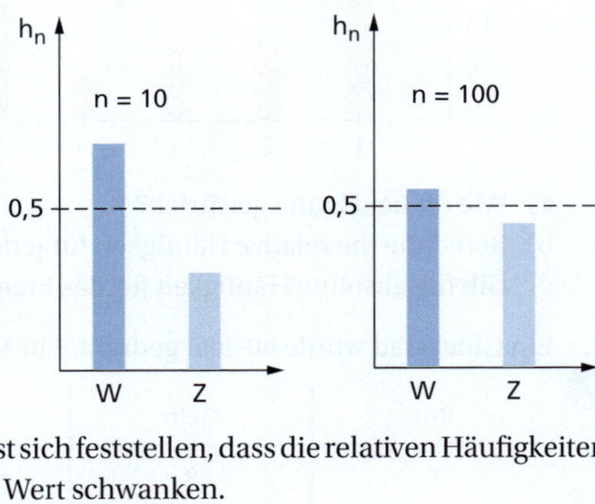

Wird ein Zufallsversuch sehr oft durchgeführt, so lässt sich feststellen, dass die relativen Häufigkeiten für das Eintreten eines Ereignisses um einen festen Wert schwanken.

Gesetz der großen Zahlen
Nach einer großen Zahl von Versuchen ändert sich bei einem Zufallsexperiment die relative Häufigkeit nur noch wenig.

Wahrscheinlichkeit

Wird ein Zufallsversuch sehr oft durchgeführt, so gilt: Die relativen Häufigkeiten für das Eintreten eines Ereignisses schwanken um eine feste Zahl. Diese feste Zahl wird die **Wahrscheinlichkeit** des Eintretens des Ereignisses E genannt. Sie wird als Bruch oder in Prozent angegeben.

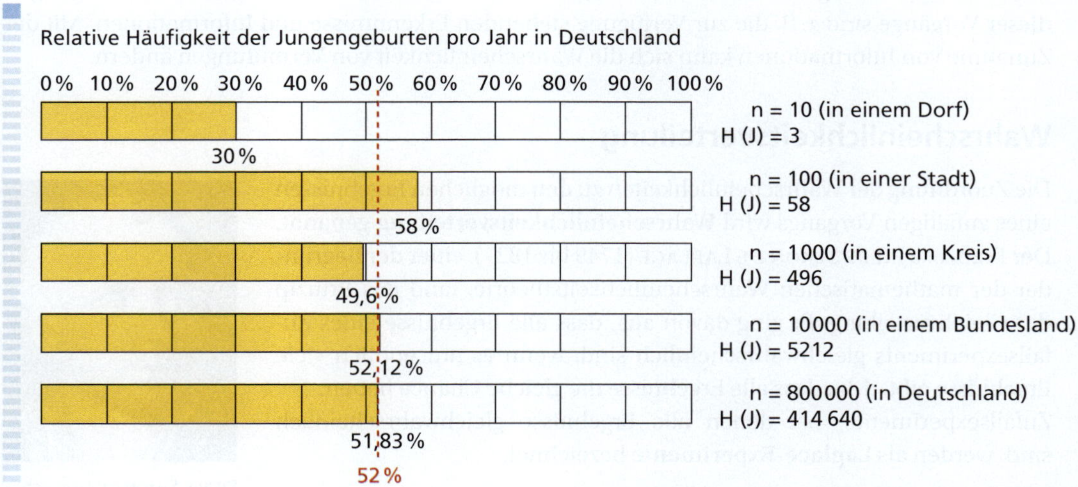

Die relative Häufigkeit eines Ereignisses E in einem Zufallsexperiment stellt einen Näherungswert für die Wahrscheinlichkeit des Ereignisses dar.
Je größer die Anzahl der Wiederholungen des Experiments ist, desto geringer schwankt die relative Häufigkeit um die Wahrscheinlichkeit.

> Die relative Häufigkeit nach einer großen Anzahl von Experimenten ist ein Schätzwert für die Wahrscheinlichkeit eines Ereignisses. Sie wird als Bruch oder in Prozent angegeben.

Die Wahrscheinlichkeit kann auf einer Skala von 0 bis 100 % bzw. von 0 bis 1 dargestellt werden.

Aussagen über Ereignisse	Skala	**Wahrscheinlichkeitsaussagen**
Das Ereignis tritt mit Sicherheit ein.	1	Die Wahrscheinlichkeit beträgt 1 bzw. 100 %.
Das Eintreten des Ereignisses ist wahrscheinlicher als das Nichteintreten.	0,9 – 0,6	Die Wahrscheinlichkeit liegt zwischen 0,5 und 1 bzw. zwischen 50 und 100 %.
Die Chancen für das Eintreten oder Nichteintreten des Ereignisses sind gleich groß.	0,5	Die Wahrscheinlichkeit beträgt $0{,}5 = \frac{1}{2}$ bzw. 50 %.
Das Nichteintreten des Ereignisses ist wahrscheinlicher als das Eintreten.	0,4 – 0,1	Die Wahrscheinlichkeit liegt zwischen 0 und 0,5 bzw. zwischen 0 und 50 %.
Das Ereignis kann unmöglich eintreten.	0	Die Wahrscheinlichkeit beträgt 0 bzw. 0 %.

> Die Summe der Wahrscheinlichkeiten aller Ergebnisse eines zufälligen Vorgangs ist 1 bzw. 100 %.

Es ist sinnvoll, auch bei Vermutungen von einer Wahrscheinlichkeit zu sprechen, mit der diese zutreffen. Vermutungen entstehen als Ergebnis von Denk- oder Lernvorgängen. Bedingungen dieser Vorgänge sind z. B. die zur Verfügung stehenden Erkenntnisse und Informationen. Mit der Zunahme von Informationen kann sich die Wahrscheinlichkeit von Vermutungen ändern.

Wahrscheinlichkeitsverteilung

Die Zuordnung der Wahrscheinlichkeiten zu den möglichen Ergebnissen eines zufälligen Vorgangs wird **Wahrscheinlichkeitsverteilung** genannt. Der Franzose PIERRE SIMON DE LAPLACE (1749 bis 1827), einer der Begründer der mathematischen Wahrscheinlichkeitstheorie, fand das Prinzip der Gleichverteilung. Er ging davon aus, dass alle Ergebnisse eines Zufallsexperiments gleichwahrscheinlich sind, wenn es nur endlich viele Ergebnisse gibt, d. h., dass alle Ergebnisse die gleiche Chance haben. Zufallsexperimente, bei denen alle Ergebnisse gleichwahrscheinlich sind, werden als **Laplace-Experimente** bezeichnet.

PIERRE SIMON DE LAPLACE

Laplace-Experimente sind:
- Werfen einer Münze,
- Ziehen einer Karte aus einem Skatblatt,
- Werfen mit Spielwürfeln,
- Ziehen der ersten Zahl beim Lotto „6 aus 49“.

Das Werfen einer Spielfigur ist kein Laplace-Experiment, da nicht alle Ergebnisse (Seitenlage, Spitze nach oben) die gleiche Chance haben. Auch beim Werfen mit einem Schweinewürfel haben nicht alle Ergebnisse (Schnauze, Beine, Seite, Rücken) die gleiche Chance.

> Besteht die Ergebnismenge eines **Laplace-Versuchs** aus m gleichwahrscheinlichen Ergebnissen, so hat jedes Ergebnis E die Wahrscheinlichkeit $P(E) = \frac{1}{m}$.

Zufälliger Vorgang	Ergebnismenge	Anzahl der Ergebnisse m	Wahrscheinlichkeit für jedes Ergebnis
Münzwurf	$\Omega = \{W; Z\}$	m = 2	$P = \frac{1}{2} = 0{,}5 = 50\,\%$
Ziehen einer Karte aus einem Skatblatt	Ω = {alle 32 Karten}	m = 32	$P = \frac{1}{32} = 0{,}03 = 3\,\%$
Werfen eines Spielwürfels	$\Omega = \{1; 2; 3; 4; 5; 6\}$	m = 6	$P = \frac{1}{6} = 0{,}166 = 16{,}6\,\%$

In einem Korb im Neuen Palais in Potsdam befinden sich Besucherlatschen (zwei Paar helle und sechs Paar dunkle). Paul greift, ohne hinzusehen, in den Korb.
Wie groß ist die Wahrscheinlichkeit, dass er ein Paar helle Latschen herausnimmt?
Jedes Paar Latschen hat die gleiche Chance, herausgenommen zu werden. Die Anzahl der günstigen Ergebnisse (ein Paar helle Latschen herausnehmen) beträgt 2, die Anzahl der möglichen Ergebnisse 8.
Die Wahrscheinlichkeit, dass Paul ein Paar helle Latschen herausnimmt beträgt
$\frac{2}{8} = \frac{1}{4} = 0{,}25 = 25\,\%$.

Laplace-Regel
Die Wahrscheinlichkeit, mit der ein Ereignis eintritt, wird berechnet mithilfe der Gleichung:
$$\text{Wahrscheinlichkeit des Ereignisses} = \frac{\text{Anzahl der für E günstigen Ergebnisse}}{\text{Anzahl der möglichen Ergebnisse}}$$

Berechnen von Wahrscheinlichkeiten

Nicole und Kathleen besuchen ein Konzert der Gruppe SPN-X auf der Wehrinsel in Forst.
Vor Konzertbeginn sehen sie sich noch den Ostdeutschen Rosengarten an. Vom Haupteingang aus führen viele kleine Wege durch die wunderschön angelegten Rosenbeete bis zum Entengraben und von dort auf die Wehrinsel, wo sich der Musikpavillon befindet.
Wie viele Möglichkeiten gibt es, vom Eingang zum Musikpavillon zu gelangen?

Skizze:

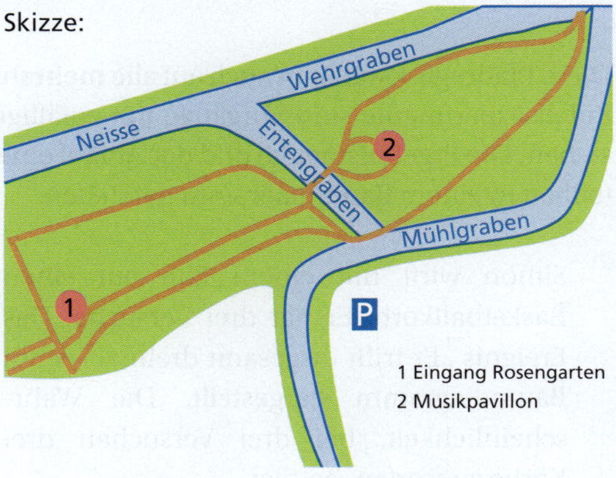

1 Eingang Rosengarten
2 Musikpavillon

In einem **Baumdiagramm** lassen sich alle Möglichkeiten übersichtlich darstellen.
Drei verschiedene Wege führen vom Eingang bis zum Graben.
Vom Graben bis zum Musikpavillon gibt es auch zwei unterschiedliche Wege. Nicole und Kathleen haben folgende Möglichkeiten:

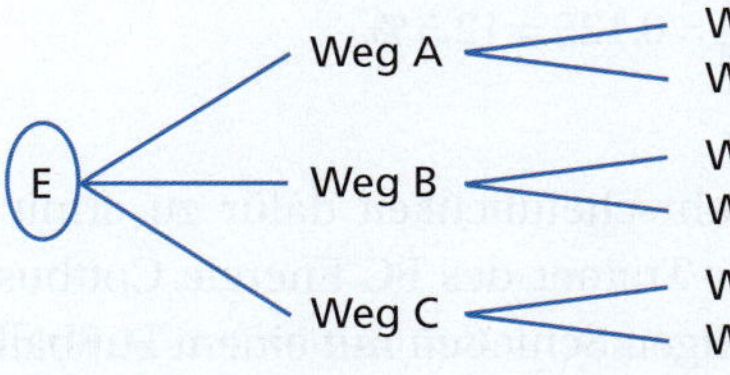

① Weg A und Weg 1	② Weg A und Weg 2	③ Weg B und Weg 1
④ Weg B und Weg 2	⑤ Weg C und Weg 1	⑥ Weg C und Weg 2

Es gibt also insgesamt sechs Möglichkeiten, um vom Eingang des Rosengartens bis zum Musikpavillon zu gelangen.

In einem Baumdiagramm werden die einzelnen Gesamtwege als **Pfade** bezeichnet. Kathleen und Nicole haben nicht die Zeit, alle Rosenbeete anzusehen.
Wie groß ist nun die Wahrscheinlichkeit, dass sie den Pfad ④ benutzen?

Um die Wahrscheinlichkeit zu ermitteln, wird noch einmal das Baumdiagramm betrachtet. Die Wahrscheinlichkeit, dass Nicole und Kathleen einen der Wege A, B oder C benutzen, beträgt $\frac{1}{3}$. Die Wahrscheinlichkeit für die Wege 2 und 1 beträgt $\frac{1}{2}$. Die beiden Wahrscheinlichkeiten werden nun multipliziert. Das Produkt ist die Wahrscheinlichkeit des zu diesem Pfad gehörenden Ergebnisses. Die Wahrscheinlichkeit, dass die beiden Mädchen den Pfad ④ benutzen, beträgt $\frac{1}{6} = 16{,}7\,\%$.

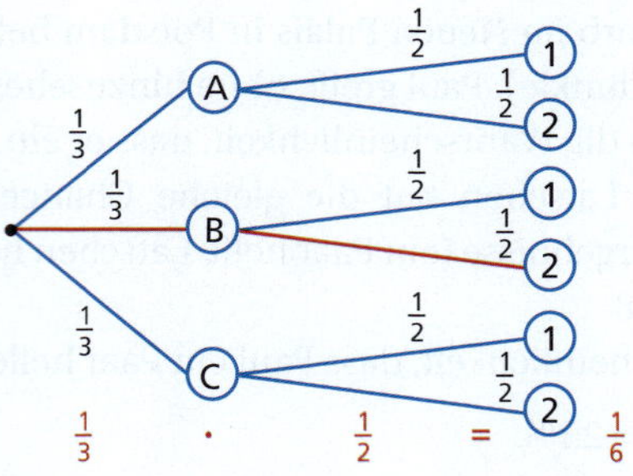

1. Pfadregel (Produktregel)
Die Wahrscheinlichkeiten entlang einem Pfad in einem Baumdiagramm werden multipliziert. Das Produkt ergibt die Wahrscheinlichkeit des zu diesem Pfad gehörenden Ergebnisses im Gesamtvorgang.

Diese Pfadregel kann man auch auf alle **mehrstufigen Zufallsexperimente** anwenden. Mehrstufige Zufallsexperimente sind Vorgänge mit zufälligem Ergebnis, die aus mehreren Teilvorgängen bestehen. Die Ergebnismenge und der Ablauf eines mehrstufigen Zufallsexperiments lassen sich vorteilhaft in einem Baumdiagramm darstellen.

Simon wirft mit einem Ball auf einen Basketballkorb. Er hat drei Versuche. Das Ereignis „Er trifft insgesamt dreimal" ist im Baumdiagramm dargestellt. Die Wahrscheinlichkeit, bei drei Versuchen drei Körbe zu werfen, beträgt

$\frac{1}{2} \cdot \frac{1}{2} \cdot \frac{1}{2} = \frac{1}{8} = 0{,}125 = 12{,}5\,\%$.

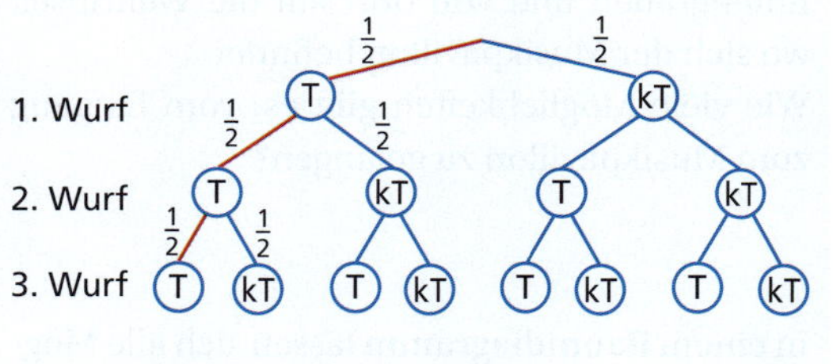

T – Treffer; kT – kein Treffer

Es ist die Wahrscheinlichkeit dafür zu ermitteln, dass der Trainer des FC Energie Cottbus beim dreimaligen Schießen mit einem Fußball auf ein Tor mindestens zweimal hintereinander das Tor trifft. Im Baumdiagrammm sind alle möglichen Ergebnisse für dieses dreistufige Zufallsexperiment dargestellt. Die für das oben genannte Ereignis günstigen Pfade sind rot gekennzeichnet.

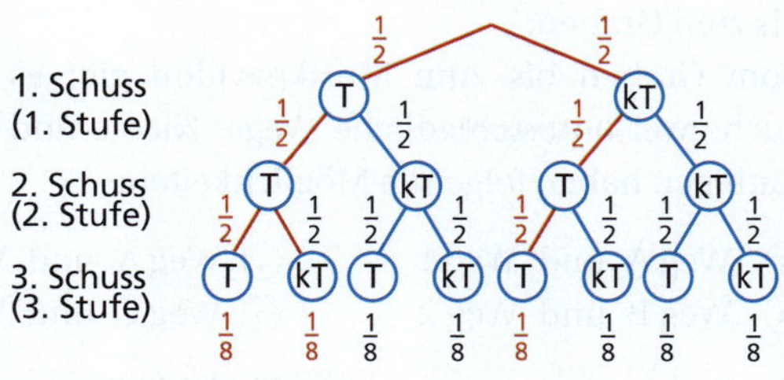

T – Tor; kT – kein Tor

Aus dem Baumdiagramm kann man ablesen, dass es drei günstige Pfade für das gewünschte Ereignis gibt. Mithilfe der Produktregel kann die Wahrscheinlichkeit für jeden einzelnen Pfad ermittelt werden. Sie beträgt $\frac{1}{8}$.

Werden die Wahrscheinlichkeiten der für dieses Ereignis günstigen Pfade addiert, so erhält man die Wahrscheinlichkeit: $\frac{1}{8} + \frac{1}{8} + \frac{1}{8} = \frac{3}{8} = 0{,}375 = 37{,}5\,\%$

2. Pfadregel (Summenregel)
Die Wahrscheinlichkeit eines Ereignisses ist gleich der Summe der Wahrscheinlichkeiten aller Pfade, die für das Ereignis günstig sind.

In einem abgedeckten Korb befinden sich drei Äpfel und fünf Birnen. Katja nascht heimlich. Sie greift zweimal in den Korb hinein. Wie groß ist die Wahrscheinlichkeit, dass sie beim zweimaligen Hineingreifen einen Apfel und eine Birne erhält?

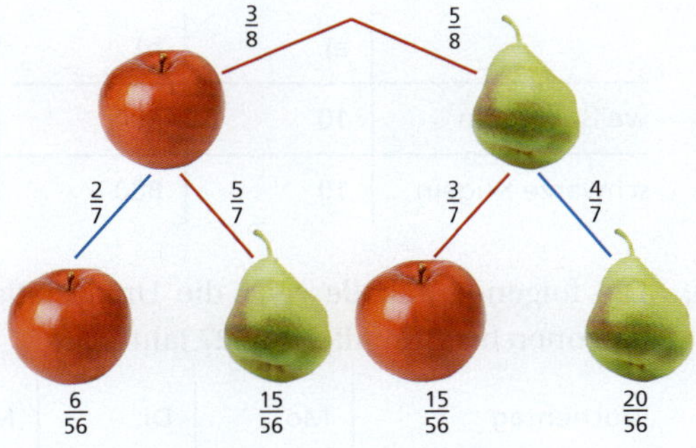

Die Wahrscheinlichkeit, beim ersten Hineingreifen in den Korb einen Apfel zu erhalten, beträgt nur $\frac{3}{8}$, die eine Birne zu erhalten $\frac{5}{8}$.

Beim zweiten Hineingreifen sind nur noch sieben Stück Obst im Korb. Die Wahrscheinlichkeit, jetzt einen Apfel herauszunehmen, beträgt entweder $\frac{2}{7}$ oder $\frac{3}{7}$, je nachdem, was man beim ersten Mal herausgenommen hatte.
(Analog Anzahl der Birnen)

Zum besseren Verständnis lassen sich **mehrstufige Zufallsexperimente** in einem Baumdiagramm darstellen.
Die Wahrscheinlichkeiten werden mithilfe der 1. und der 2. Pfadregel berechnet.

Aufgaben

Gesetze der großen Zahlen

1. Wirf eine Streichholzschachtel 50-mal. Ermittle die relative Häufigkeit, mit der eine Schachtel nach 50 Versuchen
a) auf Deckfläche oder Bodenfläche,
b) auf eine der Reibeflächen,
c) auf eine der kleinsten Flächen fällt.

2. Beim Werfen einer Reißzwecke seien die Ereignisse A und B die nebenstehenden Lagen.

A:  B: 

a) Ermittle die absoluten und die relativen Häufigkeiten für das Ereignis A. Führe dazu einen Versuch mit 50, 100, 150, 200, 250, 300, 350 und 400 Würfen durch.
b) Zeichne einen Graphen der Zuordnung Anzahl der Würfe $\rightarrow$ relative Häufigkeit. Was fällt dir auf?

Berechnen von Wahrscheinlichkeiten

3. a) Erkundige dich in deiner Klasse (besser: in mehreren Klassen), an welchem Wochentag die Schüler geboren wurden.

b) Schätze zuerst die Wahrscheinlichkeit für die Geburt eines Kindes an einem bestimmten Wochentag und vergleiche sie mit den ermittelten relativen Häufigkeiten deiner Umfrage.

4. In einem Ziehungsbehälter befinden sich schwarze und weiße Kugeln. Ermittle jeweils die Wahrscheinlichkeit (in Prozent), eine schwarze Kugel zufällig auszuwählen.

	a)	b)	c)	d)	e)	f)
weiße Kugeln	10	200	15	2	17	999
schwarze Kugeln	10	800	60	1	0	1

5. Die folgende Tabelle zeigt die Unfallstatistik eines Landkreises während eines Jahres für Personen bis zum Alter von 27 Jahren:

Wochentag	Mo.	Di.	Mi.	Do.	Fr.	Sa.	So.
Anzahl der Unfälle	65	38	42	41	98	192	104

Kann das Unfallgeschehen mit dem Merkmal „Verkehrsunfall an einem bestimmten Wochentag" als Laplace-Versuch beschrieben werden? Begründe.

6. Wie groß ist die Wahrscheinlichkeit für das Würfeln von „Weiß" bei den Netzen?

a)

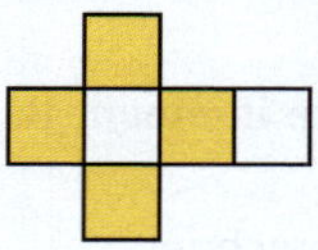

b)

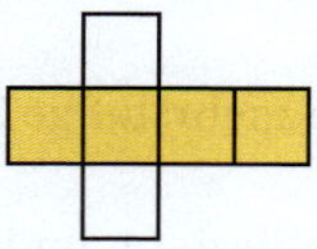

c)

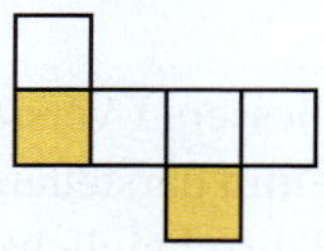

7. Entwirf ein Glücksrad mit schwarzen und weißen Feldern, sodass der Zeiger mit der angegebenen Wahrscheinlichkeit auf einer schwarzen Fläche stehen bleibt.

a) $\frac{3}{4}$ b) 0 c) $\frac{1}{6}$ d) 1 e) $\frac{1}{3}$

8. a) Bestimme die Wahrscheinlichkeit dafür, dass das Glücksrad auf einem gelben Sektor stehen bleibt.

b) Bestimme die Wahrscheinlichkeit für das Halten auf einem blauen Sektor.

①

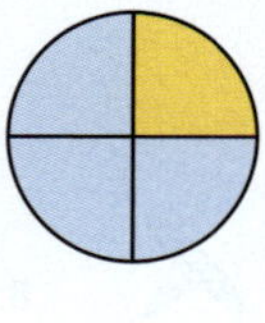

②

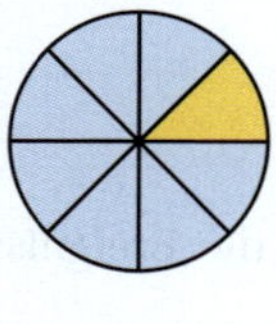

③

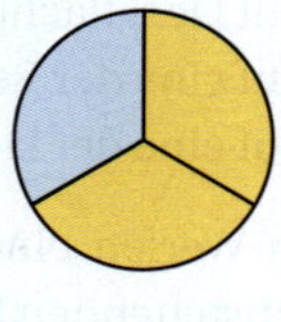

④

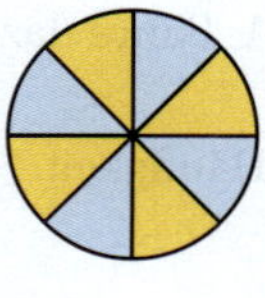

⑤

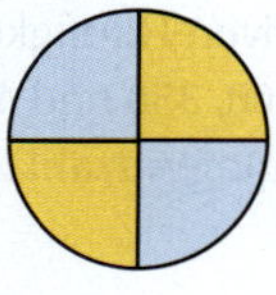

⑥

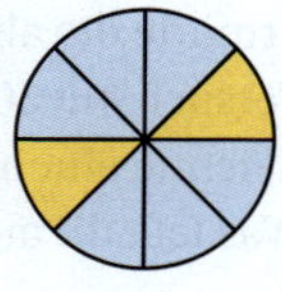

9. An einer Losbude steht die Aufschrift „Jedes zweite Los gewinnt“.
Welche der Aussagen sind richtig?
a) Die Hälfte aller Lose sind Gewinne.
b) Zwei Lose garantieren einen Gewinn.
c) Bei 100 Losen sind garantiert 50 Gewinne.
d) Die Gewinnwahrscheinlichkeit beträgt 50 %.
e) Die Chancen für einen Gewinn stehen 1 : 1.

10. Bei der Ziehung der Lottozahlen „6 aus 49“ vereinbaren Leon und Lena ein Spiel:
Leon gewinnt einen Kaugummi, wenn eine Zahl gezogen wird, die die Ziffer 7 enthält.
Lena gewinnt einen Kaugummi, wenn die gezogene Zahl kleiner als 7 ist.
Ist die Spielregel gerecht? Begründe.

11. Ein Kartenspiel mit 32 Karten (8 Karo/rot, 8 Herz/rot, 8 Pik/schwarz, 8 Kreuz/schwarz) wird gut durchgemischt und als Stapel auf den Tisch gelegt. Die oberste Karte wird aufgedeckt.
a) Bestimme die Wahrscheinlichkeit für die folgenden Ereignisse:
① Es ist eine rote Karte. ② Es ist eine schwarze Karte.
③ Es ist eine Kreuzkarte. ④ Es ist eine Dame. ⑤ Es ist der Kreuzbube.
b) Der Vorgang wird 128-mal wiederholt.
Mit welchen absoluten Häufigkeiten können die oben genannten Ereignisse ① bis ⑤ erwartet werden?

12. Sophie und Chris paddeln auf den Fließen des Spreewalds.
Wie viele verschiedene Paddelrouten gibt es vom Bootshaus zum Gasthaus „Spreewaldgurke“?

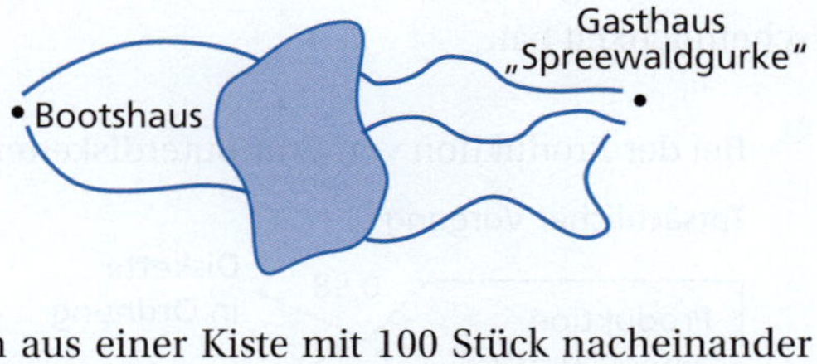

13. Bei der Gütekontrolle von Glühlampen werden aus einer Kiste mit 100 Stück nacheinander zwei Glühlampen herausgenommen.
Wie groß ist die Wahrscheinlichkeit, dass beide Glühlampen defekt sind, wenn eine Ausschussquote von 50 % angenommen wird?

14. Leonie besucht die Fahrschule. Nach 21 Stunden Unterricht darf sie die theoretische Fahrprüfung ablegen. Sie erhält drei Chancen, diese zu bestehen. Fällt sie dreimal durch die Prüfung, muss sie den Lehrgang wiederholen. Im Baumdiagramm sind alle Möglichkeiten aufgezeigt.
Wie groß ist die Wahrscheinlichkeit, dass sie beim dritten Versuch besteht?

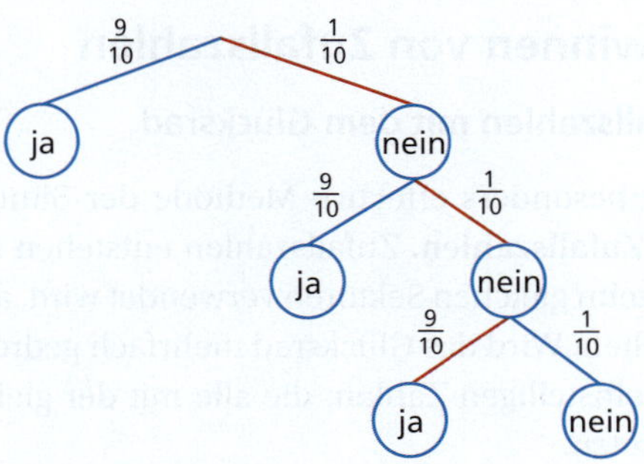

4.4 Zufallsgeneratoren und Simulationen

An einem Flugsimulator werden künftige Piloten unter realitätsnahen Bedingungen ausgebildet. Das ist eine kostengünstige und effektive Methode.

Auch mit einem geeigneten Computerspiel kannst du bestimmte Situationen beim Steuern eines Flugzeugs nachspielen und nachempfinden.

Die Nachahmung eines Vorgangs durch einen anderen nennt man **Simulation** des Vorgangs. Dabei werden meist die Bedingungen vereinfacht oder idealisiert.

Zur Simulation zufälliger Vorgänge eignen sich Objekte wie Münzen, Würfel, Glücksräder, Spielkarten oder Ziehungsgeräte. Häufig werden Behälter mit Kugeln verschiedener Farben verwendet, die man **Urnen** nennt. Derartige Objekte heißen auch **Zufallsgeräte** oder **Zufallsgeneratoren.** Mit ihnen lassen sich zufällige Vorgänge experimentell durchführen, die man unter gleichen Bedingungen sehr oft wiederholen kann.

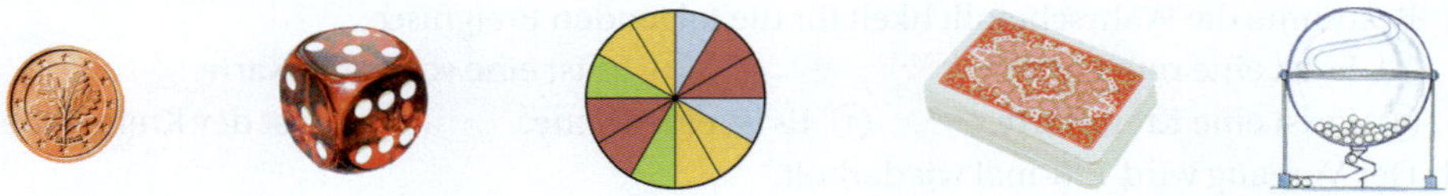

Bei der Simulation eines zufälligen Vorgangs muss jedem Ergebnis des Vorgangs ein Ergebnis des Ersatzvorgangs zugeordnet werden können, das die gleiche oder annähernd die gleiche Wahrscheinlichkeit hat.

Bei der Produktion von Computerdisketten sind erfahrungsgemäß etwa 2 % defekt.

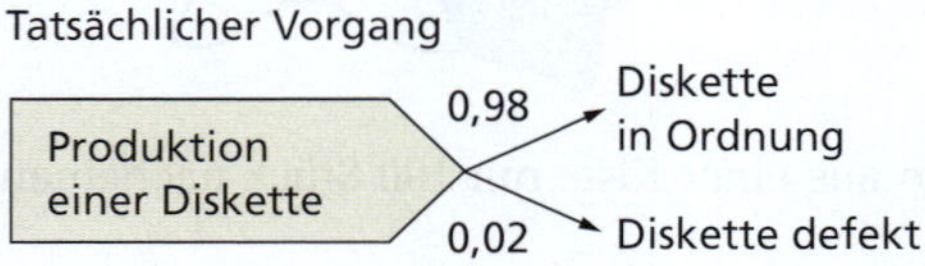

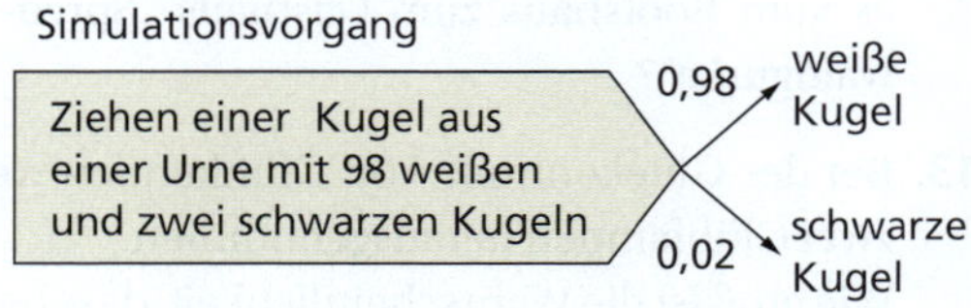

Gewinnen von Zufallszahlen

Zufallszahlen mit dem Glücksrad

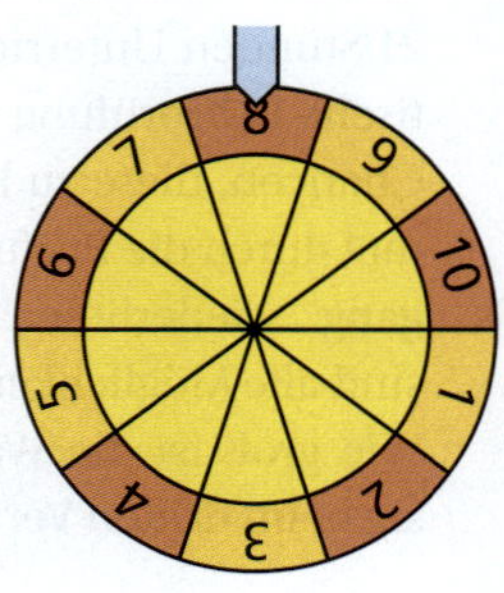

Eine besonders effektive Methode der Simulation ist die Verwendung von **Zufallszahlen.** Zufallszahlen entstehen z. B., wenn ein Glücksrad mit zehn gleichen Sektoren verwendet wird, auf denen die Zahlen 0 bis 9 stehen. Wird das Glücksrad mehrfach gedreht, erhält man eine Folge von einstelligen Zahlen, die alle mit der gleichen Wahrscheinlichkeit auftreten.

Zufallszahlen mit dem Taschenrechner

Zufallszahlen können mit Taschenrechnern erzeugt werden, die eine RAN-Taste (engl.: random – zufällig) besitzen. Bei vielen Modellen werden Zufallszahlen zwischen 0,000 und 0,999 mit drei Dezimalstellen angegeben. Es können einstellige Zufallszahlen zu mehrstelligen zusammengefasst bzw. von mehrstelligen nur ein oder zwei Stellen berücksichtigt werden.

Zufallszahlen in Tabellen

Folgen von Zufallszahlen kann man auch als Tabellen finden. Zur besseren Übersicht sind immer fünf Zahlen zu einer Gruppe zusammengefasst.

Es soll das 20-malige Werfen eines Würfels mithilfe einer Tabelle von Zufallsziffern simuliert werden.
In der Tabelle findet man beispielsweise nachstehende Ziffernfolge:

65741	73407	27631	06010	80545
57182	56150	20677	96258	62668
09991	09952	94487	61186	88353
20720	64104	47357	13447	79989
96556	96408	46954	52026	64230
26271	29576 …			

Es wird vereinbart, dass die Zufallsziffern 1 bis 6 den erzielten Augenzahlen entsprechen sollen, die Zufallsziffern 7, 8, 9 und 0 werden einfach ausgelassen. Nach Wahl eines beliebigen Startpunkts (etwa 1. Zeile, 9. Ziffer) liefert die Simulation für das 20-malige Würfeln dann:

26316 15455 12561 52662

Zufallszahlen mit dem Computer

Es gibt Computerprogramme mit einem Zufallszahlengenerator. Beispielsweise kann man mit dem Programm Derive auch beliebige ganzzahlige Zufallszahlen erzeugen (siehe Kapitel 5). Mit Zufallsgeneratoren oder Zufallszahlen kann man auch auf einfache Weise eine zufällige Auswahl von Objekten aus einer Menge vornehmen.

Unter den 79 Schülern dreier Klassen sollen zehn Freikarten für ein Rockkonzert verlost werden. Mithilfe der Klassenlisten kann jedem Schüler eine der Nummern 01 bis 79 zugeordnet werden. Mit einem Taschenrechner werden folgende Zufallszahlen ermittelt, von denen die ersten beiden Dezimalstellen verwendet werden:

0,001; 0,859; 0,<u>13</u>3; 0,<u>79</u>8; 0,<u>07</u>4; 0,<u>48</u>7; 0,<u>39</u>3; 0,<u>13</u>2; 0,841; 0,846; 0,<u>45</u>0; 0,<u>69</u>1; 0,986; 0,<u>67</u>7; 0,<u>07</u>5; 0,<u>65</u>8

Die Schüler mit den unterstrichenen Nummern erhalten die Karten. Zahlen größer als 79 sowie Zahlen, die schon vorkamen, werden nicht berücksichtigt.

Durch die Simulation zufälliger Vorgänge kann man untersuchen, wie bei einer geringen Anzahl von Wiederholungen des Vorgangs die relative Häufigkeit eines Ergebnisses von seiner Wahrscheinlichkeit abweichen kann. Simulationen können auch verwendet werden, um Näherungswerte für unbekannte Wahrscheinlichkeiten durch die Ermittlung relativer Häufigkeiten zu erhalten.

Aufgaben

1. Welche Zufallsgeneratoren eignen sich zur zufälligen Auswahl? Formuliere Entscheidungsregeln.

① Zwei von sechs Kindern dürfen mit einer Freikarte in die Schwimmhalle gehen.

② Einer von drei Jungen soll einen Mutsprung in das Wasser machen.

③ 22 von 36 Schüler dürfen den gewünschten Auswahlpflichtkurs belegen.

2. Anne spielt gegen Mia vier Partien Tischtennis. Anne gewinnt davon drei und behauptet, die bessere Spielerin zu sein. Mia nimmt vier Münzen in die Hand und sagt: „Auch wenn wir beide etwa gleich stark sind, ist es nicht unwahrscheinlich, dass du drei oder auch vier Partien gewinnst. Das beweise ich dir mit diesen vier Münzen, bei denen die Seiten Wappen oder Zahl die gleiche Chance haben und für einen Sieg von dir oder mir stehen."
Wie könnte Mia den Beweis erbringen? Plane ein geeignetes Simulationsexperiment und führe es durch. Kommentiere dein Ergebnis.

3. Drei Freunde stellen fest, dass in diesem Jahr zwei von ihnen am gleichen Wochentag Geburtstag haben.

a) Schätze, mit welcher Wahrscheinlichkeit so etwas vorkommt.

b) Plane ein Experiment mit sieben Karten eines Kartenspiels, mit dem die Wahrscheinlichkeit ermittelt wird, dass von drei Personen zwei am gleichen Wochentag Geburtstag haben. Führe das Experiment durch.

4. Zur Erzeugung von Zufallsziffern benötigt man zufällige Vorgänge mit zehn möglichen Ergebnissen, die alle die gleiche Wahrscheinlichkeit haben.
Welche Gegenstände und Versuchsanordnungen könnte man verwenden?

5. Wie kann man mit Zufallsziffern die Vorgänge simulieren?

a) Verlosung von vier Freikarten unter 53 Schülern

b) Ankreuzen von sechs Zahlen im Spiel 6 aus 49, wobei alle Zahlen die gleiche Chance der Auswahl haben sollen

c) Zufällige Auswahl von 50 Schülern für eine Befragung an einer Schule mit 613 Schülern

6. Felix und Fritz vereinbaren ein Spiel. Sie werfen abwechselnd eine Münze. Bei Wappen muss Felix an Fritz, bei Zahl Fritz an Felix jeweils eine Nuss „zahlen". Jeder hat vier Nüsse als Startkapital.
Das Spiel ist beendet, wenn einer der beiden sein Startkapital verspielt hat.

a) Felix kommen Bedenken, dass das Spiel in der Regel „unendlich lange" dauern würde. Sie wollen daher spätestens nach 30 Würfen aufhören.
Hältst du diese zusätzliche Stoppregelung für erforderlich?

b) Simuliere unter Verwendung von Zufallsziffern fünf Spiele.

c) Ermittle aus allen in deiner Klasse durchgeführten Simulationen die mittlere Spiellänge.

7. Teste den „Zufallszahlengenerator" im Kopf deines Banknachbarn auf folgende Weise:
Lass dir von deinem Banknachbarn 20 fünfstellige Zahlen nennen und schreibe sie hintereinander auf. Ermittle die relative Häufigkeit der Ziffern von 0 bis 9 und vergleiche sie mit dem theoretischen Wert von 0,1.
Welche Ziffern sind die „Lieblingsziffern" deines Banknachbarn?

Experimente zum Zufall

Bei einem Zufallsexperiment ist der Ausgang des Experiments nicht vorhersehbar. Es sind stets verschiedene Ergebnisse möglich. Als Zufallsexperiment wurden bisher beschrieben:
- das Werfen eines Würfels,
- das Werfen einer Münze und
- das Drehen eines Glücksrads.

Die Prüfung der Keimfähigkeit von Samen kann man auch als Zufallsexperiment ansehen. Experimente, die zeitaufwendig (z. B. Keimprobe) oder kostenintensiv sind (z. B. Kauf von Überraschungseiern, bis eine bestimmte Figur enthalten ist), können auch mithilfe von Zufallszahlen simuliert werden.

1. Überraschungstüten einer bestimmten Sorte enthalten jeweils eines von sechs Bildern für ein Comicheft. Das Heft ist voll, wenn alle sechs Bilder eingeklebt wurden.
   Die Bilder gelangen durch eine Zufallsauswahl in die Tüten. Man weiß nie, welches Bild in der gekauften Tüte ist.
   a) Wie viele Tüten muss man mindestens kaufen, um alle Bilder zu bekommen?
   b) Wie teuer wird ein volles Buch mindestens, wenn eine Tüte 2,40 € kostet?
   (Das Buch gibt es beim Kauf von 15 Tüten kostenlos.)
   c) Simuliert mithilfe von Zufallszahlen den Kauf einer Tüte. Wiederholt den Vorgang so lange, bis ihr eine vollständige Serie von Bildern habt.
   Wie teuer wäre der Kauf der Tüten gewesen?

2. Für den folgenden Versuch benötigt ihr altes und neues Saatgut der gleichen Sorte für die ganze Klasse.
   a) Legt zwei Keimversuche mit jeweils 20 Samen an. Benutzt für einen Versuch nur altes, für den anderen Versuch nur neues Saatgut. Die Ergebnisse der Versuche sollen in der Anzahl der jeweils gekeimten Samen bestehen.
   b) Schätzt nach Beendigung eurer Keimversuche die Wahrscheinlichkeit, mit der das alte bzw. das neue Saatgut keimt.
   c) Fasst nun die Ergebnisse aller Schüler zusammen und gebt einen verbesserten Schätzwert für die Keimfähigkeit des alten und des neuen Saatguts an.
   d) Sammelt die Ergebnisse der ganzen Klasse in zwei Häufigkeitstabellen und zeichnet für jeden Versuch ein Häufigkeitsdiagramm (Achsenbezeichnung: Anzahl der gekeimten Samen von 0 bis 20; absolute Häufigkeit des Auftretens dieser Anzahl in der Klasse).
   Vergleicht die Häufigkeitsdiagramme miteinander.

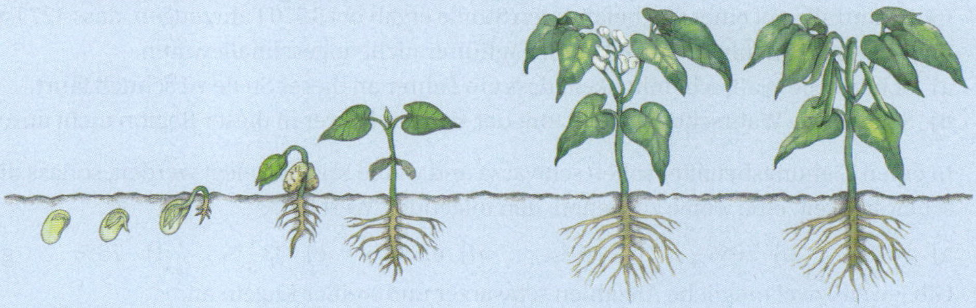

4.5 Gemischte Aufgaben

1. Bei welchen der folgenden Sachverhalte handelt es sich um zufällige Vorgänge?
a) Das Ziehen einer Karte aus einem Kartenspiel
b) Die Lebensdauer eines Menschen
c) Die Ausdehnung eines sich erwärmenden Metalls
d) Ein Sechser im Lotto
e) Das Schmelzen von Eis bei 0 °C

2. In einer Urne liegen zwei rote, zwei blaue und zwei gelbe Kugeln. Eine Kugel wird herausgenommen. Bestimme die Ergebnismenge.

3. Im Sportunterricht der Klasse 9c wird eine Leistungskontrolle im Weitsprung durchgeführt.
a) Welcher Vorgang findet statt?
b) Welches Merkmal wird untersucht?
c) Welche möglichen Ergebnisse können eintreten?
d) Weche Bedingungen können das Springen beeinflussen?
e) Welches Ereignis tritt ein, wenn Lisa 3,50 m springt?

4. Denke dir ein Zufallsexperiment aus. Stelle dein Experiment deinen Mitschülern vor und werte dieses aus.
Verwende dabei die Begriffe Vorgang, Merkmal, mögliche Ergebnisse, Ereignisse, Bedingungen.

5. Tom und Anton bauen ein Glücksrad mit sechs Feldern, in denen die Zahlen 1 bis 6 stehen.

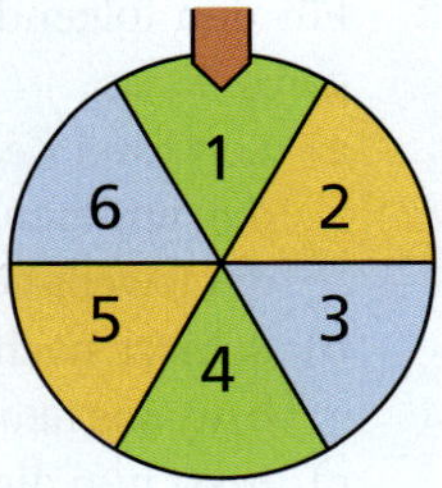

a) Gib die Ergebnismenge für den Vorgang „Drehen des Glücksrads" an.
b) Mit welcher Wahrscheinlichkeit wird
① die 1,
② eine gerade Zahl,
③ eine gerade Primzahl gedreht?

6. Mattes und Simon machen ein Spiel mit einem selbstgebauten Glücksrad. Sie teilen es in neun gleiche Sektoren ein und versehen diese mit den Zahlen 1 bis 9. Mattes gewinnt zehn Cent, wenn der Zeiger auf einer Primzahl steht. Andernfalls gewinnt Simon zehn Cent.
Ist das Spiel gerecht? Begründe.

7. Eine Kontrolle auf einer viel befahrenen Straße ergab bei 3 570 Fahrzeugen, dass 427 Fahrzeugführer zu schnell fuhren und 88 Fahrzeugführer nicht angeschnallt waren.
a) Schätze die Wahrscheinlichkeit, dass ein Fahrer an dieser Stelle zu schnell fährt.
b) Schätze die Wahrscheinlichkeit, mit der sich ein Fahrer in dieser Region nicht anschnallt.

8. In einen Ziehungsbehälter sollen schwarze und weiße Kugeln gelegt werden, sodass die Wahrscheinlichkeit, eine weiße zu ziehen, den folgenden Wert hat:
a) 10 % b) 50 % c) 20 % d) 0,5 % e) $33\frac{1}{3}$ % f) 75 % g) 100 %
Gib jeweils zwei mögliche Anzahlen schwarzer und weißer Kugeln an.

9. Die Blutgruppen 0, A, B, AB treten in Mitteleuropa mit den angegebenen Wahrscheinlichkeiten auf. Wie viele der rund 82 Millionen Einwohner Deutschlands haben schätzungsweise die Blutgruppe 0, A, B bzw. AB?

Blutgruppe	0	A	B	AB
Wahrscheinlichkeit	0,38	0,42	0,13	0,07

10. Zeichne ein Netz eines Würfels, der schwarze und weiße Seitenflächen besitzt, mit den folgenden Wahrscheinlichkeiten für Weiß:

a) $P(\text{weiß}) = \frac{1}{2}$ b) $P(\text{weiß}) = \frac{2}{3}$ c) $P(\text{weiß}) = 0$ d) $P(\text{weiß}) = 1$

11. Eine Familie mit drei Kindern lost täglich, wer den Müll entsorgen muss. Dazu hat der Vater drei Karten (zwei schwarze und eine rote) vorbereitet. Wer die rote Karte zieht, ist an der Reihe. Die Kinder ziehen stets in der Reihenfolge ihres Alters.

Berechne folgende Wahrscheinlichkeiten:

a) Mit welcher Wahrscheinlichkeit ist das erste, das zweite bzw. das dritte Kind an der Reihe? Ist das Verfahren gerecht?

b) Mit welcher Wahrscheinlichkeit kommt ein Kind zweimal hintereinander an die Reihe?

c) Mit welcher Wahrscheinlichkeit muss das gleiche Kind eine ganze Woche lang den Müll entsorgen?

12. Beim „Mensch-ärgere-dich-nicht"-Spiel benötigt man eine Sechs, um das Haus verlassen zu können. Jeder Spieler soll in jeder Runde nur einmal würfeln. Löse die folgenden Aufgaben, nachdem du die entsprechenden Baumdiagramme erstellt und die Pfade markiert hast. Mit welcher Wahrscheinlichkeit darfst du das Haus verlassen

a) in der 1. Runde, b) in der 1. oder 2. Runde, c) erst in der 3. Runde?

13. Bei einigen Gesellschaftsspielen (z. B. Monopoly) würfelt man mit zwei Würfeln und bildet die Summe der Augenzahlen. Sind diese Spiele gerecht, d. h., hat jede Augensumme die gleiche Chance, gewürfelt zu werden?

Summe	2	3	4	...
mögliche Ergebnisse	(1; 1)	(1; 2) (2; 1)	(1; 3) (2; 2) (3; 1)	... ...

Bestimme die Wahrscheinlichkeiten der möglichen Augensummen

① über ein zweistufiges Baumdiagramm,

② durch Beenden der begonnenen Übersicht.

Beobachte die Auswirkungen der ermittelten Wahrscheinlichkeiten auf den Spielverlauf eines Spiels deiner Wahl, das mit den Augensummen gespielt wird.

Konstruiere Gesellschaftsspiele, sodass du durch dein Wissen über die Wahrscheinlichkeiten der Augensummen im Vorteil bist.

Teste dich selbst

1. In der Klasse 9c der Oberschule „Germanus Theiss“ lernen 12 Mädchen und 14 Jungen. Die Klassenlehrerin trifft am Sonntag zufällig einen Schüler dieser Klasse.
Mit welcher Wahrscheinlichkeit trifft sie einen Jungen?

2. Lucas würfelt mit einem Dodekaeder (12 gleich große Fünfecke).
Leni würfelt mit einem Ikosaeder (20 gleich große Dreiecke).

a) Gib die Ergebnismenge für beide „Würfel“ an.

b) Wie groß ist die Wahrscheinlichkeit, bei jedem dieser „Würfel“ die Augenzahl 4 zu werfen?

3. Sabrina wirft einen Spielwürfel 2 400-mal. Wie häufig hat sie vermutlich eine 6 geworfen?

4. Im Mathematikkurs lernen sechs Schüler aus der Klasse 9b und acht Schüler aus der 9c. Drei Schüler aus diesem Kurs sollen an der Schulolympiade teilnehmen. Da alle Schüler gleiche Leistungen zeigen, entscheidet über die Teilnahme das Los. Es wird nacheinander gezogen.
Wie groß ist die Wahrscheinlichkeit, dass drei Schüler aus der Klasse 9c ausgelost werden?

5. Eine Familie bestellt für die Silvesterfeier zwölf Pfannkuchen, von denen drei Stück mit Senf gefüllt werden sollen, die äußerlich von den anderen nicht zu unterscheiden sind.

a) Kilian greift zuerst zu. Mit welcher Wahrscheinlichkeit bekommt er einen senfgefüllten Pfannkuchen?

b) Kilian hatte Pech und einen Pfannkuchen mit Senf erwischt. Als Nächster nimmt sich Nina einen Pfannkuchen.
Mit welcher Wahrscheinlichkeit wählt sie einen Pfannkuchen mit Senf?

6. Katharina wirft dreimal hintereinander einen Spielwürfel (Hexaeder).
Wie groß ist die Wahrscheinlichkeit, dass sie mindestens zweimal die Augenzahl 3 erhält?

7. Von den 24 Schülern einer Klasse (16 Jungen und 8 Mädchen) haben vier die Hausaufgaben vergessen. Der Lehrer wählt zu Beginn der Stunde zufällig einen Schüler aus, der seine Hausaufgaben zur Kontrolle abgeben soll.

a) Mit welcher Wahrscheinlichkeit muss ein Mädchen die Aufgaben vorzeigen?

b) Mit welcher Wahrscheinlichkeit wählt der Lehrer einen Schüler, der die Hausaufgaben vergessen hat?

8. Bei einer Produktionskontrolle von 10 000 Stahlbolzen wurden der Durchmesser und die Länge gemessen.
Es ergab sich, dass 100 Stahlbolzen einen falschen Durchmesser und eine falsche Länge hatten, weitere 250 nur falsche Durchmesser und weitere 200 nur falsche Längen besaßen.

a) Wie groß ist die Wahrscheinlichkeit, dass ein der Produktion zufällig entnommener Bolzen einen falschen Durchmesser und eine falsche Länge hat?

b) Wie groß ist die Wahrscheinlichkeit, dass ein zufällig entnommener Bolzen in Ordnung ist?

Begriffe

Zufallsexperiment

Mehrfache Wiederholung eines zufälligen Vorgangs unter gleichen Bedingungen:

10-maliges Werfen eines Würfels

Ergebnismenge

Die Menge aller möglichen Ergebnisse eines Zufallsexperiments:

$\Omega = \{1; 2; 3; 4; 5; 6\}$

Ereignis/Gegenereignis

Jede Teilmenge einer Ergebnismenge Ω wird Ereignis E genannt. Ereignis E und $\overline{E}$ heißen Gegenereignisse voneinander, wenn immer nur eines der beiden Ereignisse eintritt.

Werfen der Augenzahl 6:
$E = \{6\}$; $\overline{E} = \{1; 2; 3; 4; 5\}$

Wahrscheinlichkeit

Die relativen Häufigkeiten für das Eintreten eines Ereignisses schwanken um einen festen Wert. Dieser Wert wird die Wahrscheinlichkeit des Eintreffens des Ereignisses E genannt.

$P(E) = \frac{1}{6} = 16{,}7\,\%$

Laplace-Regel:

$$P(E) = \frac{\text{Anzahl der für E günstigen Ergebnisse}}{\text{Anzahl der möglichen Ergebnisse}}$$

Ermitteln bzw. Berechnen von Wahrscheinlichkeiten

Baumdiagramm

Vorteilhafte Darstellung der Ergebnismenge und des Ablaufs eines mehrstufigen Zufallsexperiments

Beim dreimaligen Würfeln genau zweimal die Augenzahl 6 zu erhalten (rote Pfade)

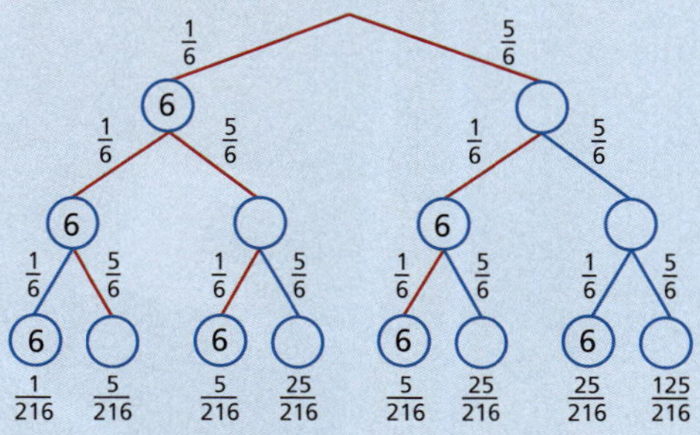

Pfadregeln

Produktregel:
Das Produkt der Wahrscheinlichkeiten eines Pfads gibt die Wahrscheinlichkeit des Ergebnisses im Gesamtvorgang an.

$$P(E) = \frac{1}{6} \cdot \frac{1}{6} \cdot \frac{1}{6} = \frac{1}{216}$$

Summenregel:
Die Wahrscheinlichkeit eines Ereignisses ist gleich der Summe der Wahrscheinlichkeiten aller Pfade, die für das Ereignis günstig sind.

$$P(E) = \frac{5}{216} + \frac{5}{216} + \frac{5}{216} = \frac{15}{216}$$

5 Anwendungen

Telefonrechnungen

Mobiltelefonkosten bei Verbindungen in andere Netze und zur Mailbox sind häufig unterschiedlich gestaffelt. Grafiken geben schnell einen Überblick.
Informiere dich über die Kosten für vergleichbare Leistungen zweier Mobiltelefonanbieter und stelle diese jeweils grafisch dar. Erläutere, für welchen Anbieter du dich entscheiden würdest.

Auswerten von Geschwindigkeitskontrollen

Beim Auswerten von Geschwindigkeitskontrollen werden gerätespezifische Fehlertoleranzen berücksichtigt. Die dafür festgelegten Geschwindigkeiten müssen vor dem Festlegen einer Ordnungsstrafe vom gemessenen Wert abgezogen werden.
Informiere dich über diese Toleranzen. Stelle sie in einem Diagramm in Abhängigkeit von der gemessenen Geschwindigkeit dar.

Wurfparabeln

Die Flugbahn eines Speers hängt von unterschiedlichen Faktoren ab.
Informiere dich über derartige Faktoren und stelle die Flugbahn eines Speers in einem Koordinatensystem dar. Erläutere die verwendeten Größen und ihre physikalische Bedeutung.
Wie sollte man einen Speer werfen, damit er möglichst weit fliegt?

Tabellenkalkulation

Tabellenkalkulationen sind Anwendungsprogramme, mit deren Hilfe u. a. immer wiederkehrende Berechnungen durchgeführt werden können. Die ermittelten Ergebnisse lassen sich speichern.

Man kann beispielsweise:
- Listen erstellen
- Berechnungen mithilfe von Formeln vornehmen,
- Diagramme erzeugen.

In Kalkulationstabellen, die auch als elektronische **Rechenblätter** bezeichnet werden, können in jeder Zelle Texte, Zahlen (auch mit Rechenoperationen) und Formeln eingetragen werden. Inhalte verschiedener Zellen lassen sich miteinander verknüpfen. Rechenoperationen bzw. Formeln müssen immer mit dem Zeichen „=“ beginnen und in den Zellen eingetragen werden, in denen das jeweilige Ergebnis stehen soll.

Erstellen einer Telefonrechnung für ein Handy in einer Tabellenkalkulation.
Der Tarif beinhaltet eine Abrechnung im Minutentakt.

N42 =

	A	B	C	D	E	F	G	H	I	J
1	**Telefonrechnung (Preisangaben in Euro, inkl. Mehrwertsteuer)**									
2										
3				**Preis je Minute**		**Preis je**	**Verbindungen in min**		**Anzahl**	**Kosten**
4				**Hauptzeit**	**Nebenzeit**	**Verbindung**	**Hauptzeit**	**Nebenzeit**	**SMS**	
5	Grundpreis		8,72	/	/	/	/	/	/	8,72
6	Verbindungen im eigenen Mobilfunknetz			0,15	0,15	/	28	35	/	9,45
7	Verbindungen in fremde Mobilfunknetze			0,51	0,2	/	18	41	/	17,38
8	Verbindungen in ein Festnetz			0,51	0,15	/	17	35	/	13,92
9	Verbindungen zur Mailbox			0,15	0,15	/	5	8	/	1,95
10	Kurznachrichten (SMS)			/	/	0,12	/	/	26	3,12
11										
12								**Rechnungsbetrag**		**54,54**

Schrittfolge:

1. Anlegen der Tabelle mit Textelementen
2. Eintragen von Einzelpreisen und Verbindungen
3. Eintragen von Zellenverknüpfungen über Formeln
   z. B. Zelle J8: Formel (= D8 · G8 + E8 · H8)
   Ergebnis (0,51 · 17 + 0,15 · 35 = 13,92)

WURZEL ✕ ✓ = =D8*G8+E8*H8

	A	B	C	D	E	G	H	I	J
8	Verbindungen in ein Festnetz			0,51	0,15	17	35		13,92

In Tabellenkalkulationen werden Ergebnisse automatisch neu berechnet und sofort aktualisiert, sobald ein Eingabewert geändert wird, auf den sich eine Formel bezieht.

Tabellenkalkulationsprogramme können auch verschiedene **Diagramme** (z. B. Liniendiagramme, Balkendiagramme oder Kreisdiagramme) erzeugen.
Diagrammassistenten der jeweiligen Programme sind dabei hilfreich. Diagramm- und Tabellendaten sind stets verknüpft. Ändert man die Tabellendaten, so ändert sich auch das Diagramm.

Die Telefonkosten vom Beispiel auf Seite 152 sollen durch Diagramme veranschaulicht werden.

Im Balkendiagramm werden die absoluten Kosten der Verbindungsarten, im Kreisdiagramm die prozentualen Anteile an den Gesamtkosten dargestellt.

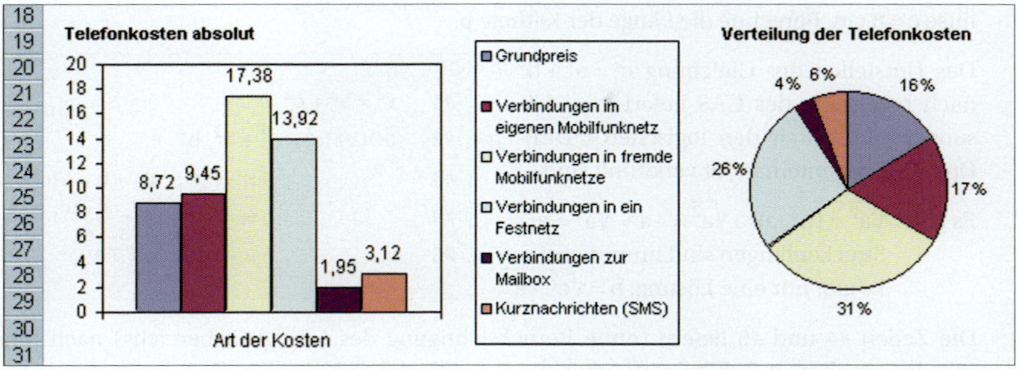

Computeralgebrasysteme (CAS) sind Programme, mit deren Hilfe gerechnet werden kann, die aber auch das **Vereinfachen von Termen** mit Variablen sowie das **Umformen und Lösen von Gleichungen und Gleichungssystemen** beherrschen. Mithilfe von Computeralgebrasystemen können **Funktionen** grafisch dargestellt und auch **Diagramme** erzeugt werden. In der Regel verfügen Computeralgebrasysteme über Texteditoren zur Dokumentation der Lösungswege.

Derive ist ein Beispiel für ein solches Programm. Eingaben können in diesem Programm entweder über die Tastatur oder über eine Menüsteuerung erfolgen.

- Terme und Gleichungen können über die Tastatur in der Eingabezeile eingegeben, Befehle dann in der Menüleiste ausgewählt und aktiviert werden. Fortgeschrittene Nutzer geben auch die Befehle über die Tastatur ein.
- Termstrukturen sind genau zu analysieren und zu berücksichtigen. Klammern sind dabei sehr wichtig, auch wenn sie in der üblichen Schreibweise oft weggelassen werden können.
  In Derive erhalten Terme beim Weglassen von Klammern oft eine andere Bedeutung.
- Ein Komma in einer Dezimalzahl wird immer durch einen Punkt, Exponenten werden mithilfe der Taste [^] dargestellt.
  Die Zeichen π und √ befinden sich in der Symbolleiste für mathematische Sonderzeichen.
- Rechenoperationen können *exakt* (=) oder *approximiert* (≈) ausgeführt werden.

Eingabe			
(2.5a + 2/5b)^2		#1	$\left(2.5\cdot a + \frac{2}{5}\cdot b\right)^2$
		#2	$\frac{25\cdot a^2}{4} + 2\cdot a\cdot b + \frac{4\cdot b^2}{25}$
2.4x^3 · 0.3x · y/(3.6x^3y)		#3	$\frac{2.4\cdot x^3\cdot 0,3\cdot x\cdot y}{3.6\cdot x^3\cdot y}$
	exakt	#4	$\frac{x}{5}$
	approximiert	#5	$0,2\cdot x$

Gleichungen und Gleichungssysteme können in Derive mit dem SOLVE-Befehl gelöst werden, der über die Schaltfläche *Ausdruck lösen* bzw. über das Menü *Lösen/System* aktiviert wird.
Es können auch Gleichungen mit mehreren Variablen verwendet werden.

In jedem Fall müssen die Variablen, nach denen aufgelöst werden soll, im Dialogfeld *Lösungsvariablen* markiert werden. In folgendem Beispiel wird das Lösen einer Gleichung gezeigt:

Gegeben ist ein rechtwinkliges Dreieck durch eine Kathete a = 3,5 cm und durch die Hypotenuse c = 8 cm. Berechne die Länge der Kathete b.

Das Umstellen der Gleichung $c^2 = a^2 + b^2$ nach b mithilfe des CAS liefert zwei Lösungen, die durch den logischen ODER-Operator (∨) miteinander verknüpft sind.

Es gilt: $\sqrt{a^2} = |a|$, also $\sqrt{a^2} = -a \vee \sqrt{a^2} = a$
Streckenlängen sind immer positiv.
Es gibt nur eine Lösung: $b = \sqrt{c^2 - a^2}$

#1	$c^2 = a^2 + b^2$
#2	SOLVE($c^2 = a^2 + b^2$, b)
#3	$b = -\sqrt{(c^2 - a^2)} \vee b = \sqrt{(c^2 - a^2)}$
#4	$b = -\frac{3\cdot\sqrt{23}}{2} \vee b = \frac{3\cdot\sqrt{23}}{2}$
#5	$b = -7.19 \vee b = 7.19$

Die Zeilen #4 und #5 liefern (ohne Berücksichtigung des Gültigkeitsbereichs) nach Einsetzen der gegebenen Zahlenwerte über die Schaltfläche *Substitution* die Lösung der Aufgabe, Zeile #4 im exakten Rechenmodus und Zeile #5 nach Anwenden von *Approximieren.*

In folgendem Beispiel ist das Lösen eines Gleichungssystems gezeigt:

Löse das folgende Gleichungssystem:

I $3x - y = 2$
II $2x + y = 1$

#1	$3\cdot x - y = 2$
#2	$2\cdot x + y = 1$
#3	SOLVE([$3\cdot x - y = 2$, $2\cdot x + y = 1$], [x, y])
#4	$\left[x = \frac{3}{5} \wedge y = -\frac{1}{5}\right]$

Zuerst werden die Gleichungen eingegeben. Mithilfe des entsprechenden Dialogfensters im Menü *Lösen/System* oder nach Aktivieren der Schaltfläche *Lösen* erscheinen die Befehlszeile und die Lösung des Gleichungssystems.

Funktionen lassen sich im **2-D-Grafikfenster** mithilfe der Schaltfläche *Ausdruck zeichnen* oder über den Befehl *Fenster/Neues 2-D-Grafikfenster* darstellen. Grafikfenster und Algebrafenster sollten aus Übersichtlichkeitsgründen nebeneinander angeordnet werden.

Stelle die Funktionen $f_1(x) = 0{,}5x + 2$, $f_2(x) = 5x - 20$ und $f_3(x) = -\frac{2}{3}x$ grafisch dar.

#1	$0.5\cdot x + 2$
#2	$5\cdot x - 20$
#3	$-\frac{2}{3}\cdot x$

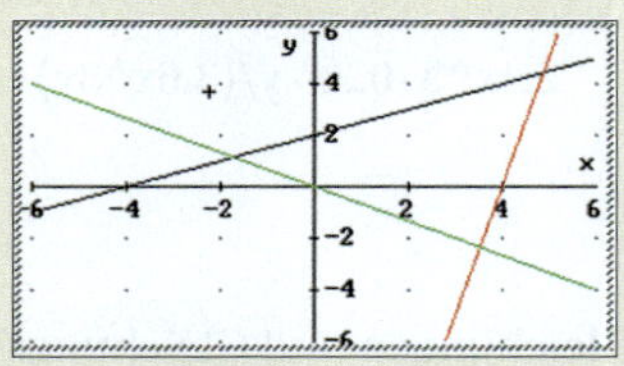

Alle Gleichungen werden im Algebrafenster eingegeben und markiert. Nach Aktivieren der Schaltfläche *Ausdruck zeichnen* im Grafikfenster werden die Graphen sofort in einem Koordinatensystem dargestellt. Die Graphen bilden ein Dreieck mit folgenden Eckpunkten:
A(–1,7 | 1,1), B(3,5 | –2,4), C(4,9 | 4,4)
Die Koordinaten sind Näherungswerte.
Die grafische Darstellung kann über den Befehl EINBETTEN aus dem Menü *Datei* in das Arbeitsblatt kopiert werden.

Aufgaben

1. a) Übertrage die im Beispiel auf Seite 152 verwendete Tabelle in eine Tabellenkalkulation. Verwende zum Berechnen Formeln.

b) Ändere dann die Eingabewerte für folgende Verbindungen (der Tarif bleibt unverändert):

	Verbindungen in Minuten	
	Hauptzeit	Nebenzeit
Verbindungen im eigenen Mobilfunknetz	17	32
Verbindungen in fremde Mobilfunknetze	9	19
Verbindungen in ein Festnetz	12	32
Verbindungen zur Mailbox	0	9
Anzahl SMS	117	–

2. Das Monatseinkommen einer Familie beträgt 2 740 €. Die folgende Tabelle enthält die Ausgaben der Familie für drei Monate (jeweils auf volle Euro gerundet):

	Januar	Februar	März
Miete	580	580	580
Wasser und Energie	210	260	218
Telefon	43	34	29
Versicherungen	427	70	70
Nahrungs- und Reinigungsmittel	360	575	484
Verkehrsmittel	88	105	484
Bekleidung	43	145	196
Freizeitgestaltung	77	44	102
Kreditrückzahlung	230	230	230
Sonstiges	85	167	180

a) Vergleiche die Ausgaben in den drei Monaten miteinander. Stelle die monatlichen Ausgabepositionen dazu in einem Streifendiagramm dar.

b) Berechne die prozentualen Anteile der einzelnen Positionen für das gesamte erste Quartal und stelle sie in einem Kreisdiagramm dar.

3. a) Erstelle eine Kalkulationstabelle für Berechnungen an quadratischen Pyramiden. Die Grundseiten und Höhen sollen bekannt sein, die Höhen der Seitenflächen, die Volumen und die Oberflächeninhalte sind gesucht. Erstelle eine Tabelle für zehn Pyramiden.

b) Löse Aufgabe a mithilfe eines CAS. Arbeite möglichst rationell.

4. Löse mit einem CAS. Stelle nach den angegebenen Variablen um.

a) $5x - \frac{2}{x} - 3$ (x) b) $5x - \frac{2}{x-3}$ (x) c) $\frac{5x-2}{x} - 3$ (x) d) $\frac{5x-2}{x-3}$ (x)

e) $A = \frac{\pi}{4}d^2$ (d) f) $e = \sqrt{a^2 + b^2}$ (a) g) $A = \frac{1}{2}(a + c)h$ (a; h) h) $\frac{1}{R} = \frac{1}{R_1} + \frac{1}{R_2}$ (R_2)

5. Berechne die Koordinaten der Eckpunkte des Dreiecks aus dem Beispiel auf Seite 154 unten sowohl ohne Hilfmittel als auch mithilfe eines CAS.
Gib die Koordinaten der Eckpunkte mit drei Dezimalstellen an.

Bau eines Hauses

Woran man beim Bau eines Eigenheims denken muss:
Grundstück, Wohnfläche, Außenmaße, Dach, Energiebedarf und nicht zuletzt die Kosten …

Das **Satteldach** ist in Deutschland die häufigste Dachform; zeitlos, architektonisch und konstruktiv bewährt.
Das **Walmdach** gehört zu den ältesten Dächern. Es unterstreicht die Schutzfunktion des Daches und gibt dem Haus ein repräsentatives Aussehen.
Das **Zeltdach** kann nur auf annähernd quadratischen Grundrissen errichtet werden. Bei dieser Dachform ist die Symmetrie nach allen Seiten das beherrschende Element. Klare Formen und Linien sind das Kennzeichen dieser Dachform.

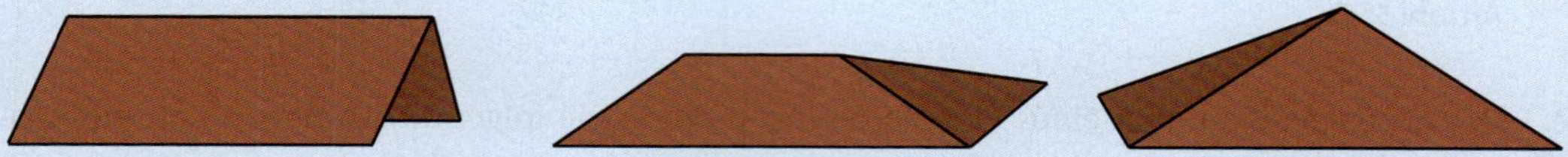

1. Die Außenmaße eines Wohnhauses sind $8{,}50 \times 10{,}00$ m, das Dach ist ein Satteldach, dessen Neigungswinkel 52° beträgt und das an den Giebelseiten 0,50 m und an den Längsseiten 0,60 m übersteht.
   a) Wie groß ist die Dachfläche?
   b) Welche Kosten fallen an für das Ausheben der 1,20 m tiefen Baugrube (auf jeder Seite 1,00 m Baufreiheit) und das Gießen der ebenso tiefen Bodenplatte?
   Wie groß ist der Aushub, wenn man eine 25 cm dicke Schicht Mutterboden, die gesondert verwendet wird, nicht mitrechnet?
   Mit wie viel Tonnen Erdreich ist für die Abfuhr zu rechnen, wenn eine Dichte von $1{,}9\ \frac{\text{g}}{\text{cm}^3}$ angenommen wird?

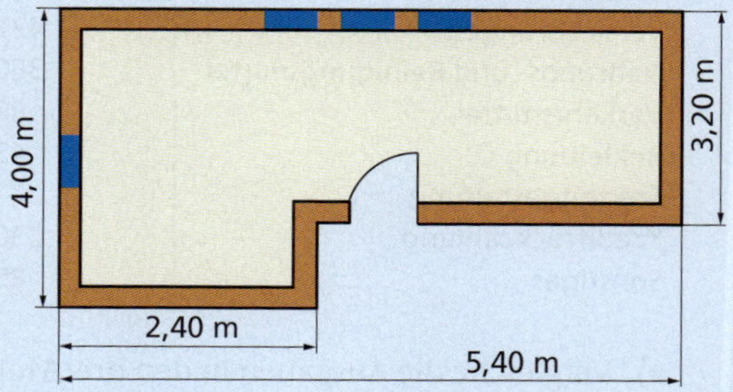

   c) Bestimme die Kosten für die Putz- und Malerarbeiten und das Verlegen des Bodenbelags im Wohnzimmer. Türen und Fenster werden bei der Berechnung der Wandflächen nicht berücksichtigt (Zimmerhöhe 2,70 m).

Auszüge aus der Preisliste für Bau- und Renovierungsarbeiten einer Baufirma

Erdarbeiten:	Aushub der Baugrube	27,00 €/m^3
	Bodenplatte	17,80 €/m^3
Maurerarbeiten:	Innenputz	9,00 €/m^2
Malerarbeiten:	Grundieren von Wand- und Deckenflächen	1,95 €/m^2
	Raufasertapete kleben	5,40 €/m^2
	Dispersionsanstrich Decken- und Wandflächen	3,15 €/m^2
Bodenarbeiten:	Spachteln und Grundieren der Bodenfläche	5,25 €/m^2
	Teppich verlegen	ca. 25,00 €/m^2

2. Familie Schmidt plant, ein Eigenheim zu bauen, das Grundstück für den Hausbau haben sie bereits erworben. Nach Gesprächen mit einem Finanzberater und einem Baufachmann veranschlagen sie für die Kosten zur Erschließung des Grundstücks, für Bauplanung, Bau und Nebenkosten insgesamt 185 000,00 €.
Herr Schmidt sieht folgende Finanzierung vor:
Eigenkapital: 56 000,00 € (Barmittel und angesparter Anteil eines Bausparvertrags),
Bausparkassendarlehen: 54 000 € und
Hypothekendarlehen: 75 000 €.

a) Der größte Teil des Eigenkapitals wurde von Schmidts gemäß einem über die Gesamtsumme von 90 000 € abgeschlossenen Bausparvertrag angespart. Das Anwachsen dieses Betrags auf 40 % der Bausparsumme war notwendige Voraussetzung dafür, die restlichen 60 % als Darlehen zu erhalten.
Wie lange dauerte diese Ansparphase, wenn monatlich regelmäßig gespart werden konnte (Sparbetrag monatlich 500,00 €) und die Bausparkasse 2,0 % Zinsen p. a. gewährt?
Staatliche Zuschüsse und Steuererleichterungen, wie sie unter Beachtung bestimmter Einkommensgrenzen gewährt werden, bleiben hier außer Betracht.

b) Das Darlehen der Bausparkasse ist über die gesamte Laufzeit mit 4,5 % p. a. zu verzinsen. Die Zahlung der Zinsen und die Tilgung des Darlehens geschieht durch (ggf. bis auf die letzte) konstante Monatsraten von 540,00 €.
Weil sich dabei nur geringe Abweichungen ergeben, wird im folgenden Tilgungsplan der Einfachheit halber vorausgesetzt, dass entsprechende Raten von 6 480,00 € jährlich gezahlt werden.

Jahr	Rate	Zinsen	Tilgung	Darlehen (Restschuld)
1	6 480,00 €	2 430,00 €	4 050,00 €	49 950,00 €
2	6 480,00 €	2 247,75 €	4 232,25 €	45 717,75 €
3	6 480,00 €	2 057,27 €	4 422,73 €	41 295,02 €

Vervollständige den Tilgungsplan. Wie lange dauert es, bis das Darlehen getilgt ist?
Stelle Zinsen, Tilgung und Restschuld in Abhängigkeit von der Zeit grafisch dar.
Diskutiere den Verlauf.

c) Stelle auch für den Hypothekenkredit der Bank einen vollständigen Tilgungsplan zu folgenden Bedingungen auf:
- Der Kredit ist zehn Jahre lang mit 5,2 % zu verzinsen; danach werden bis zum Ende der Laufzeit marktübliche Zinsen berechnet, für die hier 7,0 % angenommen werden sollen.
- Der konstante jährliche Ratenbetrag ist so festzulegen, dass im ersten Jahr 2,0 % des Kredits getilgt werden.

Fertige auch hier eine grafische Darstellung an.

d) Berechne die Gesamtsumme der von Schmidts zu leistenden Zahlungen und berücksichtige dabei die Abschlussgebühr für den Bausparvertrag (1 % der Bausparsumme) und die Darlehensgebühren (2,0 % bei der Bausparkasse, 0,5 % bei der Bank).

5.1 Zum Arbeiten mit Tabellenkalkulationen

Rechnen mit Intervallen

Irrationale Zahlen lassen sich durch Folgen von Intervallen darstellen. Da beim Multiplizieren und Dividieren auch immer die Vorzeichen der Intervallgrenzen zu beachten sind, erfolgt hier eine Beschränkung auf positive Intervalle.

Zwei rationale Zahlen x_1 und x_2 mit $1 \leq x_1 \leq 2$ und $3 \leq x_2 \leq 5$ sollen addiert, subtrahiert, multipliziert und dividiert werden. Es wird mit den Intervallgrenzen gerechnet.

$x_1 + x_2 = [1; 2] + [3; 5]$ $x_1 - x_2 = [1; 2] - [3; 5]$ $x_1 \cdot x_2 = [1; 2] \cdot [3; 5]$ $x_1 : x_2 = [1; 2] : [3; 5]$

Aufgabe	Kleinstmögliche und größtmögliche Zahlen ermitteln	Rechnung (Intervall für Ergebnis)	Regeln für: $[a_1; a_2]$, $[b_1; b_2]$ mit $a_1, a_2, b_1, b_2 \in \mathbb{Q}$ und $0 < a_1 < a_2,\ 0 < b_1 < b_2$
$[1; 2] + [3; 5]$	untere Grenzen addieren bzw. obere Grenzen addieren	$[1; 2] + [3; 5]$ $= [1 + 3; 3 + 5]$ $= [4; 7]$	$[a_1; a_2] + [b_1; b_2]$ $= [a_1 + b_1; a_2 + b_2]$
$[1; 2] - [3; 5]$	obere Grenze von unterer Grenze bzw. untere Grenze von oberer Grenze subtrahieren	$[1; 2] - [3; 5]$ $= [1 - 5; 2 - 3]$ $= [-4; -1]$	$[a_1; a_2] - [b_1; b_2]$ $= [a_1 - b_2; a_2 - b_1]$
$[1; 2] \cdot [3; 5]$	untere Grenzen multiplizieren bzw. obere Grenzen multiplizieren	$[1; 2] \cdot [3; 5]$ $= [1 \cdot 3; 2 \cdot 5]$ $= [3; 10]$	$[a_1; a_2] \cdot [b_1; b_2]$ $= [a_1 \cdot b_1; a_2 \cdot b_2]$
$[1; 2] : [3; 5]$	untere Grenze durch obere Grenze bzw. obere Grenze durch untere Grenze dividieren	$[1; 2] : [3; 5]$ $= [1 : 5; 2 : 3]$ $= \left[\frac{1}{5}; \frac{2}{3}\right]$	$\frac{[a_1; a_2]}{[b_1; b_2]} = \left[\frac{a_1}{b_2}; \frac{a_2}{b_1}\right]$

Diese Regeln können auf das Rechnen mit irrationalen Zahlen übertragen werden.

Die irrationalen Zahlen $\sqrt{2}$ und $\sqrt{3}$ sollen addiert, subtrahiert, multipliziert und dividiert werden. Es wird wieder mit den Intervallgrenzen gerechnet.

Die irrationalen Zahlen WURZEL(2) und WURZEL(3) sind gegeben durch die Intervalle
a1 < WURZEL(2) < a2 bzw. **b1 < WURZEL(3) < b2**.
Gesucht sind die Intervallgrenzen für WURZEL(2) + WURZEL(3), WURZEL(2) – WURZEL(3), WURZEL(2) * WURZEL(3) und WURZEL(2) / WURZEL(3).

	A	B	C	D	E	F	G	H	I	J	K	L
5					Wurzel(2) + Wurzel(3) bzw. a + b		Wurzel(2) - Wurzel(3) bzw. a - b		Wurzel(2) * Wurzel(3) bzw. a * b		Wurzel(2) / Wurzel(3) bzw. a / b	
6	a1	a2	b1	b2	a1 + b1	a2 + b2	a1 - b2	a2 - b1	a1 * b1	a2 * b2	a1 / b2	a2 / b1
7	1	2	1	2	2	4	-1	1	1	4	0,5	2
8	1,4	1,5	1,7	1,8	3,1	3,3	-0,4	-0,2	2,4	2,7	0,8	0,9
9	1,41	1,42	1,73	1,74	3,14	3,16	-0,33	-0,31	2,44	2,47	0,81	0,82
10	1,414	1,415	1,732	1,733	3,146	3,148	-0,319	-0,317	2,449	2,452	0,816	0,817
11	1,4142	1,4143	1,7320	1,7321	3,1462	3,1464	-0,3179	-0,3177	2,4494	2,4497	0,8165	0,8166

Rechnen mit Toleranzen

Grundlage vieler Aufgaben sind gemessene Werte, deren Genauigkeit für Ergebnisangaben wichtig ist. Die „Güte eines Maßes“ (Nennwert) kann durch ein Intervall angegeben werden. Das Intervall beschreibt dabei die zugelassene Abweichung vom genauen Wert, die auch als **Toleranz** bezeichnet wird. Der kleinste Wert dieses Intervalls heißt **untere Wertschranke**, der größte Wert **obere Wertschranke.** Zulässige Toleranzen sind für viele Zwecke in DIN-Vorschriften geregelt.

Angaben wie 500 g ± 20 g oder (500 ± 20) g bedeuten:

- Der wirkliche Wert liegt im Intervall 480 g ≤ m ≤ 520 g.
- Die untere Wertschranke ist 480 g, die obere Wertschranke 520 g.
- Die Intervalllänge beträgt 520 g – 480 g = 40 g.
- Auf der Zahlengeraden ist die Toleranz eine Strecke. Der wahre Wert liegt auf der Strecke.

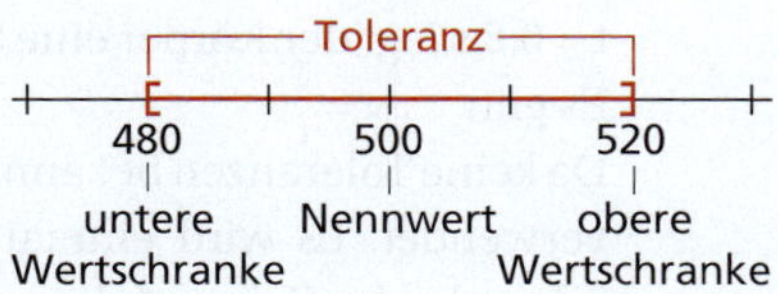

Die nebenstehende Zeichnung zeigt ein Werkstück mit einer Bohrung, deren Tiefe keine Toleranz besitzt. Der Durchmesser der Bohrung hat eine Toleranz. Die Angabe $Ø\ 15^{+0,2}_{0}$ bedeutet, dass die Abweichung „nach unten“ 0 mm und „nach oben“ 0,2 mm betragen darf. Die untere Wertschranke beträgt 15 mm, die obere Wertschranke 15,2 mm. Der Durchmesser muss demnach im Intervall 15 mm ≤ d ≤ 15,2 mm liegen.

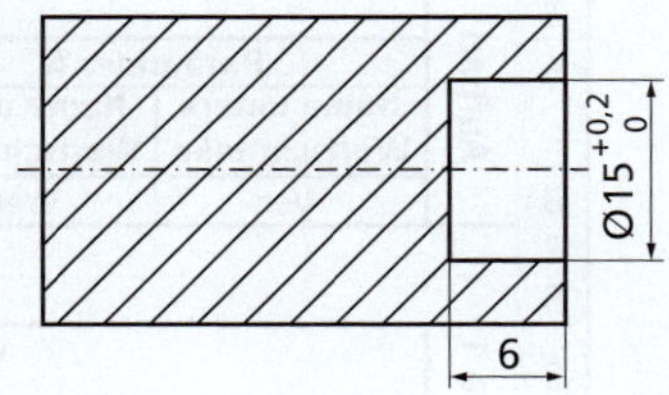

Es gibt Fälle, bei denen die Abweichungen der Messwerte vom wahren Wert nicht bekannt sind. In solchen Fällen wird festgelegt, dass die Abweichung des Näherungswerts vom wahren Wert maximal 0,5 Einheiten des Stellenwerts der letzten angegebenen Ziffer beträgt.
Mit dieser Vereinbarung lassen sich auch wieder Wertschranken und ein gültiges Intervall für den wahren Wert angeben.

Näherungswert	Stellenwert der letzten angegebenen Ziffer	Zulässige Abweichung	Untere Wertschranke	Obere Wertschranke	Intervall für den wahren Wert
m = 500 g	Einer	0,5 g	499,5 g	500,5 g	499,5 g ≤ m ≤ 500,5 g
d = 42,6 mm	Zehntel	0,05 mm	42,55 mm	42,65 mm	42,55 mm ≤ d ≤ 42,65 mm
$v = 8{,}12\ \frac{m}{s}$	Hundertstel	$0{,}005\ \frac{m}{s}$	$8{,}115\ \frac{m}{s}$	$8{,}125\ \frac{m}{s}$	$8{,}115\ \frac{m}{s} \le v \le 8{,}125\ \frac{m}{s}$

Ergebnisse von Rechnungen mit Näherungswerten sind ebenfalls Näherungswerte. Das gilt auch für Aufgaben mit Toleranzangaben. Die Toleranzen der Eingangswerte beeinflussen die Genauigkeit des Endergebnisses. Mithilfe von Wertschranken lässt sich diese Genauigkeit gut bestimmen. Da die Wertschranken die Intervallgrenzen sind, lassen sich die Regeln für das Rechnen mit Intervallen auch auf das Rechnen mit Wertschranken anwenden. Aufwendige Rechnungen sollten mithilfe eines Taschenrechners oder in einer Tabellenkalkulation durchgeführt werden.

Die folgenden Beispiele enthalten Berechnungen mit Wertschranken:

① Es soll das Volumen V eines zylinderförmigen Werkstücks berechnet werden.
Der Hersteller gibt den Durchmesser des Zylinders mit d = (25,0 ± 0,2) mm und die Länge mit h = (187 ± 0,4) mm an.
Es gilt: $V = \frac{\pi}{4} d^2 \cdot h$
Es sind Toleranzen angegeben. Es wird einmal mit den unteren Wertschranken und dann noch einmal mit den oberen Wertschranken gerechnet.

② Es soll die Durchschnittsgeschwindigkeit eines Körpers berechnet werden. In einer Zeit t = 0,8 s legt der Körper eine Strecke von s = 120 cm zurück. Beide Werte sind Messwerte.
Es gilt: $v = \frac{s}{t}$
Da keine Toleranzen bekannt sind, werden die Werte s = (120 ± 0,5) cm und t = (0,8 ± 0,05) s verwendet. Es wird einmal die untere Wertschranke des Wegs durch die obere Wertschranke der Zeit und dann noch einmal die obere Wertschranke des Wegs durch die untere Wertschranke der Zeit dividiert.

	A	B	C	D	E	F	G
3	Aufbau	Rechnen mit Toleranzen					
4		Parameter A		Parameter B		Ergebnis	
5		Name untere Wertschranke	Name obere Wertschranke	Name untere Wertschranke	Name obere Wertschranke	Formel untere Wertschranke	Formel obere Wertschranke
6		Wert	Wert	Wert	Wert	Ergebnis	Ergebnis
7						Ergebnis gerundet	Ergebnis gerundet
8							
9	Aufgabe 1	Volumen eines zylinderförmigen Werkstücks					
10		Durchmesser d		Länge h		Volumen V=(Pi/4)*d^2*h	
11		d1	d2	h1	h2	V1=(Pi/4)*d1^2*h1	V2=(Pi/4)*d2^2*h2
12		24,8	25,2	186,6	187,4	90137,37005	93467,48339
13						90137	93467
14							
15	Aufgabe 2	Geschwindigkeit					
16		Weg s		Zeit t		Geschwindigkeit v=s/t	
17		s1	s2	t1	t2	v1=s1/t2	v2=s2/t1
18		119,5	120,5	0,75	0,85	140,5882353	160,6666667
19						141	161
20							

Untersuchen quadratischer Funktionen

Für Funktionsuntersuchungen (z. B. beim Erstellen von Wertetabellen und beim grafischen Darstellen) können Tabellenkalkulationen hilfreich sein.
Aus Wertetabellen lassen sich grafische Darstellungen relativ einfach erzeugen.

1. Tabellenkopf festlegen: z. B. Zelle A1 für x und Zelle B1 für y
2. Darstellungsintervall festlegen: z. B. $-3 \leq x \leq 3$ mit einer Schrittweite von 0,5 in Spalte A
3. Funktionswerte ermitteln: In Zelle B2 (der Zelle für den ersten Funktionswert) wird der Funktionsterm durch Verknüpfung von Zellen definiert. Der Funktionsterm wird dann auf die Zellen B3, B4, B5 ... übertragen. Dies ist unter anderem durch Kopieren möglich.
4. Diagrammassistent nutzen: z. B. mit Zellen B3, B4, B5 ... ein Liniendiagramm erstellen

Stelle die Funktion $y = 0{,}8x^2 - 2$ im Intervall $-3 \leq x \leq 3$ grafisch dar.

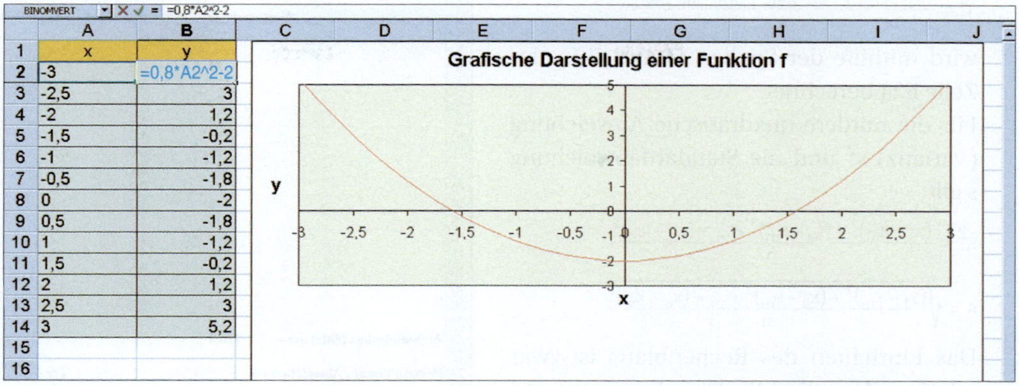

Das Rechenblatt kann später zur Darstellung anderer Funktionen genutzt werden, wenn in die Zelle B2 ein anderer Funktionsterm geschrieben und auf die Zellen B3, B4, B5 ... übertragen wird. So kann beispielsweise der Einfluss eines Parameters auf den Graphen einer Funktion experimentell untersucht werden.

Auswerten von Daten

Die in Tabellenkalkulationen enthaltenen **Formeln (Funktionen)** können über das Menü *Funktion einfügen* oder über die Schaltfläche *Funktionsassistent* aufgerufen werden. Mit der Funktion WURZEL können z. B. Näherungswerte beliebiger Quadratwurzeln ermittelt werden.

Sind Name und **Schreibweise (Syntax)** bekannt, kann eine Funktion auch direkt in die betreffende Zelle, beginnend mit einem Gleichheitszeichen, eingetragen werden.

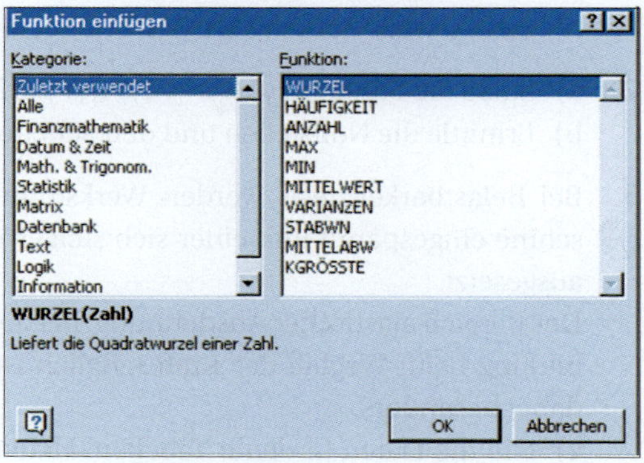

Bei 15 Jungen einer Sportgruppe wurden die Körperhöhen gemessen:
171; 175; 178; 178; 176; 177; 182; 175; 178; 180; 178; 177; 175; 182; 170 (Angaben in Zentimeter)

Nach dem Ordnen der Werte über das Menü *Daten* können der **Median (Zentralwert)** z und der **Modalwert** m sofort abgelesen werden.

Es gilt: $z = 177$ und $m = 178$

Das **arithmetische Mittel** x_m, die **mittlere lineare Abweichung** d, die **mittlere quadratische Abweichung** s^2 und die **Standardabweichung** s werden mithilfe von Formeln berechnet.

Das arithmetische Mittel x_m wird in der Zelle C22 mit der Formel „=MITTELWERT(C6:C20)" berechnet und als Näherungswert $x_m = 176{,}8$ ausgegeben.

Die **mittlere lineare Abweichung**

$$d = \frac{|x_1 - x_m| + |x_2 - x_m| + \ldots + |x_n - x_m|}{n}$$

wird mithilfe der Spalten D und E in der Zelle E24 berechnet.

Für die mittlere quadratische Abweichung (Varianz) s^2 und die Standardabweichung s gilt:

$$s^2 = \frac{(x_1 - x_m)^2 + (x_2 - x_m)^2 + \ldots + (x_n - x_m)^2}{n}$$

$$s = \sqrt{\frac{(x_1 - x_m)^2 + (x_2 - x_m)^2 + \ldots + (x_n - x_m)^2}{n}}$$

Das Einrichten des Rechenblatts ist zwar relativ aufwendig, die Berechnungen sind dafür erheblich einfacher als mit einem Taschenrechner. Für andere Eingangswerte kann man die Lösungen sofort ablesen.

	A	B	C	D	E	F
1	Streumaße					
2						
3			Messwerte xi	xi - xm	|xi - xm|	(xi - xm)^2
4						
5						
6			170	-6,8	6,8	46,24
7			171	-5,8	5,8	33,64
8			175	-1,8	1,8	3,24
9			175	-1,8	1,8	3,24
10			175	-1,8	1,8	3,24
11			176	-0,8	0,8	0,64
12			177	0,2	0,2	0,04
13			177	0,2	0,2	0,04
14			178	1,2	1,2	1,44
15			178	1,2	1,2	1,44
16			178	1,2	1,2	1,44
17			178	1,2	1,2	1,44
18			180	3,2	3,2	10,24
19			182	5,2	5,2	27,04
20			182	5,2	5,2	27,04
21						
22	Arithmetisches Mittel xm		176,8			
23						
24	Mittlere lineare Abweichung d				2,5	
25						
26	Mittlere quadratische Abweichung (Varianz) s^2					10,69
27						
28	Standardabweichung s					3,27
29						

Aufgaben

1. a) Gib fünf Beispiele für Formeln (Funktionen) in deiner Tabellenkalkulation an.

b) Setze jeweils Zahlenwerte ein und rechne dann aus.

2. a) Stelle die Funktion $y = \frac{3}{4}x^2 - 1{,}34x + 2{,}6$ in deiner Tabellenkalkulation grafisch dar.

b) Ermittle die Nullstellen und den Scheitelpunkt der Funktion.

3. Bei Belastbarkeitstests werden Werkstoffe in eine Maschine eingespannt und einer sich steigernden Zugkraft ausgesetzt.

Der Bereich elastischer Ausdehnung, bei dem eine Rückbildung beim Wegfall der Kraft möglich ist, interessiert dabei besonders.

a) Gib die Daten in deine Tabellenkalkulation ein und stelle sie grafisch dar.

Die Kraft F soll auf der x-Achse und die Dehnung D auf der y-Achse dargestellt werden. Formatiere das Diagramm nach eigenen Vorstellungen.

b) Ermittle die Gleichung einer Funktion, die den Zusammenhang näherungsweise beschreibt.

Ermittle mit dieser Gleichung fünf weitere Zahlenpaare.

Zugkraft in kN	Dehnung in %
2,588	0,0213
4,932	0,0537
7,568	0,0873
11,426	0,1379
13,769	0,1691
17,285	0,2143
20,849	0,2643
25,561	0,3132
27,002	0,3761

4. a) Untersuche in einer Tabellenkalkulation für die Funktion $y = 3x^2$ das Verhalten der Funktionswerte $f(x + 1) - f(x)$. Interpretiere deine Ergebnisse.

b) Untersuche in einer Tabellenkalkulation für die Funktion $y = 3 \cdot 2^x$ das Verhalten der Funktionswerte $f(x + 1) - f(x)$. Interpretiere deine Ergebnisse.

5.2 Zum Arbeiten mit Computeralgebrasystemen

Mit Computeralgebrasystemen können Funktionen dargestellt sowie Gleichungen und Gleichungssysteme gelöst werden. Dies soll an quadratischen Gleichungen und Funktionen gezeigt werden.

Lösen quadratischer Gleichungen

Quadratische Gleichungen können mithilfe der Lösungsformel gelöst werden.

$x_{1;\,2} = -\frac{p}{2} \pm \sqrt{\left(\frac{p}{2}\right)^2 - q}$

Dazu müssen die Gleichungen gegebenenfalls vorher in die Normalform gebracht werden. Dies erledigt der SOLVE-Befehl im CAS ohne großen Aufwand.

Löse die Gleichungen in einem CAS:

a) $4x^2 - 8x - 24 = 8$

b) $(6x + 2)^2 + 10 = (7x + 3)^2 - 11$

c) $x^2 + px + q = 0$

Ein Umformen in die Normalform ist nicht erforderlich. Nach Eingabe der Gleichungen wird die zu lösende Gleichung markiert und über den SOLVE-Befehl gelöst.

- Zeile #5 zeigt die Lösung von a.
- Zeile #7 zeigt die Lösung von b.
- Zeile #9 zeigt die Lösung von c. (Es ist die bekannte Lösungsformel für quadratische Gleichungen.)

#1	$4 \cdot x^2 - 8 \cdot x - 24 = 8$
#2	$(6 \cdot x + 2)^2 + 10 = (7 \cdot x + 3)^2 - 11$
#3	$x^2 + p \cdot x + q = 0$
#4	$\text{SOLVE}(4 \cdot x^2 - 8 \cdot x - 24 = 8,\ x)$
#5	$x = 4 \vee x = -2$
#6	$\text{SOLVE}((6 \cdot x + 2)^2 + 10 = (7 \cdot x + 3)^2 - 11,\ x)$
#7	$x = \frac{8}{13} \vee x = -2$
#8	$\text{SOLVE}(x^2 + p \cdot x + q = 0,\ x)$
#9	$x = \frac{\surd(p^2 - 4 \cdot q) - p}{2} \vee x = \frac{\surd(p^2 - 4 \cdot q) + p}{2}$

Der SOLVE-Befehl kann unübliche Darstellungen von Gleichungen erzeugen. Die in Zeile #9 dargestellten Lösungen der quadratischen Gleichung $x^2 + px + q = 0$ sind ein Beispiel dafür.

Es kann gezeigt werden, dass die Terme $\frac{\sqrt{p^2 - 4q} - p}{2}$ und $-\frac{p}{2} + \sqrt{\left(\frac{p}{2}\right)^2 - q}$ gleichwertig sind.

1. Möglichkeit:
Es wird die Differenz beider Terme gebildet (siehe Zeile #1). Ihre Differenz beträgt 0.

2. Möglichkeit:
Beide Terme werden mit dem Zeichen „=“ verbunden (siehe Zeile #4). Die Gleichung ist allgemeingültig, d. h., sie ist für jede Variablenbelegung eine wahre Aussage. Nach Anwendung des SOLVE-Befehls erhält man das Ergebnis „true“ (siehe Zeile #5).

#1	$\frac{\surd(p^2 - 4 \cdot q) - p}{2} - \left(-\frac{p}{2} + \surd\left(\left(\frac{p}{2}\right)^2 - q\right)\right)$
#2	0
#3	$\frac{\surd(p^2 - 4 \cdot q) - p}{2} = -\frac{p}{2} + \surd\left(\left(\frac{p}{2}\right)^2 - q\right)$
#4	$\text{SOLVE}\left(\frac{\surd(p^2 - 4 \cdot q) - p}{2} = -\frac{p}{2} + \surd\left(\left(\frac{p}{2}\right)^2 - q\right),\ p\right)$
#5	true
#6	$\frac{\surd(p^2 - 4 \cdot q) - p}{2} = -\frac{p}{2} + \surd\left(\left(\frac{p}{2}\right)^2 - q\right)$
#7	$\text{SOLVE}\left(\frac{\surd(p^2 - 4 \cdot q) - p}{2} = -\frac{p}{2} + \surd\left(\left(\frac{p}{2}\right)^2 - q\right),\ p\right)$
#8	$p = 1 \vee p = 0$

Sind zwei Terme nicht gleichwertig, dann weist der SOLVE-Befehl als Ergebnis konkrete Lösungen aus (siehe Zeilen #6 bis #8).

Lösen quadratischer Gleichungssysteme

Gleichungssysteme lassen sich ohne Hilfsmittel oft nur durch kompliziertes Umformen oder gar nicht lösen. In Computeralgebrasystemen lassen sich die Koordinaten der Schnittpunkte zweier Parabeln durch das Lösen eines quadratischen Gleichungssystems als Näherungswerte ermitteln.

Löse folgendes Gleichungssystem.
Ermittle die Schnittpunkte beider Parabeln.

I $\quad y = f_1(x) = -x^2 + \frac{7}{2}$

II $\quad y = f_2(x) = \frac{1}{4}x^2 + 2$

f_1 und f_2 schneiden einander in P_1 und P_2.

Lösungen im CAS:

$x = \sqrt{2} \wedge y = \frac{3}{2}, x = -\sqrt{2} \wedge y = \frac{3}{2}$

$P_1(-\sqrt{2}\,|\,1{,}5)$ und $P_2(\sqrt{2}\,|\,1{,}5)$

#1 $\quad y = -x^2 + \frac{7}{2}$

#2 $\quad y = -\frac{1}{4} \cdot x^2 + 2$

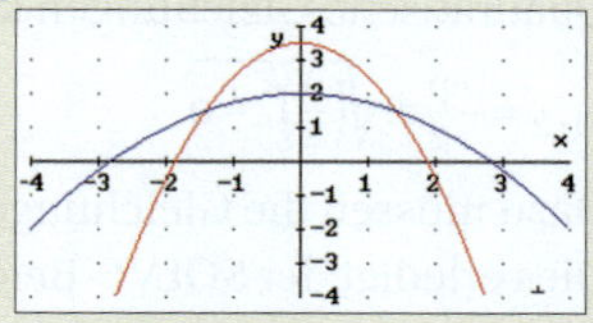

#3 $\quad \text{SOLVE}\left(\left[y = -x^2 + \frac{7}{2}, y = -\frac{1}{4} \cdot x^2 + 2\right], [x, y]\right)$

#4 $\quad \left[x = \sqrt{2} \wedge y = \frac{3}{2}, x = -\sqrt{2} \wedge y = \frac{3}{2}\right]$

Untersuchen quadratischer Funktionen

Die Nullstellen sollen grafisch ermittelt und als Näherungswerte angegeben werden.

Ermittle die Nullstellen der quadratischen Funktion $y = 0{,}8x^2 - 2$ grafisch und gib sie mit einer Genauigkeit von drei Dezimalstellen an.

1. Schritt:
Gleichung $y = 0{,}8x^2 - 2$ im Algebrafenster eingeben und den Graphen im Grafikfenster anzeigen lassen.
Die Nullstellen können als grobe Näherungswerte sofort abgelesen werden.

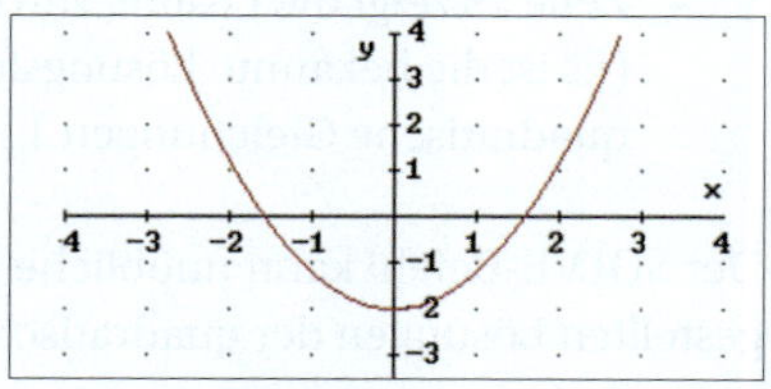

2. Schritt:
Die Ablesegenauigkeit lässt sich mithilfe der ZOOM-Funktion erhöhen. Dazu wird über die Schaltfläche *Zeichenbereich festlegen* mit dem Cursor ein Rechteck ausgewählt, das vergrößert abgebildet wird.
In nebenstehender Darstellung für $x_0 > 0$.

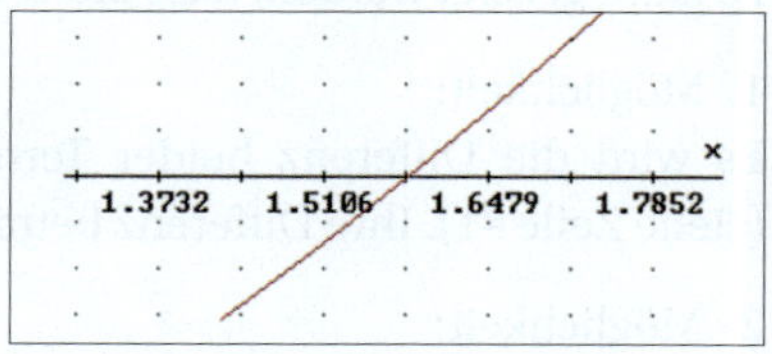

3. Schritt:
Dieser Vorgang ist für immer kleinere Intervalle wiederholbar. Zusätzlich kann der Schnittpunkt des Graphen mit der x-Achse mit dem Cursor markiert werden. Seine Koordinaten sind dann in der Statuszeile ablesbar:
$x_0 \approx 1{,}581$

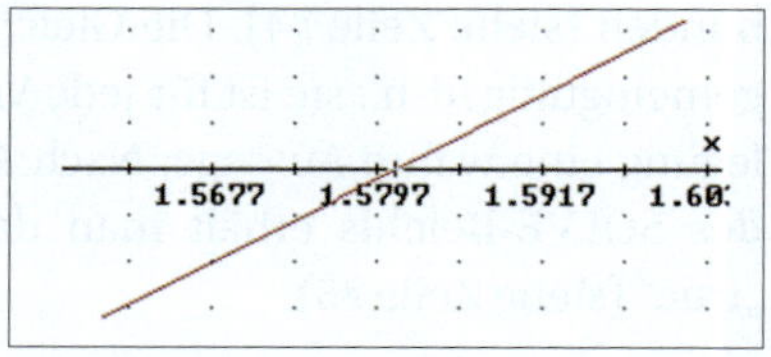

Die zweite Nullstelle $x_0 \approx -1{,}581$ kann entsprechend ermittelt werden.

Funktionsgleichungen sollen aus Informationen ermittelt werden, die über ihre Graphen bekannt sind.

Die Punkte $P_1(-1\,|\,4{,}5)$, $P_2(0{,}5\,|\,-0{,}375)$ und $P_3(2\,|\,-3)$ sind Punkte des Graphen einer quadratischen Funktion $y = a \cdot x^2 + b \cdot x + c$. Gib die Parameter a, b und c an.

Nach dem Einsetzen der Koordinaten der drei Punkte in die Gleichung erhält man folgendes Gleichungssystem:

I $\quad 4{,}5 = a \cdot (-1)^2 + b \cdot (-1) + c$
II $\quad -0{,}375 = a \cdot 0{,}5^2 + b \cdot 0{,}5 + c$
III $\quad -3 = a \cdot 2^2 + b \cdot 2 + c$

Der SOLVE-Befehl (Zeile #1) gibt die Lösungen $a = 0{,}5$; $b = -3$; $c = 1$ (Zeile #2) aus.
Die Funktionsgleichung $y = 0{,}5x^2 - 3x + 1$ kann im Algebrafenster eingegeben, die Punkte bzw. der Graph können im Grafikfenster kontrolliert werden.

#1 SOLVE([4.5 = a − b + c, −0.375 = 0.5²·a + 0.5·h + c, −3 = 4·a + 2·b + c], [a, b, c])

#2 $\left[a = \frac{1}{2} \wedge b = -3 \wedge c = 1\right]$

#3 $y = 0{,}5 \cdot x^2 - 3 \cdot x + 1$

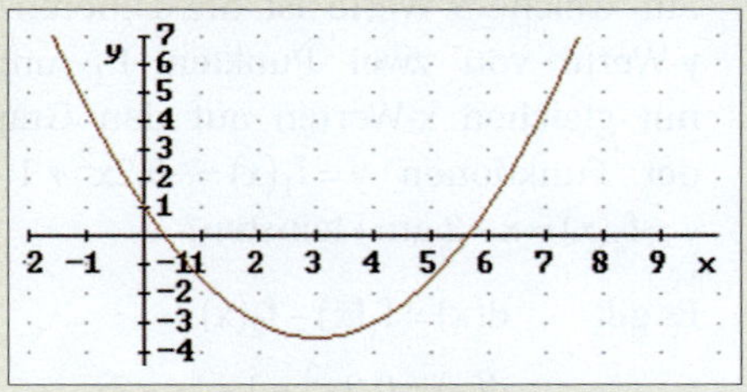

Maximum- und Minimumwerte treten bei vielen praktischen Aufgaben auf. Häufig ist es wichtig zu wissen, ob ein größter oder ein kleinster Funktionswert existiert und bei welchem Argument dies der Fall ist.

Gib die Zaunlängen a und b eines an einer Mauer liegenden (rechteckförmigen) Grundstücks so an, dass sein Flächeninhalt A möglichst groß ist. Die Gesamtlänge des Zauns soll 80 m betragen. In der Abbildung sind drei Möglichkeiten dargestellt.

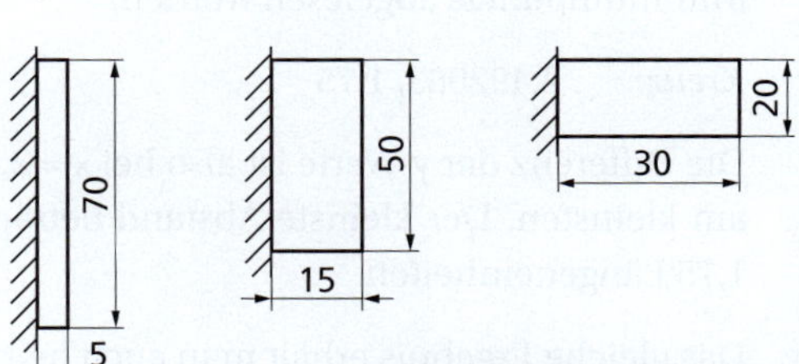

(Maßangaben in Meter)

Es gilt: **I** $u = 2a + b = 80$ **II** $A = a \cdot b$

Löst man die Gleichung **I** nach b auf (Zeilen #3 und #4) und setzt das Ergebnis in Gleichung **II** ein (Zeile #5), erhält man A als Funktion von a.

Es gilt: $A = 80a - 2a^2$ (Zeile #6)

Diese Funktion kann im Grafikfenster dargestellt werden. Es gibt einen Maximumpunkt, dessen Koordinaten als Näherungswert ablesbar sind.

Die Genauigkeit der Ablesung lässt sich im Spurmodus, der über die Schaltfläche aktiviert werden kann, verbessern. Der Spurpunkt wird mit dem Cursor auf der Kurve bewegt, bis er den höchsten Punkt erreicht hat. Die Koordinaten des Punkts lassen sich wieder in der Statusleiste ablesen.

Kreuz: 20, 800

Der Flächeninhalt des Rechtecks ist für $a = 20$ m und $b = 40$ m (folgt aus Zeile #4) am größten.
Er beträgt 800 m^2.

#1 $A = a \cdot b$

#2 $2 \cdot a + b = 80$

#3 SOLVE$(2 \cdot a + b = 80, b)$

#4 $b = 80 - 2 \cdot a$

#5 $A = a \cdot (80 - 2 \cdot a)$

#6 $A = 80 \cdot a - 2 \cdot a^2$

#7 $A = 80 \cdot a - 2 \cdot a^2$

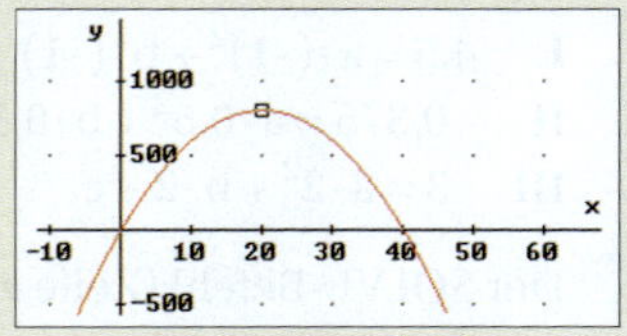

Maximum- und Minimumwerte können auch auftreten, wenn man die Abstände zweier Punkte mit gleichen x-Werten auf zwei verschiedenen Funktionsgraphen untersucht.

Für welche x-Werte ist die Differenz der y-Werte von zwei Punkten P_1 und P_2 mit gleichen x-Werten auf den Graphen der Funktionen $y = f_1(x) = 0{,}2x^2 + 1$ und $y = f_2(x) = x - 2$ am kleinsten?

Es gilt: $d(x) = f_1(x) - f_2(x)$

$d(x) = 0{,}2x^2 + 1 - (x - 2)$

$d(x) = 0{,}2x^2 - x + 3$ (Zeilen #1 bis #4)

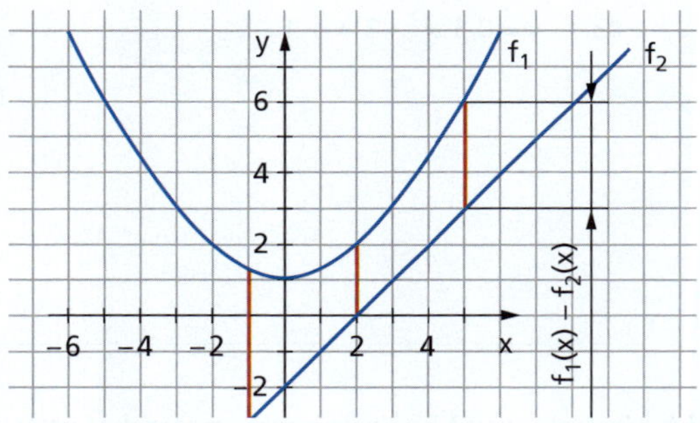

Aus der grafischen Darstellung (Zeile #5 und Zeile #6) können die Koordinaten des Minimumpunkts abgelesen werden.

Kreuz: 2.492063, 1.75

Die Differenz der y-Werte ist also bei $x \approx 2{,}5$ am kleinsten. Der kleinste Abstand beträgt 1,75 Längeneinheiten.

Das gleiche Ergebnis erhält man auch beim Auswerten der Wertetabelle. Dazu wird die Gleichung $d(x) = 0{,}2x^2 - x + 3$ markiert und das Menü *Analysis/Tabelle* geöffnet. Dann müssen Intervall und Schrittweite festgelegt werden. Der x-Wert und die kleinste Differenz können abgelesen werden.
Zur Genauigkeitserhöhung kann der Vorgang für Teilintervalle wiederholt werden.

#3 $d = 0.2 \cdot x^2 + 1 - (x - 2)$

#4 $d = 0.2 \cdot x^2 - x + 3$

#5 $d = 0.2 \cdot x^2 - x + 3$

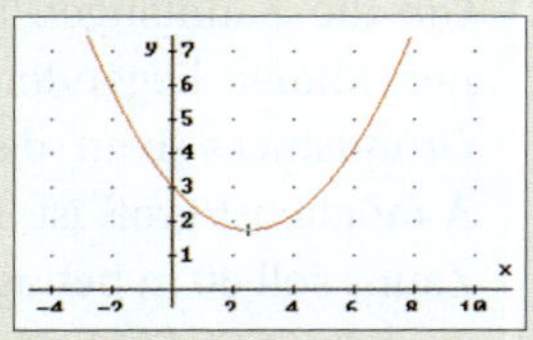

#6 $x = 2.5$

#7 $d = 1.75$

#8 TABLE$(d = 0.2 \cdot x^2 - x + 3, x, 2, 3, 0.1)$

#9

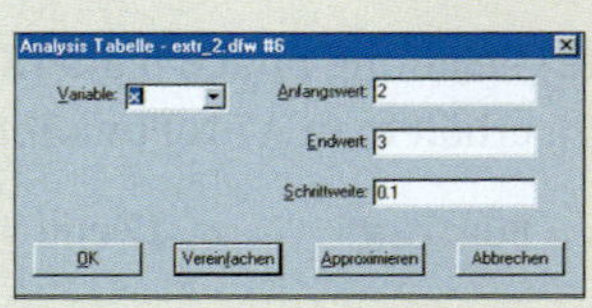

2.2	d = 1.768
2.3	d = 1.758
2.4	d = 1.752
2.5	d = 1.75
2.6	d = 1.752
2.7	d = 1.758
2.8	d = 1.768

Näherungsverfahren beim Lösen von Gleichungen

Lösungen von Gleichungen und Gleichungssystemen lassen sich mit Computeralgebrasystemen sehr einfach ermitteln. Lösungswege und Zwischenschritte sind aber nicht ersichtlich.
Das grundsätzliche Vorgehen soll anhand der Nullstellenberechnung mit dem **Intervallhalbierungsverfahren** für Funktionen gezeigt werden:

1. Festlegen des Anfangsintervalls, in dem der Graph ohne Unterbrechung gezeichnet werden kann. Man sagt, die Funktion ist in diesem Intervall stetig. Die Funktionswerte am Anfang und am Ende des Intervalls haben unterschiedliche Vorzeichen.
2. Halbieren dieses Anfangsintervalls. Eine Nullstelle liegt genau in dem Teilintervall, bei dem die Funktionswerte am Anfang und am Ende wieder unterschiedliche Vorzeichen haben.
3. Dieses Teilintervall wird wieder halbiert.
4. Das Vorgehen wird bis zum Abbruch fortgesetzt. Ein Abbruch erfolgt, wenn eine angegebene Genauigkeit erreicht ist.

Solche Verfahren, bei denen durch wiederholtes Anwenden eines Algorithmus eine immer genauere Lösung gefunden werden kann, nennt man auch **Iteration** (lat.: iteratio – Wiederholung).

Berechne die Nullstellen der Funktion $y = 0{,}8x^2 - 2$ in einem Computeralgebrasystem mit dem Intervallhalbierungsverfahren auf drei Dezimalstellen genau.

Hinweise:

1. In Definitionen wird nicht mit „=“, sondern mit „:=“ gearbeitet.
2. Die Indexschreibweise für Intervallgrenzen wie z. B. i_1 und i_2 erfordert den Befehl  bzw. den dafür vorgesehenen Operator ↓. Er ist als Schaltfläche in der Symbolleiste für mathematische Sonderzeichen zu finden. Man schreibt i↓1 für i_1 bzw. i↓2 für i_2.

Zeile #1:	Eingeben der Funktionsgleichung	#1 f(x) :=0.8 · x^2 – 2
Zeile #2:	Definieren eines Intervalls	#2 i := [a, b]
Zeile #3:	Berechnen der Intervallmitte als arithmetisches Mittel der Intervallgrenzen. Definieren der Funktion MITTEL	#3 MITTEL (i) := $\frac{i_1 + i_2}{2}$
Zeile #4:	Testen der Funktion MITTEL mit den Intervallgrenzen 1 und 2	#4 MITTEL ([1, 2])
Zeile #5:	Ergebnis: arithmetisches Mittel = 1,5	#5 1.5
Zeile #6:	Das jeweils nächste Intervall wird nach dem obigen Schema mithilfe einer WENN-Funktion (IF) ausgewählt.	#6 NEXT_INT(i) := If f(i↓1) · f (MITTEL(i)) < 0, [i↓1, MITTEL (i)], [MITTEL (i), i↓2]

Findet im Teilintervall [i_1; MITTEL(i)] ein Vorzeichenwechsel der Funktionswerte statt, wählt man Teilintervall [i_1; MITTEL(i)], ansonsten Teilintervall [MITTEL(i); i_2].

Zeile #7: Testen der Funktion NEXT_INT mit den Intervallgrenzen 1 und 2	#7 NEXT_INT ([1, 2])
Zeile #8: Ergebnis: nächstes Teilintervall [1,5; 2]	#8 [1.5, 2]
Zeile #9: Definieren einer Funktion, die die ständige Wiederholung der Halbierung bis zum Erreichen einer festgelegten Abbruchbedingung garantiert. Dazu wird der Befehl ITERATES verwendet. Als Startintervall wird [1; 2] und als Abbruchbedingung werden sechs Schritte vorgegeben.	#9 ITERATES (NEXT_INT (i), i, [1, 2], 6)
Zeile #10: Ergebnis: Tabelle mit sechs immer wieder halbierten Intervallen	#10 1 2 1.5 2 1.5 1.75 1.5 1.625 1.5625 1.625 1.5625 1.5937 1.5781 1.5937

Sechs Schritte reichen nicht aus, um die Nullstelle mit einer Genauigkeit von drei Dezimalstellen anzugeben. Die Iteration kann für eine andere Schrittzahl oder auch für ein anderes Startintervall wiederholt werden.
Soll nur das Ergebnis des letzten Schritts angegeben werden, wird anstelle des Befehls ITERATES der Befehl ITERATE verwendet.

Zeile #11: Eine Funktion NAEHERUNG wird definiert. Dabei werden die drei Schritte des Algorithmus zusammengefasst.	#11 NAEHERUNG (start_int, schritte) := ITERATE (NEXT_INT(i), i, start_int, schritte)
Zeile #12: Testen der Funktion NAEHERUNG für 15 Schritte	#12 NAEHERUNG ([1, 2], 15)
Zeile #13: Ergebnis: [1,581115; 1,581146]	#13 [1.581115, 1.581146]

Die anzuzeigende Stellenzahl kann im Menü *Definieren/Ausgabe-Optionen* verändert werden.

Experimentieren mit Zufallszahlen

Mithilfe eines integrierten Zufallszahlengenerators und des Befehls RANDOM(n) erzeugt Derive für n > 1 ganzzahlige Zufallszahlen von 0 bis n – 1. So erhält man beispielsweise mit RANDOM(2) Zufallszahlen 0 oder 1, mit RANDOM(6) Zufallszahlen 0, 1, 2, 3, 4 oder 5.
Das Werfen einer Münze (mit 1 für Zahl und 0 für Wappen) kann demzufolge durch RANDOM(2) und das Werfen eines Würfels durch 1 + RANDOM(6) simuliert werden.
Anstatt die RANDOM-Funktion 50-mal (oder öfter) nacheinander ausführen zu müssen, kann wieder die Vektorfunktion verwendet werden.
Der VEKTOR-Befehl aktiviert den Zufallsgenerator mehrfach und stellt die Zufallszahlen als Liste dar. Auf diese Art können sehr schnell 100, 1 000 oder mehr Würfe simuliert werden.

Die Aufgabenstellung „Simuliere 30-mal den Wurf mit einem Würfel und ermittle die relative Häufigkeit für das Auftreten einer 6" kann mit folgenden Arbeitsschritten gelöst werden:

1. Man öffnet ein neues Arbeitsblatt und erzeugt eine Liste mit den Ergebnissen von 30 Würfen mit einem Würfel. Dazu tippt man folgenden Befehl in die Eingabezeile und führt den Befehl aus:
   VECTOR(1+RANDOM(6),i,1,30) (#1, #2)

2. Soll der Versuch mehrfach durchgeführt werden, ist es sinnvoll, eine spezielle Funktion *würfe* zu definieren. Den dazu erforderlichen Zuordnungsoperator erhält man mithilfe der Tasten [:] [=].
   Man definiert *würfe* durch folgende Eingabe:
   würfe(n):=VECTOR(1+RANDOM(6),i,1,n)
   Man simuliert jetzt noch einmal 30 Würfe. Dazu gibt man ein:
   würfe(30) (#3, #4, #5)

3. Um zu ermitteln, wie oft die 6 „gewürfelt" wurde, kann man den SELECT-Befehl für x = 6 auf Zeile #5 anwenden: SELECT(x= 6,x,#5)
   Hinweis:
   Es werden alle in Zeile #5 „gewürfelten" Sechsen angezeigt. (#6, #7)

4. Gezählt und angegeben wird die Anzahl der in Zeile #5 „gewürfelten" Sechsen mit dem DIM-Befehl: DIM(SELECT(x= 6,x,#5) (#8, #9)

5. Als Letztes soll die relative Häufigkeit der geworfenen Sechsen berechnet werden.
   Dazu muss die Gleichung: $\text{relative Häufigkeit} = \frac{\text{absolute Häufigkeit}}{\text{Anzahl der Versuche}}$ angewandt werden.
   Für das hier demonstrierte Beispiel lautet die Eingabe: 9/30
   Hinweis:
   Es sollte mit [≈] abgeschlossen werden. (#10, #11)

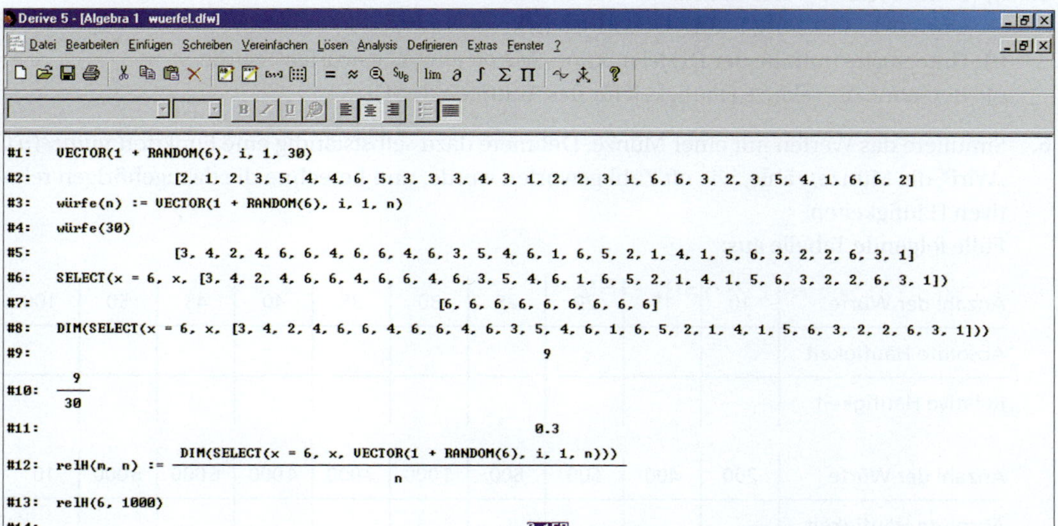

Jetzt können die Arbeitsschritte 2 bis 5 für eine andere Anzahl von Würfen und auch für eine andere zu würfelnde Zahl wiederholt werden.

Die einzeln durchgeführten Arbeitsschritte lassen sich auch zu einer speziellen Funktion relH (relative Häufigkeiten) zusammenfassen. Man tippt dazu mithilfe des Zuweisungsoperators [:] [=] folgende Definition in die Eingabezeile:

relH(m,n):=DIM(SELECT(x=m,x,VECTOR(1+RANDOM(6),i,1,n)))/n (#12)

Wird für m die erwartete Zufallszahl und für n die Anzahl der Würfe eingesetzt, läuft die gesamte Schrittfolge 2 bis 5 in einem Zug ab.
Man ermittelt auf diese Weise die relative Häufigkeit für das Eintreten einer „6“ bei 1 000 Würfen und gibt ein:
relH(6,1000) (#13,#14)

Aufgaben

1. Gib in dein CAS die Zahlen $\frac{222}{17}$, $\sqrt{315}$ und $\frac{\pi}{8}$ mit drei Dezimalstellen an. Erläutere dein Vorgehen.

2. Vereinfache in deinem CAS den Term $\frac{a+b}{a} - \frac{2}{a \cdot b}$.

3. Löse in deinem CAS die folgenden Gleichungen:

a) $3x - \frac{1}{4} = -12$ b) $x^2 + \frac{3}{2}x = -\frac{1}{2}$ c) $\frac{8}{x-3} - \frac{7}{x} = 1$

d) $\sqrt{3x-5} + 4 = 5$ e) $10x - 2 = \sqrt{x}$ f) $\frac{1}{x-2} + \frac{1}{x+2} = \frac{4}{x^2-4}$

4. Stelle in deinem CAS folgende Gleichungen nach den angegebenen Variablen um:

a) $s = \frac{a}{2} \cdot t^2$ nach a b) $s = s = \frac{a}{2} \cdot t^2$ nach t c) $T = 2\pi \cdot \sqrt{\frac{l}{g}}$ nach g

5. a) Simuliere 100 Würfe mit einem Würfel. Definiere dazu als Erstes die Funktion würfe(n):=VEKTOR(1+RANDOM(6),i,1,n).
b) Untersuche mithilfe der DIM-Funktion, wie oft eine 1 „gewürfelt“ wurde.
c) Berechne die relative Häufigkeit für das Auftreten der 1.

6. Simuliere das Werfen mit einer Münze. Definiere dazu selbstständig eine Funktion *münze(n).* „Wirf“ die Münze, zähle, wie oft Zahl geworfen wurde, und berechne die dazugehörigen relativen Häufigkeiten.
Fülle folgende Tabelle aus:

Anzahl der Würfe	10	15	20	25	30	35	40	45	50	100
Absolute Häufigkeit										
Relative Häufigkeit										

Anzahl der Würfe	200	400	600	800	1 000	2 000	4 000	6 000	8 000	10^4
Absolute Häufigkeit										
Relative Häufigkeit										

5.3 Zum Arbeiten mit dynamischer Geometriesoftware

Präsentieren mit GeoGebra

Bei einem Schülervortrag vor der Klasse kommt es nicht nur auf die inhaltliche Vollständigkeit und Korrektheit an. Für die Mitschüler ist es mindestens ebenso wichtig, dass die Darstellung der Inhalte verständlich und anschaulich erfolgt.
Für das Erklären einer geometrischen Konstruktion bietet sich statt der Nutzung von Tafel und Kreide die Darstellung der Schritte über einen Overheadprojektor an. Zur Vorbereitung werden ein dynamisches Geometrieprogramm, z. B. GeoGebra, und ein Textverarbeitungsprogramm, z. B. MS Word, benötigt. Die Seiten werden zunächst mit dem Textverarbeitungsprogramm gestaltet, ausgedruckt und dann auf die Folie kopiert.
Beachte folgende Hinweise, um Bilder von Konstruktionsschritten zu erstellen, zu bearbeiten und auf den Seiten in die gewünschte Position zu bringen:

1. **Zeichenblatt als Bild speichern**
   Nach jedem Konstruktionsschritt mit GeoGebra kann das Zeichenblatt als Bild gespeichert werden. Wähle dazu im Menü *Datei* das Untermenü *Export* mit der Option *Zeichenblatt als Bild*(png, eps).

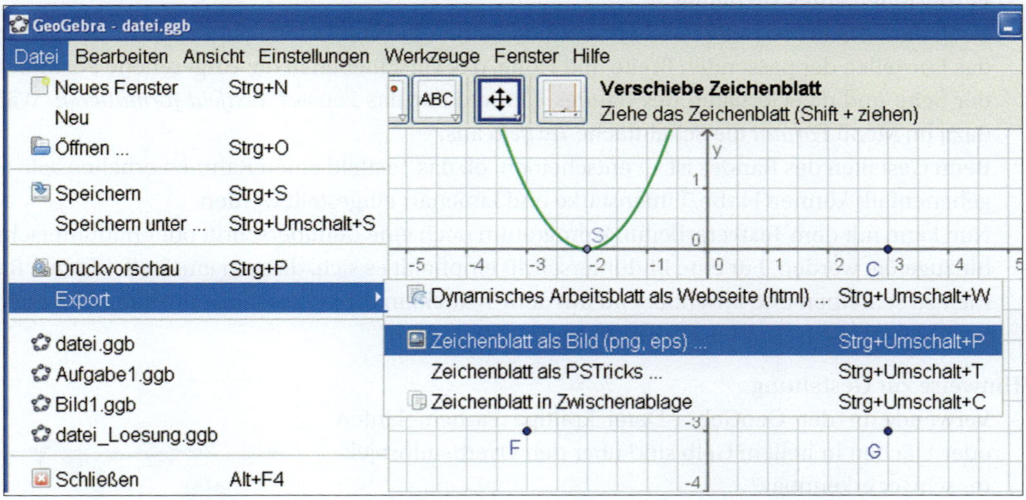

2. **Word-Datei zum Einfügen eines Bildes vorbereiten**
   Aktiviere die Symbolleiste *Zeichnen* im Menü *Ansicht*.
   Setze einen Textrahmen. Nutze dazu die Schaltfläche *Textfeld,* nach dem Anklicken der Seiten und dem Bewegen des Cursors erscheint das Textfeld als rechteckiger Rahmen. Das Textfeld sollte zunächst die Breite der gesamten Seite besitzen. Die Höhe wird beim Einfügen des Bildes automatisch angepasst. Die Nutzung des Textfeldes ist für die spätere Feinpositionierung des Bildes auf der Seite vorteilhaft.
   Nach dem Anklicken des Randes mit der Maus ist das Textfeld bereit zum Einfügen des Bildes. Der Rand wird dann schraffiert dargestellt.

3. Einfügen eines Bildes in das Textfeld

Verwende das Untermenü *Grafik* im Menü *Einfügen.*

Über die Schaltfläche *Aus Datei* öffnet sich ein Fenster zum Auswählen der einzufügenden Bilddatei. Nach einem Mausklick auf die Schaltfläche *Einfügen* im Eingabefenster erscheint das Bild der gesamten Zeichenfläche im Textfeld.

4. Bearbeiten eines eingefügten Bildes

Um den Platz auf der Folie gut auszunutzen und die Konstruktionsschritte auf der Folie übersichtlich darzustellen, ist es oftmals besser, nur einen Teil der GeoGebra-Zeichenfläche zu zeigen. Das Ziel der Bearbeitung ist das Wegschneiden überflüssiger Bereiche und eine Veränderung des Maßstabs.

- Öffne das Fenster *Grafik formatieren.* Dazu ist das Bild im Textrahmen anzuklicken und im Menü *Format* die Schaltfläche *Grafik* auszuwählen.
- Lege durch deine Eingaben fest, wie viel Zentimeter an jeder Seite des rechteckigen Bildes abgeschnitten werden sollen.
- Vergrößere oder verkleinere das Bild bei Bedarf mithilfe der Schaltfläche *Größe.*

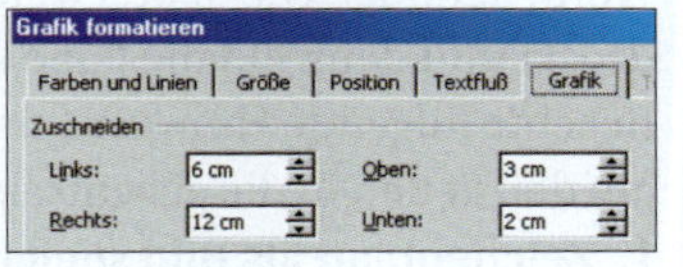

5. Fertigstellen eines Textfeldes

Nach dem Anklicken des Textfeldes am Rand kann es weiter bearbeitet werden. Dazu gehören das Einstellen der passenden Breite und Höhe, das Verschieben in die vorgesehene Position auf der Seite und das Gestalten des Randes. Öffne dafür das Fenster *Textfeld formatieren.* Wähle dazu im Menü *Format* die Schaltfläche *Textfeld* aus.

Beim Gestalten des Randes ist zu entscheiden, ob das Textfeld einen Rahmen erhalten soll. Gegebenenfalls können Farbe, Linienstärke und Linienart eingestellt werden.

Nun kann mit dem Textverarbeitungsprogramm noch eine Bildüberschrift oder Bildunterschrift hinzugefügt werden. Für eine Bildunterschrift empfiehlt es sich, diese in ein Textfeld ohne Rahmen zu schreiben und anschließend mit dem Textfeld in die vorgesehene Position zu verschieben.

Hinweise zur Gestaltung

- Verwende in der GeoGebra-Datei kräftige Farben. Linien oder Flächen in hellem Gelb sind über den Overheadprojektor schwer erkennbar.
- Wähle für die Linien eine größere Linienstärke als am Monitor gewohnt.
- Wähle für Überschriften und Bildunterschriften in den Textfeldern eine ausreichend große Schriftgröße sowie den Schriftschnitt „fett" und einen Zeilenabstand von mindestens 1,5 Zeilen.
- Auch für die Bilder sollte nicht mit Platz gespart werden. Das nebenstehende Beispiel (Keimen von Bohnen) zeigt, wie eine Anordnung von vier Bildern auf einer Folie aussehen könnte.

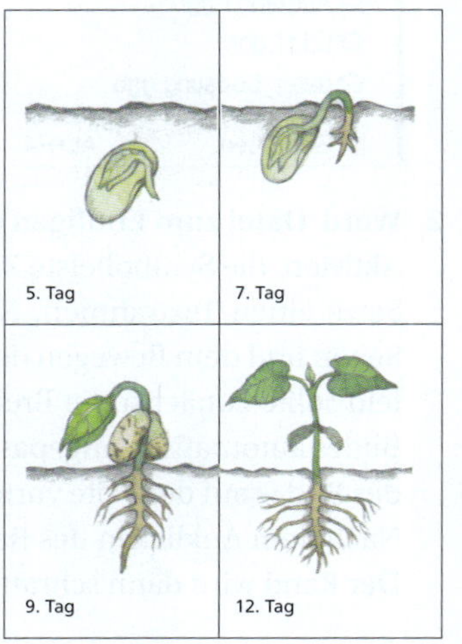

Darstellen von Körpern im Schrägbild

Zu einer gegebenen Strecke a = AB ist ein Strahl b = AC zu zeichnen, wobei a und b einen Winkel von 45° einschließen.
Zum Zeichnen des Punkts C und des Winkels bietet GeoGebra den Funktionsschalter *Winkel mit fester Größe.*
Folgende Schritte sind erforderlich:
- Anklicken des Funktionsschalters
- Auswahl der Punkte B und A (in dieser Reihenfolge)
- Eingeben der Winkelgröße

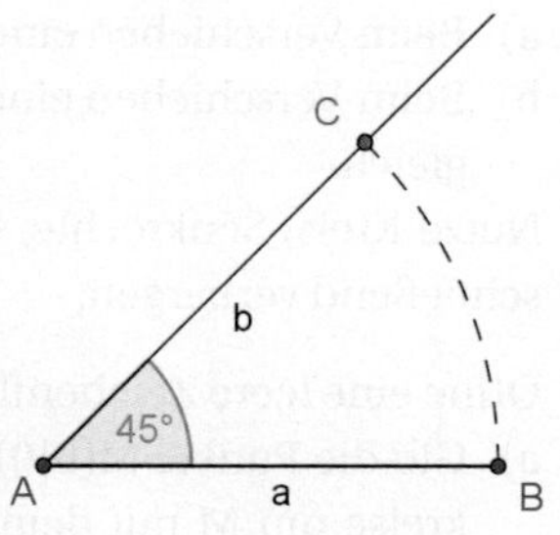

Beim Darstellen eines geometrischen Körpers im Schrägbild gilt meist die Vereinbarung, alle Strecken, die senkrecht zur Projektionsebene verlaufen, auf die Hälfte zu verkürzen und um 45° im Uhrzeigersinn zu drehen.
Bei Körpern mit einem Kreis als Grundfläche wird meist auf die Drehung um 45° verzichtet. Anstelle eines Kreises erhält man eine Ellipse, deren Höhe nur 50 % ihrer Breite beträgt. Durch einen kleinen Trick kann man Kreise mit GeoGebra in solche Ellipsen verwandeln.

Ein Kreiszylinder mit dem Radius r = 3 cm und der Höhe h = 3 cm ist im Schrägbild darzustellen.

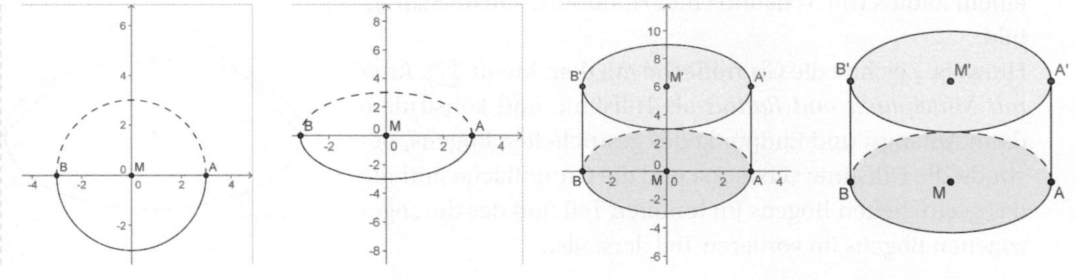

Die Verformung des Kreises zur Ellipse wurde durch die veränderte Einteilung der y-Achse bewirkt. Um den Kreiszylinder trotzdem mit der richtigen Höhe darzustellen, muss die Strecke MM' auf der gestauchten y-Achse 6 LE (Längeneinheiten) umfassen. Zum Verändern von Achseneinteilungen im Koordinatensystem wird das Untermenü *Zeichenblatt* im Menü *Einstellungen* benötigt.

Das Verhältnis xAchse : yAchse = 1 : 2 führt zur gewünschten Verformung.

Verdeckte Kanten können über das Untermenü *Eigenschaften* im Menü *Bearbeiten* in gestrichelte Linien umgewandelt werden. Nach dem Öffnen des Untermenüs *Eigenschaften* kann die Linienart unter *Darstellung* geändert werden.

Aufgaben

1. Öffne eine leere Zeichenfläche.
a) Konstruiere eine quadratische Pyramide ABCDS mit a = 4 cm und h = 6 cm im Schrägbild.
b) Bestimme die Größe des Winkels zwischen der Höhe h und der Höhe der Seitenfläche h_a.

2. Stelle einen Würfel im Schrägbild $\left(\alpha = 45°; q = \frac{1}{2}\right)$ mit GeoGebra dar, wobei folgende Anforderungen zu erfüllen sind:

a) Beim Verschieben eines Punkts ändert sich die Kantenlänge.

b) Beim Verschieben eines Punkts wird der Würfel verschoben und seine Kantenlänge bleibt gleich.

Nutze Kreis, Senkrechte, Mittelpunkte, Parallelen für deine Arbeit. Hilfslinien kannst du anschließend verbergen.

3. Öffne eine leere Zeichenfläche.

a) Gib die Punkte M(0|0), A(3|0) und B(−3|0) über die Eingabezeile ein. Zeichne zwei Halbkreise um M mit dem Radius r = 3 cm ein, wobei sich beide Halbkreise zu einem Kreis ergänzen sollen. Stelle den oberen Halbkreis gestrichelt dar. Verwende zum Zeichnen der Halbkreise den Funktionsschalter *Kreisbogen mit Mittelpunkt durch zwei Punkte* oder *Halbkreis durch zwei Punkte.*

b) Verändere das Koordinatensystem so, dass der aus den beiden Halbkreisen bestehende Kreis um M als Ellipse mit halbierter Höhe dargestellt wird.

c) Ergänze die Figur so, dass ein Kreiszylinder mit dem Radius r = 3 cm und der Höhe h = 3 cm im Schrägbild dargestellt wird.

d) Entferne die Koordinatenachsen aus der Darstellung. Verwende das Menü *Ansicht.*

4. Öffne eine leere Zeichenfläche. Konstruiere einen Kegel mit einem Radius von 3 cm und einer Höhe von 3 cm im Schrägbild.

Hinweis: Zeichne die Grundfläche mit dem Menü *Kreis mit Mittelpunkt und Radius* als Hilfslinie und konstruiere dann Anfangs- und Endpunkt des gestrichelten Bogens, bevor du die Hilfslinie versteckst und die Grundfläche mithilfe des gestrichelten Bogens im hinteren Teil und des durchgezogenen Bogens im vorderen Teil darstellst.

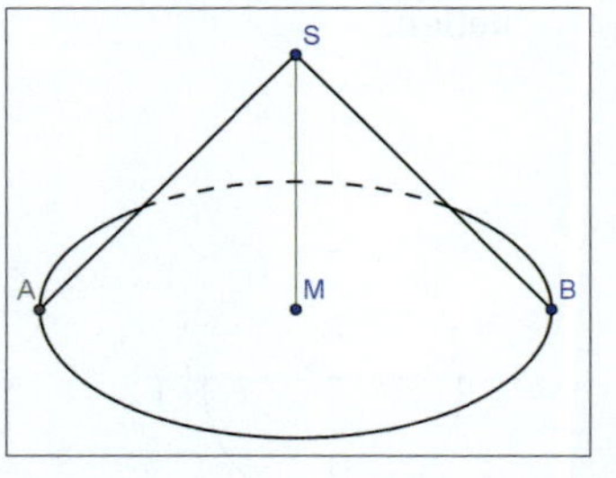

5. Bereite Präsentationen zu folgenden Themen vor und stelle jeweils die angegebenen Schritte für eine Folie oder ein Handout (engl., Informationsunterlage) dar:

a) Zeichnen einer quadratischen Pyramide ABCDS im Schrägbild zu gegebener Seitenlänge a und gegebener Höhe h
- Zeichnen der Strecke a und des Winkels α mit α = 45° im Scheitelpunkt A
- Konstruktion der Grundfläche für das Schrägbild als Parallelogramm
- Einzeichnen der Spitze S und der Seitenkanten

b) Zeichnen eines Kreiszylinders im Schrägbild zu gegebenem Radius r und Höhe h
- Zeichnen der Grundfläche
- Hinzufügen der Deckfläche
- Verbinden von Grund- und Deckfläche

c) Zeichnen eines Kreiskegels im Schrägbild zu gegebenem Radius und gegebener Länge der Seitenkante s
- Konstruktion des Stützdreiecks aus Radius r, Seitenkante s und Höhe h
- Vervollständigung des Stützdreiecks zur Vorderansicht des Kreiskegels
- Zeichnen der Grundfläche

5.4 Gemischte Aufgaben

1. Übertrage die Tabelle in dein Heft und fülle sie aus. Entscheide, welche Hilfsmittel sinnvoll sind. Begründe deine Entscheidung. Vergleiche deine Ergebnisse mit denen deiner Mitschüler.

Näherungswert	Intervall für den wahren Wert	Untere Wertschranke	Obere Wertschranke
50,0 kg ± 0,2 kg			
	22,8 mm < d < 23,4 mm		
		715 m^2	775 m^2
		−0,25 °C	1,25 °C
850 s ± 10 %			

2. Der größte Durchmesser einer Welle, wie in nebenstehender Abbildung, ist mit $45^{0}_{0,6}$ mm angegeben.

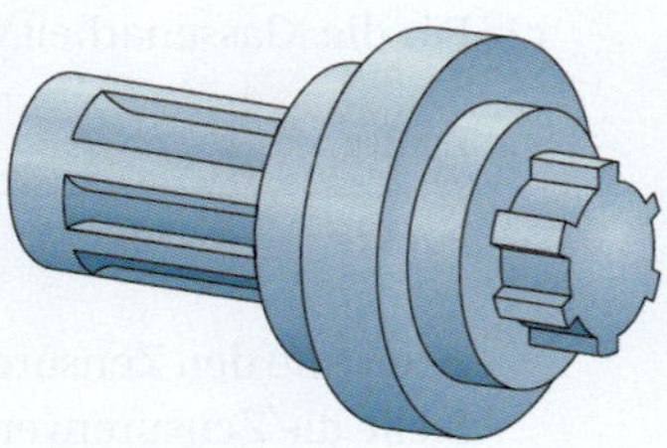

a) Gib den Nenndurchmesser, die obere Wertschranke und die untere Wertschranke des Durchmessers an.

b) Gib das Intervall für den Durchmesser einer brauchbaren Welle an.

3. Ermittle die Breite d der Nut für nebenstehendes Werkstück mit der zulässigen Toleranz. Entnimm die Maße aus der Zeichnung (Maßangaben in Millimeter).

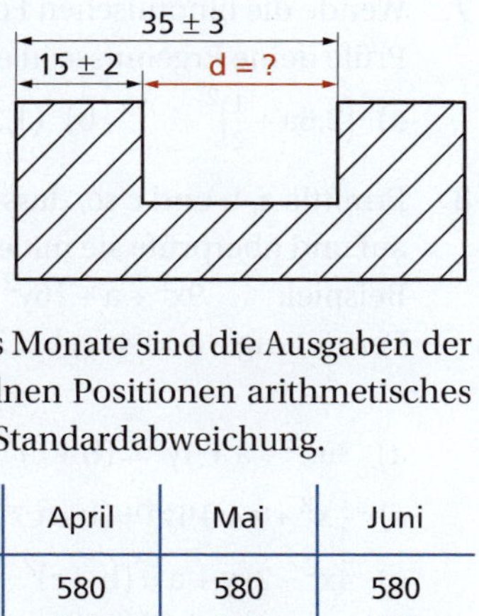

4. Die Genauigkeit eines Thermometers wird vom Hersteller mit ± 1,3 °C angegeben. Das Thermometer zeigt 27,8 °C an. Welche Temperaturen könnten wirklich herrschen?

5. Das Monatseinkommen einer Familie beträgt 2 740 €. Für sechs Monate sind die Ausgaben der Familie (Angaben in Euro) aufgelistet. Berechne für die einzelnen Positionen arithmetisches Mittel, Spannweite, mittlere lineare Abweichung, Varianz und Standardabweichung.

	Januar	Februar	März	April	Mai	Juni
Miete	580	580	580	580	580	580
Wasser und Energie	210	260	218	218	218	218
Telefon	43	34	29	42	37	48
Versicherungen	427	70	70	70	70	70
Nahrungs- und Reinigungsmittel	360	575	484	870	415	490
Verkehrsmittel	88	105	135	142	112	132
Bekleidung	43	145	196	128	65	122
Freizeitgestaltung	77	44	102	26	67	121
Kreditrückzahlung	230	230	230	230	230	230
Sonstiges	85	167	180	790	98	242

6. In einer Klassenarbeit konnten maximal 33 Punkte erreicht werden. Die Punktzahlen von 81 Schülern aus drei Parallelklassen zeigen, wie die Arbeit ausgefallen ist.

19	13	23	21	19	25	27	20	26	21	21	10	17	21	24	22	25	15	24	17	25
23	28	20	21	22	23	27	21	22	18	20	22	21	14	20	18	16	20	26	14	25
23	26	22	24	15	22	24	21	19	29	18	26	21	28	25	19	17	23	24	19	24
25	18	20	21	20	19	16	23	16	27	22	23	17	22	14	22	17	21			

Arbeite mithilfe einer Tabellenkalkulation.

a) Bestimme arithmetisches Mittel, Modalwert, Spannweite und mittlere lineare Abweichung der erreichten Punkte.
Erkläre, welche Funktionen du in der Tabellenkalkulation verwendet hast.
Stelle die Häufigkeitsverteilung der Punkte grafisch dar.

b) Teile die zu erreichenden Punkte in elf gleich breite Klassen ein.
Bestimme die Klassenmitten und ermittle wiederum die Häufigkeitsverteilung.

c) Für die Klassenarbeit wurde eine Punktverteilung vorgenommen:

Zensur	1	2	3	4	5	6
Punkte	32–33	27–31	20–26	15–19	7–14	0–6

Berechne den Zensurendurchschnitt.
Stelle die Zensurenverteilung grafisch dar.

7. Wende die binomischen Formeln auf folgende Terme an.
Prüfe deine Ergebnisse in einem Computeralgebrasystem.

a) $\left(2{,}6a + \frac{1}{2}\right)^2$ b) $(1{,}25x - 0{,}8y)(1{,}25x + 0{,}8y)$ c) $\left(\frac{3s^2t}{2} - \frac{2}{s}\right)^2$ d) $\left(\sqrt{2} + \sqrt{m}\right)^2$

8. Ermittle a, b und c so, dass vollständige Quadrate entstehen. Stelle dazu jeweils Vermutungen auf und überprüfe sie mit einem CAS. Korrigiere gegebenenfalls und überprüfe erneut.

Beispiel: $9x^2 + a + 16y^2 = (b + c)^2$ CAS: Zeile #1 (Gleichung schreiben)
Vermutung: $a = 24xy$, $b = 3x$, $c = 4y$ Zeile #2 (24; 3 und 4 in Gleichung einsetzen)
Zeile #3 (SOLVE-Befehl anwenden)

a) $36x^2 + a + 4y^2 = (b + c)^2$ b) $0{,}81x^2 + a + 25y^2 = (b + c)^2$

c) $\frac{1}{4}x^2 + a + 16y^2 = (b + c)^2$ d) $a + 3{,}2y + 16y^2 = (b + c)^2$

e) $4x^2 - 2xy + a = (b + c)^2$ f) $2x^2 + 8xy^2 + a = (b + c)^2$

9. Ermittle in einer Tabellenkalkulation die Nullstellen der Funktion $y = 0{,}7x^2 - 3x - 2$.
Gib deine Ergebnisse mit einer Genauigkeit von drei Dezimalstellen an.

10. Erstelle eine Kalkulationstabelle zur grafischen Darstellung gestreckter, gestauchter und gespiegelter Graphen quadratischer Funktionen der Form $y = ax^2 + bx + c$.
Die Parameter sind im Rahmen der folgenden Bedingungen frei wählbar:

a) Die Parameter a und b sind konstant. Es gilt weiterhin: $a \neq 0$ und $b \neq 0$

b) Die Parameter a und c sind konstant. Es gilt weiterhin: $a \neq 0$

c) Die Parameter b und c sind konstant. Es gilt weiterhin: $a \neq 0$ und $b \neq 0$

11. Eine Parabel mit $p(x) = x^2 - 4x + 1$ und eine Gerade mit $g(x) = -0{,}5x + 4$ schneiden einander.
a) Ermittle die Koordinaten der Schnittpunkte grafisch und überprüfe sie rechnerisch.
b) Erläutere dein Vorgehen.

12. Berechne die Nullstellen folgender Funktionen. Verwende ein Computeralgebrasystem. Erläutere dein Vorgehen.
a) $y = -x^2 + \frac{7}{2}$ b) $y = 2{,}5x^2 + 0{,}8x$ c) $y = x^2 - 3x + 0{,}5$ d) $y = 0{,}6x^2 + 2x - 7{,}1$

13. Die Punkte A, B und C sind Punkte des Graphen einer Funktion $y = ax^2 + bx + c$.
Ermittle jeweils die Funktionsgleichung. Prüfe, ob die Punkte D, E und F auch zum Graphen der jeweiligen Funktion gehören. Kontrolliere deine Entscheidungen am jeweiligen Graphen.
a) A(-2|-1); B(0|-3); C(2|7); D(-3|4,5); E(-1|-3,5); F(1,5|3,5)
b) A(-2|-11); B(1|1); C(2,5|0,25); D(-1,5|-7,75); E (0,5|0,5); F(2|1)

14. Die nebenstehende Skizze zeigt die Flugbahn eines Weitspringers. Finde eine quadratische Funktion, die die Flugbahn annähernd beschreibt. Nutze die Maßangaben aus der Skizze. (Als Flugbahn wird die Bahn des Schwerpunkts betrachtet.)

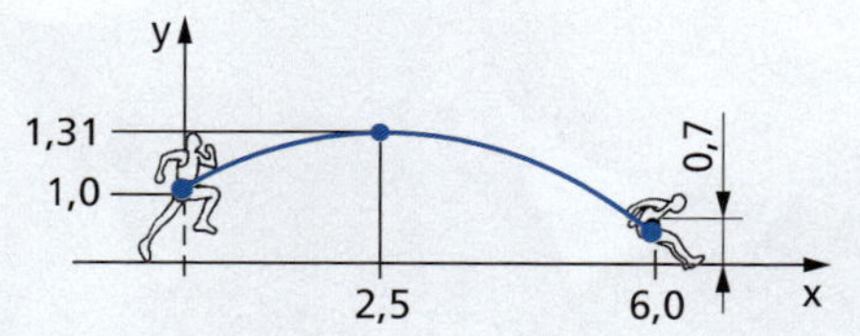

15. Der Träger einer Brückenkonstruktion hat die Form von zwei Parabelbögen p_1 und p_2. A und B sind die Fußpunkte des Trägers. (Abbildung im Koordinatensystem mit einer Koordinateneinheit von 1 m)
a) Berechne die Spannweite $\overline{AB}$ des oberen Bogens $p_1(x) = 2{,}5 - \frac{10}{169}x^2$.

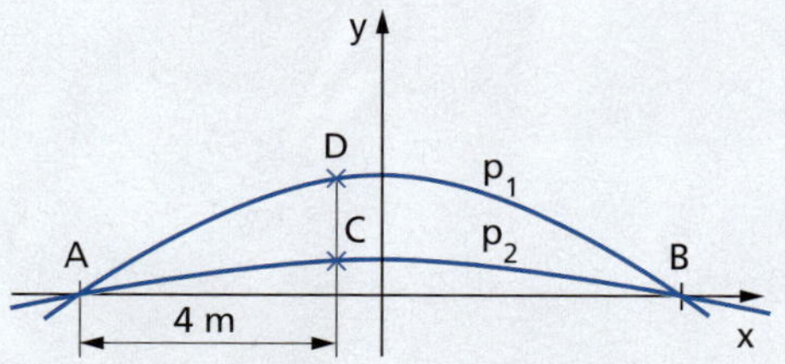

b) Ermittle den Wert des Parameters a für den unteren Bogen $p_2(x) = 0{,}8 - ax^2$.
c) In einer Entfernung von 4 m vom Fußpunkt A befindet sich eine Verstrebung $\overline{CD}$. Berechne die Länge dieser Verstrebung $\overline{CD}$. Gib das Ergebnis in vollen Zentimetern an.

16. Eine rechteckige Rasenfläche soll durch einen Zaun mit einer Länge von 120 m umschlossen werden. Berechne die Seitenlängen der Rasenfläche für einen maximalen Flächeninhalt. Verwende ein Computeralgebrasystem. Erläutere, wie man diese Aufgabe mithilfe von Wertetabellen lösen könnte.

17. Für den senkrechten Wurf nach oben gilt: $s(t) = v_0t - \frac{g}{2}t^2;\ t \geq 0$
Nach wie viel Sekunden erreicht ein senkrecht nach oben geworfener Gegenstand seine größte Höhe, wenn die Anfangsgeschwindigkeit $v_0 = 20\ \frac{m}{s}$ beträgt und der Luftwiderstand nicht berücksichtigt wird? Die Fallbeschleunigung g beträgt annähernd $9{,}81\ \frac{m}{s^2}$.
Nutze ein Computeralgebrasystem oder eine Tabellenkalkulation zur Lösung des Problems.

18. Zeichne die Graphen der folgenden Funktionen für b = –3; –2; –1; 0; 1; 2; 3:
a) $f_b(x) = (x + b)^2 + 1$ b) $f_b(x) = -\frac{1}{2}x^2 + bx + 3$ c) $f_b(x) = x^2 + bx + \frac{1}{4}(b^2 - b)$

6 Nutzen von Strategien zum Lösen von Aufgaben

Bauwerk

Die Skiflugschanze in Oberstdorf (Bayern) ist zurzeit die zweitgrößte Skiflugschanze der Welt. Sie hat eine Gesamthöhe von 207 m.
Informiere dich über ihre Bauzeit und über den gegenwärtig gültigen Schanzenrekord.

Durchfahrtshöhen

Am Tunnel soll ein Schild für die maximale Durchfahrthöhe angebracht werden. Der Tunnel ist 6,50 m hoch, die Fahrbahn (beide Spuren) ist 6,00 m breit.
Von der Fahrbahn bis zur Tunnelwand ist jeweils noch 1 m Platz. Die Wölbung des Tunnels beginnt erst 1 m über der Erdoberfläche.
Fertige eine maßstabsgerechte Zeichnung an. Was würdest du auf das Schild schreiben?

Materialeinsparung

Die Stärke des Isoliermantels eines Stromkabels kann aufgrund der Einführung neuer Materialien um 0,1 mm verringert werden. Zurzeit beträgt der Innendurchmesser eines Kabels 1,0 mm und der Außendurchmesser 1,3 mm.
Um wie viel Quadratmillimeter verkleinert sich der Querschnitt des Isoliermantels nach Einführung der neuen Materialien?

6.1 Lesen und Auswerten von Texten

Beim Lesen von Fachtexten, beim Lösen von Sachaufgaben und beim Vorbereiten auf Vorträge ist das Erkennen, Erfassen und Nutzen wesentlicher Informationen wichtig. Häufig sind diese Informationen in neue Sachverhalte einzuordnen bzw. neu zu strukturieren.
Gleiche Anforderungen treten auch beim Lesen eines interessanten Buchs, einer Zeitschrift oder beim Bearbeiten historischer Texte für den Geschichtsunterricht auf.

Hinweis:
Beim Auftreten von Schwierigkeiten sollte schrittweise vorgegangen werden.
Schreibe nicht in Originaltexten, verwende möglichst Kopien.

Arbeitsschritte

1. **Erfasse einen Text bzw. eine Aufgabe.**
   - Lies Texte bzw. Aufgaben vollständig durch.
   - Überlege, ob du alles verstanden hast.
   - Stelle Fragen oder lies noch einmal.

2. **Suche Hauptinformationen und kennzeichne diese.**
   - Kennzeichne alle unbekannten Wörter bzw. Begriffe mit einer festgelegten Farbe oder mit einem Fragezeichen.
   - Kennzeichne alle dir wichtig erscheinenden Wörter bzw. Begriffe mit einer anderen Farbe oder unterstreiche diese.

3. **Analysiere die Informationen.**
   - Kläre unbekannte Wörter bzw. Begriffe.
     Stelle Fragen, suche in Registern, in Nachschlagewerken oder im Internet.
   - Finde eine inhaltliche Gliederung.
     Ordne dabei Bekanntes und Unbekanntes, z. B. durch Einfügen von Zwischenüberschriften am Rand des Textes.
   - Interpretiere zum Text gehörende Abbildungen.
     Suche Zusammenhänge zwischen Text und Abbildung.

4. **Fasse das Wesentliche zusammen.**
   - Verkürze lange Texte. Schreibe *deine Aufzeichnung* zum Sachverhalt.
   - Wähle Tabellen, sinnvolle Abkürzungen oder Zusammenfassungen.
   - Vergleiche deine Aufzeichnungen mit dem Originaltext.
     Prüfe, ob du alles berücksichtigt hast.

Ein schrittweises und planvolles Vorgehen beim Lesen und Auswerten von Texten erscheint anfangs schwierig und zeitaufwendig. Beim häufigen Wiederholen der vier Arbeitsschritte prägt sich aber die Vorgehensweise ein. Schriftliche Aufzeichnungen können dann häufig verkürzt werden, manche Arbeitsschritte lassen sich im Kopf erledigen, in manchen Fällen kann man ganz auf sie verzichten.

Im historischen Text auf der nächsten Seite wurden Informationen erfasst und gekennzeichnet. Eine Analyse und Zusammenfassung kann in einer Präsentation erfolgen.

Die Geschichte der Zahl Null

Die Null und der Abakus

Da Griechen und Römer auf dem **Abakus** (einem Rechenbrett) rechneten, brauchten sie keine Null(en). Die entsprechenden Stellen (Spalten für Einer, Zehner, Hunderter, Tausender) blieben einfach leer.
So besitzt die Zahl 3055 keine Hunderter, also blieb die Hunderterspalte auf dem Abakus frei.

Kalender

Das Problem mit der **Null** wurde bei der **Entwicklung des Kalenders** deutlich. Die ersten Kalender stellten die Römer auf. Da die Römer keine Null kannten, ließ die Kirche bei der Einführung des julianischen Kalenders auf das Jahr 1 vor Christus das Jahr 1 nach Christus folgen. ?
Ein Jahr 0 gab es nicht (demzufolge hat das 21. Jahrhundert eigentlich erst am 1. Januar 2001 begonnen).

Indien

Die eigentliche Zahl Null wurde erstmals in **Indien** verwandt, nicht als Platzhalter wie bei den Mayas, sondern als vollwertige Zahl. Mit ihr wurde (nach heute noch gültigen Regeln) **addiert, subtrahiert und multipliziert.** ?

Die Zahl Null

Um 711 übernahmen die Araber die indischen Zahlzeichen. Der persische Mathematiker MUHAMMAD IBN MUSA AL-CHWARIZMI (787 bis 850) stellt in seiner Schrift „Die Zahlen der Inder" die **Zahl Null als Kreis** vor.

Mittelalter

Bis ins **Mittelalter** hinein war die Zahl Null in **Europa** unbekannt und nur die Handelsreisenden, die z. B. aus Indien kamen, berichteten davon.
Vielen Menschen war das „runde Ding" ein Werk des Teufels und somit unheimlich.

ADAM RIES

Auf der Suche nach Rechenregeln und Rechenverfahren begegnete auch den Rechenmeistern, wie **ADAM RIES** (1492 bis 1559), ständig das Problem mit der Null (denn diese Zahl wurde gebraucht, um mithilfe eines **Stellenwertsystems** rechnen zu können). ?

Ziffer

Die arabische Schrift beeinflusste die Bezeichnung für die Null in unserer Sprache. Null heißt auf arabisch **„sifr".** Daraus entstand das Wort **„Ziffer".**
Aus der Bezeichnung für „Nichts" wurde also der mathematische Begriff Null (lat.: nulla figura – keine Zahl).

6.2 Lösen durch Probieren

Systematisches Probieren

Einige Gleichungen (und auch Ungleichungen) kann man durch **systematisches Probieren** lösen. Dazu muss man systematisch (immer größere oder immer kleinere) Zahlen in die Gleichung einsetzen und prüfen, ob eine wahre Aussage entsteht.
Zum Probieren eignen sich die natürlichen Zahlen und die ganzen Zahlen als Grundbereich. Zur besseren Übersichtlichkeit kann man Tabellen verwenden.

Aufgabe:

Löse die Gleichung $x^2 - 3 = 2x$ $(x \in \mathbb{Z})$ durch systematisches Probieren.

x	−3	−1	0	1	3
$x^2 - 3 = 2x$	$(-3)^2 - 3 = 2(-3)$	$(-1)^2 - 3 = 2 \cdot (-1)$	$0^2 - 3 = 2 \cdot 0$	$1^2 - 3 = 2 \cdot 1$	$3^2 - 3 = 2 \cdot 3$
Bemerkung	falsch	wahr	falsch	falsch	wahr

Die Zahlen −1 und 3 erfüllen die Gleichung.
Lösungsmenge: $L = \{-1; 3\}$

Auch andere nichtlineare Gleichungen wie zum Beispiel $2^x = 8$ oder $x^4 = 32$ oder $\sqrt{x+1} = 9$ kann man auf diese Weise lösen.

Die Lösungen linearer Gleichungen mit zwei Variablen sind im Grundbereich der ganzen Zahlen Zahlenpaare, die man mithilfe einer Tabelle systematisch ermitteln und darstellen kann.

Aufgabe:

Löse die Gleichung $x + 2y = 10$ $(x; y \in \mathbb{Z})$ durch systematisches Probieren.

y	…	−3	−2	−1	0	1	2	3	4	5	6	…
$x = 10 - 2y$	…	16	14	12	10	8	6	4	2	0	−2	…

Die Zahlenpaare (16|−3), (14|−2), (12|−1), (10|0) usw. erfüllen die Gleichung $x + 2y = 10$.

Eine lineare Gleichung mit zwei Variablen kann man auch als Gleichung einer linearen Funktion deuten.
Stellt man die Gleichung nach y um, so kann man mithilfe der Funktionsgleichung $y = -0{,}5x + 5$ und dem zugehörigen Graphen Lösungen im Bereich der ganzen Zahlen ablesen.

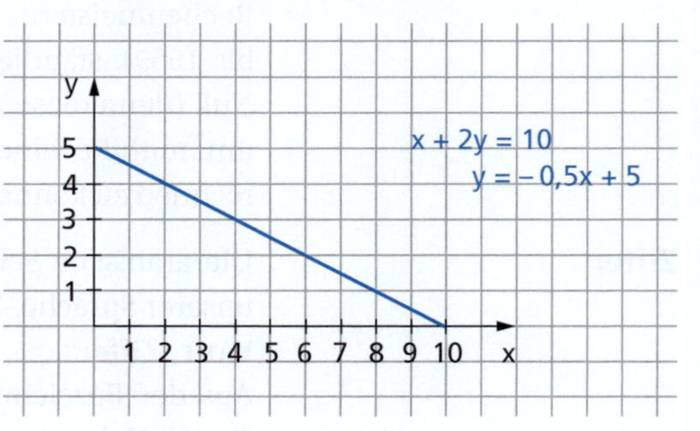

Um Gleichungen näherungsweise zu lösen, kann man mithilfe des Taschenrechners systematisch die Dezimalstellen der Lösung bestimmen. Die Lösung wird dabei „eingeschachtelt“, d. h. immer genauer eingegrenzt. Auch hier verwendet man zur besseren Übersicht eine tabellarische Darstellung der Rechenergebnisse. Die Anfangswerte der Rechnung werden durch sinnvolles Probieren ermittelt.

Aufgabe:

Löse die Gleichung $3{,}1^x = 7$ durch systematisches Probieren mit dem Taschenrechner.

Aus $3{,}1^1 = 3{,}1$ und $3{,}1^2 = 9{,}61$ folgt, dass die Lösung zwischen 1 und 2 liegen muss. Für jede Dezimalstelle wird nun durch systematisches Probieren der Wert bestimmt, der am dichtesten unter 7 liegt.

Dezimalstelle	x	$3{,}1^x = 7$	Bemerkung
erste	1,6 1,7 1,8	6,111 … 6,844 … 7,663 …	Ergebnis zu klein Ergebnis zu klein Ergebnis zu groß
zweite	1,71 1,72	6,921 … 7,007 …	Ergebnis zu klein Ergebnis zu groß
dritte	1,719	6,992 …	Ergebnis nur wenig zu klein
vierte	1,7195 1,7196 … 1,7199	6,996 … 6,997 … … 6,9991	Ergebnis nur wenig zu klein Ergebnis immer noch zu klein … Ergebnis immer noch zu klein
fünfte	1,71991 1,71992	6,9999 … 7,00007 …	Ergebnis immer noch zu klein Ergebnis zu groß

Alle Zahlen, die die Gleichung $3{,}1^x = 7$ erfüllen, liegen zwischen 1,71991 und 1,71992.

Inhaltliches Lösen bzw. Anwenden von Algorithmen

Verhältnisgleichungen lassen sich inhaltlich lösen, indem man untersucht, ob ein Zähler oder Nenner Vielfaches eines anderen Zählers oder Nenners ist.

Mithilfe von Skizzen oder einfachen symbolhaften Darstellungen lassen sich Lösungen finden.

① $\frac{6}{x} = \frac{18}{6}$ (oben: ·3, unten: ·3)

$6 \cdot 3 = 18$

$x \cdot 3 = 6$

$x = 2$

② $\frac{x}{15} = \frac{7}{3}$ (oben: ·5, unten: ·5)

$15 = 5 \cdot 3$

$x = 5 \cdot 7$

$x = 35$

③ $\frac{24}{3x-7} = \frac{6}{5}$ (oben: ·4, unten: ·4)

$3x - 7 = 4 \cdot 5 \quad | +7$

$3x = 27 \quad | :3$

$x = 9$

Man kann Gleichungen weiterhin inhaltlich lösen, indem man Zahlen geeignet zerlegt, Sätze oder Umkehroperationen anwendet. Dazu untersucht man die Struktur der Terme genau.

Zerlegen von Zahlen	Anwenden von Sätzen	Anwenden der Umkehroperation
Beispiel: $8 \cdot (x + 2) = 16$	Beispiel: $(x + 2) \cdot (x - 8) = 0$	Beispiel: $\sqrt{x + 1} = 3$
Da das Produkt 16 beträgt und einer der beiden Faktoren 8 ist, muss der andere Faktor 2 sein. Aus $x + 2 = 2$ folgt $x = 0$. $L = \{0\}$	Wenn das Produkt zweier Faktoren 0 ist, muss mindestens einer der Faktoren 0 sein. $x_1 + 2 = 0$ $\quad x_2 - 8 = 0$ $x_1 = -2$ $\quad x_2 = 8$ $L = \{-2; 8\}$	Für $x + 1 > 0$ gilt: $x + 1 = 3^2$ $x + 1 = 9$ Somit gilt: $x = 8$ $L = \{8\}$

In einigen Fällen kann man Gleichungen, in denen die Variable mehrfach vorkommt, lösen, indem man beide Seiten der Gleichung so zerlegt, dass gleiche Terme entstehen.

①
$$\begin{aligned} 6x + 1 &= 3x + 13 \\ 3x + 3x + 1 &= 3x + 1 + 12 \\ 3x &= 12 \\ x &= 4 \end{aligned}$$

②
$$\begin{aligned} 3x - 4 &= 2x - 6 \\ 2x + x - 4 &= 2x - 4 - 2 \\ 2x - 4 + x &= 2x - 4 - 2 \\ x &= -2 \end{aligned}$$

Quadratische Gleichungen kann man lösen durch z. B.
- Wurzelziehen,
- Umformen in eine Gleichung der Form $T_1 \cdot T_2 = 0$,
- Anwenden einer binomischen Formel.

Es ist zu beachten, dass quadratische Gleichungen meistens zwei Lösungen haben.

①
$$\begin{aligned} 4x^2 &= 100 \\ x^2 &= 25 \\ x_{1;2} &= \pm\sqrt{25} \\ x_1 &= 5 \\ x_2 &= -5 \end{aligned}$$

②
$$\begin{aligned} 2x^2 - 5x &= 0 \\ x(2x - 5) &= 0 \\ x_1 &= 0 \\ 2x - 5 &= 0 \\ x_2 &= 2{,}5 \end{aligned}$$

③
$$\begin{aligned} x^2 - 16x + 68 &= 81 \\ (x - 8)^2 &= 81 \\ x - 8 &= \pm\sqrt{81} \\ x_1 - 8 = 9 &\qquad x_2 - 8 = -9 \\ x_1 = 17 &\qquad x_2 = -1 \end{aligned}$$

Die Probe wird immer an der Ausgangsgleichung durchgeführt.

Aufgaben

1. Löse die folgenden Gleichungen.
Erläutere bei jeder Gleichung, wie du vorgegangen bist.
Führe auch immer eine Probe durch.

a) $3x + 12 = 39$ b) $8x - 18 = 30$ c) $-3x - 5 = -41$
d) $-5x + 3 = 43$ e) $(x - 7) : 8 = 5$ f) $2(x - 22) = -20$
g) $(x + 12) : 6 = 9$ h) $x : 12 + 18 = 20$ i) $x \cdot 12 - 16 = 20$

2. Löse die folgenden Gleichungen. Führe auch immer eine Probe durch.

a) $\frac{21}{x} = \frac{7}{3}$ b) $\frac{9}{x} = \frac{54}{30}$ c) $\frac{x}{4} - 5 = -\frac{1}{4}$ d) $\frac{-8}{27} = \frac{56}{x}$

e) $\frac{7}{17} = \frac{x}{51}$ f) $\frac{3}{8} = \frac{27}{x}$ g) $\frac{x}{21} = \frac{121}{231}$ h) $2{,}5 : x = 7{,}5 : 1{,}5$

3. Löse folgende Gleichungen:

a) $22x + 9 = 19x + 15$ b) $13x + 17 = 9x + 37$ c) $10x - 4 = 8x - 6$

d) $4x - 8 = 2x - 2$ e) $-6 + 3x = -9 + 4x$ f) $-5 - 12x = 8 - 10x$

g) $2x + 5 = 8x - 4$ h) $3 - 2x = -5 - 6x$ i) $5 + 12x = 8 + 10x$

4. Gib alle natürlichen Zahlen an, die folgende Gleichungen erfüllen.
Erläutere deinen Lösungsweg. Begründe deine Entscheidung.

a) $3(x + 2) = 5x + 2 \cdot 3$ b) $3(x + 2)^2 = 27$ c) $x^3 - 6 = x$

d) $(x + 1) \cdot (x - 1) = 0$ e) $(x + 1)^2 = 0$ f) $(x - 1)^2 = 0$

5. Löse folgende Gleichungen.
Finde eine allgemeine Lösungsvorschrift für derartige Gleichungen.

a) $x(x + 9) = 0$ b) $2x(x - 3) = 0$ c) $x(3x - 12) = 0$

d) $(x - 5)(x + 4) = 0$ e) $(x - 2{,}5)^2 = 0$ f) $\left(x + \frac{3}{4}\right)^2 = 0$

*g) $(x + \sqrt{2})(x - 5) = 0$ h) $(2x - 1)(3x + 2) = 0$ i) $(x + 3)(5x - 5) = 0$

6. Löse folgende Gleichungen. Führe in jedem Fall auch eine Probe durch.

a) $5x = 75$ b) $5 + x = -15$ c) $15 - x = 45$

d) $x - 15 = 80$ e) $5x + 15 = 80$ f) $x^2 = 2{,}25$

g) $x^3 = -125$ h) $10^x = 1000$ i) $\sqrt{x} = 1{,}3$

j) $\sqrt[3]{x} = 4$ k) $x \cdot x = x + x$ *l) $|x| = 15$

7. Löse folgende Bruchgleichungen durch inhaltliche Überlegungen.
Worauf sollte man deiner Meinung nach beim Lösen derartiger Aufgaben achten?

a) $36 : x = 6$ b) $-\frac{1}{2} = \frac{24}{x}$ c) $5 = 2 + \frac{6}{x}$ d) $\frac{x + 5}{5} = 4$

e) $\frac{x}{5} = \frac{24}{60}$ f) $\frac{x}{2} = -4{,}5$ g) $\frac{1}{x + 1} = \frac{1}{5}$ h) $\frac{16}{x} + 4{,}5 = 8$

8. Finde alle Lösungen der folgenden Gleichungen.
Welche mathematischen Gesetzmäßigkeiten hast du beim Lösen verwendet? Erkläre.

a) $5(x + 1) \cdot x = 0$ b) $x(x - 8) = 0$ c) $(x - 3{,}5) \cdot (x + 3{,}5) = 0$

d) $6(x - 3) = 30$ e) $x^2 + 1 = 170$ f) $\sqrt{x - 7} = 7$

g) $(x - 5) : 4 = 15$ h) $-x + x = 0$ i) $3x + 3 = 3$

9. Gib mindestens fünf Zahlenpaare $(x\,|\,y)$ an, die die Gleichung erfüllen.
Stelle diese Zahlenpaare als Punkte in einem Koordinatensystem dar.

a) $2x - y = 1$ b) $4y - x = 0$ c) $\frac{1}{2}x + y = 2$ d) $2x + y = 1$

e) $y - 4x = 0$ f) $x + \frac{1}{2}y = 2$ g) $-2x + y = 1$ h) $y + 4x = 0$

10. Berechne näherungsweise mit dem Taschenrechner. Gib immer mit drei Dezimalstellen an.

a) $2{,}5^x = 10$ b) $x^5 = 81$ c) $3^x = 9{,}5$ d) $x^3 = 5$ e) $\sqrt{x} = 7$

6.3 Lösen von Sachaufgaben

„Zwei Rohre haben die Innendurchmesser 15 bzw. 25 cm. Sie sollen durch ein einziges Rohr ersetzt werden, durch das bei gleicher Fließgeschwindigkeit die gleiche Flüssigkeitsmenge wie durch beide Rohre zusammen fließen kann. Wie groß muss der Innendurchmesser des neuen Rohres sein?"

Zum Lösen von Sachaufgaben gibt es kein allgemeines Verfahren. Heuristische Methoden können aber in vielen Fällen weiterhelfen.

Beachte folgende Hinweise, dann kommst du auch mit schwierigen Sachaufgaben zurecht:

1. **Deine Scheu vor Sachaufgaben ist unbegründet.**
   - Das Lösen von Sachaufgaben erfordert oft Geduld und schrittweises Vorgehen.
   - Mehrmaliges Durchlesen kann deine Unsicherheiten verringern.
   - Versuche zuerst, Teile der Aufgabe zu verstehen.
2. **Überlege zuerst, schreibe dann.**
   - Stelle dir zuerst den Sachverhalt vor.
   - Überlege, worum es geht, was du darüber weißt, welche Erfahrungen dir nutzen könnten.
   - Versuche, das Ergebnis abzuschätzen.
3. **Schreibe zuerst die gesuchten und gegebenen Größen bzw. Beziehungen auf.**
   - Schreibe mathematische Textteile kürzer mithilfe von Termen oder Gleichungen.
   - Verwende Tabellen, Übersichten oder Skizzen.
4. **Suche zielgerichtet nach Ideen.**
   - Plane deinen Lösungsweg.
   - Überlege dir, welche ähnlichen Aufgaben du schon gelöst hast.
5. **Arbeite deinen Plan schrittweise ab.**
   - Schreibe sauber und übersichtlich. Versuche, jeden Schritt gedanklich zu begründen.
   - Achte beim Arbeiten auf sinnvolle Genauigkeiten.
   - Führe bei komplizierten Rechnungen einen Überschlag durch.
6. **Kontrolliere deinen Plan und deine Rechnungen.**
   - Überprüfe das Ergebnis am Text und formuliere einen Antwortsatz.
   - Vergleiche, ob das Ergebnis deiner Schätzung mit deinem Rechenergebnis übereinstimmt.
   - Versuche, andere bzw. einfachere Lösungswege zu finden.

Das **„Rückwärtsarbeiten"** bzw. **„Ausgehen vom Ziel"** ist eine oft anwendbare und sehr effektive Vorgehensweise zum Finden einer Lösungsidee. Frage dabei:
- Woraus könnte ich die gesuchte Größe unmittelbar berechnen?
- Kenne ich Gleichungen oder Formeln, in denen die gesuchte Größe vorkommt?

Der folgende Lösungsweg ist ein Beispiel für das Lösen der „Rohraufgabe“ von Seite 80 durch „Rückwärtsarbeiten“. Es wird bei der Lösungsidee ausgehend von der gesuchten Größe so lange mit Zwischengrößen gearbeitet, bis die gegebenen Größen erreicht sind.

Überlegungen	**Antworten**
Worum geht es? Welcher Sachverhalt liegt vor? Wie groß könnte der neue Durchmesser sein?	Durch ein Rohr soll die gleiche Menge Wasser fließen wie durch zwei kleinere Rohre. Die Rohre haben alle drei unterschiedliche Durchmesser. Das neue Rohr hat den größten Durchmesser. Er beträgt schätzungsweise 35 cm.
Welche Größen sind gesucht? Welche Größen sind gegeben? Ist eine Skizze sinnvoll?	Gesucht: d_{neu} Gegeben: $d_1 = 15$ cm $d_2 = 25$ cm Skizze: 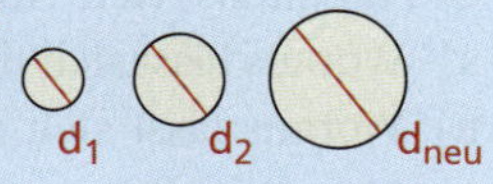
In welchen Formeln kommt der Durchmesser eines Kreises vor? Mit welchen Größen und mit welchen Formeln könnte man d_{neu} direkt berechnen?	$d_{neu} = 2 \cdot r_{neu}$ $u_{neu} = \pi \cdot d_{neu}$ $A_{neu} = \frac{\pi}{4} \cdot d^2_{neu}$ d_{neu} kann aus dem Radius r_{neu}, dem Umfang u_{neu} oder dem Querschnitt A_{neu} des neuen Rohres berechnet werden.
Mit welchen Größen und mit welchen Formeln könnte man den Querschnitt des neues Rohres berechnen?	$d_{neu} \longleftarrow A_{neu}$ $A_{neu} = A_1 + A_2$ A_1 und A_2 können mithilfe von d_1 und d_2 berechnet werden.
Mit welchen Größen und mit welchen Formeln könnte man die Querschnitte der Ausgangsrohre berechnen?	$d_{neu} \longleftarrow A_{neu} \longleftarrow$ { $A_1 \longleftarrow d_1$; $A_2 \longleftarrow d_2$ }
Der Lösungsplan wird von rechts nach links schrittweise abgearbeitet. Zwischenwerte werden auf drei Dezimalstellen, das Endergebnis wird auf zwei Dezimalstellen gerundet.	$A_1 = \frac{\pi}{4} \cdot d_1^2 = \frac{\pi}{4} \cdot (15\ \text{cm})^2$ $A_1 = 177\ \text{cm}^2$ $A_2 = \frac{\pi}{4} \cdot d_2^2 = \frac{\pi}{4} \cdot (25\ \text{cm})^2$ $A_2 = 491\ \text{cm}^2$ $A_{neu} = A_1 + A_2 = 177\ \text{cm}^2 + 491\ \text{cm}^2 = 668\ \text{cm}^2$ $d_{neu} = \sqrt{\frac{4 \cdot A_{neu}}{\pi}} = \sqrt{\frac{4 \cdot 668\ \text{cm}^2}{\pi}} = 29{,}16\ \text{cm} \approx 30\ \text{cm}$
Der Schätzwert wird mit dem Endergebnis verglichen. Es wird ein Antwortsatz formuliert.	*Schätzwert:* 35 cm *Endergebnis:* 30 cm Der Durchmesser von 30 cm ist möglich. Der Innendurchmesser des neuen Rohres beträgt 30 cm.

Beim Suchen nach möglichen Gleichungen können mehrere Gleichungen aufgeschrieben werden, in denen die gesuchten Größen vorkommen, unabhängig davon, ob noch andere unbekannte Größen auftreten. Wenn ein Gleichungssystem vorhanden ist, bei dem die Anzahl der Gleichungen mit der Anzahl der unbekannten Größen übereinstimmt, kann dieses Gleichungssystem z. B. mithilfe des Einsetzungsverfahrens gelöst werden.

Aufgaben

1. Bei einer Variante des „Nimm-Spiels" werden von elf Münzen abwechselnd durch zwei Spielpartner ein, zwei oder drei Münzen weggenommen.
Gewonnen hat der Spieler, dem es gelingt, die 11. Münze zu nehmen.

a) Führt mehrere Spiele durch.

b) Versucht, eine Strategie zu finden, mit der man immer gewinnen kann.

2. Gib möglichst viele Antworten auf folgende Fragen:

a) Woraus lässt sich die Fahrtzeit eines Pkw unmittelbar berechnen?

b) Woraus lässt sich die Seite a in der abgebildeten Figur berechnen?

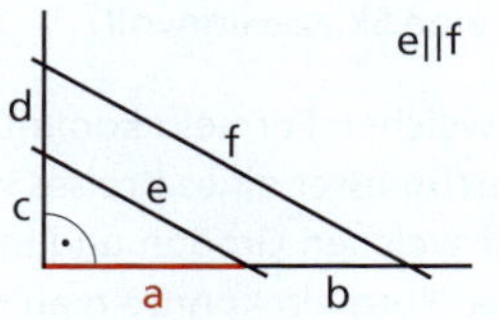

c) Woraus lässt sich der Flächeninhalt der Grundfläche eines Prismas, die ein rechtwinkliges Dreieck ist, unmittelbar berechnen?

d) Woraus lässt sich das Volumen eines Hohlzylinders aus Eisen unmittelbar berechnen?

3. Verwende die Methode des Rückwärtsarbeitens.

a) In ein Abwasserrohr münden drei Zuflüsse, deren Innendurchmesser 16,0 cm, 19,5 cm und 22,8 cm betragen.
Wie groß muss der Durchmesser des Abwasserrohres mindestens sein, damit es bei gleichen Flussgeschwindigkeiten die gesamte Abwassermenge fassen kann?

b) Eine quadratische Koppel soll durch einen Elektrozaun eingezäunt werden. Auf der Flurkarte ist dafür eine Fläche von 0,68 ha angegeben.
Wie viel Meter Draht werden benötigt, wenn zwei Drähte in verschiedenen Höhen (60 cm und 120 cm) gespannt werden sollen?

c) Zwei Metallwürfel mit den Kantenlängen a_1 und a_2 werden zu einem einzigen Würfel umgegossen.
Wie groß ist der Oberflächeninhalt des neuen Würfels?

d) Berechne den Flächeninhalt des rechteckigen Feldstücks. Maße werden durch Abschreiten ermittelt.
Es wird die Linie von A über D nach B abgeschritten.
Für 8 m sind es etwa zehn Schritte. Von A nach D sind es 188 Schritte, von D nach B sind es 344 Schritte.
Gib den Flächeninhalt des Feldstücks an.

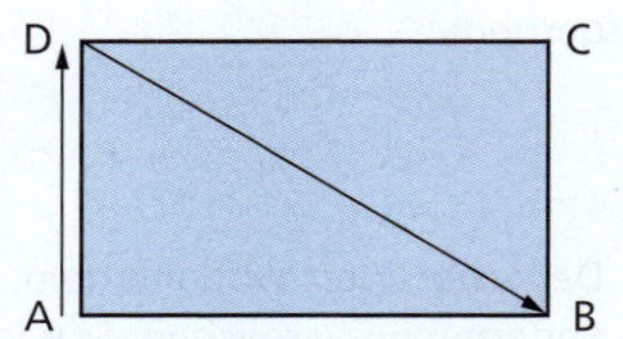

e) Eine rechteckige Fläche (siehe Abbildung) hat einen Flächeninhalt von 108 m². Reichen 40 m Zaun für das Einzäunen dieser Fläche aus? Begründe.

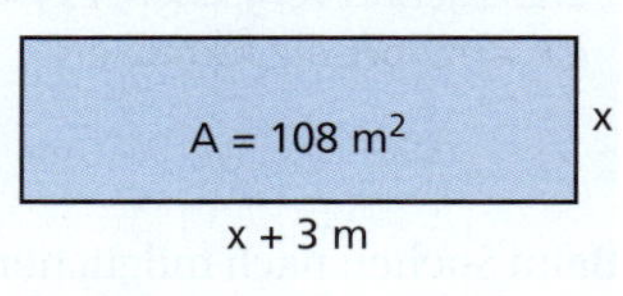

f) Die Seitenlängen eines Dreiecks sind zusammen 24 cm lang. Die Seite a ist 2 cm länger als die Seite b. Die Seite c ist 4 cm länger als die Seite b.
Welche der Gleichungen gibt den Sachverhalt wieder? Begründe.

① $2x + x + 4 = 24$ ② $3x + 6 = 24$ ③ $3(x + 4) = 24$ ④ $x + x + 2 + 4 = 24$

4. Löse folgende Aufgaben. Beginne mit deinen Überlegungen am Ende der Ereignisabfolge.

a) Ein Bäcker hat einen Korb mit einer bestimmten Anzahl Brötchen. Der erste Kunde kauft ihm die Hälfte der Brötchen ab, der zweite Kunden kauft die Hälfte des Restes. Der dritte Kunde nimmt vom verbleibenden Rest wieder die Hälfte. Der vierte Kunde nimmt schließlich die übrig gebliebenen 17 Brötchen.
Wie viele Brötchen waren es zu Beginn?

b) Als ein Postmeister gefragt wurde, wie viele Pferde der König zum Wechseln auf der Poststation bestellt hat, soll er geantwortet haben:
„Mit der Hälfte der bestellten Pferde und einem halben fährt der König selbst. Mit der Hälfte des Restes und einem halben fährt der Minister, mit der Hälfte des bleibenden Restes und einem halben fahren die Diener. Das übrig bleibende letzte Pferd benutzt der Vorreiter."
Wie viele Pferde waren bestellt?

c) Die Angelfreunde Anton, Bert und Chris wollen am Wochenende gemeinsam angeln und in einer Hütte übernachten. Anton soll Brötchen mitbringen.
Als er in die Hütte kommt, ist keiner der beiden anderen Freunde da. Er isst deshalb ein Drittel der Brötchen und geht angeln. Dann kommt Bert, der nicht weiß, ob die beiden anderen Freunde schon gegessen haben, isst ein Drittel der vorhandenen Brötchen und geht.
Danach kommt Chris. Auch er isst ein Drittel der noch vorhandenen Brötchen. Es bleiben acht Brötchen übrig.
Wie viele Brötchen hatte Anton mitgebracht?

d) Erläutere an einer Skizze, wie man vom Fluss genau 6 *l* Wasser heraufholen kann, wenn nur ein 4-*l*-Eimer und ein 9-*l*-Eimer ohne Maßeinteilung zur Verfügung stehen?

5. Drücke folgende Sachverhalte durch Gleichungen aus.
Finde jeweils eine Lösungsidee und erläutere sie. Gib jeweils eine Lösung an.

a) Ein Graben mit einem gleichschenkligen Trapez als Querschnitt, das einen Flächeninhalt von 1,75 m^2 hat, soll auf der Sohle und an den Seiten mit einer etwa 10 cm starken Schicht aus Natursteinen ausgelegt werden.
Wie viel Tonnen Steine werden benötigt, wenn 1 m^3 Steine etwa 2 t wiegt? Die Grabensohle ist gleich der Grabentiefe und die Böschungslänge ist halb so lang wie die Grabenbreite.

b) Ein rechteckförmiger Garten wird mit Zaunfeldern zu je 2 m Länge eingezäunt. Es werden 60 Zaunfelder benötigt. Der Garten hat eine Fläche von rund 750 m^2.
Berechne die Seitenlängen des Gartens.

c) Auf einem Gemüsefeld von 18 ha Größe sind Erntearbeiten durchzuführen. Am ersten Tag wird ein Streifen von 50 m Breite abgeerntet. Danach stellt man fest, dass der verbleibende Rest des Feldes quadratisch ist.
Wie viele Tage werden bei gleichbleibender Arbeitsleistung noch benötigt?

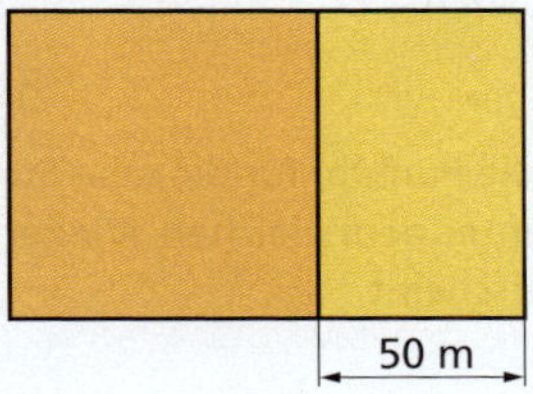

6.4 Lösen von Konstruktionsaufgaben

Komplexe Abfolgen können oft durch Teilschritte ersetzt werden. Beim Zeichnen lassen sich zuerst wichtige Punkte und Linien ermitteln, dann schrittweise die fehlenden Stücke ergänzen. Punkte können durch Koordinaten, durch Linien oder Abstände und Winkel angegeben werden.

Beachte beim Lösen von Konstruktionsaufgaben folgende Prinzipien:

1. **Reduziere Konstruktionsaufgaben auf das Bestimmen von Punkten.**
   - Suche Linien (z. B. Geraden, Kreisbögen ...), die einander schneiden.
   - Suche Bedingungen (z. B. gleiche Abstände, gleich große Winkel ...) für Schnittpunkte.
2. **Gib für jeden Punkt Bestimmungslinien an, auf denen der Punkt jeweils liegen muss.**
   - Entscheide, welche Bestimmungslinien für die Konstruktion sinnvoll sind.
   - Prüfe jeweils, wie viele Punkte durch die Linien bestimmt werden.
3. **Formuliere Bedingungen für Bestimmungslinien bzw. für die zu konstruierenden Punkte.**
   - Fertige (wenn möglich) eine Planfigur an.
   - Suche eine Abfolge von Konstruktionsschritten und beschreibe diese.

Folgende Bedingungen bzw. Bestimmungslinien treten bei Konstruktionsaufgaben häufig auf:

Bedingung	Bestimmungslinie	Veranschaulichung
alle Punkte, die zu einem Punkt P gleichen Abstand haben	Kreis k um Punkt P mit dem Radius a	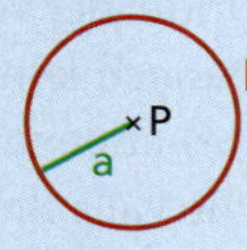
alle Punkte, die zu zwei Punkten A und B gleichen Abstand haben	Mittelsenkrechte von $\overline{AB}$	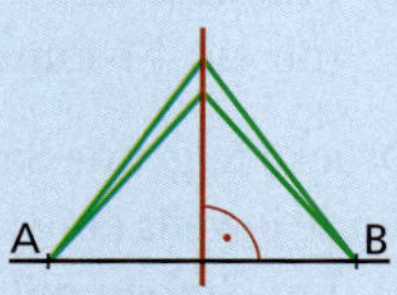
alle Punkte, die zu einer Geraden g gleichen Abstand haben	Parallelen zu g im Abstand a	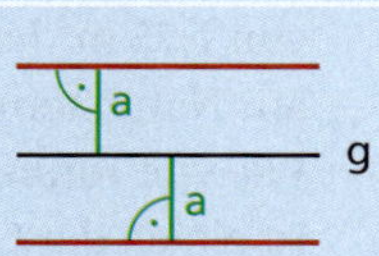
alle Punkte, die von den Schenkeln eines Winkels α gleichen Abstand haben	Winkelhalbierende w_α des Winkels α	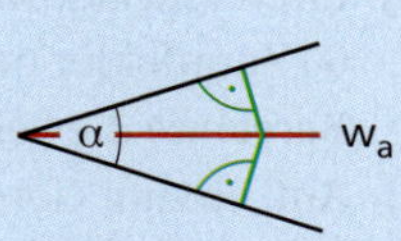
alle Punkte, für die eine Strecke $\overline{AB}$ unter dem gleichen Winkel β erscheint	Kreisbogen über die Strecke $\overline{AB}$ mit β als Peripheriewinkel	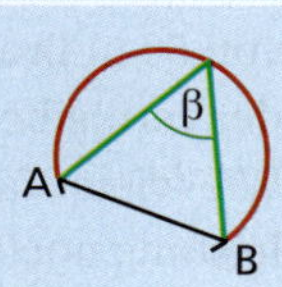

Aufgabe:

Konstruiere ein Dreieck ABC aus folgenden Stücken:
$c = 4{,}8$ cm, $\gamma = 90°$ und $h_c = 2$ cm.

Überlegungen	Antworten
Worum geht es? Ist eine Planfigur sinnvoll?	Es ist ein Dreieck zu konstruieren. Planfigur: 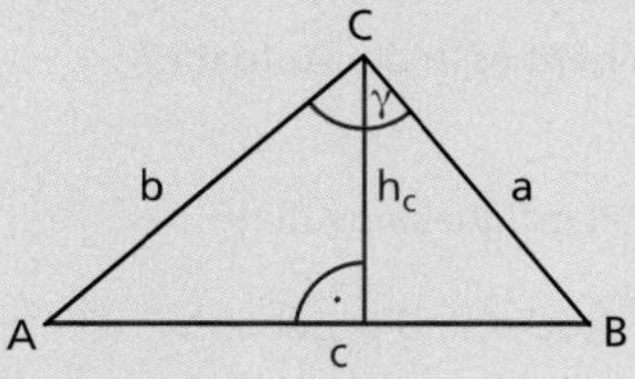
Welche Stücke sind gegeben?	Die gegebenen Stücke c, γ und h_c werden hervorgehoben.
Welche Punkte sind wichtig? Welche Punkte lassen sich sofort festlegen? Welche beiden Bedingungen muss C erfüllen?	Die Punkte A, B und C bestimmen das Dreieck. Die Punkte A und B sind durch die Seite c festgelegt. Der Punkt C muss noch bestimmt werden. Da $\gamma = 90°$ ist, muss von C aus $\overline{AB}$ unter einem Winkel von 90° erscheinen. Da $h_c = 2$ cm ist, muss C den Abstand 2 cm von $\overline{AB}$ haben.
Auf welchen Linien muss C liegen? – Wo liegen alle Punkte, von denen aus die Strecke $\overline{AB}$ unter einem Winkel von 90° erscheint? – Wo liegen alle Punkte, die von der Geraden $\overline{AB}$ den Abstand 3 cm haben?	C liegt: – auf dem Thaleskreis über $\overline{AB}$ mit dem Radius r = 2,4 cm, – auf einer Parallelen zu $\overline{AB}$ im Abstand $h_c = 3$ cm.
Wie weit muss man die Linien zeichnen? Welche Punkte muss man verbinden?	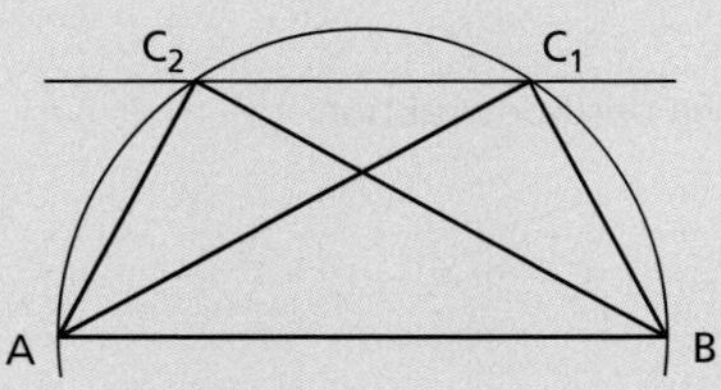
Wie viele Lösungen hat die Aufgabe?	Da der Thaleskreis über $\overline{AB}$ und die Parallele zu $\overline{AB}$ zwei Schnittpunkte haben, gibt es zwei Lösungen. Die beiden Dreiecke ABC_1 und ABC_2 sind zueinander kongruent.

Bei Darstellungen von Körpern stellt man sich zuerst die Figur vor und skizziert sie. Dann bestimmt man schrittweise die Bilder der Eckpunkte und Kanten.

Aufgabe:

Konstruiere das Schrägbild eines Satteldaches mit einer Grundfläche von 6×10 m und einer Firsthöhe von 4 m.

Überlegungen	Antworten
Worum geht es in der Aufgabe?	Es geht um ein Dach in Form eines liegenden dreiseitigen Prismas.
Ist eine Planfigur sinnvoll? Welche Stücke sind gegeben?	Planfigur: 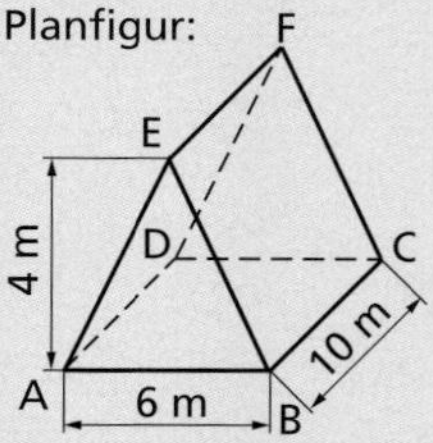
Welcher Maßstab ist günstig?	Maßstab 1:100 (1 cm ≙ 1 m)
Wie viele Punkte braucht man zur Konstruktion der gesuchten Figur?	Man muss die sechs Eckpunkte konstruieren. Durch die Kante $\overline{AB}$ = 6 m sind die Punkte A und B festgelegt. Man sucht noch C, D, E und F.
Auf welchen Linien muss der Punkt C liegen?	C liegt auf dem freien Schenkel eines Winkels von 45°, angetragen an $\overline{AB}$ in einem Abstand von 5 m (10 m : 2) von B.
Auf welchen Linien muss der Punkt D liegen?	D liegt auf der Parallelen zu $\overline{AB}$ durch C und der Parallelen zu $\overline{BC}$ durch A.
Auf welchen Linien muss der Punkt E liegen?	E liegt auf der Senkrechten zu $\overline{AB}$ durch den Mittelpunkt von $\overline{AB}$ in einem Abstand von 4 m von diesem Punkt.
Auf welchen Linien muss der Punkt F liegen?	F liegt auf der Parallelen zu $\overline{BC}$ durch E in einem Abstand von 5 m von E.
Ausführen der Konstruktion	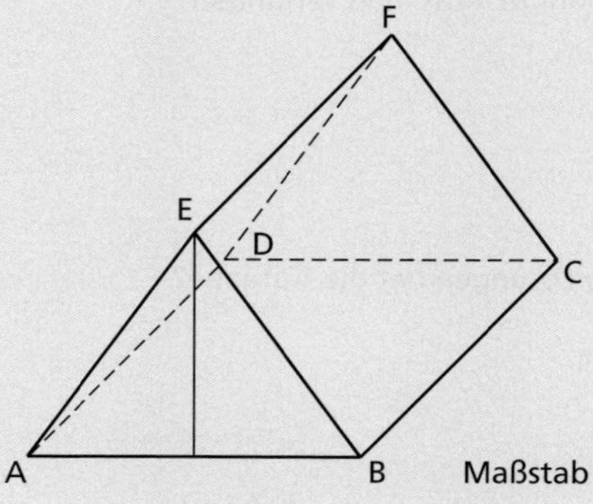 Maßstab 1:200

Aufgaben

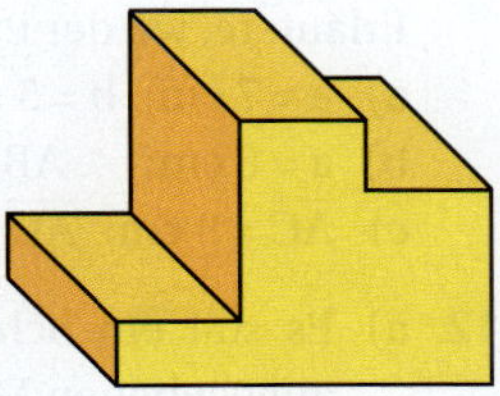

1. Zeichne vom abgebildeten Körper ein Schrägbild mit $\alpha = 45°$ (nach rechts).
a) Wie viele Eckpunkte hat der Körper?
b) Wie viele Punkte sind zu zeichnen?
c) Wie viele Kanten sind nicht sichtbar?

2. Zeichne vom Körper aus Aufgabe 1 die Vorderansicht, die Draufsicht und ein Netz.

3. Es sollen folgende Figuren konstruiert werden.
Reduziere die Aufgabe auf das Bestimmen von Punkten.
Gib jeweils an, wie viele und welche Punkte zu konstruieren sind, um die Figur zu erhalten:
a) die Mittelsenkrechte einer Strecke
b) eine Winkelhalbierende
c) die Höhe eines Dreiecks
d) ein Dreieck
e) ein Viereck
f) ein Kreis
g) eine Tangente an einen Kreis von einem Punkt außerhalb des Kreises

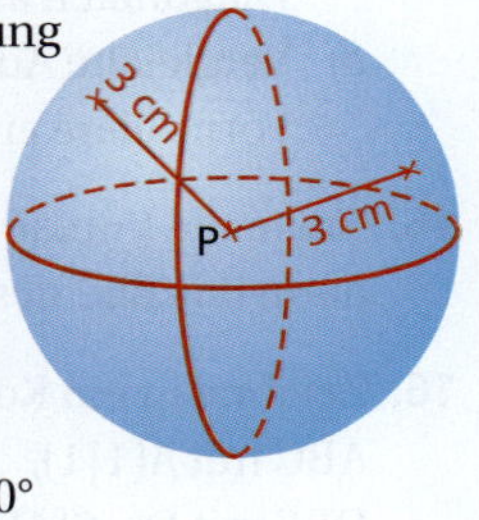

4. Gib jeweils die Menge aller Punkte einer Ebene an, die folgende Bedingung erfüllen:
a) Der Abstand von einem Punkt P soll 3 cm betragen.
b) Der Abstand von den zwei Punkten P und Q soll gleich sein.
c) Der Abstand von einer Geraden g soll 4 cm betragen.
d) Der Abstand zu zwei einander schneidenden Geraden soll gleich sein.
e) Von einem Punkt A aus soll eine Strecke unter einem Winkel von 90° erscheinen.

5. Gegeben sind ein Punkt P und eine Gerade g in einer gemeinsamen Ebene. Bestimme alle Punkte der Ebene, die von P den Abstand 3 cm und von g den Abstand 2 cm haben.

6. Gegeben sind in einer Ebene zwei einander schneidende Geraden g und h. Bestimme alle Punkte, die von beiden Geraden den gleichen Abstand und vom Schnittpunkt S die Entfernung 3 cm haben.

7. Bestimme alle Punkte einer Ebene, die von drei gegebenen Punkten dieser Ebene den gleichen Abstand haben.

8. Bestimme alle Punkte einer Ebene, von denen aus zwei auf einer Geraden liegende Strecken $\overline{AB}$ und $\overline{BC}$ unter dem gleichen Winkel von 40° erscheinen.

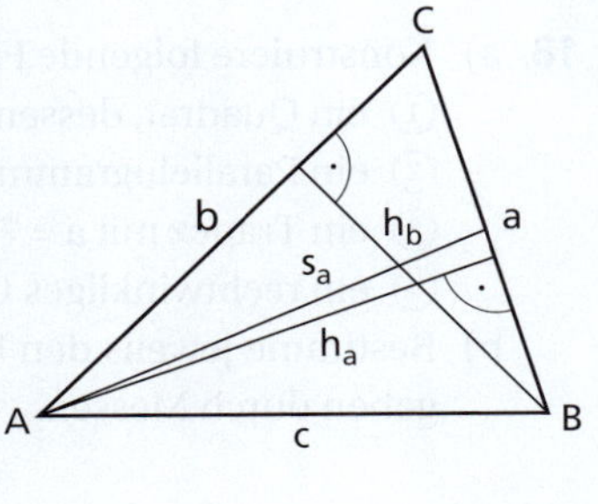

9. Erläutere, wo der Punkt A bei folgenden Vorgaben liegen muss. Gib zunächst eine Bedingung für A an.
a) $c = 3{,}5$ cm
b) $b = 4$ cm
c) $h_a = 5{,}2$ cm
d) $s_a = 4{,}8$ cm
e) $\beta = 40°$
f) $\alpha = 30°$

10. Wo liegt der Punkt B? Folgende Stücke sind gegeben:
a) $c = 5$ cm; $a = 3$ cm
b) $h_b = 2{,}5$ cm; $c = 4$ cm
c) $a = 4{,}5$ cm; $\beta = 90°$
d) $h_b = 3$ cm; $b = 50°$

11. Von einem Rechteck ABCD sind jeweils zwei Größen gegeben. Erläutere, wo der Punkt D liegt.
a) a = 7 cm; b = 5 cm
b) a = 6 cm; $\sphericalangle$ ABS = 25°
c) $\overline{AC}$ = 9 cm; $\overline{AD}$ = 4 cm

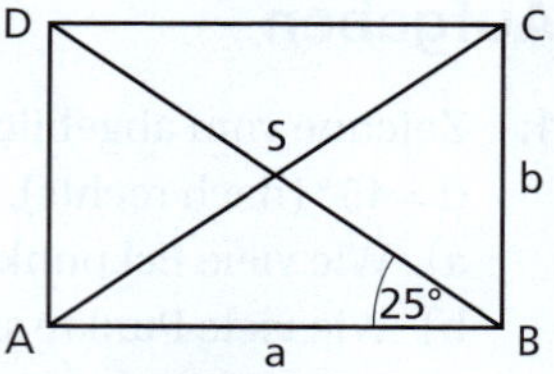

12. a) Es soll ein Schrägbild des abgebildeten Körpers mit den angegebenen Maßen gezeichnet werden.
b) Zeichne auch die Vorderansicht und die Draufsicht.

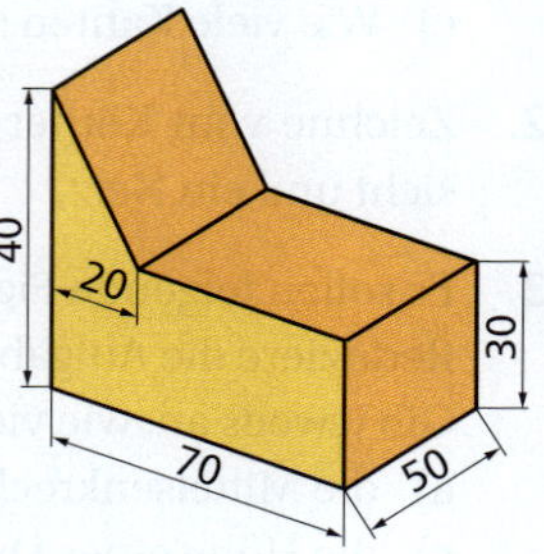

13. Konstruiere Vierecke mit folgenden Vorgaben:
a) Parallelogramm: a = 2,8 cm; d = 5,3 cm; α = 115°
b) Drachenviereck: a = 6,4 cm; b = 4,0 cm; γ = 55°
c) Rhombus: a = 3,5 cm; β = 130°
*d) Trapez: a = 5,0 cm; b = 4,5 cm; d = 5,5 cm; h = 4,0 cm

14. a) Konstruiere einen Rhombus (a = 3 cm; α = 50°).
b) Führe dann eine zentrische Streckung mit dem Streckungsfaktor k = 2 am Schnittpunkt der Diagonalen als Streckungszentrum durch.
c) Vergleiche Ausgangs- und Endfigur miteinander. Formuliere eine wahre Aussage.

15. Trage die Punkte A(2|1), B(4|2), C(3|3) und Z(2|2) in ein Koordinatensystem ein. Konstruiere dann das Bild des Dreiecks ABC bei einer zentrischen Streckung mit dem Zentrum Z(k = 3).

16. Zeichne in ein Koordinatensystem die Dreiecke:
ABC mit A(1|1), B(5|5), C(1|6)
DEF mit D(–6|4), E(–2|4), F(–2|7)
GHI mit G(–5|–1), H(–4|–3), I(1|–2)
a) Konstruiere im Dreieck ABC die Seitenhalbierenden.
b) Konstruiere im Dreieck DEF die Winkelhalbierenden.
c) Konstruiere im Dreieck GHI die Höhen.
d) Gib jeweils die Koordinaten der Schnittpunkte an.

17. Konstruiere eine Pyramide mit rechteckiger Grundfläche (a = 5 cm; b = 6 cm) im Schrägbild, deren Spitze sich in folgender Lage befindet:
a) 5 cm über dem Diagonalenschnittpunkt der Grundfläche
b) 5 cm über einem Eckpunkt der Grundfläche
c) Zeichne jeweils ein Netz der Pyramide in einem geeigneten Maßstab. Gib jeweils zwei Möglichkeiten an.

18. a) Konstruiere folgende Figuren:
① ein Quadrat, dessen Diagonale e = 4 cm lang ist
② ein Parallelogramm mit AB = 5 cm; BC = 3 cm und α = 30°
③ ein Trapez mit a = 7 cm; h = 3,5 cm; d = 5 cm und β = 35°
④ ein rechtwinkliges Dreieck mit a = 4 cm, der rechte Winkel soll bei C liegen
b) Bestimme jeweils den Umfang und den Flächeninhalt der Figuren. Ermittle fehlende Angaben durch Messen.

6.5 Gemischte Aufgaben

Innermathematische Aufgaben

1. Eine gerade Pyramide mit quadratischer Grundfläche hat eine Kantenlänge von 25 cm und eine Höhe von 18 cm.
a) Berechne das Volumen der Pyramide.
b) Welche Masse hat die Pyramide? Sie besteht komplett aus Holz $\left(\varrho = 0{,}9\ \frac{g}{cm^3}\right)$.
c) Berechne den Oberflächeninhalt der Pyramide.

2. Der Graph einer linearen Funktion f(x) ist durch die Punkte A(1|6) und B(3|−1) gegeben. Der Graph der Funktion g(x) ist eine Normalparabel durch die Punkte K(−3|0) und L(−4|3).
a) Stelle die Funktion f(x) im Koordinatensystem dar.
b) Ermittle die Funktionsgleichung von f(x) und berechne die Nullstelle.
c) Ermittle die Funktionsgleichung von g(x) und berechne die Nullstellen.
d) Bestimme den Scheitelpunkt der Funktion g(x) und stelle die Funktion grafisch dar. Kontrolliere, ob die Punkte K und L auf dem Graphen liegen.
e) Berechne die Schnittpunkte beider Funktionen.
Durch die Punkte A, B, K und L ist ein Viereck bestimmt. Berechne dessen Umfang und Flächeninhalt.

3. Zwei Kreise mit den Mittelpunkten M_1 und M_2 haben den gleichen Radius $r_1 = r_2 = 7$ cm. Sie schneiden einander so, dass jeweils die Peripherie eines Kreises den Mittelpunkt des anderen Kreises durchläuft (siehe Abbildung ①).
a) Berechne den Umfang der Figur.
b) Suche eine Formel für den Umfang der Figur in Abbildung ②.

①

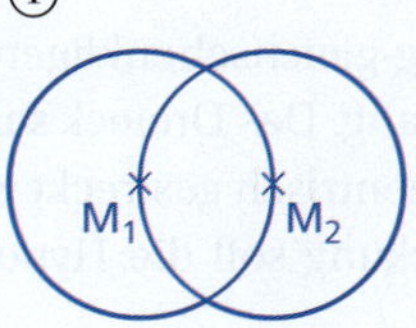

②

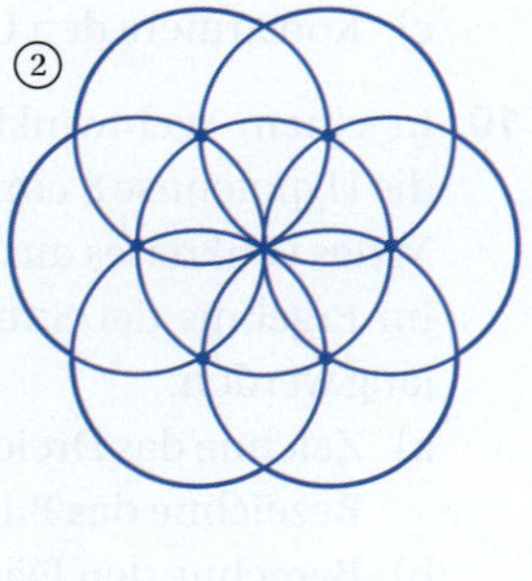

4. Einem Kreis mit einem Radius von 10 cm wird ein Drachenviereck so einbeschrieben, dass alle Eckpunkte des Vierecks auf der Peripherie des Kreises liegen.
Berechne Umfang und Flächeninhalt des Drachenvierecks für folgende Fälle:
a) Die Diagonalen im Drachenviereck verhalten sich zueinander wie 2 : 1.
b) Eine Seite des Drachenvierecks ist 3 cm länger als die andere Seite.

5. Ein Quader mit a = 17 cm, b = 11 cm und h = 8 cm wird durch ein Rechteck BCLK in zwei Teile unterteilt.
Es gilt:
$\overline{AK} = \overline{KE}$ und $\overline{DL} = \overline{LH}$
a) Berechne Umfang und Flächeninhalt des Rechtecks BCKL.
b) Zeichne die Vorderansicht und die Draufsicht des Teilkörpers ABCDLK.

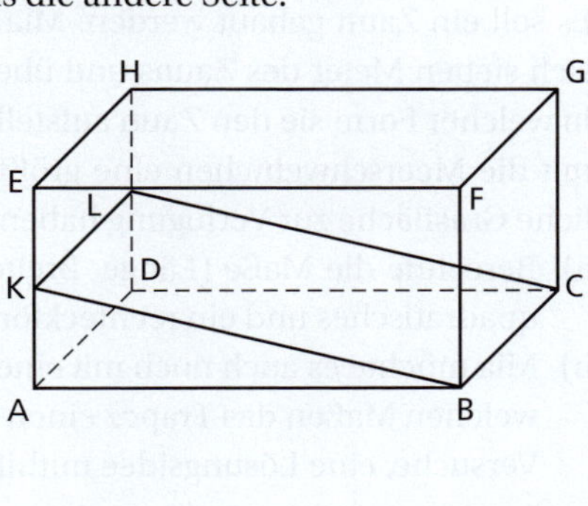

6. Zwei Würfel mit jeweils einer Kantenlänge von 11 cm werden Pyramiden einbeschrieben.
1. Fall: – Würfel und Pyramide haben die gleiche Grundfläche.
– Pyramidenspitze und Diagonalenschnittpunkt der Würfeldeckfläche sind gleich.
2. Fall: – Würfel und Pyramide haben die gleiche Grundfläche.
– Pyramidenspitze ist ein Eckpunkt der Deckfläche des Würfels.

a) Zeichne beide Würfel mit den einbeschriebenen Pyramiden als Schrägbild.
b) Vergleiche die Oberflächeninhalte und die Volumen der Pyramiden miteinander.

7. Durch die Funktion $y = x^2 + 6x + 7$ ist eine Parabel gegeben. Die Parabel schneidet die y-Achse im Punkt A und die x-Achse in den Punkten B und C.

a) Zeichne die Parabel und berechne die Koordinaten der Punkte A, B und C.
b) Berechne die Seitenlängen, den Umfang und den Flächeninhalt des Dreiecks ABC.
c) Gib die Gleichungen für die Geraden AB, BC und AC an.

8. In einem rechtwinkligen Dreieck ABC mit dem rechten Winkel bei C ist die Höhe $h_c = 8$ cm.

a) Ermittle die Seitenlängen für drei verschiedene Dreiecke mit dieser Höhe.
b) Berechne für jedes Dreieck den Flächeninhalt.
c) Ermittle die Seitenlängen für ein solches Dreieck, wenn sein Flächeninhalt minimal ist.

9. Ein gleichschenkliges Trapez hat einen Flächeninhalt von 250 cm^2. Die parallelen Seiten verhalten sich zueinander wie 3 : 2 und sind 18,5 cm voneinander entfernt.

a) Ermittle den Umfang des Trapezes.
b) Zeichne es in einem geeigneten Maßstab.
c) Konstruiere den Umkreis des Trapezes.
d) Berechne den Umkreisradius.

10. In einem rechtwinklig-gleichschenkligen Dreieck ABC ist die Hypotenuse 8 cm lang. Das Dreieck soll vom Mittelpunkt M des Umkreises aus zentrisch gestreckt werden.
Im Ergebnis der Streckung soll die Hypotenuse $2\frac{1}{2}$-mal so lang werden.

a) Zeichne das Dreieck ABC und führe die Streckung durch. Bezeichne das Bild mit A'B'C'.
b) Berechne den Flächeninhalt des Dreiecks A'B'C'.

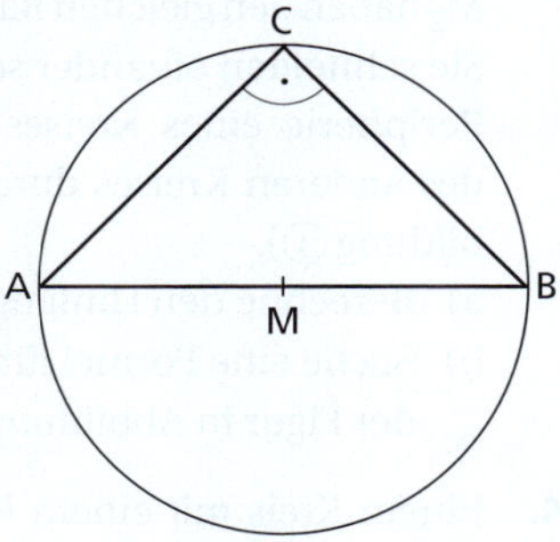

Mathematik im Alltag

11. Ein Gehege für Meerschweinchen liegt so wie in der Abbildung an einer Mauer. Es soll ein Zaun gebaut werden. Mia kauft sich sieben Meter des Zauns und überlegt, in welcher Form sie den Zaun aufstellt, damit die Meerschweinchen eine größtmögliche Grasfläche zur Verfügung haben.

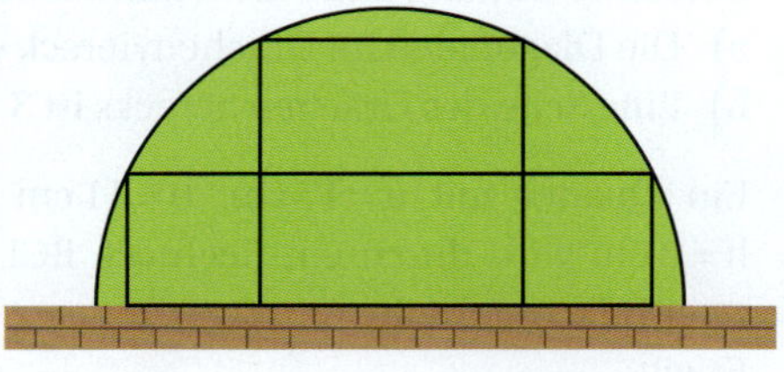

a) Berechne die Maße (Länge, Breite, Radius, Flächeninhalt) für ein halbkreisförmiges, ein quadratisches und ein rechteckförmiges Gehege.
b) Mia möchte es auch noch mit einem trapezförmigen Gehege versuchen. Finde heraus, mit welchen Maßen das Trapez einen maximalen Flächeninhalt besitzt.
Versuche, eine Lösungsidee mithilfe einer dynamischen Geometriesoftware zu finden.

12. Ein 2,60 m hohes Zimmer mit einer Grundfläche von 5×5 m ist zu renovieren. An die Decke und die Wände sollen Tapeten geklebt und der Fußboden soll mit Auslegeware ausgelegt werden. Tür und Fenster werden nicht berücksichtigt.

a) Berechne für den Einkauf der Materialien zuerst alle erforderlichen Flächeninhalte.

b) Fertige eine Übersicht für die notwendigen Angaben (Größen) an.

c) Plane die Mengen der zu kaufenden Materialien.
Liste auch die notwendigen Werkzeuge und Hilfsmittel auf.

d) Lege eine Reihenfolge für die einzelnen Arbeitsschritte fest. Schreibe diese als Liste.
Ordne in der Liste den Arbeitsschritten die benötigten Werkzeuge und Hilfsmittel zu.

e) Führe eine Kostenabschätzung durch.
Verwende dazu die folgende Tabelle als Kalkulationsgrundlage:

Arbeitsschritte	Material	Preis pro m^2	Fläche in m^2	Summe
alte Tapeten entfernen				
neue Tapeten kleben	Tapete	0,30 €	77,00	23,10 €
zweimal streichen	Farbe	0,25 €	144,00	36,00 €
Fußboden auslegen	Teppichboden	10,00 €	25,00	250,00 €
Fußbodenleisten	Fußbodenleisten	2,00 €	20,00	40,00 €
	Leim, Kleber, Folie, Pinsel …			50,00 €
Gesamt				ca.: 400,00 €

***13.** Ein pyramidenförmiges Betonteil soll von einem Kran angehoben werden. Ein Arbeiter überlegt, an welcher Stelle die Kette unter dem Körper hindurchgelegt werden muss, damit ein Gleichgewicht entsteht. Entnimm die Maße aus nebenstehender Abbildung.

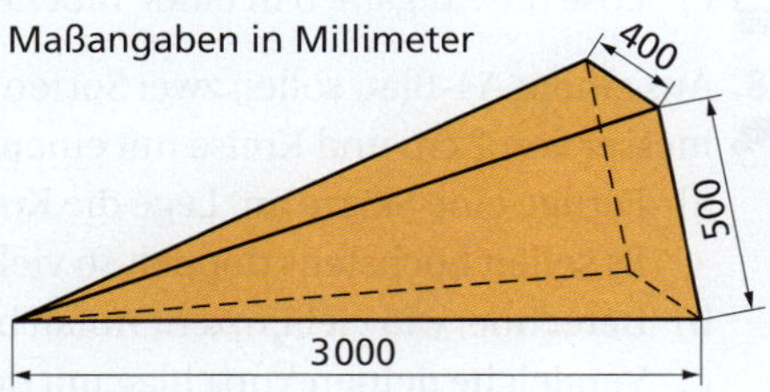

a) Berechne die Masse des Körpers und bestimme den Anlegepunkt der Kette.

b) Warum ist deiner Meinung nach die Überlegung des Arbeiters wichtig?

***14.** Zwei alte Scheunen stehen im Abstand von 5,00 m nebeneinander. Mit zwei dicken Holzbohlen, von denen eine 9,00 m lang und die andere 7,00 m lang ist, sollen die beiden Scheunen abgestützt werden. Dazu werden die Holzbohlen jeweils unten an der anderen Scheunenmauer befestigt (siehe Abbildung).
Berechne, in welcher Höhe sich die beiden Bohlen kreuzen.

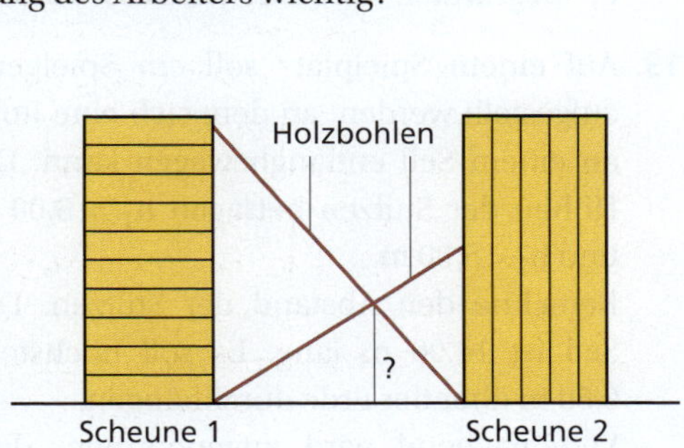

15. Hausmann Anton bügelt für sein Leben gern. Er benötigt für ein T-Shirt durchschnittlich drei Minuten, für eine Hose zwei Minuten und für eine Bluse fünf Minuten. Die Bügelwäsche legt er sorgfältig übereinander. Nach genau einer Stunde hat er 18 Bügelstücke geschafft. Ermittle, aus wie vielen Stücken der Wäschestapel bestehen könnte. Es gibt mehrere Lösungen.

16. Max will sich ein neues Mobiltelefon leisten. Im Geschäft werden ihm nun drei verschiedene Angebote gemacht.

Angebot 1: keine Grundgebühr und ein Minutenpreis von 14 ct
Angebot 2: Grundgebühr 8,50 € und ein Minutenpreis von 10 ct
Angebot 3: Grundgebühr 12,95 € und ein Minutenpreis von 8 ct

a) Berechne die monatlichen Kosten für jeweils 30, 60 und 120 Gesprächsminuten.
b) Entscheide, bei welcher Gesprächsdauer welches Angebot am sinnvollsten ist. Begründe deine Entscheidung.

17. Jonas hat sieben Gäste eingeladen und möchte als Zwischenmahlzeit Eierkuchen anbieten. In einem Kochbuch findet er ein Grundrezept für Eierkuchen. Das Rezept ist für etwa sechs große Eierkuchen gedacht. Jonas plant für jeden Gast und für sich selbst jeweils zwei bis drei Eierkuchen.

Eierkuchen

225 g Weizenmehl,
6 g Backpulver,
3 Eier,
1 Prise Salz und 1 Prise Zucker,
1/2 Liter Milch

a) Wie viel Kilogramm Mehl, wie viele Eier und wie viel Liter Milch muss er mindestens einkaufen?
b) Fertige eine Übersicht an, aus der man schnell die benötigten Zutaten für 10, 15, 20, 25 und 30 Eierkuchen ablesen kann.
c) Löse die Aufgabe b in einer Tabellenkalkulation.

18. Aus einem A4-Blatt sollen zwei Sorten Kreise ausgeschnitten werden: Kreise mit einem Durchmesser von 7 cm und Kreise mit einem Durchmesser von 5 cm.

a) Fertige eine Skizze an. Lege die Kreise so, dass möglichst viele Kreise entstehen. Es sollen höchstens doppelt so viele Kreise mit r = 5 cm wie Kreise mit r = 7 cm sein.
b) Berechne, wie viel Prozent Abfall bei deinem Vorschlag entstehen.
c) Vergleiche deinen Vorschlag mit den Vorschlägen deiner Mitschüler.
d) Entscheidet gemeinsam, wer den besten Lösungsvorschlag gefunden hat.
e) Begründet, warum es der beste Vorschlag ist.

19. Auf einem Spielplatz soll ein Spielgerät aufgestellt werden, an dem sich eine Rolle an einem Seil entlangbewegen kann. Die Höhen der Stützen betragen $h_1 = 3{,}00$ m und $h_2 = 5{,}00$ m.
Berechne den Abstand der Stützen. Das Seil ist 14,00 m lang. Es soll höchstens 0,50 m über der Erde durchhängen.
Vereinfachend wird angenommen, dass sich das Seil nicht ausdehnt.

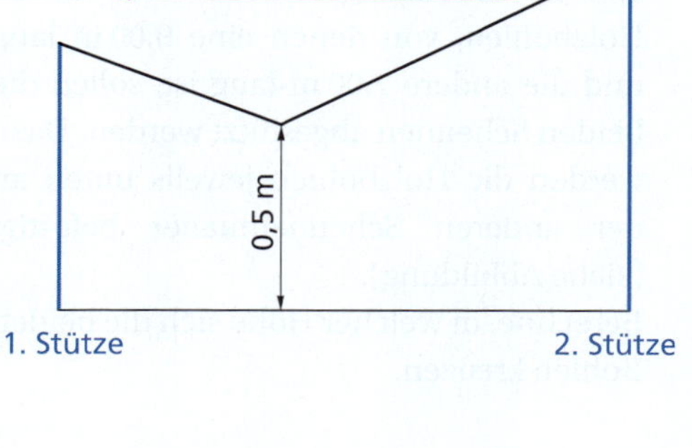

Sportliches

20. Es soll eine neue Beachvolleyballanlage entstehen. Die Gesamtfläche der Anlage ist rechteckig. Sie wird 70,00 m lang und 45,00 m breit. Auf dieser Fläche werden vier Volleyballfelder (jeweils 8,00 m breit und 16,00 m lang) untergebracht. Jedes Feld wird zwei Ständer für das Netz bekommen, die in 1,50 m tiefen Löchern mit jeweils einem Durchmesser von ca. 50 cm einbetoniert werden. Um die Anlage herum und zwischen den Spielfeldern soll ein 2,60 m hoher Ballfangzaun aufgestellt werden.

a) Berechne, wie viel Kubikmeter Sand für den kompletten Platz benötigt werden. Die durchschnittliche Sandtiefe soll 40 cm betragen.

b) Berechne, wie viele Lkw-Fuhren nötig sind, wenn pro Fahrt höchstens 18 t Sand geladen werden können. Sanddichte: etwa $1{,}1\ \text{g} \cdot \text{cm}^{-3}$

c) Berechne die Gesamtlänge des Ballfangzauns.

d) Berechne, wie viel Kubikmeter Beton für die Netzpfahllöcher einzuplanen sind.

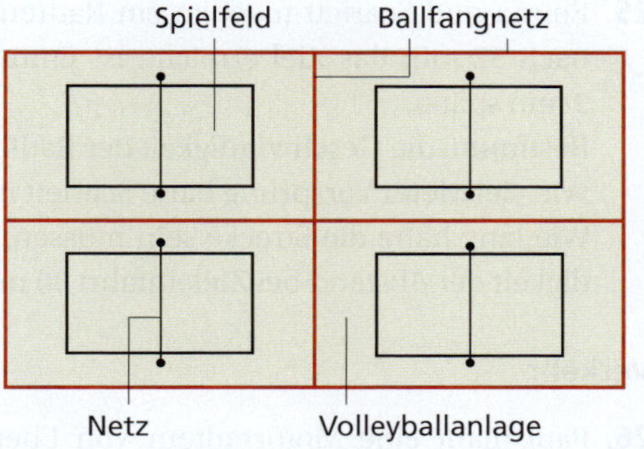

21. Der 1. Volleyballklub sucht Sponsoren zur Finanzierung der Anlage. Für die Volleyballnetze, für die Ständer und für den Sand werden Sponsoren gefunden. Lediglich der Sandtransport wird zu einem Problem, denn der Fuhrunternehmer möchte die Kosten für den Kraftstoffverbrauch erstattet bekommen. Die Kiesgrube liegt genau 22 km entfernt. Der Lkw benötigt für 100 km etwa 18 *l* Diesel bei einem Literpreis von 141 ct.
Berechne die Kosten für den Dieselkraftstoff.

22. Zur Eröffnung der Beachvolleyballanlage wird ein Turnier geplant. Zu dem Turnier melden sich 18 Mannschaften (davon sieben Damenteams). Der Verein entscheidet, Männer und Frauen getrennt spielen zu lassen. Zwei Tage stehen für das Turnier zur Verfügung. Es soll jede Mannschaft gegen jede andere Mannschaft spielen.

a) Ermittle, wie viele Spiele insgesamt stattfinden.

b) Plane eine Spielserie mit Anfangszeiten und Volleyballfeldbezeichnungen. Gehe davon aus, dass pro Spiel etwa 30 min eingeplant werden müssen. Um ein System zu entwickeln, wie die Anzahl der Spiele sich zur Anzahl der Mannschaften verhält, kann man mit einer kleinen Anzahl von Mannschaften beginnen, um daraus eine Formel ablesen zu können. Dies führt zur Formel $\frac{n \cdot (n-1)}{2}$. Die Variable n gibt die Anzahl der Mannschaften an.

23. Lisa steht an einer Landstraße und sieht um 14.15 Uhr einen schnellen Radfahrer an sich vorbeifahren. Für 100 m braucht dieser etwa 12 s. Zehn Minuten später folgt ein langsamerer Radler, der 17 s für 100 m benötigt. Lisa kommt die Idee, dass der schnelle Radfahrer den langsameren überholt haben müsste.
Finde heraus, um wie viel Uhr dieser Überholvorgang stattgefunden haben muss und wie weit diese Stelle von Lisa entfernt sein müsste.
Diskutiere Bedingungen, die für die Berechnung notwendig sind.

24. Beim Maifest des Fußballvereins „Fortuna Britz“ kostete der Eintritt für Kinder 1,50 €, für Studenten und Rentner 2,50 € und für Erwachsene 5,00 €. Bei insgesamt 395 zahlenden Besuchern lagen die Einnahmen für die Eintrittsgelder bei genau 1 573,00 €.
Da keine Eintrittskarten verkauft wurden, fragen sich die Veranstalter, ob man aus diesen Daten die genaue Anzahl der verschiedenen Personengruppen ermitteln kann.
Bestimme eine mögliche Variante der Verteilung.
Diskutiere, ob es weitere Varianten gibt, und prüfe deine Aussage.

25. Emma und Scarlett machen ein Radrennen über eine festgelegte Strecke. Während Scarlett nach 32 min das Ziel erreicht, ist Emma noch 3 km davon entfernt, erreicht es schließlich 9 min später.
Bestimme die Geschwindigkeit der Radler und die Streckenlänge des Rennens.
Wie viel Meter Vorsprung hatte Scarlett nach 5 km bereits herausgefahren?
Wie lang hätte die Strecke sein müssen, damit bei gleichbleibender Durchschnittsgeschwindigkeit der Abstand bei Zieleinfahrt 30 min wäre?

Verkehr

26. Paul plant eine Motorradtour von Eberswalde nach Kiel. Am Computer bereitet er mit einem Routenplaner diese Reise vor. Eine Strecke führt ihn über Neustrelitz, Wismar und Lübeck. Sie beinhaltet fast ausschließlich Landstraßen und ist 382 km lang.

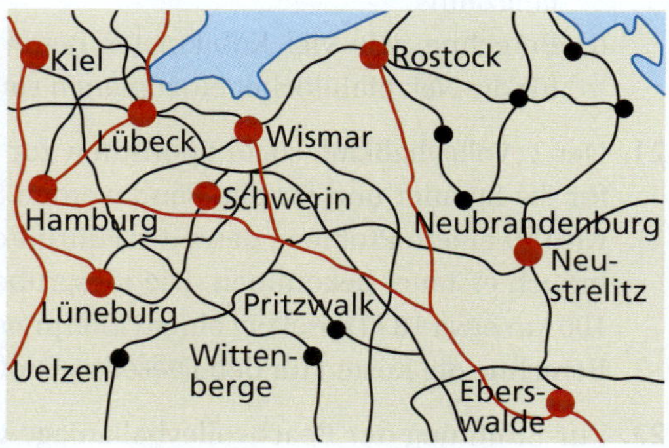

Die zweite Möglichkeit wäre eine Fahrt fast nur auf der Autobahn über Schwerin und Hamburg. Sie ist jedoch 50 km länger.
Aus bisherigen Fahrten weiß Paul, dass er etwa jede Stunde eine Pause von 10 min benötigt und der Verbrauch seiner Maschine auf der Autobahn $\left(\text{Durchschnittsgeschwindigkeit } 100\,\frac{\text{km}}{\text{h}}\right)$ bei 8,5 *l* und bei Landstraßenfahrten $\left(\text{Durchschnittsgeschwindigkeit } 70\,\frac{\text{km}}{\text{h}}\right)$ bei 6,5 *l* je 100 km liegt.
Finde heraus, mit welcher Fahrzeit Paul auf jeder der beiden Routen rechnen muss. Wie viel Euro Benzingeld muss Paul für die verschiedenen Routen einplanen, wenn der Preis pro Liter Benzin 1,33 € beträgt?

27. Ein 30 km langer zweispuriger Autobahnabschnitt wird in einem Ballungsgebiet projektiert. Da die Verkehrsdichte in Spitzenzeiten als sehr hoch einzuschätzen ist, überlegt man, die zulässige Höchstgeschwindigkeit von der Verkehrsdichte abhängig zu machen.
Bei wenig Verkehr werden $120\,\frac{\text{km}}{\text{h}}$, bei normalem Verkehr $100\,\frac{\text{km}}{\text{h}}$ und bei sehr dichtem Verkehr $70\,\frac{\text{km}}{\text{h}}$ erlaubt sein.
Finde heraus, wie viele Fahrzeuge maximal auf die Strecke passen, wenn der Sicherheitsabstand etwa der halben Tachoanzeige in Meter entspricht.
Hinweis:
Die durchschnittliche Länge eines Fahrzeugs wird mit 5 m angenommen.

28. Bei der Analyse ausgewählter Unfallursachen wurden die in der Tabelle aufgeführten Daten ermittelt. Analysiere die Werte durch grafische Vergleiche. Versuche, Entwicklungstendenzen abzuleiten. Formuliere wesentliche Zusammenhänge. Stelle die prozentualen Anteile der ausgewählten Unfallursachen für das Jahr 2001 in einem geeigneten Diagramm dar.

Unfallursachen	Einheit	1997	1998	1999	2000	2001
Unfallursachen insgesamt	Anzahl	487 386	472 925	493 527	475 792	466 863
ungenügender Abstand	Anzahl	52 813	53 924	56 783	56 412	55 740
nicht angepasste Geschwindigkeit	Anzahl	91 477	91 716	93 951	88 157	88 770
Fehler beim Abbiegen	Anzahl	36 274	34 997	37 654	36 622	36 165

(Quelle: Statistisches Bundesamt, Stand der Tabelle: 16. 06. 2002)

29. Auf einem Autobahnparkplatz vergisst Familie Müller eine Reisetasche. Ein Autofahrer sieht die Familie abfahren, muss jedoch drei Minuten bis zur Weiterfahrt warten, da seine Kinder noch das WC benutzen. Die nächste Autobahnabfahrt ist 12 km entfernt.
Wie schnell muss der Autofahrer fahren, damit er vor dieser Abfahrt die „vergessliche" Familie einholt? Die Geschwindigkeit von Familie Müller beträgt $110\,\frac{km}{h}$.
Nach wie viel Minuten wird Familie Müller eingeholt werden, wenn die „Verfolger" mit $160\,\frac{km}{h}$ hinterhereilen und beide Familien die Autobahn nicht verlassen?

Rund um das „Zoll"

30. Zoll (engl.: inch) ist ein englisches Längenmaß. Ein Zoll entspricht etwa 2,54 cm. Die Einheit Zoll wird oft mit zwei senkrechten Strichen (") oben angegeben.
Finde heraus, was die nachfolgenden Angaben bedeuten:
Der Computermonitor hat eine Bildschirmdiagonale von 19".
Der Computer hat ein 3,5-Zoll-Diskettenlaufwerk.
Der Drucker hat eine Auflösung von 600 dpi (Bildpunkte pro Zoll).
Der Scanner hat sogar eine Auflösung von 1200 dpi.
Die Lautsprecherbox im Wohnzimmer hat einen 8-Zoll-Lautsprecher.
Das Auto fährt auf 15-Zoll-Felgen.

31. Lucas liebt sein Fahrrad. Seine neueste Errungenschaft ist sein 28-Zoll-Fahrrad. Ihm ist bekannt, dass der Durchmesser der Fahrradfelge mit 28 Zoll beschrieben wird.
Wie oft müsste sich sein Rad auf einer 1 000 m langen Strecke drehen?
Gib an, welche Vereinfachungen zur Berechnung notwendig sind.
Beim Umbau seines Fahrradtachometers von seinem alten Fahrrad (26 Zoll) auf sein neues zeigt dieser bei exakt gefahrenen $30\,\frac{km}{h}$ einen anderen Wert an.
Erkläre, wodurch diese Abweichung zustande kommt, und berechne den angezeigten Wert.
Setze voraus, dass am alten 26-Zoll-Fahrrad die Tachoanzeige exakt war.

32. Wie viel Liter Wasser passen in einen 1/2"-, 3/4"- und einen 1"-Schlauch mit einer Länge von 25 m?
Hinweis:
Die Angaben Zoll beziehen sich auf den Schlauchinnendurchmesser.

33. Ein Schlagloch hat eine exakt runde Form und dabei einen Durchmesser von 50 cm.
Wie viel Zentimeter würde das Vorderrad eines 24-Zoll-Fahrrades einsinken, wenn es mitten durch das Schlagloch gefahren wird? Wie tief würde dagegen ein 28-Zoll-Rad einsinken?

Verschiedenes

34. Schüler der 9. Klasse untersuchten im Rahmen des Physikunterrichts die Bewegung von Fahrzeugen in einer Tempo-30- Zone. Dazu wurden im Abstand von 20 m Messpunkte (MP) aufgestellt, in denen die Zeit bis zu diesem Punkt gemessen wurde. Die Messungen begannen alle im Startpunkt zum Zeitpunkt 0, die Genauigkeit der Werte wurde auf zwei Zehntelsekunden geschätzt.
Analysiere die Messreihe hinsichtlich folgender Fragen:
Hielten die Fahrzeuge die erlaubte Höchstgeschwindigkeit ein?
Welche Bewegungsarten sind den Fahrzeugen zuzuordnen? Begründe.
Hinweise:
- Die Nutzung von Tabellenkalkulationen kann den Zeit- und Rechenaufwand erheblich reduzieren.
- Durch die grafische Darstellung der Messwerte (Weg-Zeit- bzw. Geschwindigkeits-Zeit-Diagramm) wird die Bewegung gut veranschaulicht.

	Startpunkt 0 m	MP 1 20 m	MP 2 40 m	MP 3 60 m	MP 4 80 m	MP 5 100 m	MP 6 120 m	MP 7 140 m	MP 8 160 m
Fahrzeug	t_0 in s	t_1 in s	t_2 in s	t_3 in s	t_4 in s	t_5 in s	t_6 in s	t_7 in s	t_8 in s
Motorrad	0,0	2,1	4,2	6,3	8,7	10,5	12,0	13,1	14,0
Bus	0,0	2,2	4,2	6,3	8,5	10,7	12,8	15,0	17,1
Pkw	0,0	1,3	2,8	4,9	7,4	9,9	12,4	14,9	17,4

35. Begründe ausführlich, dass es möglich ist, die Bilder durch die exakte grafische Darstellung von Funktionen zu erzeugen.
Bilde die dargestellten Motive durch Funktionen nach.
Entwirf eigene Grafiken mithilfe von Funktionen.

a)

b)

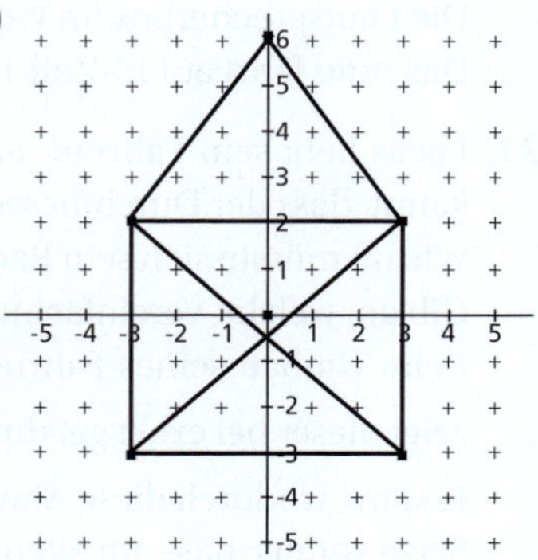

36. Die Dachfläche eines Einfamilienhauses soll neu eingedeckt werden. Mehrere Angebote von Firmen sollen eingeholt werden, damit eine qualitativ hochwertige, trotzdem preiswerte Arbeit sichergestellt werden kann. Um den Firmen möglichst genaue Maße zu übergeben, bemüht sich der Hausbesitzer um die exakten Abmessungen des Hauses. Folgendes ist ihm bekannt:

- Die Länge des Hauses beträgt 10 m.
- Der Dachüberstand auf den Giebelseiten beträgt 30 cm.
- Es handelt sich um ein 45°-Satteldach ohne Gaupen.
- Die Hausbreite beträgt 8,5 m.
- Der Dachüberstand auf den Längsseiten beträgt 1 m.

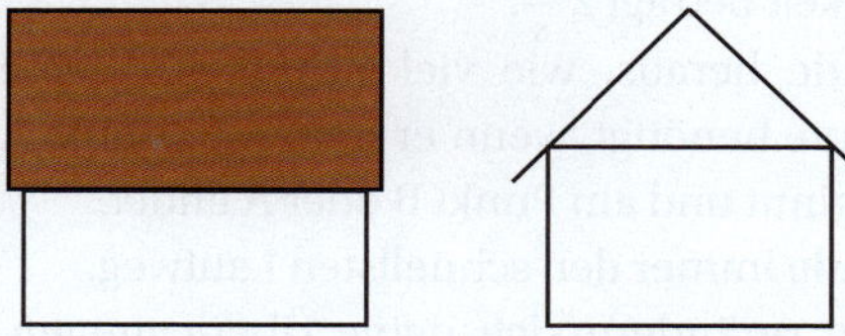

Berechne aus den vorgegebenen Angaben den Dachflächeninhalt.

37. Familie Sparsam wohnt in einem Ort, in dem es eine Erdgastankstelle gibt. Sie kommt bei der Planung für das neue Auto auf die Idee, eine Kostenanalyse für verschiedene Fahrzeugvarianten zu machen.

Variante 1:

Pkw mit normalem Benzinverbrauch, der Preis des Fahrzeugs beträgt 18 500,00 €. Dieses Fahrzeug ist durch den geregelten Katalysator für zwei Jahre von der KFZ-Steuer befreit, danach beträgt der jährliche Steuersatz 108,00 €. Der durchschnittliche Kraftstoffverbrauch auf 100 km beträgt etwa 8 *l* Super bleifrei zu einem Preis von etwa 1,05 € pro Liter.

Variante 2:

Pkw mit normalem Dieselverbrauch, der Preis des Fahrzeugs ist um 1 500,00 € höher als der gleich ausgestattete Benziner. Dieses Fahrzeug ist ebenso für zwei Jahre von der KFZ-Steuer befreit, der jährliche Steuersatz beträgt danach 252,00 €. Der durchschnittliche Kraftstoffverbrauch auf 100 km beträgt etwa 6 *l* Diesel zu einem Preis von etwa 0,85 € pro Liter.

Variante 3:

Ein Pkw mit normalem Benzinverbrauch wird zusätzlich mit einer Erdgasanlage ausgerüstet. Dieser bivalente Antrieb bedeutet, dass das Fahrzeug, solange Erdgas vorhanden ist, damit fährt. Ist das Gas verbraucht, kann auf Benzin umgestellt werden. Das Fahrzeug kostet mit Umrüstung auf Erdgasantrieb 1 000 € mehr als der Benziner, normalerweise wäre die Umrüstung teurer, durch eine Umweltschutzförderung werden Mehrkosten gespart. Steuerlich wird dieses Fahrzeug genauso wie der Benziner behandelt (zwei Jahre befreit, dann 108 € pro Jahr).

Praktische Erfahrungen besagen, dass zu etwa 80 % mit Erdgas der Rest mit Benzin gefahren wird, der Erdgasverbrauch auf 100 km beträgt ca. 4 kg, wobei ein Kilogramm Erdgas 67 ct kostet.

a) Vergleiche die Anschaffungskosten der Fahrzeuge miteinander.

b) Berechne die Höhe der steuerlichen Belastung für die nächsten vier Jahre.

c) Berechne die Kosten für den Kraftstoff bei einer jährlichen Fahrleistung von 10 000 km, 15 000 km, 20 000 km und 25 000 km.

d) Berechne die Gesamtkosten für jede Fahrzeugvariante bei einer jährlichen Fahrleistung von 10 000 km, 15 000 km, 20 000 km und 25 000 km.

Hinweis:

Weitere Kosten sind nicht zu beachten, da die Höhe dieser Kosten etwa gleich ist.

38. Ein Briefträger muss in einer 18 m breiten Straße Post austragen. An jedem Briefkasten – direkt am Straßenrand – benötigt er etwa 15 s, seine normale Laufgeschwindigkeit beträgt $2\,\frac{m}{s}$.
Finde heraus, wie viel Zeit er für seine Route benötigt, wenn er immer in Punkt A beginnt und am Punkt B oder A endet.
Finde immer den schnellsten Laufweg.
Wie verändern sich deine Überlegungen, wenn er bei jeder Überquerung der Straße, bedingt durch den starken Verkehr, durchschnittlich 20 s warten muss?

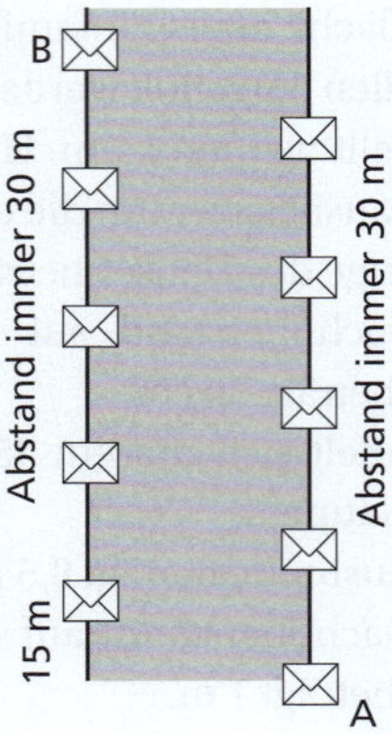

39. Die Reduzierung des Verbrauchs von Elektroenergie ist nicht nur aus Gründen des Umweltschutzes sinnvoll, sondern kann auch die finanzielle Entlastung privater Haushalte bedeuten. Während Elektroheizungen oder elektrische Warmwasserbereiter nicht in jedem Haushalt vorhanden sind, so ist jedoch eine Vielzahl von elektrischen Geräten in (fast) jedem Haushalt vorhanden.
Einige sind in der nachfolgenden Übersicht aufgelistet.
Finde heraus, wie hoch die Kosten für Elektroenergie sind, schätze dabei die direkten Nutzzeiten anhand deiner Erfahrungen ab und diskutiere, mit welchen Maßnahmen eine Kostenreduzierung möglich wäre.
Eine Kilowattstunde kostet etwa 26 ct.

Gerät	Leistung im Normalbetrieb in Watt	Leistung im Leerlauf (Stand-by) in Watt	Betriebsstunden pro Tag (geschätzt)	Jahresstromverbrauch in Kilowattstunden
Fernseher	60	10		
Videorekorder	50	5		
Hifi-Anlage	40	12		
Computer	70	–		
Bügeleisen	1000	–		
Waschmaschine	1500	–		
Kühlgefrierschrank	50 (Mittelwert für den Dauerbetrieb)			
Geschirrspüler	1500	–		
Deckenlampe 3×40 W	120	–		
Wasserkocher	2000	–		
Fön	1250	–		

40. Verschiedene Körper werden gleichmäßig mit Wasser aufgefüllt. Ordne jeweils die unterschiedlichen Körperformen den dargestellten grafischen Verläufen zu. Begründe deine Zuordnung.
Falls ein Körper aufgrund seiner Form nicht einem der dargestellten grafischen Verläufe entspricht, so stelle den funktionalen Zusammenhang grafisch dar.

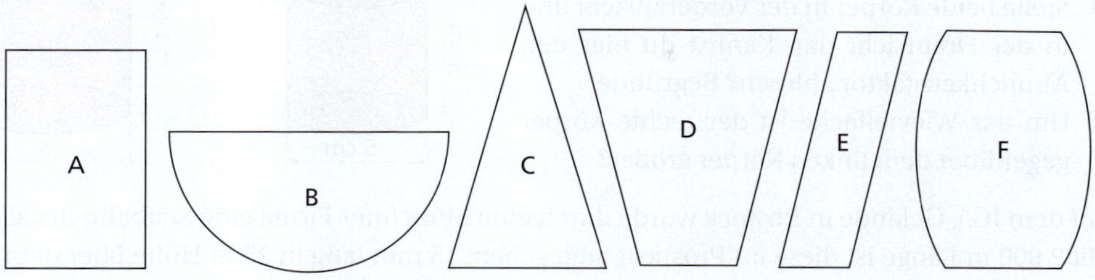

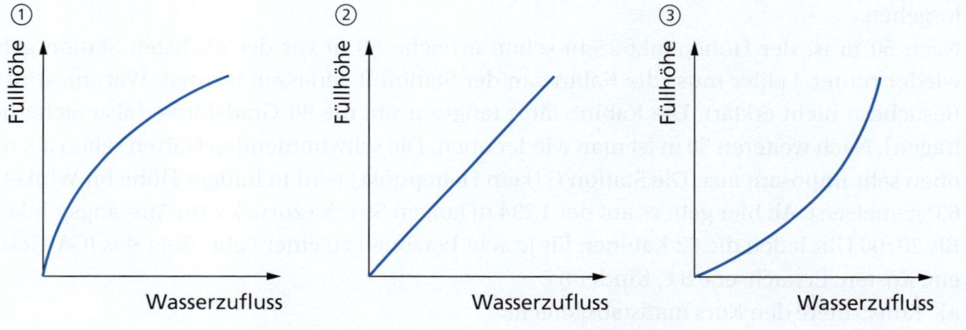

***41.** Die Abbildung zeigt zwei Kreise in einem Quadrat mit einer Seitenlänge von 10 cm.
Der Kreis mit dem Mittelpunkt P hat den Radius r.
Der Kreis mit dem Mittelpunkt Q hat einen Radius von 2 cm.

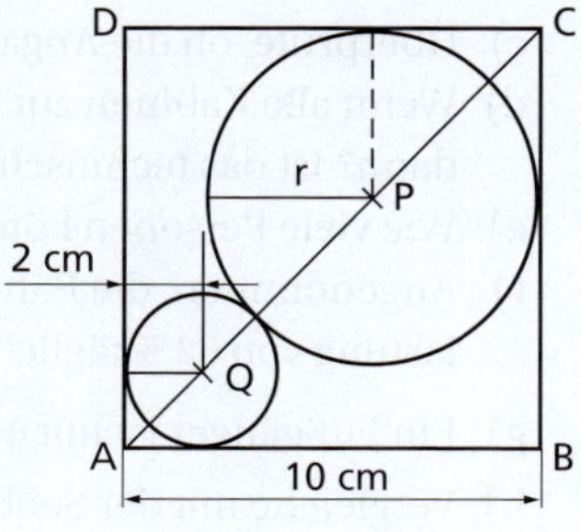

a) Zeige, dass $\overline{CP} = r\sqrt{2}$ gilt.
b) Drücke die Längen der Strecken $\overline{AC}$; $\overline{AQ}$ und $\overline{PQ}$ aus.
c) Durch die Gleichung $r = \frac{8\sqrt{2} - 2}{\sqrt{2} + 1}$ kann der Radius r berechnet werden.
Leite die Gleichung $r = \frac{8\sqrt{2} - 2}{\sqrt{2} + 1}$ her.
d) Überprüfe deine Ergebnisse durch eine Konstruktion.

42. Aus einem Zylinder wird ein Kegel mit gleicher Grundfläche und der Höhe von 18 cm gefräst.

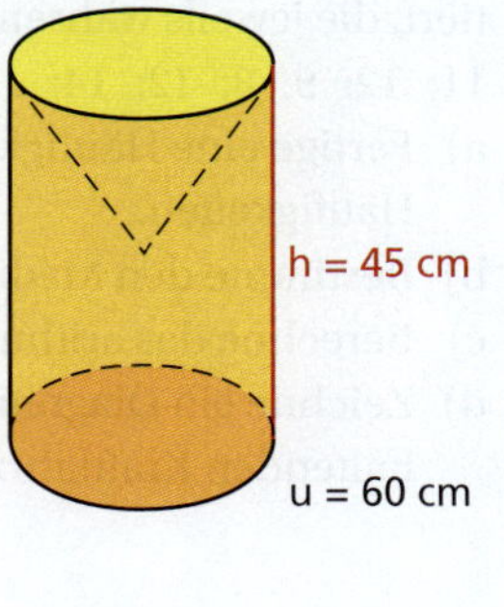

a) Berechne das Volumen des Kegels.
b) Berechne das Volumen des Restkörpers.
c) Wie groß ist der Oberflächeninhalt des entstandenen Körpers?
d) Wie hoch muss der Kegel sein, damit das Volumen des Restkörpers 60 % des ursprünglichen Volumens ist?

43. Zwei Zylinder mit aufgesetztem Kegel sind zueinander ähnlich.

a) Bestimme x und y.

b) Vergleiche die Volumen. Gilt hier derselbe Ähnlichkeitsfaktor? Begründe.

c) Stelle beide Körper in der Vorderansicht und in der Draufsicht dar. Kannst du hier den Ähnlichkeitsfaktor ablesen? Begründe.

d) Um das Wievielfache ist der rechte Körper gegenüber dem linken Körper größer?

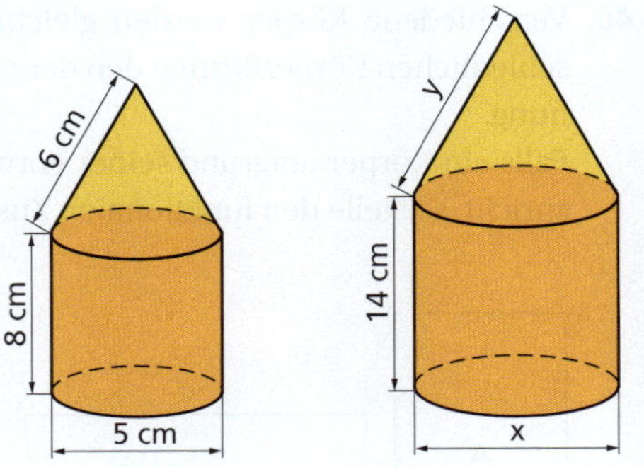

44. Auf dem IGA-Gelände in Rostock wurde durch eine Münchner Firma eine Seilbahn installiert. Mit 2 900 m Länge ist diese im Prospekt angegeben. 15 min lang in 25 m Höhe über dem Gelände schweben ist ein einzigartiges Erlebnis. Ab 9:00 Uhr kann es von der Seilstation A aus losgehen.

Nach 50 m ist der Höhepunkt 25 m schon erreicht. 50 m vor der nächsten Station geht es wieder runter. Leider muss die Kabine an der Station B verlassen werden. Warum, wird den Besuchern nicht erklärt. Die Kabine fährt langsam um die 90-Grad-Kurve (also Sicherheitsfragen). Nach weiteren 50 m ist man wieder oben. Die schwimmenden Gärten sehen auch von oben sehr imposant aus. Die Station C (kein Haltepunkt) wird in luftiger Höhe im Winkel von 63° gemeistert. Ab hier geht es auf der 1 234 m langen Strecke zurück zum Ausgangspunkt A. Bis 20 : 00 Uhr laden die 62 Kabinen für je acht Personen zu einer Fahrt über das IGA-Gelände ein. Kosten: Erwachsene 8 €, Kinder 6 €

a) Konstruiere den Kurs maßstabsgerecht.

b) Welche Dreiecksfläche nimmt dieser Dreieckskurs ein?

c) Überprüfe, ob die Angabe 2 900 m Seilbahnlänge stimmt.

d) Wenn alle Kabinen zur gleichen Zeit auf der Strecke sind, in welchen Abständen fahren sie dann? Ist das technisch machbar? In welchen Zeitabständen fahren die Kabinen dann?

e) Wie viele Personen könnten sich gleichzeitig auf Rundkurs befinden?

f) Angenommen, die Bahn fährt ununterbrochen, wie viele Passagiere würden bei einer Auslastung von 62 % täglich transportiert?

g) Ein Fußgänger ist mit 5 $\frac{\text{km}}{\text{h}}$ im Durchschnitt unterwegs. Wie weit kommt er in 15 min?

h) Vergleiche mit der Seilbahn. Wie schnell ist diese unterwegs?

i) Stelle die Höhenunterschiede der Seilbahnfahrt grafisch dar.

j) Wie lang ist das Seil der Seilbahn?

45. Bei einer Verkehrszählung wurden an einer Ampel folgende Anzahlen der Kraftfahrzeuge notiert, die jeweils während einer roten Ampelphase anhielten:

11; 12; 9; 8; 12; 14; 13; 10; 9; 11; 10; 11; 12; 11; 10; 11; 13; 9; 11; 10

a) Fertige eine Häufigkeitstabelle für die Anzahl der Fahrzeuge an und berechne die relativen Häufigkeiten.

b) Bestimme den Median und die Spannweite der Verteilung.

c) Berechne das arithmetische Mittel der Verteilung und vergleiche es mit dem Median.

d) Zeichne ein Diagramm für die relativen Häufigkeiten der während einer roten Ampelphase haltenden Kraftfahrzeuge.

Zuordnungen und Funktionen

46. Durch die Punkte A(–1|6) und B(3|–2) ist der Graph einer linearen Funktion y = f(x) mit $x \in \mathbb{R}$ im rechtwinkligen Koordinatensystem gegeben. Der Graph schneidet die y-Achse im Punkt C.
a) Stelle die Funktion y = f(x) grafisch dar. Gib die Gleichung der Funktion y = f(x) an.
b) Überprüfe durch Rechnung, ob der Punkt P(10|–16) zur Funktion y = f(x) gehört.
c) Zeichne die Normalparabel mit dem Scheitelpunkt C. Gib eine Funktionsgleichung an.

47. Durch die Gleichung $y = x^2 + 4x + 3$ mit $x \in \mathbb{R}$ ist eine quadratische Funktion gegeben.
a) Zeichne den Graphen der Funktion in ein rechtwinkliges Koordinatensystem.
b) Spiegele den Graphen der Funktion an der y-Achse und gib die Funktionsgleichung für die gespiegelte Parabel an.
c) Bezeichne die Scheitelpunkte der Parabeln mit S_1 und S_2 sowie den gemeinsamen Punkt der beiden Parabeln mit P. Berechne den Flächeninhalt und den Umfang des Dreiecks S_1S_2P.

48. a) Zeichne den Graphen der konstanten Funktion f(x) = 3 in ein Koordinatensystem (1 LE = 1 cm).
b) Zeichne eine Parallele zu f, die durch den Punkt (0|2) geht, und gib die Funktionsgleichung für die Funktion g(x) an.
c) Zeichne den Graphen einer weiteren Funktion h(x), der durch die Punkte A(–5|0) und D(–3|3) geht.
d) Spiegle diese Funktion an der y-Achse. Bezeichne den Schnittpunkt mit der x-Achse mit B und den Schnittpunkt mit f(x) mit C. Gib die Koordinaten der Schnittpunkte an.
e) Gib die Funktionsgleichungen der in Aufgabe d gekennzeichneten Funktionen an.
f) Berechne den Flächeninhalt des Trapezes ABCD.
g) Zeichne die Höhen zur Seite AB ein und bezeichne die Fußpunkte mit E und F.
h) Welchen Anteil an der Gesamtfläche des Trapezes hat das Rechteck CDEF?

49. In den beiden Abbildungen ist die unterschiedliche Jagd eines Hundes nach einer Katze dargestellt. Die Graphen sind Teile von Geraden.

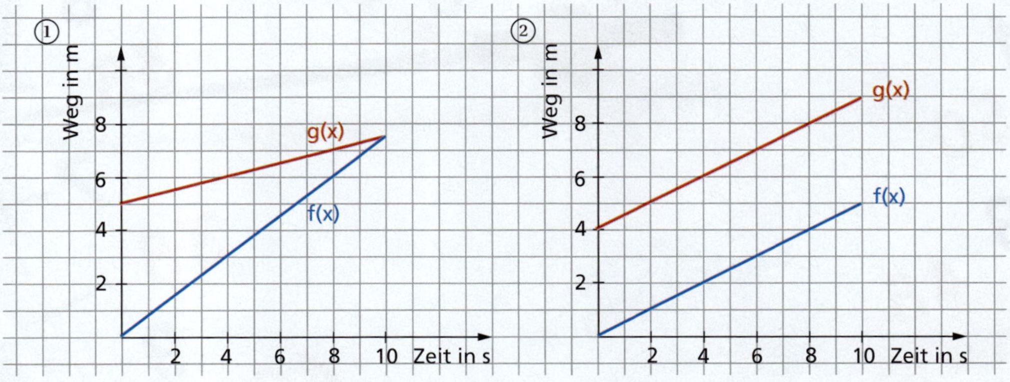

a) Stelle zu beiden Abbildungen jeweils die Geradengleichungen auf.
b) Versuche jeweils, die Geschwindigkeiten vom Hund und von der Katze zu bestimmen.
c) Erfinde eine sinnvolle Kurzgeschichte zu den Bildern.
d) Bestimme den Flächeninhalt des Dreiecks in Abbildung ①. Begründe, warum du für Abbildung ② diese Aufgabe nicht lösen kannst.

7 Berufseignungstest

Vergleich

Ein neues Getränk soll auf den Markt kommen.
Für einen Liter Inhalt wird eine Verpackungsform gesucht. Zwei Formen stehen zur Wahl:
Quader mit den Maßen für die Grundfläche 5 cm, 10 cm und der Höhe von 20 cm;
Zylinder mit einem Radius von 5 cm und der Höhe von 20 cm.
Welche Verpackung würdest du wählen? Begründe.

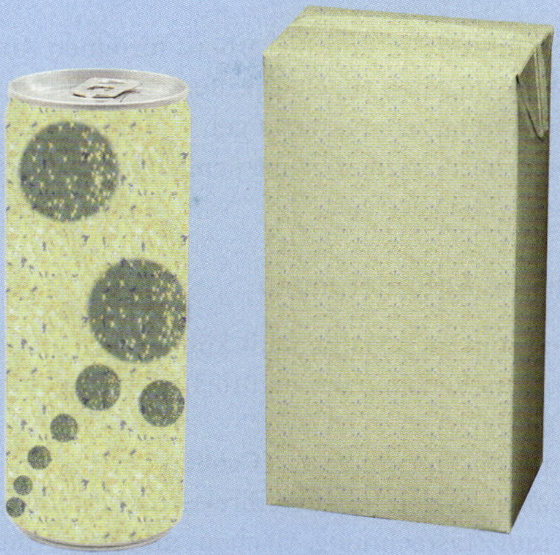

Zeit

Einheiten der Zeit sind Jahr, Monat, Woche, Tag, Stunde, Minute und Sekunde. Die Umrechnungszahlen sind keine Potenzen von 10. Zum Beispiel hat eine Woche 7 Tage, ein Tag 24 Stunden, eine Stunde 60 Minuten …
Es ist 8.00 Uhr.
Wie spät ist es nach 1 800 Sekunden?

Augenzahl

Die Anordnung der Augenzahlen auf einem Würfel erfolgt nach einem bestimmten Prinzip. Die Summe der Augenzahlen auf den gegenüberliegenden Flächen des Würfels ist immer 7.
Welche Augenzahl steht jeweils auf den nicht sichtbaren Würfelflächen?

Von der Schule zum Beruf

Viele Firmen führen mit den Bewerbern für einen Ausbildungsplatz Eignungstests durch. Diese Tests enthalten Aufgaben zur Überprüfung des Schulstoffs und Aufgaben zur Überprüfung von bestimmten Einstellungsvoraussetzungen.
Bei Bewerbungstests werden hauptsächlich Inhalte aus den Fächern Deutsch und Mathematik sowie Allgemeinwissen getestet.

Fachspezifische Anforderungen

Die Aufgaben zum Fach Mathematik können sich aus folgenden Bereichen zusammensetzen:
- Aufgaben zum Rechnen mit natürlichen und gebrochenen Zahlen, die ohne Rechenhilfsmittel zu lösen sind
- Aufgaben zum Umrechnen von Größen
- Sachaufgaben zu den Inhalten direkte und indirekte Proportionalität, Lösen von Gleichungen, Prozent- und Zinsrechnung, Flächen- und Körperberechnung
- Aufgaben zum räumlichen Vorstellungsvermögen
- Aufgaben zur Fortsetzung von Zahlenfolgen

Es gibt auch Aufgabenstellungen, die in einem bestimmten Zeitvolumen gelöst werden müssen. Aufgabenstellungen und Fragen können in den Tests unterschiedlich aussehen – je nachdem, wofür man sich bewirbt bzw. welche Anforderungen das Unternehmen hat. Aufgaben und Fragen machen keine Angst mehr, wenn man solche Aufgaben schon geübt hat.

Intelligenztest

Das Spektrum der Aufgaben reicht von Allgemeinwissen über Logik bis hin zu praktisch-technischen Inhalten.

Aufgabentypen zum logischen Denken:
Dominoserien, Figurenreihen, Sprachanalogien

Aufgabentypen zum mathematischen Denken:
Textaufgaben, Umrechnen von Größen, technisches Verständnis, Wissensfragen

Aufgabentypen zum Kurzzeitgedächtnis:
Auswendiglernen

Aufgabentypen zum räumlichen Vorstellungsvermögen:
Abwicklung (Körper – Netz)

Leistungs- und Konzentrationstest

Die Aufgaben zu diesen Tests geben Auskunft über Ausdauer, Belastbarkeit, Sorgfalt und Ordnungssinn.

Folgende Aufgabentypen kommen hier zur Anwendung:
Schätzaufgaben, Kettenaufgaben, Kopfrechenaufgaben, Zahlensuche, Wegeplan, Beobachten, Buchstaben-Zahlen-Kombination

Persönlichkeitstest

Mit mehr oder weniger durchschaubaren Fragen und Spielen sollen beim Bewerber Charaktereigenschaften, Wesenszüge, soziale Kompetenz, Konfliktfähigkeit usw. ergründet werden. Situations- und Persönlichkeitsentscheidungen werden in den Fragestellungen abverlangt.

Zahlenfolgen und ihre Gesetzmäßigkeiten

Es wird eine Folge von Zahlen vorgegeben, die nach einer bestimmten Gesetzmäßigkeit aufgebaut ist. Diese Gesetzmäßigkeit soll erkannt und zur Berechnung der nächsten Zahlen der Folge angewendet werden. Jede Zahl der Folge entsteht durch eine Rechenoperation aus der vorhergehenden Zahl. Dabei sind z. B. folgende Fälle möglich:

Gesetzmäßigkeit	Beispiele	Mögliche Zahlenfolgen
Es wird immer die gleiche Rechenoperation mit der gleichen Zahl durchgeführt.	+ 3 · 2	2; 5; 8; 11; 14; 17; 20 … 3; 6; 12; 24; 48; 96; 192 …
Es werden abwechselnd zwei Rechenoperationen mit jeweils der gleichen Zahl durchgeführt.	+ 5; – 3 – 9; · 3	17; 22; 19; 24; 21; 26; 23 … 17; 8; 24; 15; 45; 36; 108 …
Es wird immer die gleiche Rechenoperation mit verschiedenen Zahlen, die nach einer bestimmten Regel verändert werden, durchgeführt.	+ 1; + 2; + 3 … – 2; – 4; – 6 …	19; 20; 22; 25; 29; 34; 40 … 58; 56; 52; 46; 38; 28 …
Es werden abwechselnd zwei oder mehrere Rechenoperationen mit gleichen oder verschiedenen Zahlen durchgeführt.	· 1; + 1; · 2; + 2 … + 2; + 2, – 3; + 4; + 4 …	0; 0; 1; 2; 4; 12; 15; 60; 64 … 5; 7; 9; 6; 10; 14; 9; 15; 21 …

Um das Bildungsgesetz einer Zahlenfolge zu finden, sollten folgende Hinweise beachtet werden:

- Man untersucht zuerst, ob die Zahlen beständig größer bzw. beständig kleiner werden oder ob sich das Wachstumsverhalten beständig ändert.
- Man schreibt dann zwischen je zwei Zahlen alle Möglichkeiten auf, durch eine der vier Rechenoperationen die zweite Zahl aus der ersten Zahl zu berechnen ist.
- Man sucht nun eine Gesetzmäßigkeit in der Anwendung der Rechenoperationen.

Zahlenfolge:	5		5		3		6		24		19		25		175		167
Regel:		· 1		– 2		+ 3		· 4		– 5		+ 6		· 7		– 8	

Hinweise:

- Beachte bei ungewohnten Aufgaben Formulierungen und Anweisungen des Testleiters.
- Arbeite zügig, aber nicht zu hastig und oberflächlich.
  Es wird nicht erwartet, dass in der vorgegebenen Zeit alle Aufgaben gelöst werden.
- Fange immer bei den ersten Aufgaben an und werde nicht unruhig, wenn du die letzten Aufgaben nicht lösen kannst. Die Aufgaben einer Gruppe werden zunehmend schwieriger.
- Taschenrechner und Formelsammlungen sind oft nicht erlaubt. Stelle dich darauf ein.

Aufgaben

Zahlenfolgen

1. In diesen Teilaufgaben findest du eine Folge von Zahlen, die nach einer bestimmten Gesetzmäßigkeit aufgebaut ist.
Ersetze das Fragezeichen durch die Zahl, die die Zahlenreihe logisch fortsetzt.

a)	3	9	15	21	27	?	
b)	4	6	9	13	18	24	?
c)	3	6	18	72	360	?	
d)	1	2	7	20	61	?	
e)	2	4	25	75	95	380	?
f)	56	112	110	55	57	114	?

2. Suche eine Regel für jede Zahlenfolge. Wie heißen die nächsten beiden Zahlen?

a)	4;	10;	16;	22;	28;	34;	40 …
b)	99;	92;	85;	78;	71;	64;	57 …
c)	1;	2;	4;	8;	16;	32;	64 …
d)	13;	22;	15;	24;	17;	26;	19 …
e)	16;	11;	22;	17;	34;	29;	58 …
f)	650;	130;	150;	30;	50;	10;	30 …

3. Welche Zahl gehört nicht in die jeweilige Folge? Gib sie an und nenne die richtige Zahl.

a)	1;	6;	30;	120;	360;	620;	720 …
b)	–40;	70;	–70;	100;	20;	130;	50 …
c)	81;	–162;	54;	–108;	38;	–72;	24 …
d)	0;	8;	2;	7;	3;	6;	4 …
e)	820;	720;	607;	507;	394;	294;	191 …
f)	512;	256;	144;	64;	32;	16;	8 …

4. Denke dir drei verschiedene Bildungsgesetze für eine Zahlenfolge aus. Konstruiere damit eine Folge von sieben Zahlen.
Stelle deinem Nachbarn die Aufgabe, die Folge um zwei Zahlen fortzusetzen.

Rechnen mit natürlichen Zahlen

5. Berechne ohne Taschenrechner.

a) $7246 + 53708 + 727$	b) $68312 - 467 - 4777$	c) $8238492 - 937537$
d) $76432 \cdot 91$	e) $7294 \cdot 957$	f) $9733 \cdot 77586$
g) $1140 : 32$	h) $2584 : 76$	i) $29237 : 7173$
j) $2735 : 5$	k) $22 \cdot 5 + 55$	l) $(15 + 20) \cdot 15$

6. Berechne ohne Taschenrechner.
Kettenaufgabe: Multiplikation, Division haben keinen Vorrang vor Addition und Subtraktion.

a) $2 \cdot 5 + 2 : 6 + 4 \cdot 5 + 6 : 6 + 4 \cdot 5 : 2 - 5 : 4 - 4 \cdot 9 + 1$

b) $8 - 4 \cdot 2 : 4 + 9 \cdot 5 : 5 + 4 - 5 : 2 - 4 \cdot 8 + 2 \cdot 7 + 4 : 2$

c) $2 \cdot 4 - 5 + 3 \cdot 6 + 4 - 5 : 7 \cdot 5 + 5 \cdot 2 : 6 \cdot 5 : 2 + 7 - 8$

d) $9 - 6 + 2 \cdot 7 : 5 + 3 \cdot 7 : 7 - 2 \cdot 3 + 6 \cdot 4 - 9 + 2 + 2 - 6$

7. Löse weitere Kettenaufgaben ohne Taschenrechner.

a) $4 \cdot 5 : 4 + 5 \cdot 4 - 3 \cdot 3 - 1 : 2 - 8 + 3 - 9 \cdot 2 - 1 : 9 + 1$

b) $9 : 3 \cdot 4 - 5 \cdot 7 + 5 : 6 - 4 \cdot 8 + 9 : 7 - 3 : 2 + 6 : 8 + 9$

c) $7 - 3 \cdot 4 - 1 : 3 \cdot 9 + 8 - 3 + 6 : 8 + 2 \cdot 7 + 9 : 8 - 1 \cdot 7$

d) $3 \cdot 2 + 5 \cdot 4 + 4 : 8 + 6 \cdot 3 : 6 : 2 + 9 : 3 + 7 \cdot 2 + 2 : 8$

8. Entscheide (ohne zu rechnen), welche Antwort richtig ist.

	Aufgabe	A	B	C	D	E
a)	7 432 + 9 568 + 2 474	20 603	19 474	18 245	19 475	18 974
b)	8 950 + 12 900 – 3 675	18 175	18 888	10 975	28 205	20 005
c)	99 · 99	9 800	9 801	8 901	9 998	9 999
d)	3,1 · 7,9	245	20,49	25	25,1	24,49
e)	201 · 201 + 56 235	102 786	9 656	96 636	10 000	66 663
f)	37 889 687 – 31 843 763	2 904 234	606 915	9 002 987	6 045 294	6 000 015
g)	$\sqrt{9801}$	90	99	109	125	89
h)	29^2	221	845	841	504	1 041

Rechnen mit Brüchen

9. Berechne im Kopf.

a) $\frac{1}{3}$ von: 24 km; 15 h; 360 m²; 93 kg; 7 200 €; 3 t; 1 h

b) $\frac{3}{4}$ von: 120 €; 48 t; 500 km; 28 ct; 2 h; 1 000 cm³; 720 g; 36 000 km

c) $\frac{3}{2}$ von: 6 h; 10 m; 28 kg; 1 300 €; 100 ha; 9 000 km; 7 t; 234 ct

10. Berechne.

a) $\frac{1}{3}$ von 120 € b) $\frac{2}{5}$ von 375 m² c) $\frac{3}{4}$ von 84 t d) $\frac{5}{12}$ von 732 h

e) $\frac{3}{2}$ von 5 km f) $\frac{3}{10}$ von 690 g g) $\frac{7}{8}$ von 1 000 m h) $\frac{4}{25}$ von 1t

11. Berechne jeweils die Ausgangsgröße.

a) $\frac{1}{2}$ sind 2,25 € b) $\frac{3}{4}$ sind 12 min c) $\frac{2}{5}$ sind 48 cm d) $\frac{3}{2}$ sind 27 t

e) $\frac{4}{5}$ sind 126 kg f) $\frac{8}{9}$ sind 896 m g) $\frac{5}{4}$ sind 275 ha h) $\frac{16}{21}$ sind 624 km

12. Gib als gekürzten gemeinen Bruch an.

a) 3 € von 12 € b) 230 g von 690 g c) 5 m³ von 50 m³ d) 1 m von 1 km

e) 12 cm² von 72 cm² f) 15 min von 1 h g) 17 € von 51 € h) 1 dm³ von 1 *l*

13. Schreibe als Dezimalbruch.

a) $\frac{9}{10}$ b) $\frac{3}{100}$ c) $\frac{1}{5}$ d) $\frac{1}{2}$

e) $\frac{3}{4}$ f) $\frac{7}{8}$ g) $\frac{7}{20}$ h) $\frac{4}{24}$

i) $\frac{3}{5}$ j) $\frac{25}{100}$ k) $\frac{3}{2}$ l) $\frac{6}{6}$

14. Wandle in einen Dezimalbruch um.

a) $\frac{1}{3}$ b) $\frac{2}{9}$ c) $\frac{7}{35}$ d) $\frac{100}{3}$
e) $\frac{4}{15}$ f) $\frac{5}{4}$ g) $\frac{3}{16}$ h) $\frac{6}{11}$

15. Gib die Dezimalbrüche als gemeine Brüche an. Kürze weitgehend.

a) 0,3 b) 0,045 c) 1,5 d) 0,21
e) $0,\overline{3}$ f) 0,875 g) 0,007 h) 60,08

16. Runde auf Zehntel.

a) 0,14 b) $0,1\overline{7}$ c) 3,78 d) 0,09 e) 1,419 f) 0,39
g) 12,75 h) 3,649 i) 0,084 j) 1,042 k) 5,047 l) 99,95

17. Runde auf Hundertstel.

a) 0,234 b) 0,164 c) 0,087 d) 0,045 e) 0,606 f) 0,703
g) 6,4219 h) 10,3978 i) 0,9999 j) 7,8951 k) 0,7050 l) 5,4545

18. Rechne im Kopf.

a) $\frac{1}{2}+\frac{1}{4}$ b) $\frac{1}{6}+\frac{1}{3}$ c) $\frac{3}{4}+\frac{1}{2}$ d) $\frac{2}{3}+1$ e) $\frac{2}{5}+\frac{3}{10}$ f) $\frac{1}{2}+\frac{1}{3}$
g) $\frac{3}{4}-\frac{1}{2}$ h) $\frac{3}{2}-\frac{3}{4}$ i) $\frac{9}{10}-\frac{2}{15}$ j) $\frac{2}{3}-\frac{1}{2}$ k) $\frac{123}{100}-1$ l) $4-\frac{7}{4}$
m) $1\frac{3}{4}+\frac{1}{2}$ n) $1\frac{1}{2}-\frac{3}{4}$ o) $2\frac{3}{4}+0,5$ p) $1\frac{1}{4}+\frac{3}{2}$ q) $\frac{12}{5}-1\frac{1}{10}$ r) $1\frac{1}{2}-1\frac{1}{3}$

19. Berechne. Kürze die Ergebnisse, wenn möglich.

a) $\frac{3}{5}+\frac{7}{10}$ b) $\frac{7}{12}\cdot\frac{5}{8}$ c) $\frac{5}{7}:\frac{7}{5}$ d) $\frac{19}{24}-\frac{3}{8}$
e) $\frac{7}{16}+\frac{11}{12}$ f) $\frac{1}{24}-\frac{1}{60}$ g) $\frac{21}{48}:\frac{7}{16}$ h) $\frac{15}{24}\cdot\frac{5}{18}$
i) $3\frac{2}{3}-\frac{5}{6}$ j) $\frac{19}{21}:\frac{13}{21}$ k) $\frac{1}{2}-\frac{1}{3}+\frac{1}{4}$ l) $\frac{3}{10}+\frac{20}{9}-\frac{7}{18}$

20. Berechne.

a) $\frac{5}{4}+0,75$ b) $0,3:\frac{3}{10}$ c) $7,5-\frac{3}{2}+0,1$ d) $\frac{6}{5}-0,1$
e) $0,4\cdot\frac{5}{9}$ f) $0,\overline{6}-\frac{1}{3}$ g) $\frac{1}{2}+0,\overline{3}$ h) $\frac{9}{2}\cdot\left(2,5+\frac{2}{5}\right)$

Arbeiten mit Größen

21. Rechne jeweils in die in Klammern angegebene Einheit um.

a) 4,63 kg (g); 9,5 m (cm); 3 000 min (h); 0,7 ha (m^2)
b) 0,03 km (m); 3 435 *l* (hl); 123 cm^2 (dm^2); 2,05 t (kg)
c) 75 mg (g); 0,3 h (min); 6 m (km); 94 *l* (ml)
d) 80 dm^2 (m^2); 506 kg (t); $\frac{1}{8}$ km (m); 860 dm^3 (m^3)
e) $\frac{3}{4}$ kg (g); 783 mm (dm); $\frac{1}{5}$ m^2 (cm^2); $\frac{1}{12}$ h (s)

22. Gib in einer größeren und in einer kleineren Einheit an.

a) 11 400 m; 3 200 kg; 14 500 m^2; 60 000 s b) 0,5 g; 0,4 h; 0,07 m; 0,003 dm^3
c) 870 cm; 0,01 t; 240 *l*; 0,31 dt d) $\frac{1}{2}$ m^3; $\frac{2}{5}$ km; $\frac{1}{10}$ min; $\frac{5}{4}$ cm^2

23. Ordne der Größe nach. Beginne jeweils mit dem kleinsten Wert.

a) 3 m 5 dm; 3,05 m; 355 cm
b) 2 020 m^2; 0,22 ha; 2 000 m^2; 2 000 cm^2
c) 1,14 t; 411 kg; 14,1 dt
d) 500,04 m; 5 004 dm; $\frac{1}{2}$ km
e) 8,069 kg; 8 609 g; 8 kg 690 g
f) 1 005 *l*; 1,5 hl; 1 hl 55 *l*

24. Berechne.

a) 8,4 m + 721 cm + 3,5 dm
b) $9\frac{1}{2}$ km + 6 400 m – 1 300 mm
c) 536 m^2 + 0,38 ha + 2,2 a
d) 9 h 24 min – $5\frac{1}{2}$ h + 1 080 s
e) 0,075 t – 8 915 g + 13,24 kg
f) 0,409 kg – 16,5 g – 87 250 mg

25. Wurden folgende Größenangaben richtig umgerechnet? Berichtige, wenn nötig.

a) 41 520 m = 41,520 km
b) 3 765 kg = 376,5 dt
c) 39 m^3 = 39 000 cm^3
d) 0,1 h = 10 min
e) 75 ha = 750 000 m^2
f) 250 m 180 cm = 251,8 m

26. Versuche, folgende Aufgaben in fünf Minuten zu lösen:

a) Vier Pfund und 30 g sind wie viel Gramm?
b) Ein Kanister hat die Innenmaße: Länge 80 cm, Breite 40 cm, Höhe 60 cm. Wie viel Kubikzentimeter Wasser kann er enthalten?
c) Schreibe 90 Zentner als Tonne.
d) Für eine Fläche von 50 m^2 werden Platten mit der Größe 10 × 20 cm verlegt. Wie viele Platten werden benötigt?
e) Wie viele Stunden und Minuten sind 18 600 s?
f) Schreibe 0,55 a als Quadratmeter.

Sachaufgaben

27. Ein Kaufmann kauft für 1 200 € Tee. Diesen verkauft er für 1 500 €. An jedem Sack Tee verdient er 50 €. Wie viele Säcke hatte er?

28. Zum Beladen eines Bananenschiffs werden 300 Träger gebraucht. Diese können die Arbeit in 16 h bewältigen.
Wie viele Träger braucht man, wenn man zum Beladen dieses Schiffs 48 h Zeit zur Verfügung hat?

29. Schüler wollen bei einem Sportfest Softeis verkaufen. Aus einem Behälter lassen sich 170 normale Portionen abfüllen.
Wie viele Behälter müssen gekauft und auf Vorrat gelegt werden, wenn man mindestens 4 000 Portionen Softeis verkaufen will?

30. Ein Trinkvorrat reicht für 16 Personen 24 Tage.
Wie viele Tage würde der Vorrat für acht Personen reichen?

31. Zwei Brüder, die sich in ihrem Alter um lediglich sieben Jahre unterscheiden, sind zusammen 39 Jahre alt.
Wie alt ist der jüngere Bruder?

32. Zwei Radfahrer begegnen sich um 11 Uhr und fahren in entgegengesetzte Richtung weiter. Wie viel Kilometer sind sie um 12:20 Uhr voneinander entfernt, wenn der eine 7,5 km und der andere 12 km in der Stunde fährt?

33. Eine Beute von 576 Talern soll im Verhältnis von 4 : 5 auf zwei Seeräuber verteilt werden. Wie viele Taler bekommt der Seeräuber, der den kleineren Anteil erhält?

34. 87 kg Äpfel sind in zwei Kisten verpackt. In der einen Kiste sind 11 kg Äpfel mehr als in der anderen. Wie viel Kilogramm Äpfel sind in der kleineren?

35. Von einem 700 cm langen Brett werden möglichst viele Stücke zu je 520 mm Länge abgeschnitten. Wie lang ist das verbleibende Reststück, wenn pro Schnitt mit 1,5 mm Verlust gerechnet wird?

36. Wie viel Zentimeter beträgt der Außendurchmesser eines Rohres mit einem Innendurchmesser von 34,0 cm und einer Wandstärke von 2,5 mm?

37. Ein dreieckiger Hausgiebel soll verkleidet werden. Die Hausbreite beträgt 12,0 m, die Giebelhöhe 6,0 m.
Wie viel Quadratmeter Wandfläche sind zu bearbeiten?

38. Eine Firma verpackt Konservendosen zu jeweils zwölf Stück pro Karton.
Wie viele Kartons werden täglich benötigt, wenn die Tagesproduktion 14 400 Dosen beträgt?

39. Ein ICE verlässt den Bahnhof um 7:48 Uhr und erreicht sein Ziel um 15 : 32 Uhr.
Ermittle die tatsächliche Fahrzeit, wenn die Aufenthalte auf den Zwischenbahnhöfen insgesamt eine Viertelstunde betragen.

Prozent- und Zinsrechnung

40. Berechne im Kopf.

a) 50 % von 200 € sind wie viel Euro?
b) 25 % sind 160 m. Wie viel Meter sind 100 %?
c) 50 % sind 200 €. Wie viel Euro sind 100 %?
d) 25 % von 160 m sind wie viel Meter?
e) 50 € von 200 € sind wie viel Prozent?
f) 25 kg von 160 kg sind wie viel Prozent?
g) 30 g sind 100 %. Wie viel Prozent sind 75 g?
h) 1 % von 2 000 € sind wie viel Euro?
i) 75 % von 30 g sind wie viel Gramm?
j) 10 % von 2 000 € sind wie viel Euro?
k) 75 % sind 30 €. Wie viel Euro sind 100 %?
l) 110 % von 2 000 € sind wie viel Euro?

41. Wie viel Prozent der rechteckigen Fläche sind gefärbt?

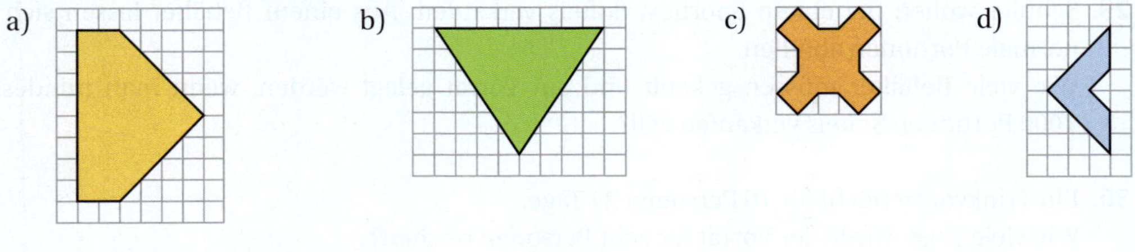

42. Berechne. Runde sinnvoll.

a) 18 % von 640 kg
b) 52 % von 38 ha
c) 38,5 % von 8 500 *l*
d) 7,5 % von 1,8 t
e) 0,4 % von 203 t
f) 16,8 % von 70,5 m^2

43. Berechne den Grundwert.

a) 25 % sind 480 € b) 5 % sind 120 km c) 100 ha sind 15 %

d) 21 *l* sind 3,5 % e) 16 % sind 87,60 € f) 6,75 ml sind 0,9 %

44. Berechne den Prozentsatz.

a) 20 Punkte von 48 Punkten b) 12 € von 52 € c) 12,5 km von 24 km

d) 4,20 € von 1,7 € e) 0,4 ha von 24 ha f) 1,3 Mio. von 20,5 Mio.

45. Ein Guthaben von 5 860 € wird mit 3,66 % verzinst.
Wie viel Euro Zinsen erhält man nach einem Jahr bzw. nach 300 Tagen?

46. Ein Termingeld wird mit 4 % verzinst. Nach 100 Tagen erhält man 180 € Zinsen.
Berechne die Höhe der Geldanlage.

47. Ein Sparbetrag von 3 000 € wird mit 2,5 % p. a. verzinst.
Wie viel Euro Zinsen bekommt man nach acht Monaten?

Räumliches Vorstellungsvermögen

48. Bei den abgebildeten Figuren soll die Reihe fortgesetzt werden.
Welche der Figuren A, B, C, D gehören in die Reihe?

a)
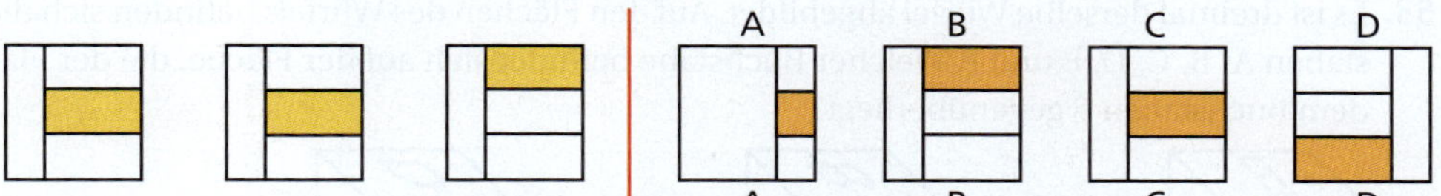

b)
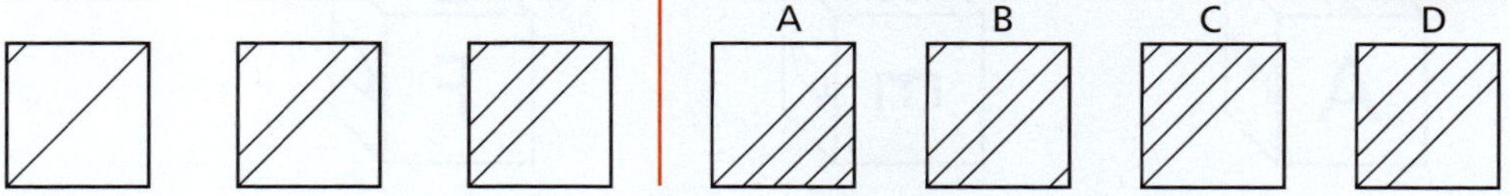

49. Bei jeder Figurenfolge gehört eine Abbildung nicht hinein. Welche ist das?

a)
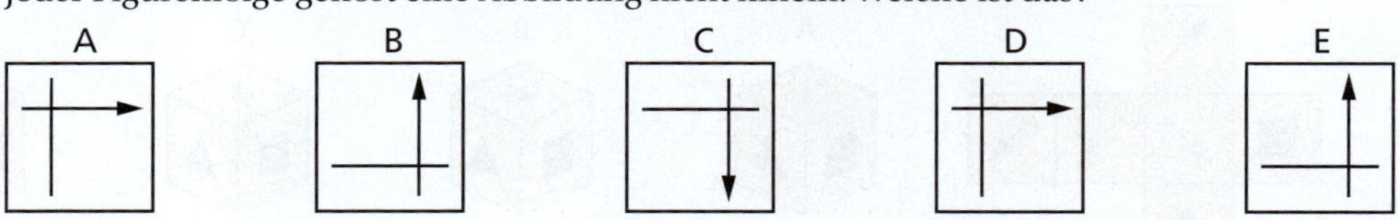

b)
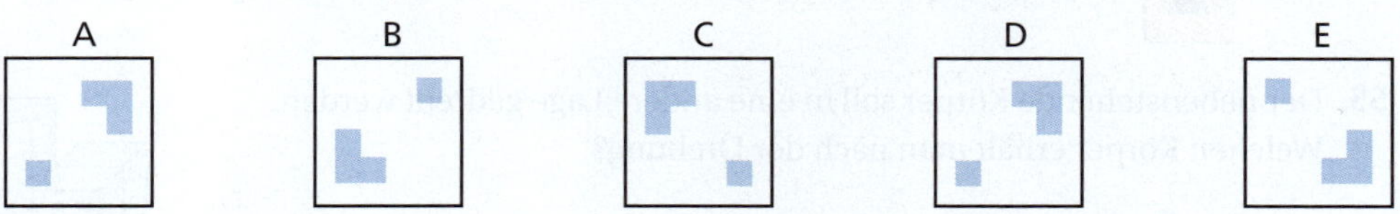

50. Gib die Anzahl der Flächen an, die folgende Körper begrenzen:

a)
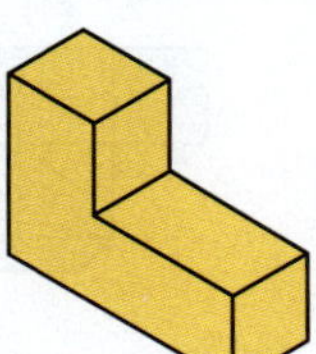

b)
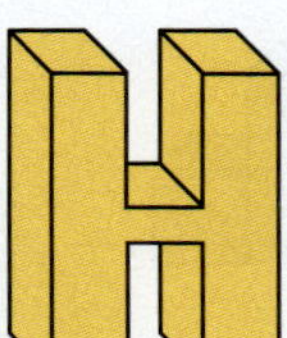

c)
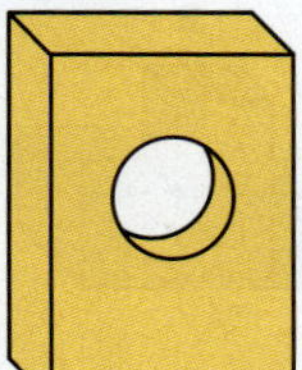

d)
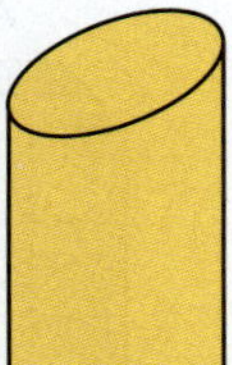

51. Wie viele Flächen haben die abgebildeten Körper?

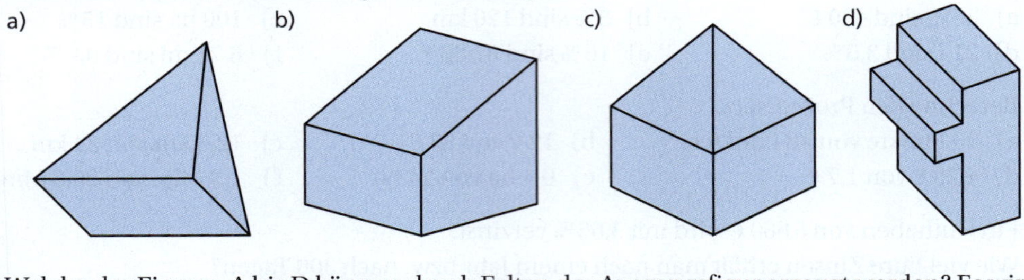

52. Welche der Figuren A bis D können durch Falten der Ausgangsfigur erzeugt werden? Es wird so gefaltet, dass die grünen Flächen nach außen kommen.

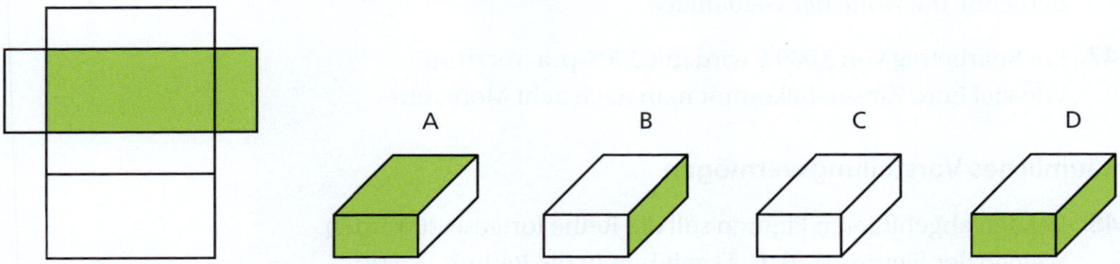

53. Es ist dreimal derselbe Würfel abgebildet. Auf den Flächen des Würfels befinden sich die Buchstaben A, B, C, D, E und F. Welcher Buchstabe befindet sich auf der Fläche, die der Fläche mit dem Buchstaben E gegenüberliegt?

54. Welcher Würfel ist aus dem Würfelnetz entstanden?

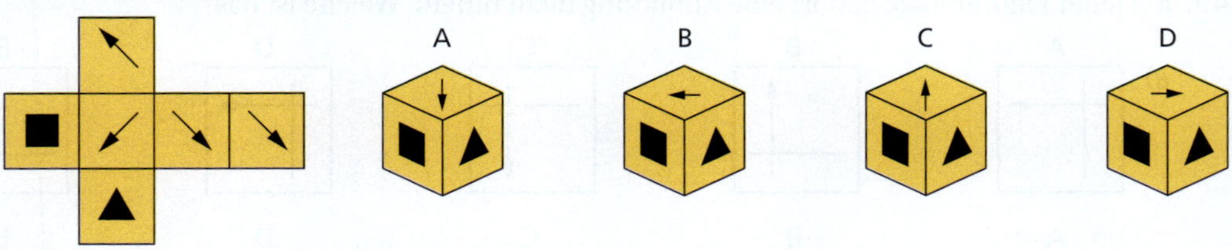

55. Der nebenstehende Körper soll in eine andere Lage gedreht werden. Welchen Körper erhält man nach der Drehung?

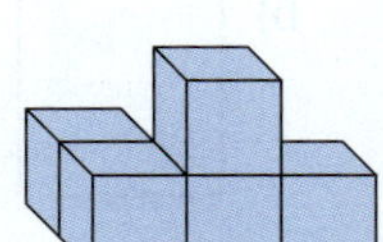

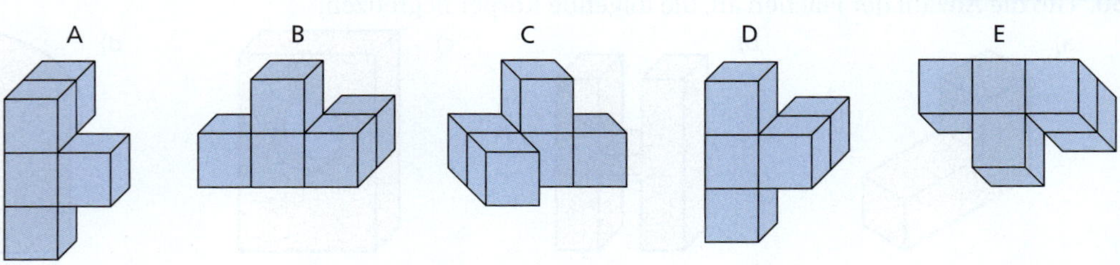

Teste dich selbst

Gib an, welche Aussage jeweils wahr ist.

1. Was versteht man unter einer Rezession?
a) Konjunkturtief
b) Konjunkturhoch
c) Wirtschaftsaufschwung
d) Wirtschaftsabschwung

2. Wie ist es richtig geschrieben?
a) Im Großen und Ganzen ist das Richtig.
b) Im Großen und ganzen ist das richtig.
c) Im großen und ganzen ist das richtig.
d) Im Großen und Ganzen ist das richtig.

3. Bilde eine Analogie zu oft – manchmal:
viel – a) nichts
b) wenig
c) niemand
d) mehr

4. Wie viel Liter Blut hat ein Mensch (70 kg)?
a) 4 bis 5 *l*
b) 5 bis 6 *l*
c) 7 *l*
d) 7 bis 8 *l*

5. Hier siehst du das Netz eines Körpers. Um welchen Körper handelt es sich?

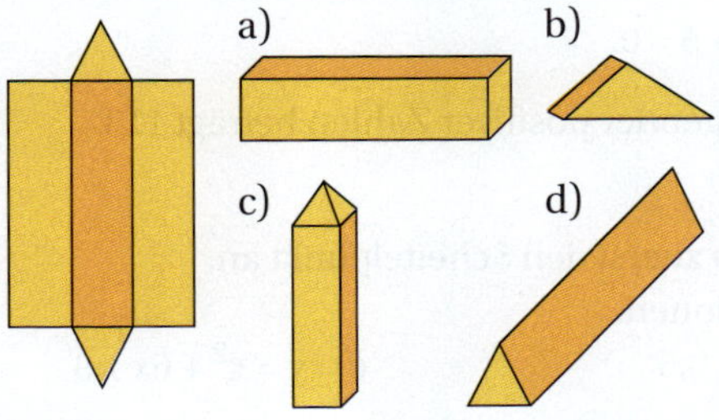

6. Welche der Wissenschaften untersucht das menschliche Verhalten?
a) Pädagogik
b) Biologie
c) Philosophie
d) Psychologie

7. Wie wird Arbeit in der Physik definiert?
a) Kraft × Zeit
b) Kraft × Geschwindigkeit
c) Weg × Zeit
d) Kraft × Weg

8. Setze die folgende Zahlenreihe logisch fort:
2; 5; 9; 14; 20; 27; 35 ...
a) 42
b) 43
c) 44
d) 45

9. Berührt eine Gerade einen Kreis genau in einem Punkt, so nennt man diese Gerade eine
a) Passante,
b) Tangente,
c) Sekante,
d) Sehne.

10. Ein Prisma hat ein rechtwinkliges Dreieck als Grundfläche (a = 3 cm; b = 4 cm) und ist 10 cm hoch. Sein Volumen beträgt
a) 120 cm^3,
b) 100 cm^3,
c) 60 cm^3,
d) 40 cm^3.

11. Ein halber Liter ist gleich
a) 0,5 *l*,
b) 500 ml,
c) 0,5 dm^3,
d) 500 dm^3.

12. Eine Dreiviertelstunde sind
a) 45 min,
b) 15 min,
c) 0,75 h,
d) 1 800 s

13. Welche Rechnung ist richtig?

a) $4 : \frac{1}{2} = 2$ b) $4 : \frac{1}{2} = 4$ c) $4 : \frac{1}{2} = 8$ d) $4 : \frac{1}{2} = 16$

Jahresabschlusstest

1. Vereinfache die Terme so weit wie möglich.
a) $-11 + (8c - 19) + 12 - 5c$ b) $(x - 8)(4x + 3)$ c) $(8x - y)(y - 18x)$

2. a) Forme in eine Summe um: ① $(x + 6)^2$ ② $(12 - 2a)^2$ ③ $(7d - 9)(7d + 9)$
b) Forme in ein Produkt um: ① $x^2 + 6x + 9$ ② $a^2 - 49$ ③ $m^2 - 12m + 36$

3. Bestimme die Lösungsmenge.
a) $13^2 = a$ b) $4^x = 64$ c) $e^5 = 32$ d) $10^x = \frac{1}{10000}$

4. Vereinfache folgende Terme so weit wie möglich:
a) $\sqrt{20a} \cdot \sqrt{5a}$ b) $\sqrt{361a^2b^2}$ c) $\sqrt[3]{125\,m^3}$ d) $\sqrt{160000}$ e) $\sqrt{2^4}$
f) $\sqrt{27a} \cdot \sqrt{3a}$ g) $\sqrt{4(x + y)^2}$ h) $16\sqrt{3} - 21\sqrt{3} + 10\sqrt{3}$ i) $\frac{\sqrt{49a^2}}{\sqrt{25b^3}}$ j) $\sqrt[3]{250a^3b^6}$

5. Löse die Gleichungen $x^2 + 6x + 9 = 0$ und $x^2 - 4x + 5 = 0$.

6. Die Summe der Quadrate zweier aufeinanderfolgender positiver Zahlen beträgt 113. Wie lauten die beiden Zahlen?

7. Stelle die folgenden Funktionen grafisch dar. Gib zuerst den Scheitelpunkt an. Bestimme rechnerisch die Nullstellen der Funktionen.
a) $y = x^2 + 1{,}5$ b) $y = (x - 2{,}5)^2 + 0{,}5$ c) $y = x^2 + 6x + 9$

8. Suche die Fehler.
a) $y = (x + 2)^2$
$S(0|2)$
b) $y = (x - 7)^2 + 4$
$S(7|-4)$
c) $y = x^2 + 6x + 10 = (x + 3)^2$

9. Berechne die Volumen und die Oberflächeninhalte der nebenstehenden Körper für $r = 4$ cm und $h = 5$ cm.

a) 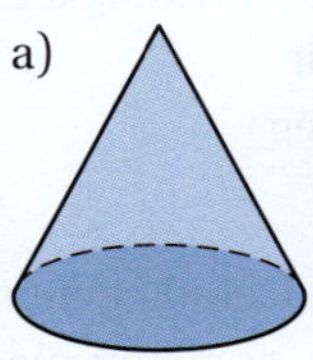

b) 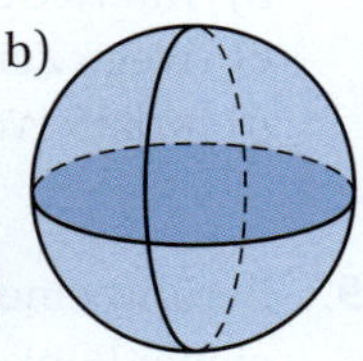

10. a) Gib für die folgenden Vorgänge die Ergebnismenge an.
① Es wird mit einem Würfel gewürfelt.
② Es wird eine Münze geworfen.
③ Aus einem Behälter mit 10 Kugeln 1 bis 10 wird eine Kugel gezogen.
④ Aus den Karo-Karten eines Skatspiels wird eine Karte gezogen.
b) Gib für den Vorgang ① das Ereignis „Es werden nur Primzahlen geworfen" an.
c) Gib für den Vorgang ③ das Ereignis „Es werden nur ungerade Zahlen gezogen" an.
d) Gib für den Vorgang ④ das Ereignis „Es wird eine Bildkarte gezogen" an.

11. a) Zeichne das Netz eines Tetraeders. Trage die Zahlen 1 bis 4 in die Seitenflächen ein.
b) Gib die Wahrscheinlichkeit dafür an, das mit diesem Tetraeder die Zahl 1 gewürfelt wird.

12. Mit welcher Wahrscheinlichkeit kommt der Zeiger vom Glücksrad auf einer farbigen Fläche zum Stehen?

a) 

b) 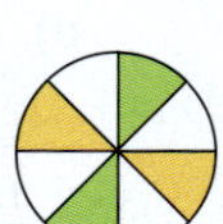

c) 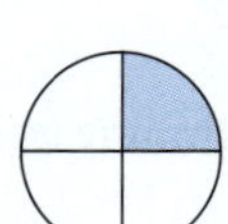

* Jahresabschlusstest

1. Vereinfache die Terme so weit wie möglich.

a) $(8x - y)(y + 18x)$ b) $(40a - 28b)(2a - 4b)$ c) $\sqrt{20b} \cdot \sqrt{5b}$

d) $\sqrt{169x^2y^2}$ e) $\sqrt{\frac{256m^2}{144n^2}}$ f) $\sqrt{72}$

2. Bestimme die Lösungsmenge.

a) $x^5 = 32$ b) $7^8 = -x$ c) $\sqrt[3]{-x} = -2$ d) $1{,}5^2 = a$ e) $x^3 = 0{,}064$

3. Suche die Fehler.

a) $x^2 + 6x + 9 = (x - 3)^2$ b) $x^2 - 12x + 40 = (x - 6)^2$

c) $(x - 7)(x - 7) = x^2 + 49$ d) $x^2 + 81 = (x - 9)(x + 9)$

4. Löse die folgenden Gleichungen:

a) $x^2 + 5x + 8 = 0$ b) $x^2 - 3x = 10$

5. Stelle die folgenden Funktionen grafisch dar und gib die Nullstellen an:

a) $y = (x + 1{,}5)^2 - 3$ b) $y = \left(x - \frac{1}{2}\right)^2 + \frac{3}{4}$ c) $y = x^2 + 4x + 9$

6. Ermittle die Nullstellen der Funktionen, ohne diese zu zeichnen. Führe mit dem Computer eine Probe durch.

a) $y = x^2 + 5x - 6$ b) $y = x^2 - 3x + 2$

7. Berechne die Volumen und die Oberflächeninhalte der folgenden Körper ($r = h = 3$ cm):

a) b) c) d)

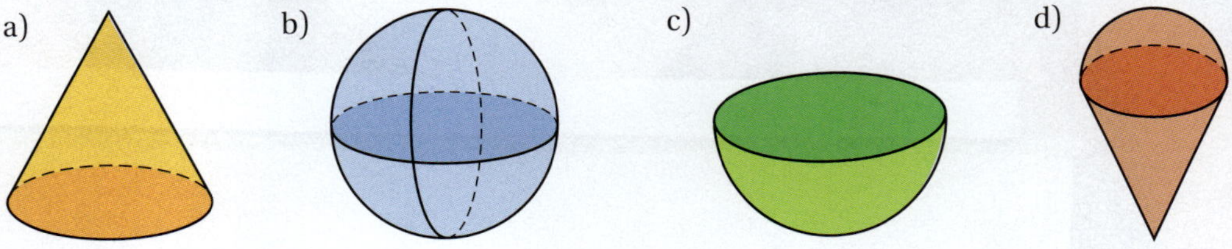

8. Das Blut eines Menschen hat die Eigenschaft, Rhesus-positiv (Rh^+) oder Rhesus-negativ (Rh^-) zu sein. Ungefähr 85 % der Menschen sind Rh^+.
Wird ein Kind geboren, dessen Mutter Rh^- und dessen Vater Rh^+ ist, kann bei der Geburt ein Austausch des kindlichen Bluts notwendig werden.

a) Wie wahrscheinlich ist in einer Klinik die Geburt eines Kindes, dessen Eltern die angegebenen Bluteigenschaften haben?

b) Eine Schwangere hat Rh^-. Der Rhesusfaktor vom Vater des Babys ist unbekannt. Welche Wahrscheinlichkeit sollte für einen Blutaustausch beim Baby angenommen werden?

9. Zeichne die Funktionen $y = x^2 + 4x + 5$ und $y = 2x + 8$ in ein Koordinatensystem.
Bestimme rechnerisch die Schnittpunkte der beiden Funktionen. Überprüfe das Ergebnis mithilfe deiner Zeichnung.

10. Ein 18 m langer Maschendrahtzaun soll zu einem rechteckigen Gehege aufgestellt werden. Wie groß sind die Seitenlängen des Geheges, wenn der Flächeninhalt 4,25 m^2 beträgt?

A Anhang

Zum Nachschlagen

Rechnen mit Potenzen

Addition und Subtraktion	
Potenzen mit gleicher Basis und gleichem Exponenten werden addiert bzw. subtrahiert.	$3x^3 + 5x^3 = 8x^3$ $14a^4 - 25a^4 = -11a^4$ $2a^2 - 12b^3 + 5a^4 - 7a^2 + 8b^3 = -5a^2 - 4b^3 + 5a^4$
Multiplikation	
Gleiche Basis: $a^m \cdot a^n = a^{m+n}$ Gleiche Exponenten: $a^m \cdot b^m = (a \cdot b)^m$	$5^6 \cdot 5^2 = 5^8$ $5^6 \cdot 5^{-2} = 5^4$ $4^3 \cdot 2^3 = (4 \cdot 2)^3 = 8^3$ $(-4)^3 \cdot 2^3 = (-4 \cdot 2)^3 = (-8)^3$
Division	
Gleiche Basis: $a^m : a^n = a^{m-n}$ Gleiche Exponenten: $a^m : b^m = (a : b)^m = \left(\frac{a}{b}\right)^m$	$5^6 : 5^2 = 5^4$ $5^4 : 5^{-2} = 5^{4-(-2)} = 5^6$ $4^3 : 2^3 = (4 : 2)^3 = \left(\frac{4}{2}\right)^3 = 2^3$ $(-4)^3 : 2^3 = (-4 : 2)^3 = \left(\frac{-4}{2}\right)^3 = (-2)^3$
Potenzieren	
$(a^m)^n = a^{m \cdot n}$	$(2^3)^2 = 2^6$ $(2^2)^3 = 2^6$ $(a^{-3})^2 = a^{-6}$

Binomische Formeln

$(a + b)^2 = a^2 + 2ab + b^2$	$(a - b)^2 = a^2 - 2ab + b^2$	$(a + b)(a - b) = a^2 - b^2$

Rechnen mit Wurzeln

Addition und Subtraktion	
Gleiche Wurzeln sowie Vielfache derselben Wurzel werden addiert bzw. subtrahiert.	$\sqrt{7} + 4\sqrt{7} + 6\sqrt{7} = 11\sqrt{7}$ $8\sqrt{5} - 3\sqrt{5} - \sqrt{5} = 4\sqrt{5}$
Multiplikation	
$\sqrt[n]{a} \cdot \sqrt[n]{b} = \sqrt[n]{a \cdot b}$	$\sqrt{8} \cdot \sqrt{2} = \sqrt{16} = 4$
Division	
$\sqrt[n]{a} : \sqrt[n]{b} = \sqrt[n]{\frac{a}{b}}$	$\sqrt[3]{81} : \sqrt[3]{3} = \sqrt[3]{\frac{81}{3}} = \sqrt[3]{27} = 3$
Potenzieren	
$(\sqrt[n]{a})^m = \sqrt[n]{a^m}$	$(\sqrt[3]{8})^2 = \sqrt[3]{8^2} = \sqrt[3]{64} = 4$
Wurzelziehen aus Wurzel	
$\sqrt[m]{\sqrt[n]{a}} = \sqrt[m \cdot n]{a} = \sqrt[n]{\sqrt[m]{a}}$	$\sqrt[2]{\sqrt[3]{64}} = \sqrt[6]{64} = \sqrt[3]{\sqrt[2]{64}} = \sqrt[3]{8} = 2$

Lösungen zu „Teste dich selbst"

Arbeiten mit Variablen, Potenzen und Wurzeln (Seite 47)

1. a) $a - 5$ b) $3c - 18$ c) $-20 - 10y$ d) $3d - 6$
e) $6z^2 + y - 5$ f) $x^2y - 13ab - 9a + 2b$ g) $15x - 6xy - 45 + 18y$ h) $16a + 9ab - 8b + 4b^2$

2. a) $x^2 + 10x + 25$ b) $64 - 16y + y^2$ c) $144 - 48a + 4a^2$
d) $b^2 - 9$ e) $16z^2 - 169$ f) $36x^2 - 120x + 100$
g) $49d^2 - 81$ h) $36a^2 - 4$ i) $9y^2 + 12yz + 4z^2s$

3. a) $L = \{-6; 6\}$ b) $L = \{-3\sqrt{7}; 3\sqrt{7}\}$; $\sqrt{63} = \sqrt{9 \cdot 7}$ c) $L = \{\}$
d) $L = \{81\}$ e) $L = \{169\}$ f) $L = \{\}$

4. a) $L = \{4\}$ b) $L = \{-5\}$ c) $L = \{2 \cdot \sqrt[3]{3}\}$ d) $L = \{3\}$ e) $L = \{5\}$

5. a) $15 < \sqrt{253} < 16$; $9 < \sqrt{81{,}9} < 10$; $18 < \sqrt{351} < 19$; $30 < \sqrt{910} < 31$
b) $4 < \sqrt[3]{99} < 5$; $0 < \sqrt[3]{0{,}07} < 1$; $1 < \sqrt[3]{3{,}64} < 2$; $9 < \sqrt[3]{920} < 10$

6. Rationale Zahlen: 25; $\sqrt{25}$; $-\sqrt{25}$; 25^3; $-5{,}25$
Irrationale Zahlen: $\sqrt{52}$; $-\sqrt{52}$; $\sqrt[3]{25}$; $\sqrt{5} : \sqrt{2}$
Nicht definiert: $\sqrt{-52}$; $-25 : 0$; $\sqrt{2 - 5}$

7. a) $9a$ b) $11ab$ c) $5x\sqrt{3}$ d) $2b$ e) $9a$ f) $2(x + y)$

8. a) 6,11 b) 9,08 c) –4,29 d) 15,15

9. a) 40 b) 4 c) 12 d) 3

10. a) $5\sqrt{3}$ b) $2\sqrt{b} + 2\sqrt{a}$ c) $55\sqrt{5}$

11. a) $6\sqrt{3}$ b) $14\sqrt{5}$ c) $0{,}5a\sqrt{b}$ d) $7\sqrt{\frac{1}{5}}$

12. a) $d_{min} \approx 3{,}88$ m; $d_{max} \approx 3{,}91$ m b) $d = (3{,}90 \pm 0{,}02)$ m

Quadratische Gleichungen und quadratische Funktionen (Seite 89)

1. a) $x_1 = 19$; $x_2 = -19$ b) $x_1 = 1{,}2$; $x_2 = -1{,}2$ c) n. l.
d) $x_1 = 0$; $x_2 = 1$ e) $x_1 = 0$; $x_2 = -2{,}7$ f) $x_1 = 0$; $x_2 = -8{,}8$

2. a) $x_1 = 3$; $x_2 = 1$ b) $x_1 = 5$; $x_2 = -1$ c) n. l.
*d) $x_1 = -\frac{3}{5}$; $x_2 = 3$ *e) $x_1 = -4$; $x_2 = 3$

3. ① für $a > 121$ keine Lösung; für $a = 121$ eine Lösung; für $a < 121$ zwei Lösungen
② für $a < -36$ keine Lösung; für $a = -36$ eine Lösung; für $a > -36$ zwei Lösungen

4. $x(x - 3{,}6) = 54{,}52$; Rechteckseiten: 9,4 cm und 5,8 cm

5. $(x + 5)\left(\frac{135}{x} - 0{,}9\right) = 135$; $x = 25$; 25 Teilnehmer

6. ① S(0|2); keine Nullstelle
② S(−1|0); Nullstelle: $x_0 = -1$
③ S(1|−2); 2 Nullstellen: $x_{01} = -0{,}4$; $x_{02} = 2{,}4$
④ S(−1|0); Nullstelle: $x_0 = -1$
⑤ S(−2|4); keine Nullstelle

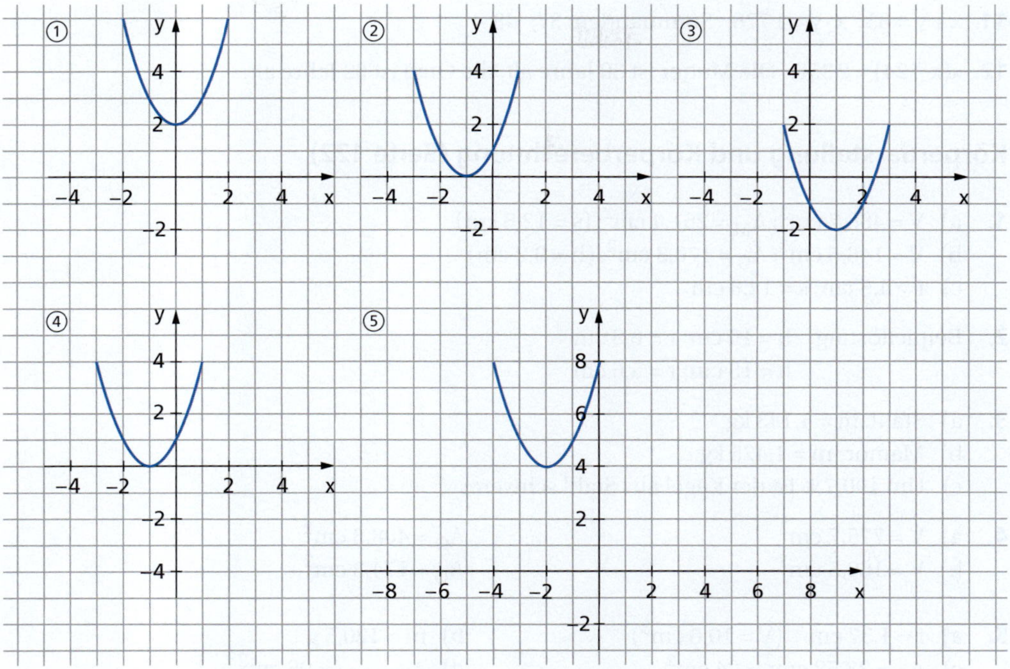

7. Eine Nullstelle: $p^2 - 36 = 0 \rightarrow p = 6$
Zwei Nullstellen: $p^2 - 36 > 0 \rightarrow p > 6$
① $y = x^2 + 6x + 9$; Nullstelle: $x_0 = -3$
② $y = x^2 + 10x + 9$; Nullstellen: $x_{01} = -9$; $x_{02} = -1$

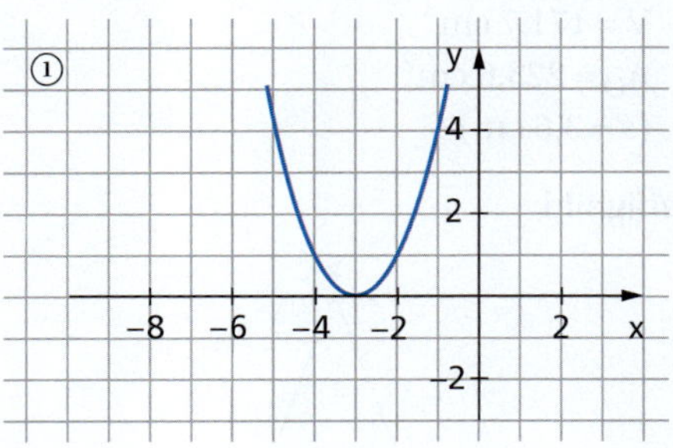

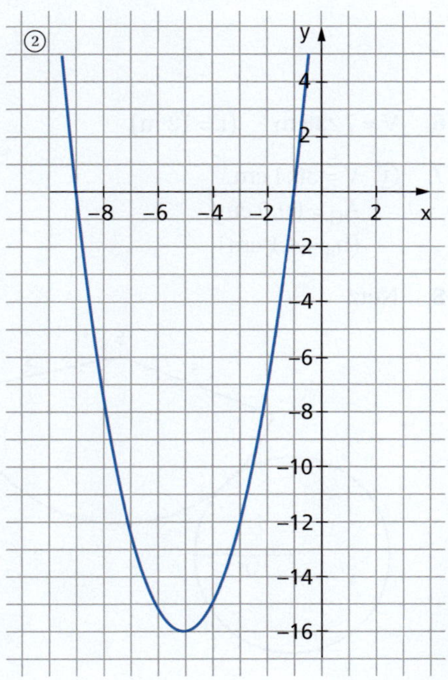

8. $x^2 + (x+1)^2 + (x+2)^2 + (x+3)^2 = 630$
① 11; 12; 13; 14
② −14; −13; −12; −11

9. $x(x-1) = 20$; $x = 5$; 5 Sportler

10. a) $y = (x + 1,5)^2 + 2 = x^2 + 3x + 4,25$
b) $y = (x + 2)^2 - 4 = x^2 + 4x$
*c) $y = x^2 - 4x + 3 = (x - 2)^2 - 1$

11. $x + y = 85$; $x \cdot y = 1\,776$; Summanden: 37; 48

12. $x(x - 24) = 2\,356$; Die Mutter ist 38 Jahre alt, die Oma ist 62 Jahre alt.

Körperdarstellung und Körperberechnung (Seite 122)

1. a) $V = 486,7\ cm^3$; $A_M = 261,4\ cm^2$; ($s = 12,8\ cm$)
b) $V = 146,5\ cm^3$; $A_O = 170,3\ cm^2$; ($h = 9,2\ cm$)
c) $r = 4,5\ cm$; $s = 12,8\ cm$

2. Beipiellösung: $h = 10\ cm$; $r = 6,9\ cm$
$h = 15\ cm$; $r = 5,6\ cm$

3. a) Stahl: $m = 4,143\ kg$
b) Mamor: $m = 1,425\ kg$
c) Um 190,7 % ist der Kegel aus Stahl schwerer.

4. a) $V \approx 775,7\ cm^3$ $A_O \approx 408,3\ cm^2$
b) $V \approx 166,5\ cm^3$ $A_O \approx 174,3\ cm^2$

5. a) $r = 1,37\ cm$ ($V = 10,\overline{6}\ cm^3$)
b) $m = 120,5\ g$
c) $A_O = 23,58\ cm^2 \approx 24\ cm^2$
d) $A_{O\,Würfel} = 96\ cm^2$
$A_{O\,Würfel} : A_{OKugel} = \frac{96}{24} = \frac{4}{1}$
$96 : 24 = 4 : 1$

6. $V \approx 7\,238\ m^3$ ($r = 12\ m$)

7. ① $V = 38,4\ cm^3$
$A_O = 69,6\ cm^2$
($h_a = 4,1\ cm$)

② $V = 171,7\ cm^3$
$A_O = 223,6\ cm^2$
($s = 3,6\ cm$)

8. Netz

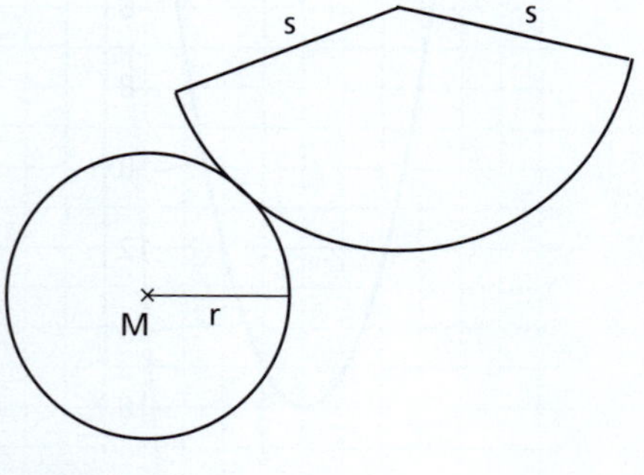

Maßstab 1:2

Schrägbild

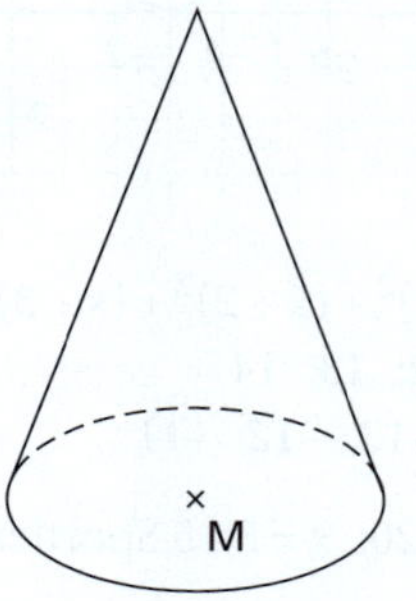

9. a) $V = \frac{4}{3}\pi r^3 \rightarrow r_{alt} = \frac{1}{2}\sqrt[3]{\frac{6V}{\pi}}$; $r_{neu} = \frac{1}{2}\sqrt[3]{\frac{6 \cdot 2V}{\pi}} = \sqrt[3]{2} \cdot \frac{1}{2}\sqrt[3]{\frac{6V}{\pi}} = \sqrt[3]{2} \cdot r_{alt}$

b) $A_O = 4\pi r^2 \rightarrow r_{alt} = \frac{1}{2}\sqrt{\frac{A_O}{\pi}}$; $r_{neu} = \frac{1}{2}\sqrt{\frac{4 \cdot A_O}{\pi}} = 2 \cdot \frac{1}{2}\sqrt{\frac{A_O}{\pi}} = 2 \cdot r_{alt}$

c) Wenn das spezifische Gewicht nicht verändert wurde (d.h., wenn die Kugeln aus dem gleichen Material sind), muss sich das Volumen verdreifacht haben.
$V = \frac{4}{3}\pi r^3 \rightarrow r_{alt} = \frac{1}{2}\sqrt[3]{\frac{6V}{\pi}}$; $r_{neu} = \frac{1}{2}\sqrt[3]{\frac{6 \cdot 3V}{\pi}} = \sqrt[3]{3} \cdot \frac{1}{2}\sqrt[3]{\frac{6V}{\pi}} = \sqrt[3]{3} \cdot r_{alt}$

10. a) $m \approx 245$ g ($V \approx 350$ cm^3)   b) ca. 2,3 *l* Farbe ($A_O = 250{,}9$ cm^2)

Mit Wahrscheinlichkeiten rechnen (Seite 148)

1. $P(J) = \frac{14}{26} = \frac{7}{13} \approx 0{,}54 \approx 54\,\%$

2. a) Dodekaeder: $E_D = \{1; 2; 3; 4; 5; 6; 7; 8; 9; 10; 11; 12\}$
Ikosaeder: $EI = \{1; 2; 3; 4; 5; 6; 7; 8; 9; 10; 11; 12; 13; 14; 15; 16; 17; 18; 19; 20\}$

b) $P(D) = \frac{1}{12}$ $P(I) = \frac{1}{20}$

3. Etwa 400-mal

4. $\frac{8}{14} \cdot \frac{7}{13} \cdot \frac{6}{12} = \frac{2}{13} \approx 0{,}154 \approx 15{,}4\,\%$

5. a) $\frac{3}{12} = \frac{1}{4} = 0{,}25 = 25\,\%$ b) $\frac{2}{11} \approx 0{,}182 \approx 18{,}2\,\%$

6. $\frac{1}{6} \cdot \frac{1}{6} \cdot \frac{1}{6} + \frac{1}{6} \cdot \frac{1}{6} \cdot \frac{5}{6} + \frac{1}{6} \cdot \frac{5}{6} \cdot \frac{1}{6} + \frac{5}{6} \cdot \frac{1}{6} \cdot \frac{1}{6} =$
$\frac{1}{216} + \frac{5}{216} + \frac{5}{216} + \frac{5}{216} = \frac{16}{216} =$
$\frac{2}{27} \approx 0{,}074 \approx 7{,}4\,\%$

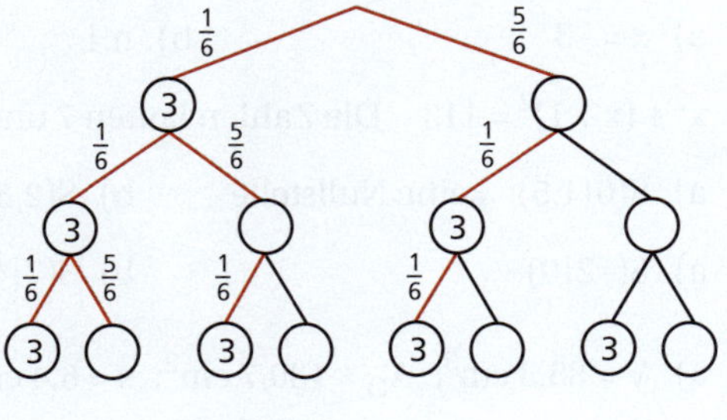

7. a) $\frac{8}{24} = \frac{1}{3}$ b) $\frac{4}{24} = \frac{1}{6}$

8. a) $\frac{100}{10\,000} = \frac{1}{100} = 0{,}01 = 1\,\%$
b) $\frac{9\,450}{10\,000} = 0{,}945 = 94{,}5\,\%$

Berufseignungstest (Seite 219)

1. d) Wirtschaftsabschwung

2. d) Im Großen und Ganzen ist das richtig.

3. b) wenig

4. b) 5 bis 6 *l*

5. d) dreiseitiges Prisma

6. d) Psychologie

7. d) Kraft × Weg

8. c) 44

9. b) Tangente

10. c) 60 cm^3

11. a) 0,5 *l* b) 500 ml c) 0,5 dm^3

12. a) 45 min c) 0,75 h

13. c) $4:\frac{1}{2}=8$

Jahresabschlusstest (Seite 220)

1. a) $3c-18$ b) $4x^2-29x-24$ c) $-144x^2-y^2+26xy$

2. a) ① $x^2+12x+36$ ② $144-48a+4a^2$ ③ $49d^2-81$
b) ① $(x+3)^2$ ② $(a+7)(a-7)$ ③ $(m-6)^2$

3. a) $L=\{169\}$ b) $L=\{3\}$ c) $L=\{2\}$ d) $L=\{-4\}$

4. a) $10a$ b) $19ab$ c) $5m$ d) 400 e) 4
f) $9a$ g) $2(x+y)$ h) $5\sqrt{3}$ i) $\frac{7a}{5b\sqrt{b}}$ j) $5ab^2\sqrt[3]{2}$

5. a) $x=-3$ b) n.l.

6. $x^2+(x+1)^2=113$ Die Zahlen lauten 7 und 8.

7. a) $S(0|1{,}5)$; keine Nullstelle b) $S(2{,}5|0{,}5)$; keine Nullstelle c) $S(-3|0)$; $x_0=-3$

8. a) $S(-2|0)$ b) $S(7|4)$ c) $y=(x+3)^2+1$

9. a) $V\approx 83{,}3\ cm^3$; $A_O\approx 130{,}7\ cm^2$; $s\approx 6{,}4\ cm$ b) $V\approx 268{,}1\ cm^3$; $A_O\approx 201{,}1\ cm$

10. a) ① $\Omega=\{1; 2; 3; 4; 5; 6\}$ ② $\Omega=\{W; Z\}$ ③ $\Omega=\{1; 2; 3; 4; 5; 6; 7; 8; 9; 10\}$
④ $\Omega=\{$◆ – 7; ◆ – 8; ◆ – 9; ◆ – 10; ◆ – B; ◆ – D; ◆ – K; ◆ – A$\}$
b) $\Omega=\{2; 3; 5\}$
c) $\Omega=\{1; 3; 5; 7; 9; 11; 13; 15; 17; 19\}$
d) $\Omega=\{$◆ – B; ◆ – D; ◆ – K; ◆ – A$\}$

11. a) Beispiellösung:

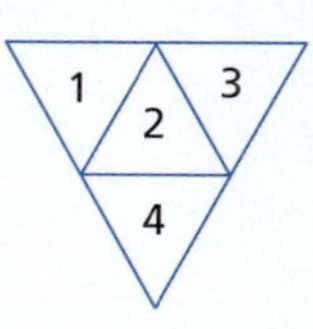

b) $P(1)=\frac{1}{4}$

12. a) $P=\frac{2}{3}$ b) $P=\frac{1}{2}$ c) $P=\frac{1}{4}$

*Jahresabschlusstest (Seite 221)

1. a) $+144x^2 - y^2 - 10xy$ b) $80a^2 - 216ab + 112b^2$ c) $10b$
d) $13xy$ e) $\frac{4m}{3n}$ f) $3\sqrt{8}$

2. a) $L = \{2\}$ b) $L = \{\}$ c) $L = \{\}$ d) $L = \{2,25\}$ e) $L = \{0,4\}$

3. a) $(x+3)^2$ b) $(x-6)^2 + 4$ c) $x^2 - 14x + 49$ d) $x^2 - 81$

4. a) Keine Lösung b) $x_1 = 5$; $x_2 = -2$

5. a) $-3{,}2$; $0{,}2$ b) Keine Nullstelle c) Keine Nullstelle

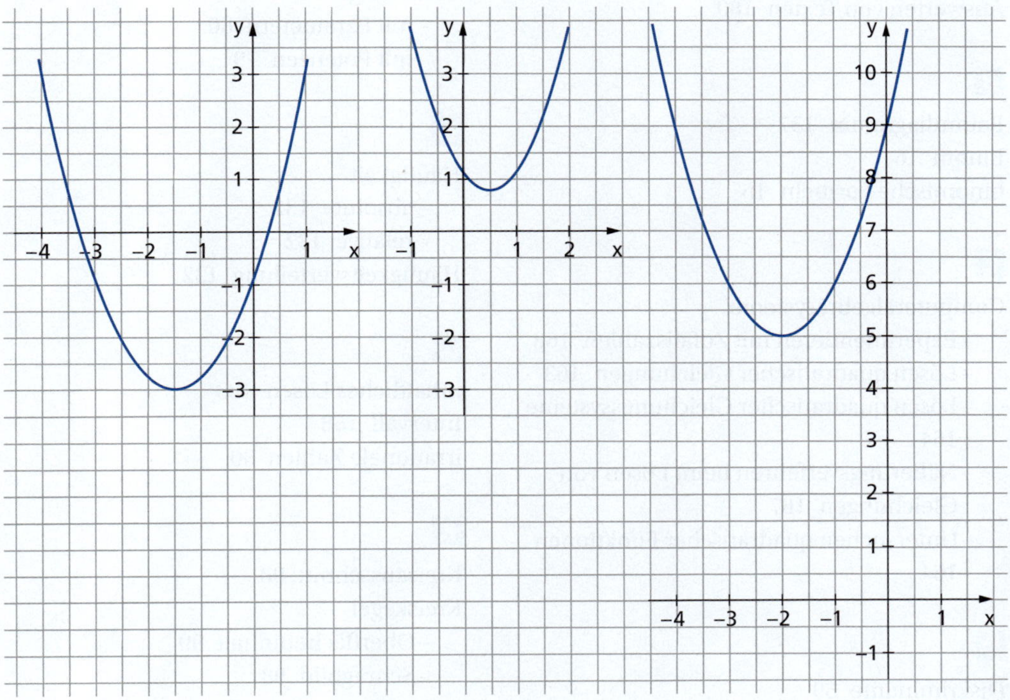

6. a) $x_1 = -6$; $x_2 = 1$ b) $x_1 = 2$; $x_2 = 1$

7. a) $V = 28{,}3\ cm^3$; $A_O = 67{,}9\ cm^2$; $s = 4{,}2\ cm$ b) $V = 113{,}1\ cm^3$; $A_O = 113{,}1\ cm^2$
c) $V = 56{,}5\ cm^3$; $A_O = 84{,}7\ cm^2$ d) $V = 84{,}8\ cm^3$; $A_O = 96{,}1\ cm^2$

8. a)

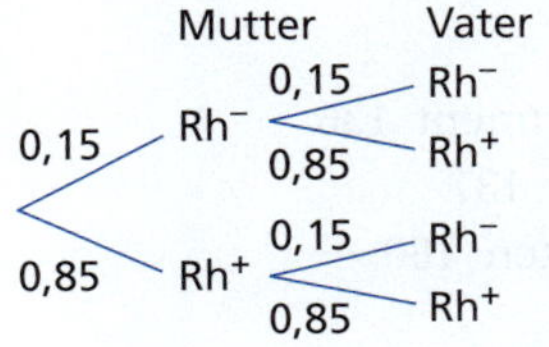

$p = 12{,}75\,\%$

b) $p = 85\,\%$

9. $P_1(-3|2)$; $P_2(1|10)$

10. $a = 8{,}5\ m$; $b = 0{,}5\ m$

Register

W

Z

Bildquellenverzeichnis

Adam-Ries-Bund e.V., Annaberg-Buchholz: 181/2; BackArts GmbH: 97/1; Bundesministerium für Finanzen: 142/2; Comstock Images/Fotosearch: 151/1; Duden Paetec GmbH: 7/3, 65/1, 115/1, 136/1, 142/2, 209/2, NASA, Archiv der Archenhold-Sternwarte Berlin: 114/2; Fotolia: 50/1, DeVIce: 179/2, DX: 150/1, Elena Pankova: 6/1, ExQuisine: 93/3, Frank Eckgold: 124/1, Jens Schmidt: 222/1, Lisa F. Young: 178/1, Lovrencg: 125/3, Martina Berg: 92/1, Marvin Ristau de: 93/1, S. Redel: 46/1, TM-Design: 125/2, Marc Harrold: 7/1, Nicolas Nadjar: 7/2, unpict: 93/4; G. Liesenberg: 77/1, 103/1, 142/3, 148/3, 181/1, 189/1, 209/3; Hemera Photo Objects: 105/1, 106/1, 122/1, 139/1, 142/4; Hudora: 121/1; Istockphoto/MH: 179/3; Lufthansa Bildarchiv FRA CI: 142/1; mauritius images/corbis: 107/1, Uwe Umstätter: 125/1; panthermedia: 208/1, M. Wessel: 151/2, O. Mades: 110/1, Stefan Balling: 51/3, Thorsten Schrader: 51/2; Photosphere: 45/1, 186/1; picture-alliance/dpa: 151/3; public domain: 114/1; Rainer Fischer: 51/1, 93/2, 99/1, 108/1, 108/2, 108/3, 108/4, 109/1, 109/2, 109/3, 109/4, 130/1, 136/2, 148/1, 148/2; rebelpeddler Chocolate Cards: 29/1, 41/1; Siemens AG/München: 204/1; Tetra Pak GmbH & Co.: 209/1; Tourismus Oberstdorf: 179/1

Quadratische Gleichungen

Begriff	**Zusammenhang**
Quadratische Gleichung	Allgemeine Form: $a \cdot x^2 + b \cdot x + c = 0$ Vereinfachte Form: $x^2 + \frac{b}{a} \cdot x + \frac{c}{a} = 0$ Normalform: $x^2 + p \cdot x + q = 0$ Vereinbarung: $p = \frac{b}{a};\ q = \frac{c}{a}$
Lösungsformel	$x_{1;\,2} = -\frac{p}{2} \pm \sqrt{\left(\frac{p}{2}\right)^2 - q}$ $x_1 = -\frac{p}{2} + \sqrt{\left(\frac{p}{2}\right)^2 - q}$ $\quad$ $x_2 = -\frac{p}{2} - \sqrt{\left(\frac{p}{2}\right)^2 - q}$
Diskriminante	$D = \left(\frac{p}{2}\right)^2 - q = \frac{p^2}{4} - q$ Es gilt: $D > 0$ zwei Lösungen $D = 0$ eine Lösung (Doppellösung) $D < 0$ keine Lösung
Satz des Vieta	Für Lösungen der Gleichung $x^2 + p \cdot x + q = 0$ gilt: $x_1 + x_2 = -p$ $x_1 \cdot x_2 = q$ $(x - x_1) \cdot (x - x_2) = x^2 + p \cdot x + q$
	Anwendung: Berechnung der zweiten Lösung, wenn eine Lösung bekannt ist. $x^2 - 12x + 32 = 0$ $\quad$ $x_1 \cdot x_2 = q$ $x_1 = 4$ $\quad$ $x_2 = \frac{9}{x_1}$ $x_2 = \frac{32}{4} = 8$
	Durchführen der Probe $x^2 - 18x + 81 = 0$ $\quad$ $x_1 \cdot x_2 = 9 \cdot 9 = 81 \rightarrow q = 81$ $x_{1;\,2} = 9$ $\quad$ $x_1 + x_2 = 9 + 9 = 18 \rightarrow p = -18$
	Berechnung von p und q mithilfe der Lösungen $x_1 = -15$ $\quad$ $x_1 \cdot x_2 = (-15) \cdot 3 = -45 \rightarrow q = -45$ $x_2 = 3$ $\quad$ $x_1 + x_2 = -15 + 3 = -12 \rightarrow p = 12$ $x^2 + 12x - 45 = 0$
Sonderfälle quadratischer Gleichungen	Produkte untersuchen: Ein Produkt ist 0, wenn mindestens ein Faktor 0 ist. $x^2 = 0 \longrightarrow x \cdot x = 0 \longrightarrow x_1 = 0;\ x_2 = 0$ $x^2 + 3x = 0 \longrightarrow x \cdot (x + 3) = 0 \longrightarrow x_1 = 0;\ x_2 = -3$ $(x + 5)^2 = 0 \longrightarrow (x + 5) \cdot (x + 5) = 0 \longrightarrow x_1 = -5;\ x_2 = -5$ $(x + 2) \cdot (x - 4) = 0 \longrightarrow x_1 = -2;\ x_2 = 4$ $x^2 + q = 0$ $q > 0$: keine Lösung $q = 0$: $x_1 = x_2 = 0$ $q < 0$: $x_1 = \sqrt{q};\ x_2 = -\sqrt{q}$